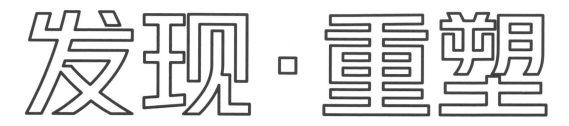

发现·重塑

建成环境评论、叙事集

程国政 著

U0334528

同济大学 出版社
TONGJI UNIVERSITY PRESS
·上海·

序言一

同济大学 115 周年校庆之际，一日，宣传部程国政老师手拿《发现·重塑：建成环境评论、叙事集》一书目录来告："书中七成以上的篇幅，反映的都是建筑与城市规划学院、设计创意学院、土木工程学院、环境科学与工程学院等师生们的行迹，当为序之。"余欣然乐观其文，阅读一篇篇流畅的文字，同济大学在建成环境实践中走过的一驿一站、闯过的一关一隘，峥嵘的岁月历历在目，宛如昨日。

上海世博，吴志强院士作为总规划师，带领团队把黄浦江两岸老工业区改造成为 21 世纪大都市"美好生活的样板"，同济大学的教师在其中承担了大量的课题，这些杰出的工作在本书中得到了充分的展现：城市最佳实践区、上海当代艺术馆、西岸、八万吨粮仓、巴士一汽、世博后滩……这些老城更新的实践充分证明了我校学者的使命担当和聪明才智。

不仅如此，我校建筑与城市规划学院师生们的足迹遍布海南、四川、大运河，深入街坊里弄、郊野乡村，可谓是走遍天涯海角来，流沙弱水接瀛台。像一辈子从事古城保护的阮仪三先生，一条大运河便倾注了他一生的牵挂，申遗始于 2005 年，直至 2014 年成功，先生清楚地记得"3111 个日夜，经历了不少曲折"，可是先生却说："作为活的遗产，大运河申遗成功是保护的新起点。"因为经历了一千多年的自然风霜和人为干预，大运河被切割得支离破碎、遍体鳞伤，航道淤塞、环境恶化，保护已经刻不容缓。令人欣慰的是，得益于老一代专家们的共同努力，2021 年 8 月，《大运河国家文化公园建设保护规划》正式发布，大运河被纳入国家文化公园建设名单；今年 4 月 28 日，水利部宣布，经过持续补水，京杭大运河全线通水。大运河走上了活态保护利用的良性发展道路。

设计创意学院的师生们深入里弄社区，在小城镇、在乡村，挥洒着他们更新环境的智慧，让历史更好地活在当下，让文物、环境成为美好生活的一部分；环境科学与工程学院、土木工程学院、人文学院的师生们说地下、论城市，共议大江大河的保护，谈论城乡社区的过去和未来……国家需要的就是同济人的使命担当，同济人一贯秉承的都是"与祖国同行，以科教济世"的优秀传统。

今年 6 月 11 日是我国第六个"文化和自然遗产日"，崇明东滩鸟类国家级自然保护区已正式成为中国黄（渤）海候鸟栖息地（第二期）世界自然遗产提名地，目前申报自然遗产的各项工作正有序开展。崇明岛作为建设中的世界级生态岛，同济大学在环境优化、风貌区提质、道路生态化改造、村容村貌的改善等方面发挥了重要的作用，这种努力现在依然在继续：21 世纪初，同济大学崇明生态岛研究中心成立；今年年初，同济崇明碳中和研究院在崇明成立；唐子来和吴长福两位教授分别受聘担任崇明区总规划师和总建筑师，同济师生将持续为崇明全方位、全地域、全过程的保护与发展提供智力支持。

百年来，尤其是新中国成立以来，同济人牢牢把国家和民族的使命扛在肩上：治淮工程、治理苏州河，参与武汉长江大桥、南京长江大桥建设，力主宝钢上马，从外国人手里争回南浦大桥设计建设权，全面参与港珠澳大桥建设……任凭风云变幻，始终初心不改，求真务实，做一事精一事并力求成一事，始终站在国家需要的最前沿，为人民城市、乡村振兴、美丽中国而踔厉奋发、笃行不怠。

令人欣慰的是，程国政老师始终与同济师生们的建成环境实践身影相伴而行，踏遍青山人未老，万里锦绣万里诗；始终深入关注同济师生们的规划、建筑、环境、历史文化遗产保护实践，写了大量详实而优美的文字，据我所知篇目当以数百计。这些报道、访谈、评论深入而全面地反映了同济师生的使命担当意识、民族复兴情怀。感谢他的辛勤工作和无私奉献。现在，他将这些报道中涉及建成环境的篇章汇而成集，果然蔚为大观。同济师生走过的每一步，印迹清晰可辨，壮歌足慰吾怀。

国政老师约我撰写序言，很高兴，为数语以赞其劳。

彭震伟

同济大学党委副书记、建筑与城市规划学院教授
壬寅年沪上大疫后，仲夏之际
于同济园

序言二

手捧数十万言的书稿，翻看一篇篇优美的文字，我的心中被一遍又一遍地温暖、感动，眼前浮现本世纪以来大千世界精彩的一幕一幕。

德国柏林、北欧各地、查尔斯顿，甚至南极都在办艺术展，世界建成环境中呈现的各种奇思妙想，天天都在汩汩上新；走，到威尼斯去，那是一群同济学者在忙碌；中国园林更多地走向美国、欧洲、澳大利亚，诗画自然正在诠释中国式天人合一；老城如何更新？且看古根海姆博物馆的艺术救城；看，"一带一路"正成为人类命运共同体的大道洪流，浩浩汤汤一起向未来；乡村如何振兴，轨道城市如何打造，各路达人正在努力……

海门老街、海口骑楼、城市地空、后世博焕新再上场，都江堰、老建筑改造，还有渃港圩田、仙桥村、小城镇建设、古老乡村的振兴，同济人的足迹遍布大好河山。不仅如此，我们还到了意大利威尼斯去展示中国的"美丽乡村"，到美国去设计"大地作品"……

党的十八大以来，我国进入中国特色社会主义新时代，老城更新、乡村振兴、轨道城市，实现高质量发展成为中华民族伟大复兴的最强音，习近平总书记提出一系列新思想、新论断："城市历史文化遗存是前人智慧的积淀，是城市内涵、品质、特色的重要标志。要妥善处理好保护和发展的关系，注重延续城市历史文脉，像对待'老人'一样尊重和善待城市中的老建筑，保留城市历史文化记忆，让人们记得住历史、记得住乡愁，坚定文化自信，增强家国情怀。"乡村振兴，要推动乡村生态振兴，"打造农民安居乐业的美丽家园"。这些新思想，成为我们规划河山的根本遵循。

21 世纪以来，同济的学者就提出了城市更新的新方法，比如改从前的"拆改留"为"留拆改"，虽然只是顺序差别，但思想观念大不一样，这个思想成为上海世博会成功举办的重要支撑,成为苏河十八湾改造的不二原则,后来成为街巷弄堂、古镇老宅重焕青春遵循的普遍原则,"不着急,慢慢来,想好了再缓缓去做"也成为本书的一个重要观点;同济人善待历史老街、老建筑,善待乡村的每一处古建、每一座老屋,因为慎之又慎,故而更新一个便成就了一个。

令人欣喜的是,这些思想的火花、奋斗的足迹、成果的结晶,许多都被记录在本书里。程国政同志进入同济将近二十年,常年将目光对准那些"与祖国同行,以科教济世"的同济人,长期深入记录他们的奋斗足迹、营建作品,深入地思考每一个项目蕴含的精髓、要义。因此,近年来,作者的文章中有许多有感而发,甚至洪钟大吕、振聋发聩的观点:

· 艺术,让年轻人的担当更细腻、更有温度、更有品位。
· 造型重组:让新形体成为新现实的原型,让所有事物在设计语言中重组、溶解后重回原点。这样,我们看到的扎哈便以新的诠释方法创造了一个全新的世界。
· 只要做到活体保护,让建筑平移,向地下拓展,我们也可以原真地留着"历史的堆层",让城市活得越发光鲜明亮。
· 老城微更新,面子、里子都重要。
· 美好生活,需要陪伴式规划。
· 去南极得有一个边界。
· 留,即保留城市文脉。
……

程国政同志告诉我,入同济二十年来,最大的乐趣就是与这些专家学者们打交道,就是用自己的脚去丈量祖国的每一寸土地,去看东西半球各种令人叫绝的创意和设计,然后把这些形成文字。于是,我就看到这些文字发表在《新民晚报》《华建筑》《大视觉》及学校各种媒体上,日积月累竟然再次蔚成大观。我关注他的文字,阅读这些篇章,读着读着我也心由字引,神驰意往。

我知道,《新民晚报·国家艺术杂志》自 2005 年开始,在十余年的时间里,将报道始终对焦同济大学专家学者们的创新创造,这要感谢该报"国家艺术杂志"主编黄伟明先生,每周少则一篇,多时能有三篇,这样的版面、篇幅,我只能用"浓情深笃"来形容；十几年如一日，深入持久地刊发以"世博、上海、中国"创新发展为主题的文字，这就是政治意识，这就是胸怀国之大者。

需要指出的是，着眼艺术、基于新思想新观念而深入持久地报道同济营造、建成环境工作，对于一所以工程见长的学校来说意义重大，因为这所学校正在向世界一流大学迈进，可以说没有思想的砥砺、没有艺术的涵养滋润，大学也就很难有郁郁葱葱、活色生香的灵气和底蕴。

大家都知道，报刊文章难写。由于受到篇幅、格式、语言风格等等的限制，在限定的篇幅里要想表达出老建筑的意蕴、乡村的泥土香气、城市地空之人文艺术意味，并且让人乐于接受，最好还要难以忘怀，很难很难！但是，读着书里一篇篇的"格式文"，我却为其一语道破，常常言简意赅所折服，几句话奔入主题，一小段文字下来，介绍的对象便风姿摇曳，数分钟读完之后那"回甘"意犹未尽，这大概也就是报刊为文的一种境界吧，本书的作者做到了。

我也是他文章的忠实读者，每当我看到他条分缕析，娓娓道来，从观感到体验、到思想，是那样的细致入微、鞭辟入里、形象生动，我常常会心一笑于他笔触的优雅与深沉。

还记得，2014年普利兹克奖授予日本建筑师坂茂，这已是连续三年授予亚洲建筑师该奖项了，为何？作者分析说：

坂茂、伊东丰雄、王澍，从2012年到2014年连续斩获普利兹克奖。两位日本设计师，无论坂茂的纸管材料，还是伊东丰雄的极简主义和微调网格，都是从"人"出发，从人与自然环境的关系出发，而努力设计好的作品；中国的王澍，用旧砖旧瓦杂陈着围合出象山校区，用极先锋的创作手法叙述着悠久的中国式建造传统，他用中国建筑语言让传统在当代再生，从而赢得世界的点赞。

三人的成功之道也只能称为"各自成蹊"。但坂茂面对"您受到东方传统建筑、日本传统建筑风格的影响吗"的提问时，说"在审美意识上有潜移默化的影响""不过我没有刻意要建造日本式的东西或者模仿日本的样式"，他想做的是"为经历自然灾害后失去住所的人们设计一些更好的东西"，正如佛家人说的"悲悯情怀"；而王澍，要见的是那山那水那人的天人合一。

我们的建成环境，今后须更加关怀人、关怀普通人，关心普通人的生存环境，能让他们愉悦、颐养，能优雅、有品质地生活，这大概也就是普利兹克奖所倡导的。令人欣慰的是，作者敏锐地抓住了这一发力点。

类似的篇章书中还有很多，难以一一尽述。须指出的是，作者曾在 2017 年同济大学 110 周年校庆时，将报刊文字结集成《梓园新艺曲》，由同济大学出版社出版，那也是一本大部头著作，字数超过 120 万。

在 115 周年校庆之际，他再次缀珠成链、汇溪流成湖海，集成眼前这本大书，令人敬佩！我很乐意撰数语，以充序言。

上海市城市科学研究会首席研究员、（原）副理事长

2022 年 3 月 17 日

前言

这是继《梓园新艺曲》之后，再次结集出版的一部同济大学师生关于建成环境艺术的评论、报道集。

集子里收集了我在《新民晚报》《华建筑》《大视觉》及校内媒体发表的建成环境评论、报道叙事文字，总数超过百篇，内容包括评论、言论和深度报道。其中，评论和深度报道的内容篇幅、比重较大。

21世纪以来，我国进入中国特色社会主义新时代，尤其是党的十八大以来，以习近平同志为核心的党中央带领全党全国各族人民砥砺奋进、攻坚克难，推动中国这条巨轮始终风正帆扬，稳定向前。各类新思想、新观念，如：绿水青山就是金山银山；碳达峰碳中和；以"一带一路"高质量发展推动构建人类命运共同体；乡村兴则国家兴；人民城市人民建，人民城市为人民……正成为中华大地上的新时尚、人类社会的最强音。

这些年来，工程和人文关怀、艺术的关系越来越受到重视。西班牙人圣地亚哥·卡拉特拉瓦（Santiago Calatrava）那些造型奇特却又美感爆棚的设计作品，得益于他在工程设计中熔铸了"艺术即直觉，美即表现"的思想，驱使他总能跳出道德、理念和范式的藩篱，直奔情感：对人的关怀、对自然力的表现、对设计的表达，把意识流最终转换成眼前的美。上海的"一米花园"将原本相见不相识的邻居变成了社区花园里劳作的伙伴，孩童们的笑脸与花儿、谷儿、果儿一起绽放出时光的美好。各类人士进入原本常驻老人孩童的乡村，用规划、设计和艺术点亮一个个寂静的村庄，引来川流不息的农家乐/民宿爱好者……一项又一项更新工程里，越来越多地融入了社会、心理、游戏、艺术的因子，于是老街巷、小村庄被一个个唤醒，被注入活力，重新绽放精彩。

这些年来，中国的文化、艺术不断走向世界，中华文化越来越自信。我们首先看到的是，祖国山山水水的设计营造，传统文化、本土手段唱主角已是不二法门，乡土植物、本国材器在城市和乡村的品质提升中大放光彩，老屋修缮、老街更新，用中华文化去焕新老物成为大家自觉的选择；再者，以中国园林为代表的中国文化走向海外的步伐不断加快，中国学者不断加入到国际各类重要设计、营造活动中，展示奇思妙想、担纲导演主创，尽情展示中华风采、民族自信，如威尼斯双年展、北欧艺术展、卡塞尔文献展等，每一个国际大型活动都活跃着中国学者的身影，他们纷纷高唱"中国好声音"。

这些年来，人们对待自然，对待环境，对待身边的街坊、村庄，越来越理性，思考得越来越深沉。世博文化公园琢磨了十几年，才在 2021 年年底建成开放北区 85 公顷的面积；杨贵庆的黄岩乡村规划，伴随当地村民已近十年，如今他依然每隔十天半月去一次，陪伴当地村民描绘"美好生活"；还有，老建筑要重生，废弃数十年的老粮仓要变身，数百上千年的老街坊要更新，吊脚楼、溇港所在地区的生活品质要提升，人与自然怎样和谐相处，大家都在齐心协力：不着急，慢慢来，想好了再缓缓做。

同济人的这些思考、行动，长期以来以踔厉奋发的心去做细致入微的事，都一一记录在书中，如今汇成一炉，走过的岁月光亮如炬，结出的果实丰硕沉甸。

2005 年，同济大学在《新民晚报·国家艺术杂志》发表了第一篇评论性报道，在接下来的十几年里，陆续在这家媒体上发表了数百篇有关建筑环境艺术的评论报道。

早先的文字，已经结集成《梓园新艺曲》，记录了同济大学校园内的建筑，大礼堂、文远楼、综合楼、土木大楼；同济人参与的"国字号"工程，如上海中心、洋山深水港、江阴长江大桥、杭州湾大桥、港珠澳大桥等；还有老城改造，像外滩、弄堂石库门、犹太人纪念馆、老场坊、老工厂，乃至大江南北、长城内外的一个个老城、古镇，它们都在时光里凝固成同济与国家、与时代同行的铿锵足音。

2010 年上海世博会是同济人的一个高光时刻。从 2005 年到 2010 年，上海作为主办城市，所有关于"城市，让生活更美好"的努力，都化作了一座座场馆、一处处风景，在我们手里变得具体、真实且充满温情。那些年，《新民晚报》全面深入、细致同步地反映同济人的规划设计思想、工作以及世博城市、世博后的工作，内容之丰富、题材之广泛、报道之深入细致和持久，可谓是史无前例且很难再有后来者，刊发文章超过一百篇，并结集出版了一部《设计：世博城市》，收集四十余篇文字，于世博会开幕前夕出版。时任同济大学党委书记周家伦说："五年多来，同济大学的世博科研、规划和设计的专家们与《新民晚报·国家艺术杂志》

的负责人，以'艺术，让城市更美好'为主题，为上海市民策划、贡献了世博、城市、艺术、人文的精彩篇章。第一手资料、专业解读、多角度剖析，全方位展现了设计师、建设者、志愿者的各种畅想与理念、探索和实践。"翻阅 2010 年 1 月出版的这部书，当年访专家、走工地、看图样的情景依然历历在目。

随后，我们又发表了六七十篇同济人的世博文章，从理念解读、展示设计，到后世博工作，其中包括城市最佳实践区变身"城市客厅""全球创意工坊"，包括城市未来馆变身当代艺术馆，十六铺、徐汇滨江等的后世博创意故事，一所大学与一届世博会、一所著名学府与一个国家的发展进步被展现得淋漓尽致。令人欣慰的是，这些文字都收集在了《梓园新艺曲》一书中。在同济大学 110 周年校庆时此书被列入学校出版专项，结集问世。出版社的同志说：书已售罄。

今天，中国发展进入新时代，人民对美好生活的期待与向往比以往任何时期都更加强烈。无论是城市还是乡村，建成环境的品质开始跃升，环境对艺术的要求日趋强烈，艺术对环境品质的贡献指数便越来越高；建成环境的人文关怀、适老化要求越来越高；人与自然和谐相处、绿水青山的期望值越来越高。于是，在我们的城市里，住宅的艺术因子、公共建筑的人文品质、出行的愉悦感能否达标，就成为城市是否宜居、乡村能否留住乡愁的重要条件。近年来，我们借助学校的科研、学科建设力量，对国外建成环境、城市品质开展了持续而深度的观察和评论，对国内各城市的建成环境也给予了极大的关注。我们忠实地记录学者们奔波在大江南北、长城内外的一个个忙碌的身影，传达他们作品中所诠释的新时代之中国范儿；对建筑、标识、雕塑、流浪艺术家、传统艺术，乃至快闪、涂鸦，都一一关注。我们在歌颂真善美的同时，也对不善不美提出善意的批评、建议，我们希望建成环境的品质更好、更友善、更有品位，让人更加舒服愉悦。

这些文字合起来就成了眼前这部书，真所谓集腋成裘、确乎不易！但，这与同济人所做的杰出工作相比，依然是一粟与沧海之别，嗟乎大矣！

我们将继续努力！

程国政

2022 年 3 月 16 日

小区封闭 48 小时之寓所

其时，窗外所植盆栽，姹紫竞放

目录

上编　建成环境评论

14

下编　同济人的建成环境

上　　编

建成环境评论

文化动物 "趴窝" 的胜地

金秋时节，在上海的一次国际文化研讨会上，来自德国柏林赫尔梯
行政学院（Hertie School of Governance）的国际文化政策高级研
究员汉斯·格奥尔格·克诺普（Hans Georg Knopp）详细介绍了柏
林文化艺术现状。他说：柏林有着低廉的生活成本，它有历史但不
沉重、年轻但不轻浮、华贵但不奢侈、朴素但不简陋、纷繁但不凌乱，
是怀揣艺术梦想的年轻人、旅行者、诗人、艺术家等文化动物 "趴窝"
的胜地。

柏林街头创意 作者 摄

满街的涂鸦只是艺术范儿的冰山一角

你可能到过不少欧洲国家，都会发现满街的涂鸦，但你在柏林看到的涂鸦一定比在其他任何一座欧洲城市都多。柏林墙上，包括"兄弟之吻"在内都是涂鸦。不仅柏林墙，就连统一德国的"铁血宰相"俾斯麦，他在德国人心中可是地位崇高，但这并不妨碍文艺青年在易北河口他那大雕像的底座上涂鸦。

如今，这座矗立了一百多年的雕像又在计划修缮事宜，可是耗资650万欧元的庞大修缮计划并未涉及高大底座上的涂鸦。于是，我们在科隆市政厅广场、法兰克福的罗马广场，甚至是古堡中的小广场上看到行为艺术者、看到各种涂鸦，也就处之泰然了，仿佛已然阅尽沧海。

德国文化艺术政策，在柏林得到最为集中的体现：宽松、宽容、宽大为怀。柏林始终怀揣着"让人更多参与公共文化建设"的理念，并采取各种措施让基层民众参与进来。柏林的艺术发展目标就是要去衡量化，即"艺术去衡量化"，希望能够通过其他的一些方式来看待艺术，而不仅仅通过指标来进行衡量，也就是让艺术回归其本身。于是，宽松、宽容就是必要的了。

柏林是欧洲艺都的后起之秀

大家都知道，两德统一是1990年的事，而柏林重新成为德国政治中心（首都）则在1999年了。随后，伴随着一座座高大新颖的现代化建筑物拔地而起，雕塑、喷泉、花园纷纷建成，柏林的文化艺术也再度开始繁荣。但如何避免与伦敦、巴黎、巴塞罗那、罗马、威尼斯、佛罗伦萨这样的大都市"撞车"，如何另辟蹊径？

柏林在分裂时期是军事对峙的前线，也是艺术的"荒原"，于是统一后大量空置的房屋、相对低廉的房价就成了吸引人才的"吸盘"。但仅有低廉的房价还不够，柏林政府还在改造更多的公共设施，比如展览、画廊、创作工坊等，以便艺术家居住、创作、交流、交易艺术品；同时，还从教育、公共环境营造及经济手段刺激等方面培育、养护观众，比如艺术展、艺术交易的通票、免票等，让本就喜爱艺术的市民、游客、学生更好地接受熏陶；不断完善各种涉及艺术的法律；通过公共艺术基金等手段吸引国际艺术人才聚集到柏林，渐渐营造出国际化的艺术环境。

艺术家为什么要到柏林来，一个城市怎样滋养它的艺术家？柏林要打造国际艺术之都，公众的支持、整个民间的支持都是非常重要的，观众、艺术家还有城市政府组成一个联合体，共同打造柏林文化名片。贡布里希在《艺术的故事》中说，"没有所谓的艺术，只有艺术家"。这是非常重要的，这句话说明艺术是人创造的，是人的主动参与赋予了艺术意义。

柏林文化艺术环境的营造还要特别感谢建筑商。柏林老城的一栋老建筑，被中国香港的一个投资者部分购买了，他在和柏林政府谈的时候说，会保留房屋并改造成画廊，让它成为文化艺术家们的交流场所。现在，这家画廊已经是非常有名了，不仅政府官员，还有来自世界各地的人们——艺术家、批评家、学生，都爱到这里来喝咖啡、聊天，甚至晒太阳，讨论艺术，还讨论城市规划、文化发展规划，探讨如何使城市进一步发展等话题。

文化和艺术对城市复兴功不可没

坦率地说，1995 年以前，柏林还非常贫穷，是文化艺术的沙漠城市。1995 年开始，柏林投入 4 亿欧元，且每年增长 10%，今年（2015 年）的资助额达到了 10 亿欧元。资助对象不仅包括本土艺术家，还包括来自其他国家和地区的艺术家，中国、芬兰、非洲或是美国，他们只要在柏林，符合条件都可获得资助。评审只看重艺术的质量，不看背景。

正因如此，世界各地各种各样的艺术家都来了，音乐厅、画廊、文艺广场、街头艺术……每位独立艺术家、文艺青年都能很容易在柏林住下来（生活成本相对较低），找到创作的灵感和表现的舞台，因为这里有政府资金，还有各种民间基金的支持。在柏林，35% 的艺术家没有德国的护照，40% 的游客是德国之外的游客，文化活动必须具有当地特色和全球视野。比如柏林国际电影节，比利时的艺术总监、负责剧目的土耳其人、澳大利亚的文化主任一起工作，全球思维碰撞交融，国际化就自然而然了。

文化和艺术对城市复兴功不可没，但如果城市的主体——市民没有文化艺术素养，一切都是枉然。因此，柏林在进行文化艺术大都会建设之初，就把"培养我们的观众"列为重要议题。现在，柏林"博物馆长夜"已经举办了 34 届，包括柏林大教堂、德国历史博物馆、老国家美术馆等在内的 95 家艺术场馆参与活动，很多博物馆都是免费的，新锐博物馆像滑板博物馆今年也被吸引参与。参观免费，仅需付交通费，任意两个博物馆之间就有巴士接送。现在，"博物馆长夜"活动已经吸引了德国 120 个城市参与，成为德国重要的文化艺术旅游品牌。你想在德国清凉的夏夜体验晚上排队进入博物馆的感觉吗？那就到柏林来吧，开放到凌晨两三点。

柏林的每个孩子都要学习一件乐器，这是这座城市艺术计划的内容之一。学校征集好孩子们的意愿，艺术联合会免费给予资助，学了一段时间，就会组织他们到街头、音乐会或者集会上演奏，现在这种做法已经普及到德国全国，甚至影响了中国文化和旅游部。去年（2014年），柏林艺术节上，两万名非专业的古典乐或流行乐的演奏者参与其中，街头巷尾一时盛况空前；这次艺术节上，由200名学生演出的音乐节目精彩极了，他们都是普通学校的学生，与柏林爱乐乐团同台演出。市民成为艺术节的主角，城市文化艺术气息就会浓厚，生活品质自然就上去了。

题内话　　　　　　　　　　# 草根密 艺术甜

　　柏林当然是文化艺术的自由开放地带、自由空间。但为何短短20年就成为世界文化艺术大都会？我看，关键是营造文化艺术的土壤，不遗余力让其肥沃；养护市民艺术细胞，为城市艺术环境不断培育"负氧离子"：草根密，艺术的甘露自然就甜美。

　　得益于包括对亚文化开放措施等一系列好政策，柏林画廊与经纪人的数量与日俱增，博览会和双年展的阵容越来越强大。柏林有个米特区（Mitte），两德统一后，东柏林大量废弃建筑需要被重新规划，于是米特区被划分为艺术区，指定专人负责该区废弃空间的出租，"快来设计你的空间"成为当时世界上名头响亮的口号，好政策很快把米特区变成了世界上最重要的画廊区。

　　画廊的发展极大地推动了柏林成为艺术中心，许多国际知名的艺术家在柏林的画廊中做出了"美术馆"级别的展览。现在柏林集聚了太多世界各地的艺术家，至少在9500名以上。艺术土壤太肥沃，奇花异草冒出来的几率当然就大；艺术家纷纷出名了，柏林也就渐渐成为国际艺术中心了。

　　还有，各种各样的画廊展览、艺术博览、设计展，街头表演、街头涂鸦，加上完备的艺术教育，柏林的艺术气息一日浓于一日。有人统计，柏林仅画廊每年就吸引了超过百万的观众。柏林归来的驴友说："你可以在废旧纺织品工坊改造的小剧场里欣赏独立话剧，在旧厂房里逛逛烟雾缭绕的艺术跳蚤市场，在柏林爱乐音乐厅享受顶级的古典乐外加业内好评如潮的音乐厅室内设计，或是在古古怪怪的小酒馆里和三五好友小酌三杯。无论有钱与否，每个人都在这里能满满地安排出属于自己的文化盛宴。柏林电影节、时装周、各种大型展览，如果你恰好是个文化动物，那柏林真是个'趴窝'的好去处。"

　　接地气，草根密，文化艺术的苗儿肯定茁壮。

设计艺术为生活点睛

"iF 奖""红点奖"和"IDEA 奖（International Design Excellence Awards）"，是独领世界工业设计艺术潮流的三大奖项。近年来，在获奖作品中，我们开始见到越来越多中国设计师的名字。2015"IDEA 奖"评委之一格雷姆·斯坎内尔（Graham Scannell）先生，前段时间出现在 2015 年第 17 届中国国际工业博览会（简称"工博会"）上。参观完声势浩大的"工博会"，他表示：很期待中国设计更多地走到世界工业设计三大奖的聚光灯下。趁格雷姆先生在上海，我们与他当面聊起了设计艺术。

　　作为世界工业设计界著名三大奖项之一的"IDEA 奖"，其所走的路线不同于"iF 奖"和"红点奖"，其作品不仅包括工业产品，还包括包装、软件、展示设计、概念设计等，每年评委们都要从上万件参赛作品中挑选出一百件左右的优秀作品。"'IDEA 奖'共有三重使命：一是引导工业设计的发展方向；二是通过教育启发设计师设计理念，提升其职业素养；三是提升工业设计领域的水平和价值观。"格雷姆说。

　　相较而言，德国的"iF 奖"注重"产品整体品质"与"价值感"的平衡，大家称其为工业设计界的"金像奖"。另外一个奖项也在德国，叫"红点奖"。"德国这两个奖项侧重点不一样，'红点奖'侧重于设计师这个主体，'iF 奖'把焦点回归到厂商的身上，希望促进工业界与设计界之间的对话，使两者的价值互动交融。"格雷姆如数家珍。"iF 奖"延续德国工业设计包豪斯学院"形式追寻于功能"的传统，衡量时除了功能性、便利性、创新度、生产质量外，对产品的造型美感很是挑剔，也就是说"iF 奖"更重视某一产品的设计能否为工业界的未来指出方向。"与这两个奖项相比，'IDEA 奖'创办时间短，所以我们有更宽裕的审视距离来确定我们的定位，最终我们将'IDEA 奖'的侧重点放在'人性化设计'上，从现在这个奖项的影响力来看，当初的考量是对的。"他说。

我们再来看今年三大奖的作品，它们可以说是千姿百态，无不独具魅力。垃圾桶该是什么样子？获得今年"IDEA奖"的T2B垃圾桶由0.85公斤的废弃报纸制成。模具一压，四合扣一扣，它就可以在风里雨里稳稳站立6小时。清爽的棕色木纹，样子挺酷；价格还便宜，不足5美元，关键是对环境没有任何影响：它得奖了。"得奖的还有中国的'壹基金'的救灾帐篷，好处在于它在恶劣条件下能保持完好一年多，它安全、舒适、外观就像蟾宫里露营的蝉房，透着晶晶亮。"格雷姆对我竖起大拇指。还有如何保证视力受损的人们有尊严地吃饭？Tangi碗外观精美，一个汤碗和另外三个碗一字排开，就像打击乐器一般；碗的托盘内部由磁铁构成，相当稳固，外部不同的纹理可以轻松区分每个碗。

谈到"工博会"观感，格雷姆说："中国工业的设计水平很高，很多产品和艺术品的界限已经很模糊了，不少已经走到了世界的前沿。"格雷姆也谈道："中国的设计不少尝试着与传统文化结合起来，但要看对象。对象分为两类，一是产品本身，比如电视，现在基本上都是越薄越轻、屏幕越大越好，你安上一个中国结，它就不干净利落了（看来格雷姆研究过中国文化，知道的还不止中国结），可能出来的就是失败的产品。"

还有就是产品的消费对象，像茶杯、茶壶，我们把中国元素放到茶具设计上，西方人就不一定喜欢，因为它根本不清楚"隐居""清韵""君子"这些概念，所以你只管画些竹子、溪流、钓鱼的人，他们看到这些图案说不定就买了。"若是设计解析文化的手段太复杂，产品很可能就失败了，比如大红的色彩，西方人就不像中国人这样喜欢。"格雷姆说。

好的产品设计，抓住的是人的感受。感觉产品不好用，消费者就不会购买，因此设计者需要下大力气琢磨消费对象，研究他们现在在想什么、追求什么、喜欢什么。比如一件乡野趣味的产品，是和风吹拂的花田边，还是晴日微风的柳树下，或者硕果累累的藤架里，抑或池塘边嘎嘎叫唤的鹅群，要身临其境地去体会，然后设计合适的作品。"你在设计的过程中十分高兴愉悦，你的作品也就一定会把这种愉悦带给他们。"格雷姆说，"很高兴在'工博会'上看到不少这样的设计，很期待中国设计更多地走到世界工业设计三大奖的聚光灯下。"

为何设这三大奖？

三大设计奖，独领世界工业设计艺术的潮流，为何？

先从三大奖的诞生时间说起。"iF奖"最早，诞生于1954年的汉诺威工业设计论坛；

接着就是创办于 1955 年的"红点奖"，由德国诺德海姆威斯特法伦设计中心主办；"IDEA 奖"则是由美国《商业周刊》主办、美国工业设计师协会（IDSA）担任评审的工业设计竞赛，该奖项设立于 1979 年。三大奖项都是诞生于人类生活从追求数量到提升质量（品质）的转型时期。

正因为生活特质在悄悄地变化，三大奖设置的各种奖项、获奖的作品都和我们生活中的产品一模一样，日常所用就是评奖所关注的，关键是如何通过设计出奇出新，满足人们日益增长的美学需要，满足人们对生活品位的追求和个性化的趣味，比如"正是那几天，不喜欢冰冰凉的杯子，它是恰恰好的体感温度，我好愿意拿"，这就是设计的人性化和艺术真谛。

在"红点奖"的获奖作品中，这样人性化、小资化、小众化（私人订制级的）的作品有很多，像黑莓 Passport 的键盘触感顺滑到没事你就想去摸，就想去滑动操作一番，那种感觉就像是炎炎的夏日你到了竹海里的山泉边；还有它背部上扬的弧线，屏幕两侧平滑的弧线与机身巧妙地融为一体，不仅使用手感一流，拿出的瞬间也无比拉风。

现在，小资的人大多是环保的人，所以"红点奖"今年把设计奖颁给了雷蒙德（Raymond Lao）设计的竹制眼镜。竹子特有的木黄和纹路看着与自然很贴近，仅仅 2.3 毫米的厚度让它戴起来舒服，偶尔叼在嘴里帅呆了。不仅如此，它的连接处和镜架后部都是黑色的钛合金，很有古堡绅士的风范。

耍酷的还有 OM 遮阳伞。西班牙安德鲁—卡鲁拉工作室（Andreu Carulla Studio）设计的这款遮阳伞走黑而亮的路线，它撑开后就像是蝙蝠侠的翅膀。关键是，它可以随你的意愿，遮住你想遮挡的阳光，90°、180°，或者 270° 都可以。

生活的品质就在我们日常的轨迹里，所以"iF 奖"把眼光对焦到环境设计、展览设计，甚至有些猎奇的商店：一根根红线密密地垂下来，延展开，把你的视线缓缓地引向橱柜，白白的格子里摆的是玲珑而花样多多的鞋子，环境的颜色红得如火，墙壁橱柜白得如雪，鞋就在那润泽的"雪"里，你肯定会上前端详的；冰天雪地里、深蓝苍穹下，木纹斜撑沿着外檐廊道走着 V 字，里面透出早杏般青黄的光，你不想进去喝一杯？那可是热腾腾的咖啡哦！还有图书馆，这里台阶可坐，地板可卧，放眼望去，花花绿绿的书把白白的书架装扮得我也想去，就是远了点，它在巴西圣保罗，名叫"文化书店"（Livraria Cultura），完全颠覆了我脑海里关于书店的概念。

当然，生活品质提高，艺术扮演的角色越来越重要，但是如果我说冬天里我们一起去住冰雪旅馆，你哆嗦不？今年，瑞典的冰雪酒店套房就获得了"iF 奖"。纯粹用冰雪打造，一间套房用去数千吨冰雪，房间可能被打造成一头大象俯视着你的冰床；如果你难以入睡，房间里那些可爱的冰羊可供你"数羊"；当然还有帝国歌剧院模样的套房、爱情胶囊套房、罗密欧与朱丽叶套房……都是通过巧手幻化而出。每个房间都有门，豪华套房还有安全玻璃门、套间浴室（热水）和私人桑拿房。酒店里有数不清的手工水晶冰灯，甚至还配有教堂和酒吧，如果你够有勇气，还可以在这里喝到冰鸡尾酒、热甜红豆汁……各种稀奇的食物。只是你要尽快去，来年三月冰雪一化，人家就"我本洁来还洁去"了。

观点　　　　　　　　　　　　# 品位，是生长着的

　　"工博会"也有奖项，只是不像三大奖那样专注设计。三大奖的颁奖领域十分广泛，像"iF奖"类别就包括产品、传达、包装、室内建筑以及专业概念等五大项目，"红点奖"也有产品设计奖、传播设计奖及设计概念奖三大类，可谓包罗万象。

　　不仅如此，奖项设计者深深知道，人类的品位追求也是有历史的，如何将过往的品位拉到眼前？"红点奖"的颁奖地点永久设在艾森红点设计博物馆，在过去矿业同盟矿区中的巨大锅炉房内，在1928年的斑驳着铁锈的管道和铁柱中间，来自全球的人们感受那时的风景，享受着"红点之夜"的顶尖设计，然后众嘉宾端着红酒漫步在老厂房改造而来的展馆里，欣赏着历届得奖设计作品，它们摆在管道上、悬在半空中，五彩缤纷地装扮着老老的楼层、长廊：穿越？谁说不是亲历？一夜亲历60年。

　　我们在博物馆出口处，读着德国现代主义设计大师奥托·艾舍（Otl Aicher）的话："哲学和设计通向同一点，哲学在思想方，设计是在动手方。这点就是我们的世界处于被创造的状态，它被起草、被实现，我们只能从实践结果来判断我们是成功，还是不成功。"

　　日复一日、年复一年的设计艺术实践，铸就了品位的历史、生活艺术的长河，不是吗？

工程和艺术的距离究竟有多远?

2015 欧洲建筑设计者大奖获得者是圣地亚哥·卡拉特拉瓦。卡拉特拉瓦被称为"有远见的理论家、哲学家、工程艺术家",有的评委更是直截了当地称他为"建筑师、工程师、雕塑家和画家的综合体"。他用一件件艺术作品丈量工程与艺术的距离究竟有多远。

科班出身的卡拉特拉瓦是一位标准的专业人士,他的博士论文就是以"空间的可折叠性"作为话题。他成名于 1992 年西班牙塞维利亚世界博览会(简称"世博会")。当年西班牙选择在南方塞维利亚一个几乎被人遗忘的岛上举办"世博会",以期促进南方经济发展。当地政府决定造桥,造了好几座桥,但只有卡拉特拉瓦的"竖琴"成为经典。

这座阿拉米罗大桥是世界上最著名的无背索斜拉桥,整个桥梁没有一个桥墩,全长 200 米的桥身完全由一个 142 米高、倾斜约 58° 的斜拉梁拽住,梁上拴着 13 对钢链,远望近观整座大桥都像一把竖琴,典雅美观,气韵高妙。"技术是成熟的,如何去使用就是艺术活。"卡拉特拉瓦说。很多人可能不知道,在这座鬼斧神工的大桥设计方案中还有一座相对而立的姊妹桥,也就是说"竖琴"边上还有一把"竖琴",但为了压缩开支,建设时给省了:现在的不平衡,反而成就了它的完美。

从那以后,卡拉特拉瓦开始爆发,巴塞罗那罗达桥、卢斯坦尼亚大桥,大都像竖琴模样；但到他设计毕尔巴鄂人行桥 (Zubizuri-Pasarela Calatrava) 时，竖琴就变成了射大雕的弯弓。你如果站在桥面作拈弓搭箭状，仿佛就可以对着苍穹射天狼；入夜，桥环境中橘红、粉白、浅蓝杂拌的灯光揉碎了一河碧水，十分好看。当地人把他的名字也嵌入桥梁名号中，是感谢还是借名？ 2009 年他为爱尔兰首都都柏林设计塞缪尔·贝克特（Samuel Beckett）桥时，这张弓已经只需一半了，拽着 25 根钢索，如凌波王子般优雅地停在如镜的水面上方。你可能不知道，这座桥还能动：一旦船舶经过，他会谦逊地旋转 90°。还有阿根廷的女人桥，优雅上翘的悬臂宛如女人微微翘起的小拇指，有人说这是将运动建筑的理念融入了设计。

除了大量的桥梁设计，卡拉特拉瓦还有许多建筑作品，新近的就是纽约世贸中心交通枢纽，往前数有巴伦西亚科学城、厄恩斯汀仓库、科威特博览中心、桑迪加航空港、巴塞罗那蒙特胡依克电信塔，还有瑞典马尔默的扭转大厦。

就说纽约的这处交通枢纽吧，卡氏说，玻璃与钢无支撑建筑结构的设计灵感来源于一幅"儿童手中放飞的鸟"的绘画。巴伦西亚艺术与科学城由天文馆、科学馆、歌剧院组成，水光天色就跳动在它们围合的区域内。天文馆宛如一只"大眼睛"：透明的拱罩就是眼帘，对着水面的是一扇自如开合的门，随着它一开一合，里面的球形天文馆随之现与隐。"站在浅水池对面看它，这只大眼睛水汪汪的！"驴友们惊呼。

这里得说说扭转大厦的设计，就在瑞典马尔默。这座大楼外形十分简洁，形如雕塑，材料也是钢铁和混凝土，沿袭着卡氏一贯的风格，但就是这样一栋外表普普通通的大楼却被业内专家称为"颠覆惯性思维，设计超越了工程学的局限"，因为它会转。怎么转法？卡拉特拉瓦说，"设计灵感来自一件大理石的雕刻，名为'旋转的艺术'，表达出一种有机的、人文的精神"。扭转大厦由 9 个立方体（每个立方体包含 5 层楼面）组成，立方体互相交错，所以造成了结构扭曲。大厦至今已获奖无数，也为马尔默"零排放"城市愿景的实现立下汗马功劳。

题内话　　　　　　　　**当艺术的光照进了技术的田**

工程与建筑设计，向来都是严谨到一丝不苟的技术，正所谓人命关天，不可造次。

但卡拉特拉瓦偏偏研究空间的可折叠性，当空间从三维变为二维，进而变成一维，设计师的观察、思想就变得奇妙起来。"当创作过程从单一的目标体渐渐演变成复杂的空间结构时，建筑建构的各种可能性、空间的各种联系，最后可能就变成了我们最欣赏的那一种。"卡氏如是说。

他酷爱自然、崇尚人体，一只昆虫、一件雕塑，甚至一幅儿童画，都能让他汲取灵感。真正的艺术品不需要借着深奥的理论来证明，也不必是某种推理的结果……他认为"艺术即直觉，美即表现"，所以他的作品里灵感总是能跳出道德、理念和范式的藩篱，直奔情感：对人的关怀、对自然力的表现、对设计的表达，完美的创作就是把你的意识流转换成眼中的美。

于是，看着他的作品，我们仿佛感觉它们也在呼吸、说话，也在喜怒哀乐。设计师们，像卡氏一样赋予作品生命吧。

专家评论   **完美的创作是把意识流转换成美**

纳基维奇·莱恩（*Narkiewicz–Laine*）：芝加哥雅典娜神庙博物馆专家，2015 欧洲建筑设计者大奖评委

"他让建筑设计变成了诗，成为美妙的音乐。"这是近年来大家欣赏卡拉特拉瓦设计作品时常有的赞叹。

1951 年卡拉特拉瓦出生于西班牙瓦伦西亚的贝尼马米特（Benimamet），8 岁入校学美术，14 岁时被母亲送到巴黎学法语，17 岁到苏黎世学习德语，然后回到瓦伦西亚理工大学学习建筑，他涉足建筑与城市设计是从苏黎世开始的。1979 年，他开始在苏黎世联邦理工学院担任静力学、建造学和空气动力学等课程的助教，同时开始其博士论文《论空间结构的可折叠性》的研究。

卡拉特拉瓦的设计艺术思想形成有其独特原因，首先是地中海的阳光养成了西班牙人浪漫、奔放、自由、大胆的风格，西班牙曾涌现出毕加索、达利、高迪等人物。卡拉特拉瓦所学的建筑学课程中有一项技能训练——五点训练法，要求学生在五点内画出一个人形，即如何在限定的范围内合理安排人体结构。这项既需要细心观察，又需要大胆想象的训练，卡拉特拉瓦现在还经常提起，这是很美好的回忆。

最近，圣家族教堂终于因为勤劳中国人的加入即将竣工了。这座修了 100 多年的大教堂的建筑师叫高迪，他把直觉、艺术、感性和哲学熔为一炉，在哥特式空间里追寻自然的节奏和韵律，教堂所呈现出来的自然性、隐喻性与溯源性，和形而上神学观杂糅并浑然一体，它的美让人深深震撼。卡拉特拉瓦说："高迪是我唯一的老师。我对自然及这个世界的观点就是建立在次序观上，自然界永远能够产生新的解决办法……高迪用他特有的方式将自然反映在作品中。我则爱好几何图形，表现重量感和力感的结构体。"

正因如此，卡拉特拉瓦让桥、车站、民用建筑……几乎件件都成了雕塑，成了大地艺术作品，他也因此成为世界十大建筑师之一。

他让桥从纯粹的力学结构中散发出优雅的动态美感，他的作品甚至引发了关于桥梁设计、公共建筑设计的反思浪潮。他在吃透技术原理之后，将艺术化的结构作为自己情感表达的方式，常常采用雕塑形态让作品表达自己的灵感，激发观者的审美愉悦。如果说，他早期还是注重形式上的真诚，如阿拉米罗大桥和毕尔巴鄂人行桥，到了塞缪尔·贝克特桥、女人桥时期，结构已经成为他美学观念的表达符号，并且越来越精致：他创造的美是我们这个时代的幸运。

我要说的是，卡拉特拉瓦的品位正是从自然中得来的，鸟的翅膀、忽闪的眼睛、扭动的腰肢……空间在他手里变得可折叠。

当环境美成为主角时

——地铁艺术发展史可这样抒写

地铁 12、13 号线的开通，让大都市上海成为城市单一轨道系统的世界第一。上海地铁早已超越了功能第一的时代，而今地铁环境也远比当初1、2 号线舒适惬意。随着今天城市品质、人的品位不断提升，上海地铁环境艺术水准是否也在不断提升呢？

上海地铁 17 号线站内装饰　作者 摄

抬脚走进地下　来场穿越之旅

暖阳高照的冬日，我们经由 1 号线进入 13 号线，立刻穿越了两个时代：一个是空间逼仄、光线灰旧，一个则是干净宽敞、照明怡人。上海城市科学研究会副会长束昱教授告诉我们，这些年上海地铁建设取得了长足的进步，已经从满足功能需求上升到营造美好地铁环境艺术的层次了。

这从大家对地铁的昵称就可以看出端倪，比如 1 号线是"根正苗红老黄牛"，因为它是上海的第一条地铁，连接了上海火车站、人民广场、上海南站，跨越宝山、闸北、黄浦、徐汇、闵行，最繁忙；2 号线名叫"人气王"，乘飞机坐火车它最方便。到后来，就有了 11 号梦幻线（通往迪士尼），郊游快线 9、16 号线，小资 10 号线等称呼，是不是很萌、很个性、很订制呢？

地铁功能不断优化，地铁环境当然也要跟着靓丽起来才对。

因为地铁总不如地面，没有阳光、绿色，空间狭小，人很容易产生疲劳不适感，所以用艺术来装扮地铁环境就成为必然。

于是，当年 1 号线一开通就出现了上海体育馆站以体育运动为主题的《生命的旋律》、陕西路站的《祖国颂》等画作。说实话这些壁画至今我也没见过真容，小，不好找，就连人民广场的《万国建筑博览》，我也是在听说后专门去寻找，费尽周折后才看到的。那时的环境艺术还停留在"对应地域特征来一幅画"的层次上，谈不上统一的环境设计和统一的主题统领，更谈不上统一的表现手段：用艺术提升环境品质缺乏通盘思考。

到了第二条地铁线，环境艺术策划者就开始尝试整条线突出一个主题——上海历史元素，但表现手段依然是壁画、浅浮雕等，挂在墙上装点环境。束昱说，很长一段时间里，艺术与环境处于分离、贴附和若即若离的状态中，"我是艺术，你是环境""我来美化你，升华你"，就像油和水，也像博物馆模式。

你喧嚣我独静　主角已"换人"

看了 12、13 号线，我们欣喜地发现，今天的地铁，环境成了艺术的主角儿。

虽然 13 号线淮海中路站百余米长的"老上海图片墙"景观通道，还是主打照片，但照片组成的景观廊道一下子就让我们穿越到当年的"魔都"，"很震撼""看着看着就忘我啦"，行人都这样说。走进江宁路站站厅，一幅场面宏大、具有互动性的画作迎面而来，它是一幅长 24 米、高 2.7 米的铝板彩色喷绘巨幅山水画，画上用景德镇彩陶塑造出立体山峦。青黛相映、云雾缥缈的山水间，乌篷、钓竿的独钓渔翁，坐于扁舟之上垂钓的日子，画面流泻出"江山宁和"的韵味：任你喧嚣我独静。如果我告诉你，这处车站地面的清水泥宛如一泓"小石历历可数"的清水，这上面就是玉佛寺，你一定会惊呼："哦，原来这样！"

在 12 号线汉中路站的"魔法森林"中，环境就是一件艺术品了。扑闪扑闪的蝴蝶，成群成列地飞翔在整面墙上，游动在粗大、茂密的树林里。达人说，这是模拟"丁达尔效应"。丁达尔效应就是光的散射现象或称乳光现象，柱内的蝴蝶就是这样闪出的。一到 13 号线自然博物馆站站厅，海浪还有鱼群，哗啦啦、轰隆隆，如箭如梭满墙满顶，呼啸而去；再往前走，一条巨大无比的鲸，分明在那里游动，你仿佛一下子随它进入无边的海洋。还有新天地站的老砖在讲着天地穿越的故事，1 号线与 12 号线接驳处的一个个奶白玉润的大大小小圆圈，仔细看，里面是一幅幅老照片，它们共同绘成了当年 1 号线建设时那激情如火的流金岁月：艺术墙的洁白照进了历史的峥嵘。

题内话　　　　　　　**全民总动员**

欣喜地发现，上海地铁环境艺术一路走来，从当年的点缀，到今天的环境被作为艺术表达的主场、作为艺术表达的主角，当初作为画布的地下环境变成了今天环境艺术的"男／女一号"：当环境成为主角后，地下环境焉能不高大上？让人流连忘返，不想回到地面也就成了必然。

忽然想到并念念不忘，可否来一场地铁环境艺术的全民总动员？上海地铁要向运营里程 800 公里迈进，2040 年更是要打造由区域城际铁路、轨道快线、城市轨道、中低运量轨道构成的强大轨交系统。我们的环境艺术题材、手段总会有不敷使用的那一天。"高手在民间"，向民间要智慧，呼唤民间达人参与艺术创意，绘画、雕塑、照片、工艺品，哪怕是专设一面墙、一段路，把他们的手印、脚印"模"上去，再来一个个性化签名。有了个性化订制艺术，地铁环境和市民肯定建立起了鱼水联系，他们的子孙、亲戚就在这座城市多了一处个性化的景点：这是我家××的脚印、手印。于是，他们立刻都跟着高大上起来、身轻体健起来。

全民总动员，更会为我们的地铁环境艺术注入新的活力，地铁环境艺术发展史必然会翻开崭新的篇章。"追求卓越的全球城市，建设创新之城、生态之城、人文之城"就多了一条路径。

快闪到来时，生活顿时变艺术

"暮景斜芳殿，年华丽绮宫。寒辞去冬雪，暖带入春风。阶馥舒梅素，盘花卷烛红。共欢新故岁，迎送一宵中。"今年春节前夕，虹桥机场航站楼内，一阵古筝琴音响起，人群中立刻走出一群蓝、红、白学生装的清丽女生，朗诵李世民的这首《守岁》。原本熙熙攘攘、人来人往的大厅立刻安静下来：人们猝不及防，气氛反差太大！被"快闪"艺术撞了腰的归乡游子们纷纷拿起手机。

机场快闪："魔都"里泛起的一朵浪花

机场的这次"快闪"活动是由上海社会事业学校的同学们主导的，他们在悠扬又略带点苍凉的琴声伴奏中，朗诵了《守岁》《游子吟》《春日》《念奴娇·赤壁怀古》等经典诗词，"慈母手中线，游子身上衣。临行密密缝，意恐迟迟归"……能看见有人悄悄地抹眼睛。

这次诗词吟诵"快闪"只是上海近年来"快闪"活动中的一个小小浪花。自从"快闪"艺术进入上海后，都市里的年轻人立刻将其烘焙至入化的境界。还记得2010年吴江路上的那次"快闪"吗？一个普普通通的夏日，在一条吃货们云集的街上，原本大家各忙各的、各美各的，忽然一阵音乐响起，年轻人开始神采飞扬地甩头摆臀，跳起街舞来，一个、两个、三个，渐渐地一群人和着节奏跳跃腾挪，街面为之激扬，仿佛跟着翻腾。街上的人们不论肤色、不论长幼，都跟着眉飞色舞起来，跟着扭身挥手起来，街活了、火了，一色地被欢乐包裹着。

后来，一位"快闪"大咖将这段《百人横扫吴江路》剪辑编辑成了电影，网民疯狂点击 300 万次，这个数字现在还在往上蹿。

从那以后，"快闪"就在上海的闹市、商场、机场、火车站、地铁里不断上演，年轻人用这种不请自来、忽剌剌快如风的形式问候生活、点亮城市空间。

源于纽约：灿烂于中国　增添正能量

"快闪"是指许多人同时出现在同一个地点，出人意料地唱歌、跳舞、展示，通常伴有音乐。

2000 年 3 月，纽约曼哈顿时代广场玩具反斗城里，一个名叫比尔的人带领着 400 多人朝拜一条机械恐龙，5 分钟后众人突然迅速离去，扔下一群惊且喜、一色蒙了的观众。人类首次"快闪"颇有搞笑、膜拜意味，"快闪族"于是遍布世界。

意大利罗马人的"假装买书"：300 人同时蜂拥到了一家图书馆，查询一些根本不存在的书，时间一到，他们一同拍手 15 秒后迅速散去；加拿大多伦多年轻人在商场里扮成青蛙蹦蹦跳跳，柏林闹市街头 40 多人突然张伞跳高；而英国的"家具店聚会"快闪就属恶作剧了：2011 年 8 月 7 日晚，伦敦城里，约 200 人到了一间家具店，一批接一批在手机通话中称赞店内家具，该店经理心头大喜、热情非常，可是人们却在他大喜过望时迅速消失在茫茫夜色中。

而中国"快闪"，诙谐、幽默和热烈气氛之中一直传达的是满满的正能量。

各出奇招：主题鲜明　"闪"出新名堂

香港最先"快闪"。2003 年 8 月，一位十来岁的小孩居然发起"快闪"：他约人一起到旺角一间电器店买游戏机（该店不卖游戏机），集体拍手叫好后各自离开。可是时间到了，来店里的只有那名小孩：有些悲催。但随后的 8 月 22 日，一群外籍人士突然在铜锣湾时代广场的麦当劳，集体举起纸巾，大跳芭蕾舞，一分钟后四散离开。该行动被称为全港首个成功的"快闪"。

"快闪"如今已在上海、北京、成都、西安、武汉、广州蔚成大观。一色的年轻人，全在公共场合，全是出其不意的时刻，全是有备而来，玩的都是行为艺术，卖的都是勾起您发自内心的惊喜和忙不迭地"拍拍拍"。

上海的公众场合先后上演了"七夕情人节求婚""春节回家——虹桥火车站""欢

迎回来——浦东国际机场""云办公，微软随我行"等主题鲜明的"快闪"。最为称道的当然是"英雄惊现新天地"：先将一只空的水瓶丢到垃圾桶边，然后一群人坐在四下凳子上，看来来往往的人们谁捡起来并丢到垃圾桶里。等了很久，一位脚步匆匆的年轻人拾起了它！于是，大家一拥而上，开始欢呼、庆祝"英雄"现身并快闪。

题内话　　　　　　　　　**城市需要活力**

　　"快闪"当然是艺术，一种大家喜闻乐见、年轻人参与度高的艺术行为。它不需要多高的艺术涵养，只需要突破的勇气和团队的精神。

　　我们的城市很忙，我们的城市很累，甚至有些疲惫，我们需要眼前一亮且欢乐活泼的因子——"快闪"就是。

　　我要说的是，"快闪"是年轻人的艺术，但又不是年轻所专有，城市里的大爷大妈完全可以参与，形式不拘，只要具备：同一时间、同一地点、一群不相识的人突然出现，用你的快乐和活力感染并荡漾开大家的脸庞，就够了；就像广场舞。

　　有人说，"快闪族"是忙碌都市里的一朵快乐的浪花，是都市人身边不请自来的一个善意的玩笑，它是平静生活中突然响起的悠扬旋律和浪漫音符，不期而遇的人们不由分说地被惊喜、温暖和快乐撞了腰：平淡瞬间荡尽，品质生活、艺术指数齐齐爆棚。

　　城市欢迎更多正能量的"快闪"。

蓝海里的中国艺术很酷很帅

2016 年 3 月 10 日，纽约亚洲艺术周开幕；3 月 24 日，第四届巴塞尔艺术展香港展会也将拉开帷幕。最近几年，艺术界劲吹亚洲风、中国风，展会、艺术节、拍卖会……中国艺术家纷纷成为国际艺术舞台上最亮的那道彩虹。

如果把国际艺术界称为"艺术蓝海"的话，2016 年的头几个月，海外中国艺事很热闹。

最为宏大的当然还是今年春节在纽约举办的"欢乐春节——艺术中国汇"。帝国大厦的灯光艺术汇、绚烂的焰火汇演、原汁原味的中国民俗，耀眼的当然还是"首届纽约国际艺术与创意博览会"。

2 月 6 日，博览会的公共艺术展、中美艺术高校联盟展、当代艺术馆、创意设计馆、城市文化馆、公共论坛及欢乐中国年七大板块，把占地 6000 余平方米的贾维茨博览馆塞得五彩缤纷，1200 多件中美艺术家作品汇聚于此，从绘画作品到雕塑、装置，从传统中国手卷到互动新媒体体验，在这个不分国界的艺术世界中尝试"用艺术理解中国"。姜杰、段海康、潘公凯、苏新平、洪凌等当代艺术大咖们都来了，当代艺术馆根据绘画、雕塑、影像、互动艺术等艺术形式分为"新青年艺术展""心河之游：中国当代艺术七人展"和"观——中国水墨艺术展"等。两国年轻的艺术专业人士也很投入地在现场切磋艺事、交流学艺心得。

近年来，中国艺术家走向蓝海已成潮流，国际大展和顶级画廊里，随时都能碰见用汉语交流的中国艺术家。

去年（2015年）的威尼斯双年展（世界三大艺术展之一）上，中国艺术家挑了大梁。主题展是该展览中的重头戏，向来被视作艺术趋势的风向标，中国艺术家一次就入选了四位，他们是徐冰、邱志杰、季大纯、曹斐。徐冰的《凤凰》被总策展人奥奎称为"更凶悍，更有危机感"，那只硕大无比的凤凰装置吊装动用了起重机。

双年展中还有平行展、国家馆等展览形式，中国人参与得就更广、更深入了。有的国家馆几乎成了中国艺术家专场，从夏天到深秋，中国人、中国声音回荡在威尼斯的大街小巷。

在纽约这座"世界艺术之都"里，画廊无数，艺术馆极多，虽然目前还是欧美艺术家的作品当家，但随着中国的声音越来越响，纽约艺术市场中"中国"的分量越来越重。佩斯画廊，圈内的人都知道，修饰它的常常是"一流画廊""典范意义""风向标""巨头"这些词语，它在全球拥有7个空间，其中一个在北京。佩斯画廊是亚洲艺术的坚定支持者，张晓刚、岳敏君、张洹、宋冬等的作品都被画廊收入囊中，它常常在纽约为其代理的中国艺术家举办个展。

喜人的是，中国艺术家们来到海外的规模越来越大、批次越来越多、频率越来越密。法兰克福、伦敦、柏林、悉尼，艺术展、双年展、博览会，甚至书展，成群的中国艺术家走向世界，他们试图通过"传统的复活"来阐释中国当代艺术。一时间，纽约著名的军械库被艺术填满，空气里弥漫着的都是强劲的"中国味道"。这不，旧金山亚洲艺术博物馆即将再建一座面积超过1000平方米的新馆。"亚洲艺术是一片沃土"，该馆发言人表示。

声音　　　　　　　　　　　**很乐意为东方美学点赞**

黄伟明：艺术杂志主编、艺术家，长期从事油画艺术创作，尝试各种材质的艺术表达

随着中国的崛起，中国艺术走向伦敦、纽约、柏林、巴黎，是一件十分自然的事情。因为历史上东方美学就是很庞大的系统，而不是世界艺术的填充和补位，这一点我在《蒙古的时代：元朝的视觉文化》就有论述。

"85新潮艺术"以来，中国当代艺术家以介入现实的批判精神，传承老一辈艺术家的理想主义和英雄主义情怀，在作品中表达自我真实和心性真诚的诉求。他们的作品以各种不同的形式，表达着对人生存状况的关注、对人性的思考，作品里弥漫着极具个性化、差异化和原创精神的视觉讲述。用现在中国流行的一句话，叫"满满的正能量"。

不仅如此，他们中的许多人都在院校中受过系统、良好的传统文化艺术教育，同样清

晰地知晓西方艺术的发展脉络，他们大都具有独立判断、独立精神，用平视的、友善的眼光审视东西方艺术，有自己的独到的感悟。

我看了徐龙森在比利时皇家大法院的展览，那些气势宏大、如烟似雾的山水，从屋顶垂到地面，还拖出去好长一截，我一下子就理解了中国人心中的"山不厌高"，而这次画展的题目就叫"山不厌高"：中国艺术总能给人意犹未尽的感觉，画里画外都有味道，很奇妙。我觉得，徐龙森作品里的山水已经不是传统的山水了，另外，他的山水与公共空间的关系也很令人着迷。

去年纽约军械库的艺术展我也去看了，里面展示的作品好多来自我很熟悉的中国艺术家：季大纯、赵要、王鲁炎、徐震、陈彧凡、黄锐、王克平、梁硕，等等。我跟一位中国画廊的主人聊起来，他也谈道：国家强大，文化艺术必受关注。正因为如此，威尼斯双年展、纽约大都会博物馆"新水墨"、军械库艺术展，中国当代艺术家频繁地、成批地走向世界。

我觉得中国艺术走向世界舞台中心势不可挡，所以我也着手策展中国艺术家，通过自己的方式把他们推向世界艺术舞台，像丁乙艺术展就是一例。我认为艺术家就像这个时代的通灵人，察觉到存于世界与社会中的诸多图案、趋势和变革，制造出新的绘画语言形式，将其转译并纳入广义的文化讨论中，启示我们观察和面对不断涌现的人文概念和价值，而丁乙正是这样的艺术家。

时至今日，我还对徐龙森的山水在伦敦亚非学院的展出记忆犹新，被山水包裹着的中国馆让人仿佛回到了元朝赵孟頫时代；那次，我们学院还邀请了 29 位来自大英博物馆、牛津大学、哈佛大学等的艺术史研究专家，在学院大报告厅里举办中国艺术家国际研讨会。我们欢迎中国艺术早日走到世界舞台的中央，也很愿意为这种趋势出点力。

微公益，让艺术升华城市的温度

2016 年 1 月 3 日，"微公益　我乐行"上海市大学生公益广告大赛颁
奖仪式在同济大学举行。研读获奖名单我们发现，上海高校学子们普遍
将目光瞄准了当今城市及人类所面临的重大问题，可谓是微公益、大道
义，其设计的艺术性及美学价值也可圈可点。"微公益　我乐行"是一
项全城大学生的艺术行动。

　　2015 年年初，上海市有关部门就向全市大学生发出号召，以文化人、以德润心、以
艺养人，让大家积极加入到社会公益广告的创作中来，发挥年轻人传播先进文化、引领
社会文明风尚的先锋作用。

　　倡议一出，上海市高校大学生响应者众，上海工艺美术职业学院、上海理工大学、
上海师范大学、同济大学、上海应用技术学院……大家纷纷拿起手中的笔，向我们生活中、
人类族群中的种种陋习吹响讽刺批判的进军号："没有买卖就没有杀害""低头族""你
求神保佑，象求谁保佑？""关爱退役运动员""低碳出行""食品安全"……你在生
活中常见、常听说的话题都成了工艺设计的内容。"谁说'90 后'只顾自己？他们分明
是有理想、有大志、精力充沛的艺术生力军！"评委们纷纷表示。

他们都关注啥

　　阿尔茨海默病患者，可能很多人都不知道这个名词，但有同学以此为题进行艺术创
作："他们只是忘记了一些小事。"画面上一把钥匙一间房子，一边淡绿一边米黄绿，
钥匙在这边房子在那边："你可能只忘记了钥匙，但他们忘记了回家的路。"还有一幅，

一边是深紫，一边是淡紫；这边是生日蛋糕，那边是一家四口："你可能忘记了一次生日，但他们忘记了至亲的脸庞。"设计者、上海外国语大学学生梁好说，"到 2030 年全球将有 6570 万名阿尔茨海默病患者"。看着这些画面，读着这些话语，我们心头那块最柔软的部分被拨动，温暖刹那间如潮水冲顶。画面很简单很清爽，色彩也很美很警醒，但我要告诉你，这件作品获得的只是三等奖。

"同学们关注的对象十分广泛，有城市话题，有农村话题，更多的是人类所面临的共同课题。"评委们介绍。"我是房东，我在外地，把房租打到我爱人这个卡上""你有社保补贴金未领取"……这样的短信想必您也碰到过，作者将它们写成一个"欺"字，黑底浮图，仿佛层层黑幕由深入浅浮出水面，看着立刻瘆得慌。很漂亮的沙皮狗，静静地躺在那里，定睛仔细看，碎瓷一地，原来设计者要表现的是"街头的它们，脆弱到你无法想象"，因此"如果你爱它，请不要抛弃它"。看得我心有戚戚意难平。

还有"闲言碎语"，看着作品里那些千奇百怪的表情、千奇百怪的嘴型，还有千奇百怪的手势身姿，嘈杂闹心到你头皮发麻；如果有一天，我们说的"年轮"是纸一圈圈围成的，如果我们眼里的木桩也是纸做的，我们的世界是多么的不堪：虽然这些作品的表达有些直白和简单，但浸润其中的悲悯情怀却让人久久难以挪动脚步。

他们为何能获大奖

"由于这次参赛情况超出预期，参与角逐的作品十分丰富，二等奖以上的设计应该说都是社会价值和艺术表达较为出色的。"评委们表示。

大家都知道老鼠爱大米，不是有一首歌这样唱："我爱你，爱着你，就像老鼠爱大米。"但最近老鼠见到大米绕道走了，为什么？设计者说："什么？！老鼠拒绝美食？"木纹板上，老鼠的脚印顺着大米、青豆和红豆绕过去了，原来"你们的食品不安全"，灵敏的老鼠成了食品安全员了。机智的画面还有蚂蚁绕开鲜艳的饼干走了：老鼠、蚂蚁都知道，人为何还在继续作恶？！二维码绘成的猪、奶瓶和辣椒，那是想告诉你溯源是食品安全的基本要求；鲸的尾巴变身成了扫把，它在清扫被人污染的海洋；还有充满年画感和浓烈喜感的"蓬勃新希望"，虽然城市给人的烦恼很多，但毕竟城市是我们的家园，是社会进步的发动机，这个家园还是生机盎然、活力四射的。

最让人揪心的是大象的生存，作者让象牙一头是精雕细刻的耶稣、观音，另一头是大象的嘴，你注意了大象那绝望的眼神吗？作品创意可谓有如神助的灵感大爆发。

最近，电视上报道浙江一外来务工女子回家路上低头玩手机，不慎坠入河中溺亡，而同济大学这位同学设计的"低头族"，上百人身姿、表情一致，在专心玩着手机，旁边的老人没有一人去理睬：你对家中老人是否这样？同济大学安星旭同学说："还有人需要你的关爱。""这两件作品获奖，应该说是实至名归。"

评委点评，微公益、大主题，"大主题更要春风化雨般的艺术表达方式"。

专家观点

青春城市，我们如何担当

周宏武：长期从事大学生公共艺术赛事组织、评比工作，深谙公共艺术之道

城市无疑是当今文明的精华所在，年轻人走进城市接受熏陶，再自然不过了。

古代中国，有鸿儒大德的地方就是文化种子所在，所以朱熹的考亭书院、胡瑗的湖州州学、司马光的独乐园都为今人津津乐道，因为它们都在中华文明史上留下精彩的篇章，它们大多不在当时的大都要津；赵孟頫也是在出仕退隐之间翩然有"吴兴山水清远"，并赫然别立一派。那时，文化艺术随人转，大儒在哪儿，境界品位与担当就在哪儿。

今天，城市已经成为文化艺术的不二大容器，古人那时的口耳相传已不是唯一方式了，归老乡里成为文化的种子也是相当遥远的记忆了，因此年轻人到城市就成为必然选择。现代文明的飞速发展，让我们的城市越来越高大上，手机、相机、电脑……你能想得到的，都能买得到，于是，微信、视频、PS，一切你想表达的都变得随心所欲。可正因为随心所欲，艺术离我们愈行愈远。因为我们有太方便的手段：拍。课堂上，笔记不用抄了，拍；艺术馆里，画儿不用临摹了，拍……

荷兰国家博物馆最近推出的一项新规颇有意思：博物馆入口处一块硕大的标牌，上面一个黑色的相机镜头，镜头上打着一个红色的、大大的叉。走进博物馆，大门内侧两边有志愿者为你免费发放铅笔和画本，写着："当你绘画的时候，你可以看到更多。"馆长维姆·皮哲比思告诉我们："在忙碌的生活中，我们难以看到事物有多么美，因为我们忘记了如何近距离观察。很多参观者在博物馆里只是习惯于拍照，根本无暇去留意艺术品本身的内涵。我们这样做，就是要人们放下相机、收起手机。当你动笔在纸上画的时候，便可更加专注，你离艺术就更近一些。"

我们的"微公益"参赛者也一样，用艺术的方式思考社会、城市问题，他们的想法更细腻、更深入，于是一、二等奖作品就让我们首先被吸引，然后去思考：艺术，让年轻人的担当更细腻、更有温度、更有品位。

我拿什么留住你？

——姜锡祥摄影作品印象

看着摄影家姜锡祥先生的一张张精美照片，想起随着他一起在上海东北一隅的高桥老镇溜达闲逛的日子。印象最深的就是在那个太阳慵懒的下午，一个勤奋的小人和那只好奇的小狗。那一刻，粉墙黛瓦观音墙的古镇仿佛凝固在"唐时明月宋时风"里，但钢腿小桌和它上面的文具盒分明告诉我们：这是 2010 年的沪上小镇。

突然想起意大利国宝级跨界设计大师马里奥·贝里尼（Mario Bellini）向往的那些意大利小镇，他说："小镇的生活又让我们更贴近自然，能够与农业和粮食生产更亲近，与动物更亲近，人们能够从容地参与体育活动，发展各种兴趣爱好，并且享受美景。"他说："人类的生活需要价值感和意义感。"

高桥人家陈列馆　姜锡祥 摄

在意大利，价值感和意义感强烈鲜明的古老小镇很多很多。法恩扎（Faenza）是该国北部博洛尼亚的一座人口数仅有 5 万的小镇，走进这座小镇随处可见陶瓷的符号，小镇上的陶瓷博物馆是欧洲最大的，还有一个帅气的名字——国际现代陶瓷博物馆（Museo Internazionale delle Ceramiche），藏品从古希腊、古罗马，还有比古罗马还老的伊特鲁尼亚文化时期一直延绵到当代，其中包括毕加索、马蒂斯、夏加尔等大师的作品，还有来自中国的、非洲的、美洲的瓶瓶罐罐，可谓五花八门、洋洋大观。你想把这些陶瓷全都细细欣赏一遍，没有大半天时光那是不可能的。这样的小镇已经成为驴友们探奇的必到之地，它从容淡定并且优雅地活在当今的生活里，成为镜头里的宠儿。

中国，这样的小镇很多很多，但城市化的浪潮已经卷去了更多更多，如何留住这些弱势的古镇、古村，姜锡祥用镜头中的美好打动你。

他说：“熟悉的生活里有真味。想发现美好就要像农民那样勤劳。”他不止一次地称自己就是一个农民，为了一张照片就得起三更睡午夜，因为那是“在现场”所必需的。凌晨起床，为了那摄人心魄的第一缕朝霞；耐心蹲守，为的就是阳光穿过房檐天井的一刹那炸开般的美。他跟我说，茶馆里老者吐出的烟雾正好被早晨的阳光穿过，玻璃的方桌上蓝色的茶瓶蓝得透明，路过，赶紧按下快门：稍纵即逝的生活场景被他定格，小镇的美与人间感就此凝固，日常就这样在镜头里永恒。

中国的小镇，大都粉白的墙，黛青的瓦，灰青的砖，木做的门窗，石做的磨子、墩子、碾子，一切都是那样的生态而自然，生活是那样的有条不紊和淡定悠闲，不像宽阔如十车道的大都市，水泥森林给您的只有挤压和紧张，紧张得我们的生活只剩下“挤”“赶”和“快餐”。姜锡祥把小镇的淡定和悠闲拍成大写的“生活”，镜头里的日子立体而层次分明。

蓝天下，高高的粉白观音墙“拇指”竖上了蓝天，宣示的是江南的清清爽爽和利落分明；到了日头偏西，列了队的观音墙仿佛又是凯旋的士兵，那金黄分明是荣光的铠甲；不用磨豆浆打面酱的闲暇时，石磨是什么样子？镜头告诉你它沐浴阳光时宛如银白的满月，上面那只滋泽圆润的推杆都是被幸福生活浸透的；就是一只篾编的箩筐，也能告诉你，什么叫做“型筐”，就如人间的“型男”；还有旁边的黑陶瓦罐，绝对能勾起你无限量的幸福感：因为我外婆家也有一只一模一样的，那年农忙时失手把罐打了。嗨！夜幕降临时，所有的老街影像都开始隐身，唯有观音墙和那木头红的窗愈发招人流连，你说呢？

姜锡祥用镜头留住老街的价值和意义，但愿这样的古镇在城市化浪潮里别成为记忆里的美好和渐行渐远的失落，而是总能让我们经常去溜达溜达、闲逛逛。

扎哈之后，建筑界少了"女魔头"

2016 年 3 月 31 日，素有"建筑界女魔头"之称的扎哈·哈迪德（Zaha Hadid）在美国迈阿密去世，去得太突然，消息一传出，就激起了千层浪，世界建筑界一下子掉入茫然无措的境地："昨天还是好好的！""到天堂她还会设计童话般的建筑吗？"

扎哈的突然离世让很多业内人士为之扼腕叹息，才 65 岁，正是激情奔放且收放裕如的年纪，怎么就走了？

终究还是走了，盖棺虽难旋即定论，但"建筑界女魔头"、当代建筑领域中不由分说的魔幻风、超现实主义、解构主义……为其加冕者大有人在。扎哈究竟是怎样的一位女性？

扎哈·哈迪德，一位伊拉克裔英国建筑师。少年时在黎巴嫩读完数学系后转投伦敦建筑联盟学院（Architectural Association School of Architecture，AA）学习建筑学，获得硕士学位后加入大都会建筑事务所，与雷姆·库哈斯（Rem Koolhaas）和埃利亚·增西利斯（Elia Zenghelis）一道执教于 AA 建筑学院，后来在 AA 成立了自己的工作室。开业后，随即就为伦敦伊顿广场设计了一幢公寓，这件作品于 1982 年获建筑设计金牌奖。

随后扎哈便一发而不可收，并让全世界为之惊讶，甚至目瞪口呆。德国的维特拉消防站、莱茵河畔威尔城的州园艺展览馆、英国伦敦格林威治千年穹隆上的头部环状带、法国斯特拉斯堡的电车站和停车场、奥地利因斯布鲁克的滑雪台、美国辛辛那提的当代艺术中心……"我自己也不晓得下一个建筑物会是什么样子，我不断尝试将各种媒介融入自己的设计，重新赋予每一件事物以个性。建筑设计如同艺术创作，你不知道什么是可能，你动手调动一组几何图形时，你便可以感受到一个建筑物开始移动了。"她说。

德国维特拉消防站对于扎哈有着特别的意义，使她告别了"纸上谈兵"（她一直从事建筑设计理论研究）。消防站仿佛一组纸折的飞镖，几何线条倾斜着，条条咄咄逼人，风吹蝶舞的设计语言让屋宇节奏仿佛信手拈来，却紧张得让观者喘不过气来。这处体量较小的消防站仿佛在向人们宣示：熊熊大火到来时你该怎么办？定睛看，几根粗大的直线告诉人们灾难临头须冷静；往上看，飞镖墙面倾斜着，屋顶的曲线或规则或扭曲，暗喻消防站随时待命、一触即发。如果你有幸走进建筑，细部处处显露的都是女性的柔美和细腻。

扎哈说，费诺科学中心是她自己最钟爱的作品。中心是一座现浇清水混凝土工程（扎哈的老师库哈斯这一代人的最爱），建筑造型是一张三角形的桌板，由十根倒立着的锥形支撑板面，整个建筑像是从空中拉下来吸附在地面之上。扎哈竞标时就用当时最先进的三维动画模型演示自己的设计，让评委们分享了前所未有的设计大餐：随着画面的移动，常规的建筑语言被彻底打破，建筑的各个层面似乎随时会溶解，仿佛地心的引力在不停地转动、搓揉着建筑，界面、形体随之滋长消溶，一切都那么地无形而狂野。评委们被扎哈的才气和大量精密的数学运算彻底征服了。

现在你去费诺科学中心，粗糙的水泥质感和极具体量感的造型首先就会让你产生疑问："这是女性设计的？"对，就是。中心就是一座可穿越的城市雕塑，十根柱体，其中五根还被扎哈削去顶部，变成了没有边界的"口袋"空间，建筑上升与下沉交错穿插，各种出其不意的形状、空间让人目不暇接。这之后，给扎哈的订单雪片般从世界各地飞来。

扎哈很早就到了中国，最早的作品是 1983 年的香港之峰俱乐部设计方案，赢得国际竞标一等奖。矶崎新评价说："我被她那独特的表现和透彻的哲理性所吸引。"这座建筑被设计成一系列巨大而抽象的花岗岩几何体。四个巨大的管状物相互扭曲如同被放倒并削去山尖的山头，线形的管和人工地形剧烈对冲。内部的墙被折叠或弯曲，原本封闭的空间被打开，我们习以为常的房间走廊模样被彻底瓦解。

她在中国还有广州歌剧院、北京 SOHO、上海 SOHO 等作品。广州歌剧院外部地形被设计成跌宕起伏的"沙漠"；主体建筑造型为灰黑色调的"双砾"，隐喻的是珠江水冲来了两块漂亮的石头，她让这两块砾石化作了建筑停在"沙漠"上。如今歌剧院成了广州地标。

因为成绩突出，扎哈赢得了包括 2004 年普利兹克奖在内的许多国际大奖；还赢得2016 年度英国皇家建筑金奖，是该奖设立 167 年以来第一位女性获奖者。

观点　　　　　　　　　　**很学者，很跨界**

扎哈为世界惊叹的是她一件件惊世骇俗的建筑作品，但其实从始至终她都是一位学者。

首先，她的作品都是以理论探索为支撑的。在她眼里，因为科技的无所不能，现代主义也变得随心所欲，以至于让当下的建筑形态消失，造型极度简化，所以她矢志张开眼睛、竖起耳朵，随着自己的心灵去寻找新视点，驻泊于真正的自由。于是，她的理论探索瞄准了"造型重组"：让新形体成为新现实的原型，让所有事物在设计语言中重组、溶解后重回原点。这样，我们看到的扎哈便以新的诠释方法创造了一个全新的世界。以拆解题材和物件的方式，创造出充满隐喻感、流动着的世界。

扎哈说，她一生都未离开过数学，从她的作品中我们体会到数学的美；不仅如此，她还为伦敦 Bitar 品牌设计家具和室内装饰，为纽约古根海姆博物馆设计"伟大的乌托邦"展；在 1983 年举办个人大型绘画回顾展，并移师世界各地，她的绘画作品被纽约现代艺术博物馆、德意志建筑博物馆等永久收藏；她还设计过鞋子、手袋，并在 2014 年进军时装界。

如今，这位从波斯地毯繁复的花样中走出的伊拉克女孩，又从交缠繁复的现实世界里"回家"了，她脱下了"英雄式奋斗（普利兹克奖评语）"的铠甲，成为地毯中一条柔美的织线。

链接　　　　　　扎哈在中国的十件建筑艺术作品

广州大剧院

方案的构思为"圆润双砾"，寓意一对被珠江水冲刷形成的"砾石"，生根于动感十足的城市空间。建筑的内部、外部直至城市空间被看作是城市意象不同但连续的片段。

朝阳 SOHO

借鉴中国院落的思想，创造了一个内在世界。而同时，这又是一个完全 21 世纪的建筑：通过可塑的、圆润的体量的相互聚结、溶合、分离以及通过拉伸的天桥再连接，创造了一个连续而共同进化的形体以及内部流线的连续运动。

望京 SOHO

由三栋塔楼组成，仰视时犹如三座相互掩映的山峰，俯视时宛似游动嬉戏的锦鲤。其独特的曲面造型使建筑物在任何角度都呈现出动态、优雅的美感。塔楼外部被闪烁的铝板和玻璃覆盖，与蓝天融为一体。

凌空 SOHO

方案设想为一条蜿蜒曲折的丝带状造型，旨在把各种设施功能与周围的社区捆绑在一起。建筑收缩的外形、光滑的表皮和复杂的体量创造了一系列动感十足的空间，寓意着城市的能量与变迁。

南京青奥中心

南京青奥中心青年文化中心的概念来自帆船，以解构的方式塑造了全新的空间景观，任由观者遨游其间。"流动感"在设计方案中表现得十分强烈。

香港理工大学赛马会创新大厦

这座 76 米高的倾斜大厦位于大学校园的东北部。流体性质的创新大楼，通过景观、楼层板和百叶窗产生一种无缝内在的组成，创造出一个亲切的、新的公共空间，配合大型露天展览、论坛及户外康乐设施，促进多元化的文娱空间。

长沙梅溪湖国际文化艺术中心

犹如一朵朵绽放的芙蓉花，蜿蜒迂回。设计非常注重都市行人的体验感，创建了文化休憩场所、雕塑花园及宽敞的展览空间。

澳门新濠天地酒店

设计以崭新的工学打造出具有凝聚力的戏剧性公共空间和宽敞的客房。一系列的空隙横跨大楼的中心位置，融合屋顶、墙壁和天花板等传统建筑元素，创造出一个有趣的雕塑形态及引人入胜的内部空间。

成都当代艺术中心

以抽象的造型、梦幻的线条、不规则的几何体，堆砌出强烈的后现代解构主义建筑气息，宛如一件巨型城市雕塑艺术品，带给人强烈的震撼和冲击。

台北 Symbiotic 别墅

通过一系列的几何锥体，由周边地形逐渐发展成一种流体般的建筑形式。这种建筑形式在建筑和环境之间创建一种和谐的张力，而这种和谐与紧张正好是对中国哲学中阴阳调和二元论的一种回应。

什么叫艺术范儿：千万个人有千万个样子

一座城市的艺术影响力在传播手段越来越丰富的今天，构成要素越来越复杂，但有几样东西是必备的：博物馆、画廊、艺术展会。这些要素夯实了，城市的声望、气质才可能水涨船高。本文以纽约为例，进行阐述。

名单透露出什么秘密？

美国财经网站 Quartz 前段时间公布了一份全球城市艺术影响力榜单，根据一座城市博物馆、画廊、艺术展会的数量，依次排列出 15 座"全球最具艺术影响力"的城市。纽约位居榜首。

纽约有超过 1000 家画廊、75 家艺术博物馆与学院，还有每年超过 30 场的展览会；位居第二的伦敦只有 500 家画廊、60 家艺术博物馆与学院、10 场艺术展览会，其他城市就更不用说了。

且不论这张榜单能否服众，但纽约这几项生猛的艺术数字就够摄人心魄了。

环境被艺术泡出"范儿"

漫步在纽约曼哈顿岛上，除了那些著名的地标性建筑，大街上的你说不定一低头就在现代艺术博物馆的边上看到了那尊黑乎乎、大肚子、样子相当不好看的"母山羊"。一说它的身世你会吓一跳，这尊雕塑的作者是毕加索，就这样"丢"在大楼的草坪前，每天看着人来人往，只是它的鼻子已经被摸得有些亮闪闪的了。

　　繁华的顶级商务区都被艺术的汁液浸泡着，其他环境就更不用说了。在纽约，你漫步在街头，不经意间，一阵美妙的音乐就传进了耳朵。雕塑花园每个周四傍晚都要举办现代音乐会，不用花钱，你只需买一罐啤酒，坐在花园里的镂空长椅上，打着节拍、点着脚尖，你的身体就随着节拍一起摇曳了。

　　纽约四大艺术区，博物馆大道——上东区的时空隧道、曼哈顿中城——摩天大楼间的艺术景观、切尔西区——后工业时代的当代艺术区、布鲁克林 DUMBO——桥下艺术新区，无论走到哪里你都会被艺术夹杂着商业的氛围紧紧包裹着。你一会儿闪进了幽深的画廊，一会儿在博物馆里东张西望，一会儿又走过了正在低声耳语的咖啡客，他们说不定在讨论明天画展的事。有人说，爱他就送他到纽约，恨他也送他到纽约，可能正因为纽约的艺术王者范儿。

　　走在切尔西区的 18 街与 28 街之间，这里拥有纽约 1/5 以上的画廊，数量超过 200 家。这是因为 20 世纪 90 年代末，纽约 SOHO 画廊区的租金日渐高涨，许多画廊和艺术家转移到租金较低的切尔西区。随意瞥过去，位于一层的画廊大都拥有巨大的落地玻璃窗，走在街上就可以看见色彩各异、形式丰富的艺术作品，它们都被放置在空旷的白色空间中，你知道这是为什么吗？人家秉持的是"少即是多"的信念，白盒子一般的画廊里，艺术品就纷纷"跳"入你我这样的过客眼里，说不定这件艺术品今天在纽约，明天就在上海市民的客厅里了。

艺术的呈现方式高人一筹

　　你印象中艺术作品的呈现形式有几种？办个展览、围个圈栏、挂在墙上……在纽约，艺术品的呈现形式千奇百怪、花样繁多，经常让你大呼过瘾。如果在地铁车厢里看见几个黑人小孩即兴 hip-hop 让你很兴奋的话，那只能算是热身；走到第五大道 82 街和 105 街之间的"博物馆大道"，你会兴奋得尖叫起来的，这里云集了十余个重量级美术馆，从最南端的大都会美术馆到最北的非洲艺术博物馆，博物馆大道像一条时间之河，犹太美术馆、库珀•休伊特国家设计博物馆、波多黎各美术馆、古根海姆博物馆、新艺廊、纽约市立博物馆、歌德学院在河流两岸，俯拾皆是声名显赫的艺术"大牌"；不着急，还有大都会博物馆，还有弗里克收藏馆。

　　弗里克收藏馆的藏品摆放形式还是主人生前的老样子，没动：天窗的自然光线柔和地洒在古典油画的细腻肌理上，访客的脚步声都被绿色丝绒地毯吸走，弗里克收藏的艺术品、古董家具和中国瓷器并置一堂，主客厅里提香的《戴红帽的男人肖像》、西厢美术馆里伦勃朗自画像《一名年轻画家的肖像》，还有主人喜欢的画家委罗内塞、透纳。顺着当年主人的喜好，再知道些艺术史，你仿佛就能看见当年的弗里克与卡内基斗富的样子，就可以穿越到 20 世纪初纽约的繁华旧梦中。

大都会博物馆，世界四大综合艺术博物馆之一。它背靠中央公园，主建筑面积约有 8 公顷，馆藏超过 200 万件艺术品。它的展品呈现形式可谓是丰富多彩，中国园林大师陈从周的明轩就不说了，它在博物馆里就是一座庭院；还有丹铎神庙，也是原作搬迁，整体呈现。

丹铎神庙这样得来。1965 年埃及修建阿斯旺大坝，美国帮助埃及迁建了许多文物古迹。对这座 2000 多年历史的小神庙，埃及实在是无力顾及了，埃及人对美国人说："你们要有能力拆走，就送给你们了。"美国人立刻将这座全石头打造的神庙编号、拆卸、打包，整体搬迁至大都会博物馆。如今，丹铎神庙成为馆内最具怀古情愫的室内景观，当然也是一件精美的艺术品：石头的柱子、台子、门，柱头上的石花漂亮极了。凑近看，石头上的浅浮雕场景有耕作、生活、集会等等；神庙四周水道环绕，庙的土黄隔窗呼应中央公园的葱葱翠绿、缤纷繁花。更有意思的是，这个事件促成了世界遗产组织的成立。

纽约的艺术范儿，真是千万个人就有千万个样子。

题内话　　　　　　　# 他山之石

高架公园、第 90 个历史保护街区、发电站艺术书店、佩斯画廊、先锋剧场、国际摄影节、凝视的球、LOVE 雕塑……到了纽约，你就会被它毫不客气地抓住，徜徉并参与到宏大的艺术派对之中，总叫唤"时间不够"。

纽约，对于我们，最为神奇的还是市场这只手。单说高架公园，原本是切尔西区一个工业区里的高架铁路运输线，随着工业的衰落，1980 年以来，铁轨锈迹斑驳连绵数里，长满杂草，政府想拆，民间组织和当地社区不干，大家终于让纽约市政府在 2004 年下决心投资 5000 万美元，将其改造成一个集休闲、绿化、艺术展示为一体的公园。设计者提出"田野建筑"的概念，社区和社会一致认可，于是原有的铁轨间，杂草野花依旧自由生长；铁轨的一些段落还被嵌上带轮子的木头躺椅，居民游客尽可躺下来，对准太阳的方向，晒；公共艺术项目不可或缺，多方组成的委员会又委托瑞士籍艺术家卡罗尔·博夫 (Carol Bove) 设计了 7 件大型雕塑，安放到铁路沿线，"像是一些横空出世的地下管道，属于某个失落文明的废墟"，圈内人士评价。

我还要说，10 年了，高架公园还在慢慢建，已经建好的公园已经慢慢地串起各个街区的艺术空间，你想去豪瑟沃斯画廊 (Hauser & Wirth Gallery)？从公园的 18 街出口下去就好。政府大力投资文化，好！

中国园林"远嫁"海外的奥秘

2016 年 6 月 2—6 日，爱尔兰布鲁姆国际园艺节盛大开幕。池馆水榭、峭石翠竹、花间隐榭、水际安亭，带着浓郁东方风情的江苏扬州谊园成为爱尔兰首都都柏林凤凰公园里的"明星"。占地面积约 210 平方米的谊园，充分利用当地自然地形地貌，运用中国园林建设中的借景、框景、对景等手法，展示了"青砖小瓦马头墙，回廊挂落花格窗"的扬州古典园林建筑风格。其实，苏州、扬州、广州园林营造出的"水墨江南""锦绣中国"早已名播海外。

较早的上佳案例是明轩？

中国园林的流布海外，最早源于 17 至 18 世纪。伴随着文艺复兴对东方的崇拜情绪，欧洲刮起一阵中国旋风，当时在欧洲建造了许多中国风格的园林和建筑，它深刻地影响了欧洲的近代造园艺术。

以苏州园林为代表的中国园林艺术高水平、大规模流布海外源于改革开放。1980 年4 月，园林专家陈从周带领苏州匠人在美国大都会博物馆北翼仿照网师园建了一座缩微版的苏州园林——明轩。

明轩占地 460 平方米，建筑面积 230 平方米，建在纽约大都会博物馆二楼的玻璃天棚内，庭院全长 30 米，宽 13.5 米，四周是 7 米多高的封火山墙，建有楠木轩房、曲廊假山、碧泉半亭、花界小景等。明轩布局吸取了网师园里殿春簃小院的精华，设计手法借鉴了明画山水小品淡雅设色、舍繁就简、静里生奇的特色，运用空间过渡、视觉转移等处理手法，使全园布局紧凑，疏朗相宜，是境外造园的经典之作。时任美国总统尼克松亲临现场并接见我国工程技术人员。馆方称，工程的"工艺质量达到了值得博物馆和您的政府自豪的标准"。

苏州园林在海外唱主角

自那以后，崇尚造化自然、表达天人合一的中国造园手法就在海外不断有了新案例，加拿大温哥华的逸园、新加坡的文秀园、马耳他的文园、爱尔兰的爱苏园、法国里尔的湖心亭和巴黎的怡黎园、瑞士日内瓦的姑苏园，当然园子最多的还是美国。也许受到明轩的影响，美国人对中国园林产生了极大的兴趣，纽约寄兴园、佛罗里达锦绣中华苏州苑、波特兰兰苏园、洛杉矶流芳园、马里兰州沧浪亭……可谓是苏州园林全美开花。

加拿大温哥华的逸园建设，52 名工匠全部来自苏州，所需材料也全部来自苏州，园子里秀石清泉居中，堂、屋、榭、亭等环绕，疏密相间，成为当地人的最爱，成为思乡之人常去的地方，获奖自然数不过来了。

美国纽约的寄兴园 1995 年建成，苏州古典园林的依地就势、堆山理水、藏露应势，在这里都有，令人称奇的是驳岸和叠石所需太湖石都由国内运去。既然一丝不苟，园子造成后包括华裔建筑师贝聿铭在内的业内大腕都一致给予了高度评价。苏州与波特兰是友好城市，2000 年建成的兰苏园是当时北美唯一完整的苏州古典园林。造园林，有水则灵，兰苏园的中心湖区当然以水景为主，流香清远、香冷泉声、翼亭锁月、柳浪风帆、万壑云深、浣花春雨等亭泉叠石小品，把园子渲染得清泓荡漾，诗画盎然。开园时，时任驻美大使李肇星前去剪彩。

中国园林艺术流播海外，也得适应西洋水土。像兰苏园地处地震带上，就得满足当地八级抗震要求。苏州专家与美国技工合作，采用全钢结构，还引入纳米、碳纤维等多种技术，布置亭台楼阁、假山瀑布。"湖石瀑布山洞假山的施工，不仅要求造型优美，而且安全性上必须万无一失，为此洛杉矶市政府特派两名督察监控从设计到施工的整个过程，完全颠覆了以往假山结构施工的方式。"苏州园林专家贺风春介绍，相邻湖石每间隔 30 厘米必须打深 25 厘米的洞眼，插入 16 毫米直径的不锈钢钢筋，用专用强力胶粘结后，再绑扎在钢筋网上，然后浇筑混凝土，使假山与混凝土墙连成一片，施工的复杂程度超乎想象。但他赞叹的却是："美国人对法律法规的敬畏令人动容！"

广州、徽州园艺也有成功案例

中国园林艺术博大精深，苏州园林的意境深远、构筑精致、艺术高雅、文化内涵丰富，自不用多说；岭南园林集山清水秀、植物繁茂之自然特性，加以繁构丽饰，把开放性、兼容性和多元性演绎得浑然天成；北方皇家园林因山就水，规模宏大、气势雄伟，建筑壮丽豪华，色彩鲜艳强烈，风格雍容华贵：统称中国园林三大流派。还有，粉墙黛瓦绿树的徽州园林、博采众长的海派园林等都是中国先民体悟天人之道、挥洒大地艺术的代表之作。

德国慕尼黑的芳华园是我国参加 1983 年慕尼黑国际园艺展的作品，也是当代欧洲的第一座中国古典园林。在自然形成的马蹄形小谷地上，广州造园人以水为中心，安排钓鱼台、方亭、船厅等传统建筑小品，形成一个不闭合式单环路体系的自然山水园。水池畔用一座石舫（又称不系舟）突出水面。船厅对岸，利用山势堆一小丘，上建方亭一座，亭基跨于一条小溪的落水坎上，用广州产的山溪腊石堆叠形成瀑布，水从亭底上方奔流而下。亭的东南方向一钓鱼台凸出水面。植物配置以我国园林中传统的花木为主，如松、梅、竹、芙蓉、丹桂、玉兰、紫藤、槐、柳、迎春、桃、石榴、紫薇、牡丹、丁香、连翘等，辅以亚热带植物。该园代表我国首次参加世界园艺展，即获德意志联邦共和国大金奖和联邦园艺建设中央联合会金质奖两项金奖。

德国法兰克福的春华园体现的是徽派园林特点，德国杜伊斯堡郢趣园孔雀蓝色琉璃瓦呈现的是古韵楚风，英国目前还未见中国园林作品，有人说："英国的花园总是一目了然的美，但与住房总是貌合神离，不像苏州园林含蓄、小巧玲珑。它的亭楼阁榭，羞羞答答、半遮半掩地藏在树丛中、太湖石堆砌的假山间；园艺设计的重点往往不是在花草本身的特质上，而是如何配衬烘托建筑，追求的是园中有屋、屋中有园、人居画中、画中居人的意境。"

这番话道出了中国园林远嫁海外的奥秘，布局独具匠心，设色布景精巧而韵味独特，巧妙运用亭台楼榭、树木花卉来造园。像明轩，面积虽然很小，但壶中天地却囊括了苏州园林的精髓——移步换景，厅堂、半堂、曲廊、峰石、水泉等布局精巧，倾倒了包括贝聿铭（设计了苏州博物馆）在内的友人，被誉为中美文化交流史上的一件永恒展品。

中国园林艺术：靓丽的国家名片

中国园林是古代人与自然关系、造化智慧的诗画表达方式。园在古人心里，往往是离尘脱世、静心修身的特殊形式，无论是司马光的独乐园、苏舜钦的沧浪亭，还是拙政园的创建者王献臣，他们都是在寻找与尘世喧嚣远、与真心天性近的挂寄物。

中国园林艺术走出去，不管是沿着丝绸之路，还是随着文化友好年，好东西让世界人民一起分享就是件大好的事情。虽然，走出去的过程中也会碰到一些问题，比如施工方法、植物配置等等，中外常常不同道。中国古典园林都按传统方法施工，木头与地面的石槽不用固定，这样抗震效果最好，如日本阪神大地震，很多钢筋混凝土建筑都倒了，这些高耸建筑身边的梅园却完好无损。还有植物配置，中国植物原汁原味最能诗情画意，但因是外来物种，难以让你想栽就栽。

尽管如此，我们还是要走出去，走得越远越好，因为这是中国艺术、中国境界。走出去，国家当然要出台切实措施加以鼓励，比如国家补贴、文化加分等，惟其如此，中国园林艺术才能成为靓丽的国家名片。

海外中国艺术遗产，值得一看

国际遗产大会召开前夕，塞纳河畔的巴黎中国文化中心，包括《阿房宫图》《大壑腾云》等近 40 件来自中国的精湛刺绣作品，再次用"锦绣丝路"连接起欧亚大陆，场面宏大、气场壮阔。其实，千百年来，中国灿烂的文化艺术早已通过各种方式流布世界各个角落。

纽约刮起浓浓中国风

其实，中国文化艺术走出去与世界交流互动已成为这些年来的常态。古代的"丝绸之路"分为陆路和海路，唐宋以后渐臻鼎盛，中国的丝绸、瓷器、茶叶改变了世界的生活方式。2014 年，中国、哈萨克斯坦、吉尔吉斯斯坦三国联合申报的"丝绸之路"成功入选世界文化遗产，就是中国文化与世界交融的一个生动案例。

近年来，中国优秀艺术走出去越来越频繁。文化部经过 6 年打造的"欢乐春节"已经实现全球主要国家和地区的全覆盖，其中 2015 年"欢乐春节"共开展项目 900 多个，覆盖 119 个国家和地区的 335 座城市，近千位国家元首和政要出席，辐射人群超过一亿人。

今年（2016 年）春天，在纽约策划"中国艺术展"的余丁将主题定为"天籁"：空中一行白鹭飞过，天上悬挂一轮圆月，中国传统的梅兰竹菊、青山绿水，还有水流、石头、草木和花鸟等自然界的声音谱写出纯纯的中国风旋律。"中国派"晚会的现场，观众的手机也变成了乐器，鸟鸣、风声、交响乐凤鸣不已，合奏齐鸣。作为纽约中国艺术展的一个组成部分，系列艺术活动中还推出以"用艺术理解中国"为主题的纽约国际艺术与创意博览会。1200 多件中美艺术家作品汇聚于此，从绘画作品到雕塑、装置，从传统中国手卷到互动新媒体体验，艺术家们甚至还在现场为观众演示如何欣赏册页和画卷。

观展形式也在创新，策展人还专门为观众准备了一种"雅集"的看画方式，"不是把中国画直接挂在墙上，而是布置一个看画的空间，有古典家具、柔和的灯光、古琴曲衬托……看画者要提前预约，进来先洗手，然后，打开卷轴，一个一个讲给他们听。抓住了纽约，就抓住了世界。"余丁说。

大都会请专家干专业事

中国传统艺术很多都成了非物质文化遗产，中国艺术在纽约的声名越来越大；平日里看中国，就得到纽约大都会博物馆。它用 130 年成为世界三大博物馆之一，且是唯一一家私立博物馆。它有 17 个部，仅亚洲部藏品就约有 3.5 万件，其中中国的艺术品约有 1.2 万件，包括书画、陶瓷、青铜器、玉器、漆器、金银器、石雕、彩塑，还有相当丰富的纺织品和古典家具等。有何秘密？请专业的人干专业的事情。

大都会博物馆的中国艺术收藏始于 1879 年，早期主要靠转让和捐赠。但有识之士认识到，可持续地增加收藏品必须选择专家，"请专家干专业的事"。

1915 年，大都会博物馆成立了远东部（现名亚洲部），特地从欧洲请来一位研究中国文化的荷兰学者波世莱兹（S. C. Bosch Reitz）担任部主任。陶瓷专家波世莱兹上任后，眼光宽阔长远，不再仅靠收藏家的随机捐赠，而是开始有目的地寻求和收购中国艺术文物，建窑、磁州窑、汝窑等中国代表性瓷器都进入他的收购范围；青铜器、佛像、丝织品也开始收纳。他收购的北魏至辽代石雕佛像、鎏金铜佛造像、夹纻脱胎的干漆佛像和三彩罗汉塑像现在已成了国际同行们艳羡的宝物，如北魏初年的释迦立像。

同一时期，博物馆还聘请"中国通"福开森（John C. Ferguson），主任只有一位，他就担任中国文物收藏的顾问，其实是博物馆驻中国的收购总代理。这位加拿大传教士跟同时代的很多中国鉴赏家、古董商、知名藏家与上层人物交往密切，并将中国传统的鉴赏和研究方法介绍到西方。他为大都会博物馆收购了数件举世闻名的古代青铜器，包括传为河北易县出土、有长篇铭文的"齐侯四器"和陕西宝鸡出土的西周青铜器，是从端方（清末大臣，金石学家）后代中购得的。他还帮助大都会博物馆收购了中国书画和汉代陶器。

"我捐，是因为看中了方闻"

大都会请专家做专业的事还在继续。20 世纪 70 年代，曾做过美国财政部长的大都会董事会主席狄龙（Douglas Dillion）调查发现，大都会博物馆的中国书画是收藏弱项，于是他找到普林斯顿大学的方闻教授，此人是美国著名的中国书画研究专家，他的中国美术史研究甚至被同行称为"普林斯顿学派"。

他上任后，在狄龙为首的董事会支持下，大都会收购了大批宋元书画，其中许多曾经是20世纪著名画家张大千的收藏，包括唐代韩幹的《照夜白》、北宋屈鼎的《夏山图》、南宋马远的《观瀑图》、元代赵孟頫的《双松平远》、元代倪瓒的《虞山林壑》等。

公心自有世人追。狄龙捐资千万美元用于艺术品收购，方闻将鉴别中国古代著录、印章、题款和笔墨的方法与西方美术史分析作品结构、风格的方法相结合，对过去传为唐、宋、元、明的书画重新审定、研究，并以此作为基础探索中国书画的发展历史，蔚成大家。狄龙的公心与慷慨、方闻的学术威望和专业精神让各地藏家纷纷将收藏捐赠给大都会博物馆，其中最有名的要数收藏家顾洛阜 (John Crawford) 捐赠的北宋郭熙的《树色平远》、北宋黄庭坚的《廉颇蔺相如传》和北宋米芾的大字《吴江舟中诗》等绘画、书法作品，这批稀世珍宝的加入，使大都会的中国书画形成系列、颇具规模。狄龙又捐资赞助修建中国书画展厅，以便更好地陈列这批稀世艺术珍品。

"我捐，是因为我看中了狄龙和方闻这两个人。"顾洛阜在接受当地媒体采访时表示。

短评　　　　　　　　　# 艺术富矿是这样炼成的

数百年来不断流布到世界各地，让世界各地的人们深深认识到中国艺术的璀璨与博大精深。

流传是件好事，互动才能欣赏，才能让中国古老的文明绽放出迷人的魅力。但我们更感兴趣的是，原本一无所有的大都会，为何现在成了中国典藏的富矿？

首先是因为意识。当大都会意识到中国艺术魅力无穷时，他们立刻开始行动，通过各种方式收集中国的各门类艺术品，持之以恒上百年，才有了今天的海量典藏，并且还将丰富下去。

更重要的是公心。100多年来，作为一家私立博物馆，大都会基金会的长官无一例外都是公心满满的大企业家、大学问家，如摩根、狄龙等，他们热心公益，于是包括洛克菲勒在内的爱心人士都愿意把好东西送到这里。如今，这家博物馆的馆藏超过200万件，轮换展览一遍也得半个多世纪。

有超前意识，有满满的公心，所定的规则才能发挥作用，艺术才能流光溢彩、历久弥新。

跨界艺术缘何红火？

眼下跨界在艺术界很流行，各种各样的展现形式都有。恰巧今年（2016 年）7 月初，我跟随国家文艺家交流协会组织的参观团，到欧洲考察文艺机构。其中，德国的旅程给我的触动很大，我们围绕"浪漫派与总体艺术"参访德国旧国家画廊，观看时装秀、音乐舞蹈等，感受颇深……

与其说它是一幅画，不如说是一首诗

在柏林著名的旧国家画廊，我们享受了一次"浪漫派与总体艺术"大餐。

我们被弗里德里希·威廉四世这样的文艺拥趸者折服，看着他的铜像和他脚下围着的宗教、艺术、历史、哲学四位人物，心想着，皇帝是一位文艺青年，挺好！

威廉四世身处的 19 世纪，德国和其他欧洲国家一样，弥漫着浓郁的浪漫主义和艺术跨界的气氛，画廊里的《海边的僧人》《沿河的中世纪城市》《橡树林中的修道院》等作品，都在努力消除绘画、雕塑、建筑等艺术形式之间的界限。

给我印象最深的还是莫里兹·冯·施温德（Moritz von Schwind）的《玫瑰或艺术家的旅行》，与其说它是一幅画，不如说是一首诗：观景台上的女子和她背后高耸的城堡，这是一位贵族新娘；路上的玫瑰大约是台上丢下来的，前面远远地骑着马的大约是她的新郎，根本没去注意花儿；后面的流浪歌手看见了已经被踩扁的花儿，伸手去捡似乎被踩过的花：一位多么有情调的歌手啊！虽然相貌平凡、地位卑贱，却背着乐器向往纯洁的爱情。画面，景物简单写实，情节却复杂婉转。画面中，建筑的空间感、绘画的意境感、画面与情节的起伏跌宕，让我一下子在浪漫主义的氛围中不能自拔。

消除艺术形式之间的界限

这一浪漫艺术风潮是有理论旗帜的。它的名字叫"总体艺术"，是由瓦格纳（Richard Wagner）在《歌剧与话剧》中最先提出的：两种或两种以上的艺术形式在同一艺术品中的融合。其目的是要消除各种艺术形式之间的界限。

其实，跨界在文艺复兴时期就有大咖达·芬奇、米开朗琪罗，他们用自己的实践横跨多个艺术领域；"新艺术运动"时期的莫里斯、麦金托什等，堪称跨界艺术的佼佼者，他们打破纯艺术和实用艺术之间的界限，在以艺术对抗工业、以手工对抗机器的热情与信念中，创作出大量跨界艺术作品，建筑、家具、服装、平面设计、书籍插图及雕塑和绘画等，文学、音乐、戏剧及舞蹈的界限也被他们轻松跨越。这一时期，德国的《青年》杂志是摇旗呐喊者，被称为运动中的德国"青年风格"。

近年来，像跨界艺术家——德国的康斯坦丁·格里奇，2010年就被迈阿密设计展评为年度设计师。他从家具、建筑到服装，兴之所至，无所不能。他的360°系列作品被纽约现代艺术馆列为永久馆藏。

跨界舞蹈强调互动性

在慕尼黑，我们还欣赏到了数场精彩的跨界舞蹈。音乐剧作品《黑巫师》长达5小时，情节取自浮士德民间故事，杂凑而俗气，但是舞美大型化、全环境（用灯光把观众席也当作了舞美环境的一部分）沉浸式，让人感觉如仙境一般。

各种街头舞蹈，形式早已超出传统"舞蹈式舞蹈"的范畴。每场跨界舞蹈都具有实验的强烈特点，与其说是"舞蹈"，不如说是"即兴表演"，与观众的互动性极强。

英国编舞家纳森·巴罗斯带来的《展示与叙述》：布景只有两把椅子、投影屏幕和一架钢琴，还有电影《马太福音》开头的长镜头，音乐、舞蹈、剧场和电影作品……演出冗长，全靠演出者的幽默和睿智让满场欢欣。另一场我们看过的舞蹈，剧场光线忽明忽暗，地板颤抖，观众被排山倒海的实验音乐"炸"晕了：现实世界不就是这样吗？还有旧仓库里的奇幻灯光舞蹈，幽蓝、清冷而唯美，声音、灯光和舞蹈节奏居然那样的天衣无缝！

为何跨界艺术在德国如此红火？这得益于近年来德国一系列的刺激政策。像2007年提出"文化创意经济行动"，随后成立创意经济职能中心为大家牵线搭桥；还成立电影促进基金、音乐倡议行动组，举办音乐舞蹈节、创意设计节等；在鲁尔区等旧工业区改造中，船头指向文化创意，受益的鲁尔区也获得了"欧洲文化之都"的称号。

"为美好生活环境而战"

——支文军谈 2016 威尼斯建筑双年展

"2016 威尼斯建筑双年展"以鲜明的观点、精彩的呈现，吸引了众多的参观者。而 2016 年 8 月 24 日意大利中部的地震更让人们将目光聚焦在"前线报道"，我们的生活和建筑环境会面临怎样的挑战？近日，我们邀请到刚从威尼斯双年展现场回来的同济大学建筑与城市规划学院教授、博士生导师支文军，他告诉我们建筑设计艺术就是"为美好生活环境而战"。

威尼斯双年展参展作品　作者摄

已成为世界顶级建筑艺术盛会

"经过 30 多年的发展，威尼斯建筑双年展已经发展为当今世界顶级建筑艺术盛会"，支文军教授开门见山，从 1980 年第一届开始，这个展览的主题就始终站在世界建筑艺术发展的潮头，"过去的呈现""下一个""人们相逢于建筑""少一些审美，多一些道德""前线报道"……威尼斯双年展成为世界建筑师们在"世界前沿发声的最吸睛的平台"。

这次双年展的主策展人亚历杭德罗·阿拉维纳（Alejandro Aravena）今年（2016 年）1 月刚刚获得 2015 年度普利兹克奖，他一直将建筑设计的目光瞄准穷人、环境，他以为智利的穷人建造廉价住宅而扬名世界。他本次策展的宗旨说得明白：我们应该在条件有限的状态下学会什么是可用的，这个"前线报道"的展览是想为美好的生活环境而战，虽然这不是一个轻松浪漫的过程。

在该策展思想框架下，今年的威尼斯双年展吸引了 65 个国家参展，立陶宛、尼日利亚、菲律宾、塞舌尔和也门都是第一次参展，主题馆、国家馆及平行展把水城威尼斯的军械库、拿破仑花园及大街小巷塞得花团锦簇，节日气氛浓郁。

前线战况：似乎烂尾，但艺术

无论是获得金狮奖的西班牙国家馆，还是日本馆、秘鲁馆，或者英国馆、德国馆，它们似乎都将本国的前线战况"端"到了威尼斯。

"未完成（Unfinished）"是西班牙国家馆的主题，80 多个建筑案例全部是该国正在兴建的工程，因为经济危机而未完成（或者叫停工，总之我们国内将之称为"烂尾"）。评委会称赞展览"精练地展现了西班牙新锐建筑师们的作品，他们突破了物质材料的限制，展现出非凡的创造力和专注精神"。"这些作品有的是没有顶的房屋（现场用透明材料遮盖），有的是废弃的穹隆，有的是密密的脚手架（当然是艺术化了），有的呈现为照片，不少建筑在修建过程中发现超出预算就放弃了，西班牙建筑师通过梳理本国'烂尾建筑'反映出政治、经济环境对建筑环境的影响，也展现了一种重新认识环境的乐观态度。"支文军说，建筑师们传达出的"复苏情绪"感染了前来的每一名观者。

获得金狮银奖的日本馆思考的是：经济高速增长的时代一去不还，年轻人失业，贫富差距拉大，建筑该有怎样的情景？日本建筑师们集中展示了集合住宅项目，这些项目都是在"螺蛳壳里做道场"，手法是高密度创新，所以评委们赞赏他们"以诗意的紧凑感为高密度城市空间的集合居住形式提供新的选择"。而秘鲁馆，评委们的评语是"将建筑带到世界遥远的角落，使其不仅成为学习的场所，也为保护亚马逊文化做出贡献"。

还有没有获奖的，像德国馆将一圈砖墙拆除，并且标题为"铸造家园，德国，目的地国"。众所周知，一百多万难民的到来，德国气度当然有容乃大，但在表彰"普通市民所做出巨大努力"的同时，如何更好地"融合"？"当然需要智慧和艺术了。"支文军教授说。"所以德国馆用简练易懂的图文将'包容'的国家形象展现在墙上，没有一丝多余的实物，给我的印象深刻。"

中国馆：平民设计，日用即道

支文军教授认为，中国馆是本届威尼斯建筑双年展的一大亮点。梁井宇带领的建筑、设计和艺术团队，策展主题定为"平民设计，日用即道"。他们认为，30 年来，中国建筑界的前线，建筑师们无暇左顾右盼，唯有向前，创造出一个又一个建筑奇迹，但它们真的是必须的吗？

"现代化的初衷是为了每个人的生活更有尊严、更有品质、更艺术。"支文军教授说，但是城墙拆了，一片片旧城区消失了，甚至连最边远的古老村寨也被资本觊觎上了，"人的前线"失守了。于是梁井宇将"平民设计"定义为"本地、节约与责任"，彰显设计的成果应被大多数人享用，否则建筑没有未来。还有，《内盒院》的预制化模块建造，居民可以自由创建个性化、分散化并高效惬意的建筑设施，无需大拆大建；杨梅竹斜街、大栅栏的有机更新，让原本恶劣的生存环境，变成文化品性赞赞的、场地特色棒棒的"很文艺"的所在。

《黟县百工》展现的是徽州乡村百姓日常和朴素平淡的生活方式：木活字、手工纸木板手工印刷。谁说民间不艺术？！《前童木构》的设计者们认为："设计从日常美学与独立开始，用'人宅互养'的建筑理念，反观传统人文，抽丝古今工艺，尊崇自然共生的法则，细心营造文质并美、返璞归真的当代'润'生活美学。"润建筑工作室用两个新木构、三个柱式，试图通过情感化结构和象征化的结构感悟，诠释理想状态下的造物关系。"孔子说，礼失求诸野。这也许就是他们从日常、从百姓中寻求美好的出发点和动机吧。"支文军教授说道。

中国建筑师赴展览者众。朱竞翔的《斗室》是为中国偏远乡村学前教育开发的产品，2—6 岁儿童的多样化自我创造是他追求的，所以设计融入了气候、结构、制造、建造、维修等多重考量；还有王路的希望小学、无界景观的"平民花园"、王澍的洞桥镇文村改造、刘家琨的"西村·贝森大院"，都受到了展会普遍的关注。其中，"西村·贝森大院"是中国设计师独立设计的实体建筑作品首次入选威尼斯建筑双年展主题展，作品将城市生活、社区服务及文化场所完美地融合，体现出现代城市与地方传统的互动，在重塑城市空间的同时，彰显其根植城市——成都的文化基因。支文军教授说，组委会给予了"西村·贝森大院"很高评价。

言论

艺术如何 PLUS ？

这次威尼斯建筑双年展展现的趋势耐人寻味。

建筑艺术是否越先锋越好？扎哈·哈迪德刚刚去世，所以建筑展用"重新认识"来命题，展览在卡瓦利·弗兰凯蒂宫 (Cavalli-Franchetti Palazzo) 举行。建于 16 世纪中叶的老宫殿与扎哈的设计（即展品）形成了厚重与简洁张扬、四平八稳与充满张力的极大反差，极具视觉冲击力。扎哈的早期作品、近期作品，以及部分未建成的设计一一展现，像银河 SOHO 的最初"卵形"。

可是，极度先锋也会产生大量废料，于是亚历杭德罗·阿拉维纳将"100 吨建筑废料"放到展场入口，那是上一届双年展拆解的物资和废弃的金属，被悬吊在天花板上的金属条总长度超过 14 公里。他提醒人们：驰骋想象力的同时，别忘了环境和穷苦人。意识到了，艺术就能做到。

于是，苏黎世联邦理工学院 (ETH) 的思路最简单也最具视觉冲击，他们的展品名叫《超越弯曲》。四种拱形楼板的原型、一系列的图形化力学图解及一个膨胀岩拱，展示了不用钢材，让更低调的材料——比如泥土和石头唱主角，一样能创造美好。

这次意大利中部地震将阿马特里切小镇几乎夷为平地，但数百年前的砖石钟楼却巍然屹立！建筑艺术是时候适当向过去学习了。

"中国是我们展示的大舞台"

——海外画廊纷纷关注中国艺术深度观察

再过几天，上海国际艺术节就拉开大幕了。今年（2016 年）艺术节中的 ART021（21 世纪当代艺术博览会）参展画廊创下历史记录，84 家全球画廊纷纷前来。顶尖画廊携重磅艺术家前来，画廊主们纷纷表示："中国是我们展示的大舞台。"

参展：顶尖画廊纷纷登陆上海

佩斯、高古轩、常青、阿拉里奥、贝浩登、大田、Galerie Chantal Crousel、SHUGOARTS……这些大名鼎鼎的画廊已是上海艺术博览会的常客；今年加入者更多，大卫·兹沃纳（David Zwirner，纽约）、格林·纳夫塔利（Greene Naftali，纽约）、豪瑟沃斯（Hauser & Wirth，瑞士），马西莫·卡洛（Massimo De Carlo，意大利）、Take Ninagawa（日本）……数十家海外知名画廊都将在上海深度"吸粉"。

这些画廊是何等模样？高古轩画廊，全球目前有 14 家分店，代理着 122 个艺术家，全球累计销售额超过 10 亿美元。其主人拉里·高古轩（Larry Gagosian）于 20 世纪 90 年代开始"造星"，约翰·科林（John Currin）、西西里·布朗（Cecily Brown）、赛·托姆布里（Cy Twombly）、村上隆经过他的慧眼，现在都成了巨星。高古轩说："画只卖给对的人。"2014 年 4 月，高古轩来到曾梵志北京工作室，曾梵志成为高古轩目前在中国签下的唯一一名艺术家。

今年初，"全球画廊业巨头之一"的大卫·兹沃纳打算把亚洲首家画廊开在中国香港。画廊合伙人茱莉亚·琼（Julia Joern）表示："过去几年，我们已经明显感觉到了来自以中国香港为代表的亚洲地区藏家们的热情，在这里有一家稳定长久的画廊很必要。"

艺场：画廊眼光开始关注中国

画廊在欧美兴起始于 17 世纪，那时中产阶级的数量迅速扩大，对艺术的追求开始时兴；而画家们在获得创作自由的同时，也迫切希望找到一个和买家打交道的"中间人"。于是，画廊出现，他们让会画画的人画画，经营的事我们来做。经过数百年的摸索、考验和修正，西方画廊业已基本进入成熟的运营期，像实力雄厚、经营原创的法兰西画廊之类，它们归大财团所有，没有经济上的后顾之忧，其主要的工作是"慧眼识珠"，在当世画家中选择人品好、画品好，个人风格强烈并潜力巨大的艺术家签约。签约后，养，细火慢炖养出价值空间。过去的 70 多年间，只有 28 位艺术家进入了法兰西画廊的视野。而那些规模较小的画廊，只有多种经营，办画展，贴海报，广开财路，因此加入画廊协会是他们必然的选择。

因为规范，所以欧美名画廊大多冲着艺术去的，就像一名画廊主所称，"我不关心艺术家的国籍，只关注他的作品"。豪瑟沃斯画廊是世界顶级当代艺术画廊和欧洲最具影响力的画廊之一，仅在伦敦梅费尔区萨维尔街 23 号就建立了巨大的展览空间和资料空间。多大？展览空间就达 4570 平方米，它代理的艺术家（含潜力股）超过 50 位。豪瑟沃斯最近与中国画家张恩利签约，虽说是目前代理的唯一一位中国艺术家，但画廊代表说，中国艺术市场巨大，必须加快探星步伐。紧迫感满满的还有总部位于伦敦的泰勒画廊（Timothy Taylor），它刚刚将中国艺术家丁乙收入麾下。该画廊创始人蒂莫西·泰勒表示："进入中国的艺术世界将是一个非常振奋与激动人心的时刻。"

而扎根纽约切尔西区 19 街的前波画廊是中国人办的，介绍的都是中国艺术家，像"郑胜天与王冬龄作品展"、严培明个人展等，每逢展览，曼哈顿的文青们早早地就在门口排起了长龙。

中国：国外画廊岂能忽视？

随着改革开放的深入，中国人的艺术品爆卖，让越来越多的国外画廊对焦中国。

北京 798 艺术区，一排包豪斯式锯齿形老建筑内，就是佩斯画廊的北京分店了，占地近 2500 平方米。扎根北京已经近 10 年的佩斯目前代理张晓刚、岳敏君、隋建国、李松松、宋冬、尹秀珍、海波、张洹、李子勋、毛焰、洪浩、萧昱、仇晓飞等等，积极推动他们走向世界，于是办展览："张晓刚：史记""李松松：抽象""岳敏君：路""隋建国：触手可及""DVF：衣之旅"……有空去看看。

除了佩斯，还有低调的科恩画廊（James Cohan）。说它低调你不信？你知道它在中国哪座城市吗？他就在上海岳阳路上一条小弄堂的一栋别墅里，至今已经在阿拉上海待了 8 年。画廊总监邵希亚先生 (Arthur Solway) 说："科恩画廊需要将触角打开，获得更广泛的发言权，再者，艺术的传承需要分享和传播。"他还说，画廊出售的是艺术品，更是艺术家改变我们看世界的方式，"当你观赏艺术品，他的视角和立场就会走近你，艺术的生活方式和世界观就会影响你"。画廊代理了包括徐震在内的诸多中国艺术家。

科恩画廊现在已经拥有了一个固定的本地藏家群体，其中有新老上海人，杭州、南京的客人，还有北京、香港的忠实藏家。"来自全球各地的电子邮件就更多啦，询问的都是中国当代艺术"，他们中有些人是科恩画廊的老客户。邵先生慢悠悠地介绍，最近加入画廊的艺术家大多是 1980 年前后生人，像郭鸿蔚用精细的手绘画出平凡的物品，"影像艺术家程然，他最近被 G20 选中的杭州形象片很棒的，我五年前就邀请他在画廊参加展览"。

邵先生的一句话让我至今念念难忘："科恩画廊会告诉你，艺术世界是很大的，热爱艺术的人总能在其中找到自己的空间。"这也许就是画廊甘于默默、慢工细活的原因吧。

题内话 # 画廊教你：有钱别任性

这是一个真实的故事，一位中国藏家在纽约立木画廊被中国艺术家刘玮的大装置和色彩线条强烈的绘画吸引，给画廊总监发了邮件，提出购买的需求。画廊总监立即回了邮件，问其在国内的身份、年纪及收藏意图。她说，我家正在装修，会把其中一件挂在家中。过了一周，画廊回信，拒绝了！为何有钱不赚？她寻访数位画廊总监及西方资深藏家，明白了：刘玮是一位从中国走向世界的年轻艺术家，个展后，代理画廊想把他推向西方世界；刘玮是位有潜力的优秀艺术家，画廊将优先让其作品供知名美术馆、真诚的收藏家等公私收藏，而不会给一个"想要装潢卧室"的人。

这个故事告诉我们：艺术有自己的个性和天性，有钱也别任性。

我们还要琢磨，金钱和艺术的关系、画廊经营管理的门道、经纪人的品格。当然，国外收藏者不会直接去找艺术家买画，而选择画廊，因为其透明、公正，有法律保障；还有政府在构建艺术市场新秩序时不可替代的作用，如确立正确的艺术产业观，税收政策、艺术文化法律政策的出台，确立艺术产业市场营销机制，等等。

上海艺术节期间，包括泰勒在内的画廊都要来，泰勒还将公布重量级内容。面对一大波世界顶级画廊，你准备好了吗？

在北欧看不一样的"居"艺术
——专家眼中的奥斯陆建筑三年展

"2016 年奥斯陆建筑三年展"本月（2016 年 11 月）将谢幕，本届三年展的主题是"归属之后"，说的是人类的"居"。时代发展到今天，"居"真成了问题，何处安放这身"皮囊"，何处才能诗意地栖居？

奥斯陆建筑三年展是"谁"？

威尼斯双年展、巴塞尔文献展、巴西圣保罗双年展等等大家都耳熟能详了，奥斯陆建筑三年展国人知晓者则寥寥，为何？确实太年轻，它是挪威建筑师协会 2000 年设立，旨在讨论当前与本土有联系性的国际热点话题。可见，本土的话题对于许多国家来说都很重要。

第一届三年展的主题是"城市的生活（Urban Life Forms）"，当时的情况用支文军教授的话来说也只能叫作"挪威境内的一次启蒙展"。挪威建筑师协会将三年展的目标群体指向包括决策者、专家和国际访客在内的群体，试图以展览、会议、研讨会、竞赛和一系列多媒体媒介为载体的多元模式，架构起基于北欧地区的建筑与城市化交流平台。

后来，"资本的愿景（Visions for the Capital）""冒险的文化（Culture of Risk）""人造环境（Man Made Environment）"等主题陆续化身展览内容。支文军说，2010 年的那次展览，还把相应的学术会议命名为"人造未来"，并增添了"人为修正"竞赛等项目，通过多维角度探索以应对社会和未来的挑战。

上届（2013 年）三年展的主题是"绿门之后——建筑以及对可持续的渴望"，来自比利时的策展团队一年里收集了 600 余件展品，以具象化表达可持续发展概念，既然是艺术展，策展人当然还要反问何为真正意义上的可持续设计。此次展览打破常规，不为展览设定逻辑线索，通过参观者自我评价，感受可持续设计是否能深入当代生活的园田里。

支文军教授说，观赏 2016 年奥斯陆建筑三年展，发现它已成为持续 12 周的综合性展览，成为北欧建筑圈不可或缺的建筑设计艺术的交流平台，且其全球性影响正在持续放大中。

归属之后如何栖居？

是啊！归属之后如何栖居？来自西班牙的路易斯·亚历山大·卡萨诺·布兰科（Lluís Alexandre Casanovas Blanco）、伊格纳西奥·加兰（Ignacio Galán）、卡洛斯·明格斯·卡拉斯科（Carlos Minguez Carrasco）、亚历杭德拉·纳瓦雷赛·略皮斯（Alejandra NavarreseLlopis）和玛丽娜·奥特罗·维泽尔（Marina Otero Verzier）等五位独立建筑师组成的策展团队，试图探讨难民与移民、环境问题、旅游业等为建筑领域带来的挑战，并探索建筑在社区建设中扮演的角色。

策展团队描述说，随着时代发展，人们得以坐在电视前观看全球频道，通过手机与外界交流，利用网络与好友分享照片，并在网上预订酒店。2015 年，超过 100 亿件的物品在世界范围内运输，超过 24 亿人的个体居住在异国他乡。"归属之后"，"我们"属于哪里？

于是，这次展览的主题展分为论居与谋居。"论居"展包括了 33 个作品，囊括了边界、家具、庇护所、技术及全球化和地域性等话题，分为边界地域、居住后的家具、临时庇护所、旅途生活的技术、全球村里的市场性和地域性等五个章节。"谋居"展则以公开竞赛方式，选定挪威及北欧等地区 10 个场地，进行为期 1 年的理论实践。在当前全球化背景的新语境下，思考如何再将议题的影响力扩大至全球。诸如奥斯陆机场的边界空间和出入境区域、挪威与俄罗斯的边界，甚至纽约的自助寄存设施都是实践的场地之一。当展览从物理场地走向网络、当场馆逐渐变为不稳定的节点，建筑是什么，建筑与我们的居住是什么关系？"谋居"试图在当下重新定义人类的品质生活。

北欧人原来这样理解"居"的艺术

支文军教授说："总体来说，展览内容反映的地域性特征十分强烈。尽管北欧的互联网、VR、APP 生活和我们一样，但莽莽原野上皑皑的雪还是打上了鲜明的北极圈烙印。"

詹姆斯·布莱德的作品将目光聚焦奥斯陆机场内部标识，展出的大都是我们行走于各地机场时习以为常的景象，但我们却没能像艺术家那样从政治、社会和美学来思考、判断"何处是家"。当然，还有机场外面道路上、水池边夸张的雕塑，四肢极为发达、头颅如豆的大力士正在抛掷一只梭形三角刀，这尊标志性雕塑立刻让人想起北欧环境下的"正能量"。

"家具"已经成为表达空间情感、联系的一部分，同时也作为个体与社区交流、界定个人与国家身份的媒介。像丹麦设计大师汉斯·瓦格纳设计的椅子已经成为世人"一椅难求"的经典，此次展览中的家具，如椅子、柜子、沙发、镜子悬在空中，而墙上则用来置放相框和各种各样漂亮的装置，用姹紫嫣红来形容正合适；北欧人似乎很喜欢让家居悬空，铁丝网的台子上，电视是挂在铁丝网格上的，电脑也是悬在空中的，悬空的格子网状台子前奇怪地放着两张同样明黄的方桌，有些搞怪。

于是，设计师们让遭受金融危机的博士回了家，25—40岁的他重新介入家庭居住后会发生什么？家具会重组吗？我告诉你，家具重组了，布展者以重组家具作为媒介，使屋子里的"居"冲破了原有的范式，实现了老房子内部的功能转变。

你在旅馆呢？西班牙的参展作品"欢迎旅馆"展示了孤立和联系的共同体。有人浴后正围着浴巾，手把着手机报平安；有人正在残雪犹存的台阶上，抱着头、穿着袜，是等着风雪夜归人还是她无家可归？冰箱里，面包、沙拉、水果正在洞豁的冰箱里慢慢变老、变蔫拉……策展团队认为，临时的居所不仅仅面向游客，也应当考虑政治难民、非法移民及被房东驱赶的家庭，"无家可归"当然是个问题。

还有奥斯陆的避难寻救者中心，如何化解中心里的私密性和公共性？阳光下，碎冰如麻的港湾里，泊着一艘灰底白身系着红腰带的客轮；远处，冰原上一排排白顶的平房该不会是难民救助中心吧？景很美，但谁说自然的景不是每个人心中感受的外化呢？展览设计者们试图从公共空间的设计上构想出临时庇护所的范本。

值得一提的是，展览所在地本身就是一件件艺术品。特别是此次展览国际会议的举办地"奥斯陆歌剧院"：雪白的外表、金黄的"内胆"，形体映着粼粼的水光，欲与大地融为一体的斜坡顶，让人仿佛觉得建筑的边界将要消隐在海水之中，这是对展览主题"归属之后"一种有趣的应对和回答，支文军教授最后说。

居的艺术可以这样落地

　　梦境可以售卖吗？三年展上，来自哥本哈根的建筑师就在网络上"售卖梦境"，在假期出游的同时将自己的房子租售给陌生人，向他提供自家的食物、书籍、电脑，在你做梦的地方休憩。这算诗意的栖居吗？估计亚洲人如我们接受起来有难度。

　　但这与我们赴海外追梦并不违和，比如意大利的普拉托，如今的纺织业几乎被华人占据，来自中国的文化、风俗让"意大利制造（Made in Italy）"得以印制在衣服上，穿丝绸、唱京戏，"居"的梦在亚平宁开了花，挺好的：反映这一景象的展品在三年展上很拽人眼球。

　　就连 2015 年公开招募的 6 个展出项目，"中国劳力全球化"也占有一席，与"歌剧院的大理石"展、"谁在那居住？"展一起活色生香，阐释"居"的全球化趋势已蔚成浪潮。

　　"归属之后"我已栖居全球，谁说不是呢？

上海双年展为何选择印度 Raqs 小组

第十一届上海双年展上周（2016 年 11 月 11 日）盛大开幕，世界各地的艺术家们带来了形式丰富的参展作品，装置、行为艺术、纸上作品、声音作品等等，把上海当代艺术馆渲染得风生水起、色彩斑斓。更有意思的是，做出这道艺术大餐的是中国公众很陌生的策展团队，他们提出主题"何不再问？"于是，我们要问：上海双年展为何选择印度 Raqs 小组？

为何起名叫 Raqs 媒体小组？

印度 Raqs 小组，其实全名叫"Raqs 媒体小组"。是由三位理论学家、媒体人、艺术家吉比什·巴什（Jeebesh Bagchi）、莫妮卡·纳如拉（Monica Narula）、舒德哈巴拉特·森古普塔（Shuddhabrata Sengupta）在印度德里共同创立的，当时三位成员刚从德里著名的米利亚国立大学（Jamia Milia Islamia）多媒体研究中心毕业。

Raqs 是波斯语、阿拉伯语和乌尔都语中的一词，原意是指当"反复修行的苦行僧"进入轮回的那种状态。这么说是不是和我们有些熟悉了，修行、精进，然后有一天突然开悟了、得道了？ Raqs 还是一个用于描述舞蹈的词，有关节奏、韵律、气场之类。

圈内人士介绍，普通百姓不熟悉，但他们创作当代艺术作品、电影，策划展览、编辑书籍、组织活动，并与建筑师、程序师、作家、戏剧导演合作，其独特而创新的艺术实践为他们赢得了 2008 年第七届欧洲当代艺术双年展的策划权，还赢得了 2013 年首届亚洲"集群艺术奖"。

他们一直在未来与当下、理论与实践之间"何不再问"

"未来的那一刻其实就是当下的这一刻，而这一刻又在思索着未来的发生，它们彼此呼应。"这是 Raqs 小组经常说的话。事实上，数十年来，他们一直用各种艺术形式追问着这些问题，并试图找寻现实的"津渡桥梁"。

小组成员说，我们不相信理论和实践的分离，觉得"做"和"想"是同一创作的两个面、同一作品的两个面。观众看过我们的《敲打时间》《时间胶囊》《积累的资本》后，若有所思并开启一种新的观物态度，对我们的线索、反讽、构图、画面做出回应：转身并顿悟地一笑；如果摆摆头，嘟囔一句"真有意思""我们怎么没想到"，我们当然也很高兴，高兴作品"触动了存于内心但未曾醒来的东西"。

Raqs 小组说，涂鸦、路名、招牌、海报、通知……我们像读小说那样去阅读城市、阅读乡村，作为艺术家，我们将生活视为一条溪流，去沉浸、去畅游、去体味。"我们当然要用语言去思考、去表达，我们更要用艺术去展示，就像《任何人，所有人，大人物，小人物，抵抗之人，好事之人和其他的人都将迫切离开》一样"，媒体小组言语滔滔，我们看着作品发现，原来这是一件以紧急出口标识为原型的艺术装置作品，放射性灯光丛中，人们四散逃去，看不清表情，只有狂奔的"人形图案"。

他们在世界舞台上思考，今年成了上海双年展的"主厨"

20 世纪 90 年代以来，Raqs 媒体小组的思考与实践融合了当代艺术、历史研究和哲学理论等多重文化背景，常常用装置、多媒体和行为表演作为创作方式。一方面结集《Raqs 媒体小组：动力沉思》，另一方面他们积极参加卡塞尔文献展（2002）、威尼斯双年展（2003、2005、2015）等国际重要展览。作为策展人的 Raqs 媒体小组，曾担任在博尔扎诺举办的第七届欧洲宣言展——欧洲当代艺术双年展（2008）以及在德里举办的 INSERT2014 的联合策展人。

他们的作品形式包括装置、录像、摄影、图像—文本拼贴、线上与线下媒体物、表演等。《一个没有被地震仪记录的下午》《垂死的人歌唱那将他击倒的东西》《候车室里的骗子》《敲打时间》《这是关于同时在这里和那里》《你被计算在内了吗》《捆绑之结乃摩擦之结》……把 Raqs 媒体小组近年的一些作品名字排列到一起，一不小心就是一首诗，虽然诗义有些晦涩。他们的作品被波涅米萨 21 当代艺术（维也纳）、舒米塔和阿拉米·玻色（纽约）、蓬皮杜艺术中心（巴黎）、伯格收藏（香港）、德维艺术基金会（古尔冈）等艺术机构收藏。

有意思的是，Raqs 媒体小组早在第八届上海双年展上就有作品展出；2014 年，他们在上海举办了中国的首次个展"补时（Extra Time）"。媒体小组喜欢思考时间，并以其为艺术创作的媒介，用绵延、重复、反射以及我们对于时间流逝的主观反应所留下的痕迹作为原始材料，创作出许多跨媒介的"时间"作品，像《守望》《等待》《内部时日》，等等，把时间的绵延、重复、反射掰开给你看，试图引起你我的思考。

也许正是那次上海之行，缘分就此结下，Raqs 成为第十届上海双年展的"主厨"，延续其颇有印度式玄虚的特色，艺术家们用作品抛出各种谜团和动机，提出必要、艰难而动人的问题。号召人们观展的同时，与艺术家一起构筑起一个发散、建构式的艺术世界。全世界 80 余位艺术家被他们招引到了上海当代艺术馆，其中大半来自海外。

"许多作品都是近年来国际艺术界的标志性事件，难得一见；再者，新锐的艺术家们纷纷来了，可见三人的号召力和影响力。"一位圈内人士告诉我，正因为 Raqs 符合上海双年展选择策展人的"差异化""突破性"原则，成了我们学术委员会的最终选择。

现场　　　　　　　　　　**这个展看哭了米兰观众**

2015 年，在米兰世博会联合国 KIP 馆，有一个展览让外国友人大开眼界，那就是"笔尖·指尖上的中国"艺术展，他们从这个展览看到了最具代表性的中国传统艺术——中国传统水墨和工匠技艺。

如今，"两尖"艺术展回归上海虹桥天地演艺中心，开启世界巡展的第二站——为期 66 天的旅程。

展览方同样运用了独特的形式去展现，长 30 米、高 3 米的环幕，宽 2 米、高 3 米的全息屏，连同 LED 的天幕、地幕形成一个开阔的影像空间，运用投影和全息屏的方式营造"天人合一"的时空感和剧场感。

屏幕上滚动播放着六位艺术家风格各异的作品，姜宝林的白描山水、何家英的工笔人物、王冬龄狂放不羁的乱书……当你走进这个空间，你就"入画"了。作品会不时投影在你身上，来这里的人，也跟艺术家一起创作。中国传统艺术以一种全新的姿态被展现在观众眼前，它不再那么地高冷，而且，它"活"了。

策展人刘榈告诉我们，策展团队的理念是：运用当代科技设计新的观展场景与视角，在现有审美标准下打破传统书画艺术的鉴赏门槛，让中外观众看懂中国书画。当"两尖"艺术展在米兰世博会展出时，有前来参观的西方观众甚至感动得哭了，还特地找到馆内的工作人员，一定要倾诉内心感受。

我们相信，感动中西方观众的，一定不仅是中国传统艺术本身的魅力，还有那部分——中国传统艺术被赋予的全新的视觉体验，以及用现代化语境重新解读传统艺术的尝试。用时尚的方式重塑中国水墨精神，邀请更多的年轻人、艺术爱好者前来参与艺术家作品的"再创作"，相信这也是展览本身想要传递的。

海外艺术名校看过来

进入 12 月，天气越来越冷了，艺术联考的温度却越来越热。国外艺术名校的门槛有多高？进了学校，学生又能学到些啥？这次，就跟我去海外转一圈，来了解一下那些培养过无数艺术大师的闻名遐迩的艺术名校。

国外著名艺校都考些啥？

想必很多想留学海外的艺术学子们都上网蹭过它们的网课，这说明世界虽大，但大家的距离并不远。

像罗德岛设计学院，汇聚了全世界超过 50 个国家和地区的 1800 多名本科生和 300 多名研究生，当然也有不少来自中国。这家学院和世界上绝大多数艺术类院校一样，招收学生的条件，主要看你的作品。

什么样的作品才能被名头大大、眼光毒毒的教授们看中？前辈们说，罗德岛、耶鲁的艺术设计托福成绩当然要 90 分以上；此外，二维、三维的作品集，还有你个人才情"大爆发"的作品："创意是关键！"因为这些名校的录取率每年都很低很低，美国前 500 名的艺术学院甚至达到 100 : 1。美国的帕森斯设计学院对"高水平原创作品集"的要求是：优美流畅、清晰的思考逻辑、自信的应对能力、优美的境界和高雅的品位。天哪！简直就是在要求你进校时就是"吴道子"。

当然，欧美艺校虽然目标都指向高水平的作品集，但具体要求还是有些差别的。像美国，不是同一个作品通吃所有学校，注重创新的美国艺术学校也注重跨学科能力、学有专攻的精进力；英国许多学校则将学习的重点放在将创意表现出来并转化为商业用途；而法国则相对容易申请，所以中国赴法留学生 1/5 都选择了艺术类专业。

海外名校都有啥？

这些海外名校的艺术专业都有些啥？雕刻、编制、绘画、设计、插画、室内设计、平面设计、动画、摄影、电影、珠宝设计、媒体设计等。像帕森斯设计学院，1939 年就开设流行设计（Fashion Design）、室内设计（Interior Design）、广告设计（Advertising and Graphic Design）等课程。

小伙伴们嘴里经常唠叨的帕森斯设计学院、伦敦学院（含坎伯韦尔艺术学院、中央圣马丁艺术与设计学院、切尔西艺术与设计学院、伦敦时装学院、伦敦印刷与发行学院）、罗德岛设计学院、法国巴黎美术学院等世界知名艺术院校，个个都有独门绝技。巴黎美院就走出了徐悲鸿、林风眠、颜文梁、潘玉良、刘开渠、吴冠中、李风白等中国绘画名家。帕森斯设计学院设艺术、音乐、戏剧、管理、设计等八个学院，在这里念书你很容易就在曼哈顿找到兼职的设计工作，因为那里几条街的艺术家大半都是这所学校毕业的。汤姆·福特（Tom Ford）、山本耀司、为路易·威登（Louis Vuitton）打响服装品牌的马克·雅可布（Marc Jacobs）、唐可娜儿（DKNY）品牌创始人唐那·凯伦（Donna Karen）、知名摄影师史蒂文·梅塞（Steve Meisel）、华裔设计师萧志美（Anna Sui）都是该校毕业的，韩国著名艺术家徐道获（Do Ho Suh）也是罗德岛设计学院走出来的。

伦敦学院是全世界最优秀的艺术学院之一，是世界上规模最大的艺术、设计、大众传播类院校。你想知道它多有名？2000 多名活跃在世界艺术领域的大咖是这家学院讲台上的常客；这里走出去的毕业生，无数成了艺术界大腕儿，像约翰·加里亚诺 (John Galliano)、里法特·兹别克 (Rifat Ozbek)、特伦斯·康伦 (Terence Conran)、苏·科 (Sue Coe)、加维斯·科克 (Jarvis Cocker)、马尔科姆·麦克拉朗 (Malcolm McLaren)、罗德尼·费奇 (Rodney Fitch) 等。

名校名在哪儿？优秀的学生一波波来袭

当然，因为世界上的艺校已经分工很细了，每个艺术生都有自己心中的"圣殿"。像服装设计，帕森斯设计学院、中央圣马丁学院、安德维普皇家艺术学院被列为世界三大时装设计名校。而今，活跃在纽约第七大道上 70% 的时装设计从业者，都毕业于帕森斯设计学院。

名校名在哪儿？当然是优秀的学生一波波袭来。时间真快，奥巴马再有两三个星期就卸任了，但就职仿佛在昨天。就职仪式上其夫人米歇尔的那件希腊式古典象牙白长裙，瞬间秒杀世界，那就是帕森斯设计学院校友、华裔设计师 Jason Wu（吴季刚）的作品。而今，这件耗费两个月的设计，镶缀数以万计施华洛世奇水晶和透明硬纱样花苞，如梦如幻、轻盈如蝉翼的白色单肩礼服，已经被史密森尼博物馆永久收藏。

中央圣马丁的知名学生也很多，众多"果粉"们注意了，你们手上的手机就是圣马丁毕业的乔纳森·艾维带着一群天才们设计的。这所学校培养的还有平面设计大师艾伦·弗莱彻、吉尔伯特和乔治，表现派的卢西安·弗洛伊德，工业设计大师詹姆士·戴森，笔记本电脑发明者比尔·莫格里吉，奥斯卡影帝科林·费斯，等等；圣马丁出来的毕业生掌控着众多企业的设计路线，如戴森、彪马、爱必居、亚历山大·麦克奎恩和斯特拉·麦卡特尼。

翁美玲、叶明子、刘清扬、毕瀛皇、王天墨……都是圣马丁的校友。《射雕英雄传》的黄蓉就是翁美玲了，她在圣马丁读了 4 年，学服装，虽然现在为世人所知是演艺，但我倒觉得圣马丁的"宽基础"教育造就了她；叶明子，开国元帅叶剑英最疼爱的孙女，只身赴英并考入了圣马丁学服装，现在她已经成为名媛圈里的明星了，因为她是名媛们须臾不离的形象顾问；至于刘清扬、毕瀛皇、王天墨，现在都是时装时尚界的风云人物："圣马丁学院"就是底气。

题内话 **底气从何而来？**

要想吸引世界的优秀学子，一所学校的底气在哪儿？

美国罗德岛设计学院（RISD）的陶艺、平面设计、工业设计等多个专业排名全美第一。建校于 1877 年，世界上最棒的 25 所设计学院中，RISD 曾荣膺榜首；RISD 的博物馆拥有 80000 多件藏品，从古希腊、罗马时期的雕刻到法国印象主义绘画；中国古代的彩陶、石刻、服装纺织品、玻璃、陶瓷、家具，应有尽有。每年有 200 多名来自全球各地的著名艺术家、设计师、评论家、作家和哲学家来学院担任访问学者和兼职教授；RISD 和布朗大学（常春藤成员）毗邻，两校学生互相免费选课：这样的学校当然吸引人了。

学校牛，培养的学生也牛。当记者问到吴季刚如何"一枪头"搞定米歇尔的礼服，他说，奥巴马夫人的数袭晚礼服，设计要求就是四个字：熠熠闪光。如何做到？这款礼服应该衣如其人：白色、浪漫、强悍、大气、自信、充满活力。于是，那晚的米歇尔美得难以置信，秒杀世界。

盘点海外双年展：网尽世界艺术

<u>上海双年展正在进行中，新加坡双年展也要进行到今年（2017 年）2 月底。仿佛一夜间，双年展开遍五湖四海、地球的角角落落，而且大有展不惊人誓不休、一展网尽世界艺术精英的势头。</u>

  按理说，去年（2016 年）并不是双年展的大年，卡塞尔文献展、威尼斯双年展、巴西双年展多不开锣，但放眼世界，从欧美到亚洲，双年展依然你方唱罢我登场，一波接着一波把 2016 年舞动得红红火火、一红到底。

  先说欧洲。双年展的发源地在欧洲，数十年的历史里创新当然也花样不断，引领世界潮流，像欧洲宣言展。今年，欧洲宣言展把主场地选在了水上，名叫"倒影宫"。一群工匠用木头砍砍削削、敲敲打打，盖起一座木头宫殿，木头很现代地立在水上，映在湛蓝的水里，主办方说："主要活动都在这里举行，主题是'人们为了钱会做什么：一些合资企业'。"

  除了面向年轻艺术家的"流动的双年展——欧洲宣言展"外，今年欧洲的双年展还有莫斯科双年展、威尼斯建筑双年展、柏林双年展、利物浦双年展、格拉斯哥（苏格兰）国际双年展、奥斯陆三年展，数得人都有点把持不住，但人家热热闹闹，短的两三月，长的有半年，一律选择高大上的题目。比如，柏林双年展确定的主题是"末日危难和隐秘空间的狂欢"，但是，在这个展览上，你可以购买商品，且以艺术的名义：TELFAR 品牌带来的一组设计作品，艺术家英格芙·郝仑（Yngve Holen）设计的 Hater Blocker 隐形眼镜；双年展官方背景音乐"Anthem"的限量版唱片，收录了伊萨·根斯肯（Isa Genzken）、头陀·弗雷登（Total Freedom）等艺术家与音乐家合作的单曲。是商品还是艺术？更让人意外的是，双年展"纪念品购物兼概念店"里，一些消费品也以艺术品的姿态展出：名为"薄荷"的绿色果汁；DD Corp 搭建的果汁吧，并在周围放置了回收的家具，填满了生菜、西瓜和小麦草的石膏模型雕塑。他们都是艺术家的作品哦！

还是亚洲的双年展亲民一些。中国的就不说了，说国外的吧，悉尼双年展、阿德莱德澳大利亚艺术双年展、爱知三年展、釜山双年展、伊斯坦布尔设计双年展、新加坡双年展、光州双年展、冈山三年展、斯里兰卡双年展……像爱知双年展就把主题确定为"彩虹商队驿站：创造者之旅"。把展览当作一次旅行？当然。两位策展人，一位来自土耳其，一位来自巴西就足以说明"旅游"主题。更有趣的是，一度是名古屋最繁荣的纺织品商业区的店铺现在也变身成了艺术展场。其中一个空间被雅加达艺术小组改成了为名古屋"市民"开设的临时学校，除了开办"如何不被组织"的工作坊，还可以唱卡拉OK；而名古屋市美术馆前，大人小孩儿正在捋着巴西艺术家乔默德（Joao Modé）"NET Project"里五颜六色交缠在一起的线，那艺术品空间瞬间变成七彩的欢乐海洋。

世界三大双年展今年登场的只有圣保罗双年展。2016圣保罗双年展主题为"现时的不确定性"。策展人说选择这一主题灵感来源于热动力学和信息理论，这和艺术有何关系？策展人说，试图在不同学科中寻找"不确定性的量化"，从数学到天文学，甚至包括语言学、生物学、社会学、人类学和历史等，不确定、混沌中试图捋出头绪，但艺术就指向其中的混乱性，不可计数、可测性，如何用艺术来展示？策展方案说，参展作品涵盖主体性、集体智慧、协同效应、记忆和恐惧等话题。我们"不明觉厉"，感到这都是大时代背景中的"大问题"，确定无疑。

非洲也有双年展，第六届马拉喀什双年展就在摩洛哥历史古城马拉喀什热辣上演，展览主推阿拉伯和非洲艺术家。尤其吸睛的是，展览及活动分别在巴迪皇宫（Palais El Badi）和巴伊亚宫（Palais Bahia）等历史古建中，观众可以在欣赏展览的同时领略阿拉伯建筑艺术的金黄之美。

专家观点   # 用艺术去思考？

虽说去年是小年，但十几个双年展还是把2016年渲染得风生水起、活色生香。

纵观各种展览，有几点让人印象深刻。

许多展览都是和以前一样，喜欢利用老厂房、老街坊。无论是威尼斯的大街小巷，还是釜山的旧工厂，即使如皇宫，也是金黄金黄的老建筑。欧洲宣言展，虽然湖上倒影宫被用作主会场，大部分场馆还是摆在老房子里，像伏尔泰酒馆，一座100年前诞生达达主义的老房子；莫斯科双年展选择了Trekhgornaya纺织工厂，利物浦双年展也将废弃的工厂作为主要展馆之一，釜山双年展很自豪地说"成功复活了数十年历史的高丽制钢水营工厂"：世界潮流，老工厂都借双年展变身"文艺男"。

跨界是去年双年展延续的主题。欧洲宣言展力推的是年轻人，可是展览中莫瑞吉奥·卡特兰（Maurizio Cattelan）和一位残奥会运动员合作，墨西哥艺术家泰瑞莎·马格勒斯（Teresa Margolles）与一位跨性别工作者一同创作，玛格丽特·于莫（Marguerite Humeau）的合作对象是位机器人工程师，而雪莉·纳达史（Shelly Nadashi）与一位文学老师合作，作家米歇尔·乌勒贝克（Michel Houellebecq）与一位内科医生合作，不知道是艺术还是艺术遇见谁？

再者就是，学科的跨界。哲学、数学、逻辑、设计学，原本都是有自己疆域的，但是在去年的双年展中，其界限被艺术家们弄得已然模糊了。悉尼双年展的艺术家关注"精神和哲学的交界"这个主题，许多作品都是这个；马来西亚艺术家谢秋霞在新加坡双年展上织毛衣——她在玻璃室内表演《编织未来》，用的不是毛线，而是韭菜（或蒜），五周后编成外套。她说，自己是潮州籍，那里新年有吃大蒜祈求好运的风俗，在这个不确定的未来中，要用蒜衣包裹保护人类的身躯。

还有，双年展中的艺术作品普遍鞭挞过去、不满当下、怀疑未来。悉尼双年展的主题"正视历史烂账　昂首构想未来"。悉尼街头无处不在的宣传海报，主打作品《愿意脆弱》——一个闪亮的飞船模型，主题就是"科技梦碎"，海报上印"未来已到——但它却来得并不均匀"一行大字，提示着：未来将会到来但不均匀，历史还牵拖着当下的一笔笔烂账。就连非洲的马拉喀什双年展的主题也是"Not New Now"（当下不是新的）。

让人头皮不紧、心不乱撞的倒是格拉斯哥国际艺术节。策展人表示："虽然艺术节本身没有固定主题，但是所有活动的举办都是希望能够把不同地域、不同关注点上有意思的艺术家聚集起来。我们希望通过为各类艺术家举办不同的展览，看到多样性之间的五彩缤纷和齐头并进。"这样挺好，艺术毕竟首先要让人感到美并愉悦的，你说呢？

不是赘语　　　　　　　　**别忘初心**

综观这些年的双年展，说实话心中有块垒，不吐不快。

双年展的观众大都是普通人，当他们怀着喜悦的心情，来到现场，如果看到的都是一些习以为常的场景，如破轮子、旧单车、碎砖块，甚至还有拆了的成堆建筑垃圾倾泻下来，无数的破旧鞋子散发出的异味，无论我们的主题多么深刻和高大上，总是让人心中不快。

这些年，在艺术展上，拿着碎砖烂瓦、乱糟糟的毛线团充作艺术品的现象，我看可以休矣：不论你如何口吐莲花，艺术的初心还是"愉悦美"；离了它，便不可人。

查尔斯顿，永不落幕的艺术之城

今年（2017 年）由全球驴友票选出的"全球最佳城市"榜单上，查尔斯顿这个美国东南部南卡罗来纳州东南沿海边的小城的出现，让我们有些陌生、有些诧异，还有些好奇，我们忍不住要问——是什么让它深受游客欢迎？

没有美国时就有查尔斯顿了

刚刚出炉的"全球最佳城市"榜单，是全球旅游者海选出来的，名不见经传的查尔斯顿成为今年的魁首，着实让人有些意外。

查尔斯顿现在市区人口 10 万人，连郊区才共有 60 万人。但是，它于 1670 年建市，与当时的波士顿一起号称"北美双璧"，美国建国时与费城、纽约、波士顿一起并称美国四大城市。

彩虹街（Rainbow Rain）是查尔斯顿一条著名的街道，为何被称为"彩虹"？因为沿街都是英式风格的两三层民房，外墙多为奶黄、粉红、淡绿、浅蓝或乳白色，好似天上一道"彩虹"；关键是"彩虹"在海滨附近：湛蓝的海水、湛蓝或红霞挥洒的天空之下，两三层的老房，还有那窗下吊花和铁艺小阳台，让人一下子想起大西洋那一边的西班牙。原来，查尔斯顿所在的南卡罗来纳州确实是西班牙人最先发现的，虽然很快就被纳入英国版图。

那时的查尔斯顿有大港口、黑奴交易市场，还是南北战争第一枪的打响地；不过，随着时代的进步，渐渐地它从大城市发展成今天的小城镇。你沿着河畔古色古香的鹅卵石路看过去，沿途有许多"鬼屋"（当地人称呼这些长期无人居住的房屋）——爬满青藤的古老宅邸，它们大都是百余年前被废弃、至今仍被当地政府原样保留的旧宅大屋，你看着看着就会心中填满怀旧、温暖、沧桑种种情感，尤其是当你想起这里就是《乱世佳人》拍摄地的时候。

很多神奇在这里上演，如今又被定格：黑奴市场、查尔斯顿海关、道克街剧场、查尔斯顿中学、《独立宣言》签署者拥有的米德尔顿庄园，等等，查尔斯顿街头的老建筑中建于独立战争前的有 73 栋，18 世纪末以前的 136 栋，1840 年以前的建筑超过了 600 栋。每个历史时期的"相片"都被定格保存下来，历史把这座老城变成了建筑艺术博物馆。

时光凝固了历史，历史化成了艺术

《飘》于 1936 年首次出版后，全世界的销售现已超过 3000 万册，据此拍摄的电影《乱世佳人》也斩获了 8 项奥斯卡奖。作品中女主人出入的白色楼房和庄园都在查尔斯顿。米德尔顿庄园是美国南部最古老的家族庄园，庄园里除了房屋外，有大量的湿地、沼泽、荒地、森林、河流、码头；至今还养有大量的动物，包括马、牛、羊、驴、天鹅、孔雀等；它现在已是美国国家历史地标，更是游客心中的"仙境"。游客说：坐在铃儿叮当响的马车上，听漂亮的女马车夫神采飞扬的讲述，看着庄园的稻田、河流、湖泊、竹林，好像回到了 19 世纪，自己也成了园中的农夫，真好啊！

萨姆特堡在查尔斯顿港的出海口，美国的南北战争就是从这里打响的。我的眼前，那时的大炮个个黑黝黝的，南北战争纪念碑高耸、沉重，红砖的堡垒斑驳嶙峋，断残但筋骨犹健，夕阳下或明或暗，我的心中被沧桑填满了！粗粗目测，这座五边形的砖结构堡垒墙体厚度至少 1.5 米，估计能容纳 600 名以上的战士。坐在长条椅子上，看着犬牙轩龋的堡垒大门，我在想：如果时光倒流，可以不付出数十万条生命的代价吗？

美国第七舰队你一定听说过，约克城号你也一定听说过，那支"二战"中很牛的军队，当时的军舰变成了今天的海军博物馆，就在查尔斯顿，军事迷们可不要错过，来看各种武器，光是飞机就有数十架，E-1 预警机、F4，螺旋式飞机就更多了。

老城里，几千栋老建筑，看得人心花怒放。著名的市场大厅 (Market Hall and Sheds) 是希腊复兴建筑风格的经典之作；圣菲利浦圣公会，初建于 1681 年，沿着教堂街前行还会看到 160 年历史的法国胡格诺派教堂，典型的哥特复兴式建筑；农民与汇兑银行（Farmers and Exchange Bank），这家银行已被载入国家历史登记册；建于 1852 年的艾德蒙斯顿·阿尔斯通住宅，一座希腊复兴风格的建筑，三层，每层都修建了门廊，陶立克式、爱奥尼亚式、科林斯式，门廊风格各个不同。罗素国家公园（National Russell House），联邦时期风格的镇公所建筑，1808 年竣工，美国最重要的新古典主义建筑之一；雷顿大厅庄园，园内 255 公顷土地的中心位置伫立着一座 1742 年建的乔治亚帕拉第奥式建筑……3000 多幢历史建筑散落在城市里，当然享受并感慨了。

一个不落幕的露天大舞台

　　查尔斯顿的文化艺术史可追溯至 250 年前，说明那时的南方农奴主也有高大上的艺术追求，见证者就是码头大戏院，它是全美洲第一座剧院，如今依然在用；吉博斯艺术博物馆的藏品有万余件，其收藏宗旨是"以查尔斯顿的视角收集、保存并阐释美国杰出的艺术收藏品"；城市大厅艺术馆藏有约翰·杜鲁贝尔所作的乔治·华盛顿总统画像、塞缪尔·莫尔斯所作的詹姆斯·门罗总统画像；查尔斯顿市中心有卡罗来纳美术馆、教堂街旅馆画廊（Church Street Inn Gallery）等艺术馆，展出文艺复兴时期的艺术作品及国际知名艺术家的油画和水彩画作品。

　　更多的则是流淌在古老的街道、浪漫的海边、优雅庄园中的艺术。每年在春末连开 17 天的斯伯雷托艺术节（Piccolo Spoleto Festival）已有 40 年历史，现已成为世界性的盛大节日，歌剧、音乐、舞蹈和戏剧轮番上演，中国的艺术家也是这里的常客，如《赵氏孤儿》《图兰朵》都曾来过。17 天里，教堂、公园、商店门口和街道上，你走着走着就会被艺术"撞"了腰，人头攒动的地方一定是艺术爆棚的所在。

　　如果你运气不错，在查尔斯顿你还可能碰到胡子节。如果你恰好留有漂亮的胡子，你就有可能赢得"最像汤姆·塞莱克（美国著名演员）"奖；房屋和花园节是小镇引以为豪的节日，节日里 150 多处私人房屋和围墙花园会向你敞开大门；没节日的日子里在老街上，你看到编筐子的人，一定要停下脚步欣赏，他们的技艺往往都是数百年前的工法；想听听现场音乐演奏？去三重唱俱乐部（Trio Club，卡尔霍恩街 139 号），爵士乐、摇滚乐、拉丁音乐，还有双人钢琴演奏；漫步在朝阳中的海滩，你也会被诗意鼓荡着不能自已的，你知道吗？这里的情景激发了乔治·格什温好多灵感，不信？你听听他的《波吉与贝丝》。

观点   **留下历史活体保护**

　　查尔斯顿虽然从当年的"北美四大"变成了小镇，但它活得却十分滋润光鲜，因为小镇充满了活力。

　　首先，建城以来的每个历史层的原貌都留下来了。无论是美国立国之前的殖民史、农奴贩卖史，还是南北战争史、"二战"史——原汁原味地留到了今天，时光把历史打磨得满满的艺术范儿。

　　其次是与时俱进。虽然城市越来越小，但活力不减且从未被时代忘记，时不时还立于时尚的前头，喜欢美食的、购物的，小城的时尚与纽约、巴黎、上海同步。

　　小城还兼容并包，谁都有梦想实现的空间。"坐在高大的马车上，听马蹄声滴滴答答走在古城区的老街上，恍然如梦，好像回到了《乱世佳人》的时代""爵士乐的酒吧里，年轻人正在摇头摆臀，啤酒在手，随着摇晃，其情景与新奥尔良无异"……大家都把自己的日子过成了艺术。

　　只要做到活体保护，我们也可以原真地留着"历史的堆层"，让城市活得光鲜明亮。

中国人在美国的"大地艺术品"

——透视中国建筑师马岩松设计的卢卡斯博物馆

最终，从旧金山、底特律的竞争中胜出的洛杉矶，迎来了卢卡斯叙事艺术博物馆的落户。近日从美国传来消息，博物馆已经着手开工建设，预计 3 年（2021 年）后开放。这项开始于 4 年前的设计竞赛，虽然好事多磨，但中国建筑师马岩松却很淡定，因为他的方案最终变成了现实。

卢卡斯叙事艺术博物馆建筑面积约 2.55 万平方米，由中国建筑师马岩松设计，建成后将会展出超过 10000 件绘画作品、服装、电影艺术品、数字艺术品等，其中包括"星球大战"系列以及其他电影的纪念品、古董照片、古董画。对于广大影迷来说，这是个值得期待的好消息。

设计离自然近些再近些

20 世纪 80 年代，钱学森面对中国城市开始大规模兴建"水泥方盒子"，提出要以中国的山水精神为基础建立一种新的城市模式，让"人离开自然又返回自然"。马岩松，受到钱学森的影响，一直念念不忘。9·11 世贸双塔倒塌时，正在美国读书的他被老师要求和同学们一样重新设计"世贸"，"我设计了'漂浮的城市'，纯理想的，但现在看来，那时的想法对日后的我非常宝贵。"马岩松说，随后他一直倾心于"山水城市"。

马岩松认为，山水城市应该有现代城市所有的便利，也同时有中国人心中的诗情画意，将城市功能和山水意境结合起来，建造以人的精神和文化价值观为核心的城市，让人在城市环境中与自然产生情感的联系，"不应让自然与人的距离越来越远"。

于是，他在世界各地竞标"山水"。在广西北海，做了一个"山"形的沿海住宅项目。整个建筑群落 800 米长、高 100 米，就像一个很小的城市。现在，这个楼群前方变成了水远天阔的公共空间，每天都有很多人来这里，因为这里有好山水："山"由很多平台组成，你可以在平台上看海，建筑立面上的洞可以用来攀岩，屋顶上还有游泳池，一个微型的山水城市。

曾在伦敦扎哈·哈迪德事务所工作过的马岩松，这些年来成绩不俗，设计了包括加拿大"梦露大厦"、鄂尔多斯博物馆、哈尔滨文化岛、朝阳公园广场、鱼缸、胡同泡泡在内的众多作品。

卢卡斯叙事艺术博物馆，马岩松的理念是更好地融入周围的建筑和景观环境，占地再少些、体量再小些，最终少了约 25% 的建筑体积和 40% 的占地，而户外绿色空间面积则增至 4.6 英亩。公共开放空间包含漂浮的露天人行天台、博物馆顶部的"公众活动草原"：供人们散步、运动、骑自行车的同时，也可举行音乐会、节庆游戏。因此，美国媒体称其为"极具未来感并与景观无缝连接的博物馆"，像密歇根湖畔巨大起伏的白色沙丘，成为一件大地艺术品。

浪漫与自然合一的方案

随着卢卡斯叙事艺术博物馆的着手建设，一场何为艺术的争论也拉开大幕，有评论者说："卢卡斯叙事艺术博物馆，这个名字直截了当地宣示了'星球大战'的核心，正是卢卡斯将讲故事的魅力带回了电影领域。他是否同样能够将这股叙事的冲动带给现代艺术呢？这会是一件好事吗？"

当然是！不信你去看看随着电影拍摄而积攒的 10000 件物品，你会发现电影艺术家和漫画家的工作有很大的相似性。在收藏品中，既有描摹美国日常生活的大师诺曼·洛克韦尔（Norman Rockwell）的作品，也有罗伯特·克朗博（Robert Crumb）趣味横生的漫画书。卢卡斯也收藏了美国插画家 N.C. 惠氏（N. C. Wyeth）的作品，他以激动人心的图画描绘了一个男孩的冒险故事；还有约翰·科普利的作品《华生和鲨鱼》、德拉克罗瓦的作品《简·格雷女士的死刑》……

还是说建筑。卢卡斯叙事艺术博物馆董事会的声明说得清楚，马岩松领衔的 MAD 事务所以其浪漫而富于启发的、与自然合为一体的方案胜出，也因此成为历史上首位在西方世界里设计标志性文化建筑的中国建筑师。

马岩松的方案，不仅因为整体意境，更因为其内部空间所表达出的对神秘未来的敏感和勇敢探索。馆内拥有一个被称为"城市天穹"的巨大穹隆，这里可举行临时展览、音乐会等多种城市活动，被媒体称为"城市艺术客厅"。穹顶中央，天光倾泻而下，激发人们往上走的好奇心，去探索叙事艺术的历史。围绕穹顶的是如同故事展开的环形展厅，沿着斜坡螺旋上升，引领游客进入一段穿越时空的旅程——叙事艺术的历史与未来叙事的数字媒介。馆方说，博物馆还将通过包括教育中心、巨型档案馆、室外剧场及四座影剧场在内的系列项目，完成其作为艺术机构的使命。

当你来到这座白色山峦的"顶峰"，将进入一个幻境般漂浮 360° 的观景台，博物馆公园的滨水美景、芝加哥的日出日落、城市令人激动的天际线尽收眼底。《芝加哥论坛报》评论称："博物馆设计是马岩松职业生涯惊人的转折点。"《芝加哥太阳报》评论称："马岩松是新一代的中国建筑师，专注致力于现代建筑设计，同时对设计内容和整体环境极为敏锐。"

更多马岩松走出去

当国外媒体热赞马岩松时，这位 1975 年生的设计师如此回应："我的背后是中国。"

美国人选中马岩松，固然有他的国际视野，他大学毕业后去美国耶鲁大学学设计，先后在扎哈·哈迪德事务所和纽约埃森曼事务所工作过，但他骨子里的"中国山水"还是如影随形，伴随设计实践的。

马岩松说："卢卡斯叙事艺术博物馆是一次'由内而外'的设计过程，建筑中心有一个被称作'城市客厅'的天穹，光线从顶部进入这个开放的中庭空间，这里可以进行多种文化活动，并配备了世界最大的 LED 曲面多媒体屏幕；参观者可沿着围绕天穹的坡道盘旋上升，经过每层的环形展厅，最后到达位于顶端的临时展厅，整座博物馆就是自然景观的一部分。"

马岩松的胜出，是"中国山水"在海外的一次成功出演。其实，经过 30 多年的改革开放，中国的"马岩松"越来越多，我们应该思考如何促使他们更快地走出去。

"星球大战"将成为博物馆顶梁柱

"星球大战"是美国卢卡斯公司 1977 年推出的系列电影，典型的美国式电影：打斗、无厘头和不可遏制的浪漫情绪，成为了叙事电影的经典和几代人的成长记忆。

卢卡斯的"星球大战"是典型的好莱坞电影，好莱坞则是美国电影和时尚的标志，毋需多说，很多国人都去过这个地方。就说那星光大道吧，很普通很窄小的路上，美国人造出很多故事，并将其传播到世界，其实现场一看不过尔尔。只是，美国前总统特朗普的那颗星星被四四方方的小矮墙围起来了。

令"星迷们"兴奋的是，去年初，《星球大战：原力觉醒》又在中国上映，它是"星球大战"系列的第 7 部了，故事设定在 1983 年版本《星球大战 3：绝地归来》之后的 30 年，讲述了拾荒者蕾伊与冲锋队员芬恩和抵抗组织的英雄们齐心协力对抗第一秩序邪恶阴谋的故事。

好莱坞诸多电影巨头，他们所叙述的传奇故事都将在博物馆内体现。

从"世界尽头"启航的艺术之旅
——南极艺术双年展深度观察

俄罗斯艺术家亚历山大·波诺马列夫 (Alexander Ponomarev) 日前宣布了一个重磅消息，今年（2017年）3月17日，来自全球的100余名艺术家、收藏家及相关工作人员将乘坐一艘科考船，"把艺术双年展开到南极"，中国艺术家也获得邀请。这会是一次怎样的艺术之旅？让我们一起来了解一下。

从"世界尽头"出发

到南极去办双年展？这个动议从去年（2016年）8月就开始了。发起人有两位，维也纳 TBA-21 的策展人娜丁·萨曼（Nadim Samman）和俄罗斯艺术家波诺马列夫。为了办好首届双年展，两位艺术家已经做了大量的工作，其中包括巡游莫斯科、纽约、纽波特、巴塞罗那、威尼斯、伦敦、迈阿密及乌斯怀亚等，开展推广活动。这些城市大都是如雷贯耳、耳熟能详的，但乌斯怀亚你听说过没？

乌斯怀亚被称为"世界尽头"。它是世界最南端的城市，它离祖国——阿根廷首都 3200 公里，可它离南极洲只有 800 公里。关键是，这是一座美哭了的小城：依山面海，没有桃花盛开，却有数不清、说不出名字的各色小花儿盛开在远远近近的山坡，皑皑的雪山是它的背景，那白雪公主的小木屋则是它的"主人"；小城街道不宽，但很干净。南半球的夏天生机盎然、清冷的空气、郁郁的森林：真所谓不墨山自画，无弦海低吟。

南极艺术展的推广内容包括南极双年展俱乐部会议、公共会谈、专题讨论会、表演以及全球公开征集新兴艺术家等活动。随后展览方宣布，参加本次展览的有艺术家、建筑师、研究人员、思想家和哲学家，来自世界各地的艺术家们将于 3 月 17 日乘坐俄罗斯的一艘 117 米长的研究船——"谢尔盖·瓦维洛夫院士号"从乌斯怀亚出发，展开为期 12 天的南极艺术之旅。

天气好的话，两天后就到南极大陆了。靠岸后，艺术家们将和支持团队共同参与各种项目，制作装置、进行表演等。摄影家们将狂拍这些美哭了的景色，画家们激动之余会把情绪变成跳动的画面；收藏家们看中了，当然就纳入囊中了。

中国艺术人士获邀参展

中国艺术人士也获盛情邀请，其中就有张恩利和乔志兵。巧的是，画家张恩利和收藏家乔志兵的艺术活动都在上海。

张恩利是科班出身的艺术家，但他的创作之路并不平坦。1990 年他以 200 美元的价格卖掉了自己的第一张画——一个大头像，买家是一位在香港教书的荷兰教授。后来张恩利成为 1996 上海香格纳画廊的画家，他的画开始慢慢有了稳定的市场，慢慢走向海外，因为买的人基本都是外国收藏家。张恩利成为世界顶级画廊豪瑟沃斯画廊签约的第一位中国艺术家。

评论说张恩利是个清心寡欲的人，总是喜欢在平常、平静的生活中发现诗意的简约并注入执着的矜持，"张恩利总是刻意让打草稿的框线痕迹可见，从不刻意抹去或覆盖它们"。要知道，中国画家要想敲开西方艺术殿堂的大门十分不易，张恩利却凭借着《头发》《四季》等"平常物"成为它们的"墙上客"。

乔志兵是一位收藏家，他的展示空间在徐汇区龙腾大道，面积 450 平方米，不算小。乔志兵说："收藏是一种漫长而纯粹的坚持。"他还说："我收我所爱，与市场无关。"所以"乔空间"开幕时，他看到一个父亲抱着孩子，在画家威廉·萨奈尔（Wilhelm Sasnal）的《父与子》前模仿画中人的姿态拍照，乔志兵说："这就是我想要的艺术空间的样子。我希望大家在自在轻松的环境中欣赏我收藏的作品，从中得到乐趣。"

两位艺术人士获南极艺术展邀请，一位是艺术作品的产出者，一位是艺术作品的收藏者，可谓珠联璧合。因为这次南极双年展是一个名副其实的跨领域、跨文化的对话平台。南极双年展将融合艺术、科学和哲学研究方法，试图表达"共享空间"的概念，如南极、海洋和宇宙等，试图重塑传统的艺术活动形式。

寒冷挡不住人类的热情

自从人类登上了南极这块大陆，艺术活动就如影随形，去看看斯科特他们的作品就知道了。

2012 年，反映斯科特探险的这组绘画作品由同行的探险家爱德华·威尔逊创作，纪念 1912 年威尔逊和罗伯特·斯科特船长及全体成员南极探险 100 周年而展出。憨态可掬的企鹅，雪白的肚子微黄的颈项，还有那伸得长长的喙，仿佛在欢迎久违的朋友；顶风负重前行的探险队员，衣服早已褴褛，伸头屈膝前倾，一缕惨白的光从左上方漏下来，在雪地上划出更长的阴影；也有阳光晕了的时候，一圈、两圈，成了雪线上空的华彩，站立的雪橇成了寒风中的勇士；还有智取威虎山中的雪地飞驰：苦和险，更有诗和远方，那诗虽然是瞬间但已美得让人窒息。

南极，高温不过 0℃，最低−90℃，但这也挡不住人类的热情。名叫纳赛尔·阿森的英国艺术家就想去南极作画，于是他把自己关在−30℃的冷库里创作，因为太冷每次进去只能待上两小时。即使这样，阿森说，南极的环境还是比冷库中的恶劣得多，但令他高兴的是，他的"五彩画"很棒很棒。阿根廷艺术家更是南极的常客：南极大陆雷达、隐形的森林、向日葵、甲烷泄露和红色的网……艺术家充满视觉冲击力的作品把这片魅惑的大陆展现在世人面前，当然也有可怕的全球气候剧变带来的后果。

当然也少不了国人的足迹。我国科学家赴南极之初就随队前去的画家陈雅丹，1986 年在长城站创作了壁画《三个太阳》，并留在了南极；画家李少白去年（2016 年）2 月完成了他的南极之行，他说得轻松，"既能拍美景又能拍美女"，但估计美女大多是企鹅。更有甚者，你上网，输入"南极旅游"，跳出的网页"10 万＋"，组团的、提供攻略的，一派"红杏枝头春意闹"的盛世景象。而艺术，往往都是"王婆"们的卖点。

观点   **去南极得有个边界**

南极艺术双年展，当然抓眼球，而且就在南极的这个秋天发生。届时，水渐渐冰冻，企鹅慢慢北移，科考活动已然沉寂……我们将这些收入画面、镜头，变成研讨的谈资，变成思考天人合一的"酵母"，艺术于是拓展到了哲学、人生、地球，诗和远方其实就在船舷下、天际线边、黝黑与雪白的交汇处……

但是，去南极恐怕还是得有个边界。无论我们怀着多么高尚的愿望、无论我们怀着多么圣洁的情愫，我们还是要想想今日的南极大陆，它是上苍赐予人类的最后一片净土了，我们以各种神圣的名义闯入，可曾礼貌？

不管以什么目的，请你小心，别揉碎了这片美：南极美到无以言表的脆弱，撕碎了就回不来。

他们用建筑致敬自然

——从 2017 年普利兹克奖引发的对建筑与环境的思考

本月（2017 年 3 月）初，今年的普利兹克奖出炉了，西班牙三位建筑师共同斩获了这一奖项。三位建筑师毕业后一起回到了家乡西班牙赫罗纳省奥洛特镇，三人已经默契合作了 30 年。但这些都不是最重要的，重要的是他们的作品都传达出"敬畏自然"的主题。

三位建筑师获奖 ABC

（2017 年）3 月 1 日晚，拉斐尔·阿兰（Rafael Aranda）、卡莫·皮格姆（Carme Pigem）、拉蒙·比拉尔塔（Ramon Vilalta）三位来自西班牙的建筑师获得今年的普利兹克奖。

他们的获奖作品包括贝尔略克酒庄、苏拉吉博物馆、里拉剧院、拉利拉广场、岩石公园、El Petit Comte 幼儿园、Les Cols 餐厅帐亭、Tossols-Basil 运动场、美食艺术中心、圣安东尼-琼奥利弗图书馆，甚至还有他们三人的工作室——Barberí 实验空间。评审团主席格伦·马库特评价说："三位建筑师合作创造出富有原则、毫不妥协又充满诗意情怀的建筑，说明不朽的建筑作品应对过去、环境高度尊重，同时还清晰地预示着现在和未来。"

业内人士说，这些作品最大的特点是根植本土、因地制宜。每一座建筑都有鲜明的地域特色，并与环境完美融合。他们使用耐候钢、塑料及本地材料，通过不同材料的组合、对比，打造出富有诗意的建筑，他们用作品礼敬自然、尊重环境。

据了解，三位建筑师将在 5 月 20 日赴日本参加颁奖典礼。

获奖作品看过来

贝尔略克酒庄是一件典型的建筑不去惊扰环境的设计作品。葡萄园与树林之间，隐藏着谦逊的葡萄酒窖，建筑半现半隐地嵌入地下，景观和建筑似乎化为一个融合体；远远望去，森林深处的酒窖仿佛带着山谷向大海"游"去。

苏拉吉博物馆则不同，因为这位画家有"光"之画家的雅称，所以三位建筑师用耐候钢这一种材料平地"扔集装箱"，堆起了有关皮埃尔·苏拉吉的博物馆：档案中心、临时展览空间、儿童创作室和贮藏室等。"耐候钢将随着阳光、雨水的打磨，逐渐变换颜色，最终兀立于山顶，并翘首露底，建筑将会与景观紧密融合，并随着时间推移慢慢变成罗德兹市的新景观。"设计者说。

还有，你想在怎样的环境里吃饭，帐亭餐厅如何？树林里，屋顶是由透明的管子排列而成，管子上覆盖塑料膜，建筑随着地形"流动起伏"，吃饭的人们使用的也是透明的桌子、透明的椅子，仿佛空中飘浮，那感觉：未饮先醉似神仙。"让建筑最低限度扰动环境，帐亭餐厅让享受美食的人们回归户外，回到悠闲慵懒的乡村慢时光。"建筑师说。

最奇特的就是 Tossols-Basil 运动场了，它坐落于城市与自然保护区交界的边缘地带，专门规划用于休闲旅游项目。于是，森林生存就与建体育场产生了矛盾，因为建筑师和当地环保人士都不想损害场地环境，不愿清除大片生长缓慢的老橡树。于是，最终的设计让自然和运动完美结合，因为大树森林中的跑步者就在操场跑道上若隐若现，穿梭在负氧离子多多的自然景观之中：原有的草木植被随着四季自然变化颜色；看台巧妙利用了周边的小型空地和路堤，顺着地形往上"长"；修长的灯塔更是成了地平线上的聚焦点。

用建筑点亮环境

"建筑融入并点亮环境"是近年来普利兹克奖不变的主题。获得 2008 年普利兹克奖的让·努维尔（Jean Nouvel）说："建筑的将来不是建筑的。"因此，他的设计依赖光，他的作品十分重视场域中的社会风俗和城市文脉，力求让建筑成为环境中的一个符号。

2010 年以后，建筑的英雄主义色彩逐渐淡去，礼敬自然之风渐次强烈，2012 年普利兹克奖得主王澍喜欢用古老的旧砖、瓦片来做建筑，用这种循环材料打造出来的中国美院象山校区成了一座具备桃花源气质、美丽且田园的诗意校区；2013 年普利兹克奖得主伊东丰雄的建筑显示的是建筑对环境的人文关怀："20 世纪的建筑就像一部机器，它几乎与自然脱离，不考虑与周围环境的协调；21 世纪，建筑不仅应节能，还应与自然环境建立生态的、相互观照的关系，让人身处其中舒适亲切。"2015 年的普利兹克奖颁奖时，得主已经去世，但普利兹克奖委员会打破惯例提前宣布弗雷·奥托获得奖项，为何？因为他用轻型拉膜结构设计了慕尼黑奥林匹克体育场，让建筑仿佛是飘荡在森林里的一片云，建筑师认为，"人类是自然的一部分，我们应该建造的是和自然界共生的社会"。

2014 年普利兹克奖得主坂茂把敬畏自然做到了极致：他用硬纸管为神户大地震的灾民在一天时间里盖起了一座纸筒教堂，用竹编帽子设计出法国蓬皮杜中心新馆。他所使用的材料不仅容易得到，而且便宜，还可循环使用。

这些建筑师把责任扛在肩上，我们呢？

观点   # 善待大自然的恩赐

在全球有数百万人严重缺乏洁净淡水的今天，人类是该一味地向自然索取更多，还是换一种思路，合理地善用大自然的馈赠？

喜马拉雅的干旱高原水源稀少，每年四五月份，当地农民经常面临季节性的缺水问题。随着地球气候变暖，灾害更加严重。2016 年"劳力士雄才伟略奖"获得者索南·旺秋构想了一个巧妙的方案，将季节性流出的丰沛冰川融水冰冻成锥形冰堆，凝结成一种类似当地宗教建筑的冰塔，春季将尽时，融化的冰水收集到大水箱里，然后利用滴灌管排到种有农作物的田地里。2015 年，一座 20 米高的冰佛塔一直维持到七月初才完全融化，共供应了 150 万升融化的冰水，灌溉了 5000 株树苗。冰佛塔成了当地人与自然和谐共处的一种方式。

源源不绝的雨水是否可以被利用？在东京，如今有一千多栋大楼收集雨水循环再用，这全靠村濑诚的智慧。村濑诚的理想是使用城市雨水，在不破坏环境的前提下，为大众提供安全水源。安装了雨水收集系统的东京晴空塔是他实现理想过程中的重要里程碑，该系统于 2012 年完工。

善用自然界的恩赐，这将是永恒不变的话题。即日（2017 年 2 月 28 日）起至 3 月 30 日，于外滩 27 号展出的"劳力士雄才伟略大奖展览"为你展现了更多充满智慧的大脑，以及关于他们肩负责任、努力捍卫自然保护环境的真实故事。

工程艺术姓"华"很精彩

世纪老人贝聿铭本月（2017 年 4 月）将迎来 100 岁生日。作为美籍华人，贝聿铭为世界奉献了许多经典作品，成就了这个时代的辉煌。其实美国华人工程师在艺术疆域里做出杰出成绩的还有很多，他们打通了科学与艺术界限，并做到精熟⋯⋯

现代建筑的最后大师

善用玻璃、钢材、石材、混凝土及塑形采光，彰显空间美感，贝聿铭被称为"现代建筑的最后大师"。

贝聿铭一生留下许多传世之作，美国国家大气研究中心、美国国家美术馆东馆、印第安纳大学美术馆、肯尼迪图书馆、香山饭店、麻省理工学院媒体实验室、卢浮宫玻璃金字塔、德国历史博物馆新翼、中国银行总行大厦、美秀美术馆、摇滚音乐名人堂、苏州博物馆新馆、中国驻美大使馆、中国澳门科学馆、伊斯兰艺术博物馆⋯⋯大都为公共建筑。

有人说，贝聿铭早期作品有密斯的影子，但贝氏采用混凝土，作品渐渐地有柯比西耶式雕塑感，美国国家大气研究中心、达拉斯市政厅就是这方面的代表作。随后，贝聿铭一一玩转了玻璃、石材，成功塑造出形态各异的作品。黑色的玻璃幕墙、白色的石头墙、钢制的空间网架⋯⋯外面看，一个圆形的台形体、一个长方形、似三角形的竖体，加上一个横长条体，他设计的肯尼迪图书馆受到肯尼迪遗孀的激赏。她断言："贝聿铭的唯美世界无人可与之相比，我再三考虑后选择了他。"于是一位年轻华人就这样声名鹊起，携肯尼迪图书馆与华盛顿国家艺术馆东馆的设计，牢牢站稳了"世界建筑大师"的位置。

黑色的玻璃，即使在阳光灿烂的日子里，也可以让每一位进入肯尼迪图书馆的人立刻肃静、沉思，而"让光线来做设计"是贝氏的名言，"光很重要。没有了光的变幻，形态便失去了生气，空间便显得无力。"贝氏不仅善用光，还善用玻璃，无论是肯尼迪图书馆，还是卢浮宫玻璃金字塔，玻璃的透明、反射特性，让贝氏的作品会思想、有体温，说是贝聿铭激活了卢浮宫、把诗画江南固化在今天的苏州博物馆新馆，不虚。

在美国建筑界，还有华裔林璎，她用"越战墙"凝固了历史……

在美国，像贝聿铭这样的华人建筑师还有很多，他们有的学成归国，也有移民第二代如林璎者。

林璎是林徽因的同父异母弟之女，21 岁那年在耶鲁建筑专业面临毕业（她姑姑林徽因亦在耶鲁求学过）的她一举中了越战纪念碑的标。

1979 年 4 月，美国"越战退伍军人纪念基金会（VVMF）"要求在首都华盛顿建造越战纪念碑，并提出碑身具有鲜明的特点、与周围的景观协调、镌刻所有阵亡和失踪者的姓名、对越战者的评价不着一字等四项要求。要求一出，1421 个应征方案纷纷投标，当时的林璎以现代艺术派的设计方案脱颖而出。结果一经宣布，全美群情哗然，立刻陷入激烈的争辩之中。反对者认为，纪念碑理所当然应是光荣与颂扬的象征，哪能容忍两面各长 70 多米的黑色石墙！黑色是哀伤、颓丧与堕落的象征！支持者说这就是现代美术中的极简设计范例，是典型的地景艺术佳作。

林璎的设计是"用一把刀切开华盛顿宪法公园的一个缓坡"，让岩石裸露出来，纪念越战的"越战墙"被设计成两面巨大的抛光黑色大理石墙，墙体扇形张开，两面各 76 米，形成 125° 的夹角，交汇处最深，3 米多；墙充分利用了地形与空间的特点，犹如一面巨形似刃的镜子嵌在隆起的地层里，构成一个巨大的 V 字，渐行渐浅，慢慢绘成一个湾，V 字两翼一端指向林肯纪念堂，另一端指向华盛顿纪念碑。黑色碑身上镌刻着 58132 个阵亡将士和失踪者的姓名。

多少年来，那些越战老兵、阵亡者家属走进宪法公园，渐行渐深地往 V 形的中央处走去时，不知不觉仿佛自己逐渐沉入泥土之中，自己的影子浮在那刻着 50000 多名阵亡将士名字的如镜般黑墙里！此设计正所谓不着一字，尽写春秋。

2000 年 1 月美国发行第九套《世纪之庆》系列邮票，其中就有一枚越战阵亡军人纪念碑邮票，画面为一位把头靠在"墙"上的越战老兵，伸手抚摸着镌刻在碑上的姓名。林徽因的侄女用抽象艺术设计，固化了历史，震撼了人心，余音袅袅，至今长鸣。

如今，由林璎设计的作品遍布美国各地，耶鲁大学的"妇女桌"、田纳西州克林顿区的儿童保护基金会礼堂、纽约非洲艺术博物馆、纽约大学亚太美国人中心，为洛克菲勒基金设计艺术品等，但她的巅峰作品还是"越战墙"。正因为如此，2010 年时任美国总统奥巴马亲手把一枚金质奖章挂在她的颈项上，以表彰其卓越成就。

学工程的蔡文颖打通科学与艺术的疆界，他早就享誉世界

对于今天的很多中国人来说，工程到了极致当然就成了艺术，如贝聿铭、林璎，但是二者毕竟还是有区别的。可是，有这样一位美籍华人，他在 20 世纪 60 年代就尝试着打通科学与艺术的疆界，他做到了，并且在海外声名响亮。

蔡文颖 1953 年从美国密西根大学机械工程专业毕业，之后成为一名工程师。他负责建造过原子研究实验室和药物工厂，却不断追求艺术。1965 年，他到新罕布什尔州的爱德华·麦克道威尔艺术村访问，一次林中漫步，他被阳光透过森林树叶的美景所震撼，决心用工程专长抒发对自然的爱。

于是，他开始尝试电子和计算机控制的雕塑创作，他成功了。1968 年以来，他多次展出他的"颤杆作品"：音叉、颤动的地球……尽管每件作品各不相同，但其设计又一脉相通：装置在座架上的每一件作品都是由众多不锈钢杆组成。它们固定地每秒钟颤动二十至三十次。蓝色高频率电闸，闪烁的灯光里，我们看到钢杆不规律地摆动。停下脚步看，当闪灯速度与钢杆颤动率同步时，装置就成了和谐的弧线；闪光率不与钢杆的震动率同步，钢杆便开始悠闲地上下波动：灯光里的雕塑变幻万千，观看的人眼花缭乱。

他的作品中钢杆是不变的角色，杆的顶端或套着圆珠或钢片、或冠以栅栏、或箍上巨环，于是我们就看到光线绕射得犹如飘扬的彩虹花朵，散射成高高低低的枝桠，有些作品你一走进它就开始动静，一说话它就"应答"、闪烁，你远了它就平静了……所以评论者说蔡氏的技巧运用不着痕迹，他的作品如自然般生趣无穷；他的作品在不规则的、不对称的波动中，洋溢着充满生命力的、曼妙错综的趣味。

蔡文颖作品受到包括纽约现代艺术博物馆、巴黎蓬皮杜中心和伦敦泰德美术馆的追捧，他的"令人震撼的艺术"终于在 1997 年首次回祖国展示。

观点   **根在中国**

  不论是贝聿铭、林璎，还是蔡文颖，他们都把工程的极致变成了艺术。虽然建筑与艺术天然一体，形态美感让人容易理解艺术与工程本就不分家，但蔡文颖的计算机电子与艺术可真是八竿子也打不着。

  但普林斯顿大学教授山姆·亨为蔡文颖撰写的评论中说："蔡文颖创作的迷人雕塑，是艺术和科技微妙结合的成果，这种结合使不可能做到的事不但具说服力，而且极富诱惑力。"

  我要说的是，中国文化中，工程历来与艺术是一体的，从未分过家。就说我们中国的古观象台、遍布神州的佛塔、已经浇灌沃野数千年的都江堰……哪件不是美轮美奂的工程艺术品？中国人不但知道"不墨乌江画，无弦山水音"，更清楚青山绿水油菜花间的房子得"粉墙黛瓦"，才会成为一幅天然的画：这就是天人合一的中国，没有人为的工程、艺术之分野。

  蔡文颖出生在厦门鼓浪屿，贝聿铭生在广州、童年在苏州，林璎是移民第二代，他们的根都是"中国"。不信？你去体味体味他们的作品，那韵味很中国。

米兰，吹响艺术集结号

作为世界顶级设计周，2017 年米兰设计周除个别展览外，明天（2017 年 4 月 9 日）将落下帷幕。狠狠把世界目光拽了一把的设计周，将古城米兰渲染得大街小巷人人笑逐颜开。

4 月的米兰，来自多少国家的设计师参加设计周、设计周上有多少场展览都已经不重要了，重要的是，这里是品质、艺术和未来吹响集结号的地方，用国内时髦的话说就是"供给侧艺术"集中营。

艺术圣地成人们的狂欢地

大家都知道，米兰是世界级的设计艺术展示圣地，1 月到 4 月，从米兰国际家具展到杜里尼大街，从托尔托纳街区到布雷拉设计区，从米兰大学到三年展设计博物馆，抑或是年轻的兰布特拉地区，遍布全城的各类设计展览将米兰渲染得让人 hold 不住。

米兰城本就大小展馆星罗棋布，到了 4 月，就连店铺、餐厅，甚至旧火车站都成了展览举办地。仅托尔托纳街区就汇聚了 180 余个主题展。这里活力爆棚的街头范儿是年轻人的绝佳去处，最前沿科技概念展厅、新锐设计师的前瞻性作品、手作创意人的文艺小物件、潮流插画师的涂鸦……无论你是不是混迹于设计圈，买杯创意饮品在这里逛上一个下午，就是上佳的选择。

中国艺术家是设计周的亮点

中国设计艺术近年来一直都是世界艺术赛事舞台上的常客，米兰设计周也不例外。中国室内设计领域的综合赛事平台——"筑巢奖"也把获奖作品的展示舞台设在了米兰，花儿朵朵的"筑巢奖"作品展就在当地三年展设计博物馆。有评论者说，这代表着中国人居设计文化立场越来越鲜明，标志着中国室内设计的国际地位不断攀升。

还有杭州的"'融'五年项目"，设计师把中国传统材料，如竹、纸、黏土、瓷、铜、银、丝等，设计成了日用品。5 年时间，50 位来自全球 12 个不同领域的设计师，深入浙江等地的 30 个自然村落，研究了 2000 多种材料，最后用 300 种传统材料设计出了百余件作品：你坐的沙发如摇篮，是漂在烟雨竹林下的绿潭中还是浮在绵白的云端？原来这是意大利 Arflex 的设计师用竹子勾勒出的造型；如恩设计的"燕子"系列灯具，捕捉了鸟儿在枝杈上休憩、竹笼中啁啾的画面。你知道吗？它表达了上海市井生活中的平常情景。可调节的轨道系统、优雅的线条、极简的外形，一旦动起来，"燕子"便奇特且生机盎然。"敬畏自然，无限趣味是设计的出发点"，设计师如是说。

当然，还有 20 世纪 30 年代上海的装饰艺术风潮的家具版：皇家风范的直立坚硬椅背和平滑座位、皮质曲线与典雅、海纳百川的宽广与当代的奇妙质感，历史文化与时尚流行并行远驰。

尤值一提的是，参展的中国设计师既有风格各异的设计新锐，也有红点奖得主、威尼斯双年展设计师，像张小川、骆毓芬、章俊杰、李共标等都去了，说这是当代中国设计艺术在国际舞台上的一次大规模集中发声，一点也不为过。

世界共唱"设计即倾听"

纽约艺术家带来的作品《呼吸》成为设计周的亮点：高 10 米的概念空间装置，薄纱样的房子里，有个婴儿爬向阳光。作品探讨的是建筑面对日渐缩小的生活空间和有限城市资源的解决方式——我们如何善待环境与自然？

中国艺术家谭志鹏、罗黛诗以土、铜为原料，失蜡法、铜着色制作了《行走的花器》，艺术品仿佛是自由生长出的顽皮细胞生物，满地乱走，把刚与柔、形与色演绎得活色生香、自然天成——说它是艺术家倾听自然、倾听传统的成果，很合适。

自然是丰富的，历史文化是醇厚的，倾听是必须的。正因为如此，米兰专设布雷拉设计区，推出丰富多彩的设计活动，演绎"设计即倾听"的米兰设计周主题。

无人机带领绚丽的灯光魔幻地翻转，虚拟科技让你不知今夕是何年，即便是产品包装箱，也幻化出了迷宫一样的魔幻空间。

设计大咖加埃塔诺·佩谢（Gaetano Pesce）的作品《UP》，一个象征女性特征的巨大再现——沙发，把雕塑、设计、时尚和社会谴责集于一身，女性的地位、角色，又有谁在倾听呢？

芬兰博物馆，很有品！

国家主席习近平日前对芬兰进行了国事访问。（2017 年）4 月 5 日，主席夫人彭丽媛在芬兰总统夫人豪吉欧的陪同下，参观了著名作曲家西贝柳斯的故居博物馆和芬兰设计博物馆。跟随着主席夫人的步伐，我们也来了解一下北欧国家芬兰发达的博物馆业。

想得到、想不到的，芬兰博物馆太多了！

博物馆数量众多，仅仅是芬兰国家旅游局官方网站上提到的博物馆就上百家，国字号博物馆有芬兰国家博物馆、芬兰国家美术馆、国家自然历史博物馆、海事博物馆等，更多的是各种芬兰特色的设计、艺术、科技博物馆，如奇亚斯玛当代艺术博物馆、海乌瑞卡科技中心、芬兰设计博物馆、芬兰森林博物馆、北极中心、阿黛浓美术馆、姆明谷博物馆、波尔沃历史博物馆、沃尔特雕塑作品博物馆、伊塔拉玻璃工艺品博物馆、农庄博物馆和西贝柳斯故居等。

芬兰有无梵高、塞尚等大家作品？你到阿黛浓艺术馆去看看，这里收集了芬兰的艺术精品，从 18 世纪中期至 20 世纪中期，芬兰黄金时期的重要作品在这里集结；接着，20 世纪 60 年代以后的艺术作品就被奇亚斯玛当代艺术博物馆收藏了，作品包括绘画、多媒体及其他藏品。当然，在这个建筑越来越重视"颜值"的时代，作为国家美术馆的分馆，奇亚斯玛当代艺术博物馆是一座极富曲线美感的纯白色建筑，内部规划更是不走寻常路，入门处即见一条弧形坡道从大堂地下延伸到博物馆上层；在这里你就不用找扶手电梯了，你沿着螺旋式回廊慢慢往上走吧，参观博物馆本来就要慢慢走，慢慢看，柳暗前头就是杏花村哩；这里，阳光是最好的雕刻师，它钻进、点亮了每一个角落，"雕刻"着遇到的每一件作品，真个是"见物留痕"，放光托物。

细细琢磨芬兰博物馆，它就是一部芬兰国情书

细细琢磨芬兰博物馆，发现它就是一部芬兰史、芬兰国情书。《卡勒瓦拉》（*Kalevala*）是芬兰的民族史诗，亦是芬兰民族文学的代名词。关于它的绘画、雕塑、音乐等演绎从来就没有终止过，这不，阿黛浓美术馆正在举办的卡勒瓦拉绘图展展期就长达 6 个月；如果你仔细看，就会发现这家博物馆中的许多艺术家的风格都有法国"胎记"，原来他们都在巴黎学习、生活过，有的一生都在那里，去世后芬兰人四处收集其作品，然后被作为国宝藏在这里。所以，有人说"到芬兰不去阿黛浓，就如到法国没去卢浮宫"。

芬兰有茂密的森林、广袤的海洋，这里当然也有很多森林海洋的主题博物馆。极地博物馆在芬兰北部的罗瓦涅米（Rovaniemi），这是一个位于北极圈上的城市。极地博物馆外形极富冲击力，前面似一本翻开的巨书，后面则是一个玻璃长廊，而中段则从地面上消失，就像一座隐藏在地下的冰窖。我们一路走过去，仿佛穿越时空隧道，看着珍贵的阳光（只有两小时的照射）把世界涂得赤红、金黄、青白；走进极光体验室，很舒服地平躺在一个小天幕下，黑暗中天上的星星眨啊眨，忽然间一缕缕蓝绿色的极光在夜空中飘然而至、翩翩起舞，把周围的天幕粉刷得青白青白、奇幻瑰丽，让人顿觉妩媚、神秘，大有不知天上宫阙今夕是何年的奇异之想。

芬兰海事博物馆在该国东南部城市科特卡（Kotka）的一座小岛上，使命就是向公众展示芬兰的航海史。在这里，陈列着有关航海的照片、档案资料与文学记载，更多的是物品，像轮船模型、实物、绘画、图片、船板、造船工具、雕像、航海仪表、船用钟、武器，等等，甚至还有海盗的旗帜，芬兰的海上贸易、航海者、船舶、航海旅行，一览无余。你若去，一定要和门口的那条四桅钢壳船合个影，那是芬兰人 1952 年从希腊买回来的英国制造。

城市虽小，博物馆却不少

建博物馆成了芬兰人的爱好，赫尔辛基自不必说，更多的是海门林纳、坦佩雷、拉普兰这样的城市（在我国大概也就是县城、乡镇的规模），也大有"风景"。

西贝柳斯故居博物馆在赫尔辛基。西贝柳斯是芬兰国宝级音乐大师，但大家知道他的老家在哪儿？海门林纳。他生在那儿，长在那儿，他住过的老房子被改建成了博物馆，展出其生前使用过的乐器。这座城里还有著名的海门城堡（Hame Castle），红砖墙、石头墙、灰屋顶、青屋顶，五色杂陈却一点也不违和，蓝天白云之下，青草绿水之间，城堡博物馆美醉了所有人；去了海门林纳，一定要去奥兰科国家公园（Aulanko Park），它是园林杰作，公园内的庄园、尖拱顶式的别墅、人造岛屿和人工挖掘的天鹅湖供你徜徉半天没问题。

还有坦佩雷，这里有世界上第一座间谍博物馆，还有列宁博物馆、姆明谷博物馆等

等，虽然它们都藏在厂房的地下室、老房子的二层等等隐秘的地方，且规模都很小，但一点也不妨碍它们的"吸粉"能力。间谍博物馆，那里还有日本的美女间谍，当然去了那里你也别忘了买一两件"间谍"用品，虽然是仿制的；列宁博物馆，列宁的很多著作都是在这里写的，和斯大林的第一次见面也在这里，它是世界上唯一一家列宁博物馆；还有姆明谷，芬兰动画形象，后来被日本人买去了，大火。于是，日本观众在这家博物馆的留言簿上大秀签名涂鸦，这些涂鸦大都也成了很艺术、很精灵的画作。

芬兰有黄金？你去拉普兰的黄金博物馆看看就知道了。在那里，莱门约基河和伊瓦罗约基河名闻遐迩，当卡瓦拉黄金村更是淘金者的天堂，在那里每个人都能淘到黄金。最大的金块 390.9 克。2008 年，一名淘金人发现了一块重达 113 克的金块。关键是，这里的黄金纯度达 95%。于是，黄金博物馆就成了拉普兰人的必然选择。馆舍仿佛当年淘金者的棚户屋，隐藏在茂密的林中，馆前塑一大胡子淘金人：手捧淘金盘，蹲在石头上，水从盘中潺潺下泻，活脱脱再现了当年的"淘金热"。

观点   **百分比艺术**

芬兰博物馆为何发达？得益于芬兰的文化激励政策。

芬兰有很多值得骄傲的东西，像玻璃制作，以阿尔托花瓶为代表的芬兰玻璃工艺品成了世界玻璃工业竞相激发灵感的"酵母"；阿尔托还设计了很多建筑、椅子等传世作品，所以芬兰甚至有一所大学就以"阿尔托"命名。

要找阿尔托这样的大师作品，去哪儿？博物馆。建馆得要钱，但在芬兰，文化艺术的投入不但被纳入各级政府的年度财政计划，还有专门的监督机构督促其落地，以保证文化艺术资金的落实到位，这被业内称为"百分比艺术"。打个比方，比如一个街区的计划、一栋建筑的建设，艺术资金得占建设资金的 1% 以上，并有具体明细。所以在芬兰，文化和专业培训项目、艺术家的创作、艺术馆的建设，都有充足的政府拨款、社会捐助。2016 年，芬兰的艺术资金已超过 7 亿美元，用于设计、培训与教育、文化、孵化设计师和产品等支出。

不仅如此，芬兰的文化艺术管理还从立法、管理、咨询、决策等方面多管齐下，如管理的"一臂之距"模式。在芬兰，政府管理文化实行横向分权，芬兰各艺术委员会机构在文化艺术政策制定、实施及确定补贴项目和资金上起的作用很重要；纵向也分权，从中央到地方实行三级管理体制，但各级管理机构相对独立，并无垂直行政领导关系，这样，简化层级的基础上引进第三方就更方便了，贴身服务也就更便捷了。

纵观芬兰艺术文化领域，归根结底还是因为有了可靠的政府艺术资金作为确保"百分比"的定海神针，并成为吸引社会资金的风向标，于是博物馆等文化艺术事业就出现了众人拾柴的喜人局面。

走，到希腊学习去

5年一届的卡塞尔文献展已经开幕了，在希腊雅典。世界三大艺术展之一的卡塞尔文献展一直以德国小城卡塞尔为永久举办地，今年（2017年）上演"双城记"，在希腊雅典设立分场，且打出"向希腊学习（也有译作'以雅典为鉴'）"的旗号，意思是回到人类文明的发源地去。

　　从雅典的宪法广场到雅典音乐学院，再到雅典当代艺术馆，偌大雅典城里的美术馆、博物馆、图书馆、公共机构、剧院等40个地点一夜之间都变成了来自亚非拉欧美超过160位艺术家的大秀场。

　　麻袋、炭笔，一群年轻人正在"缝地毯"。你能把它和艺术创作勾连起来吗？希腊宪法广场在文献展开幕日就上演了这样的一幕；推开一扇门，一只硕大的圆环赫然头顶，飘下一束束红红的线，人家说这叫"2017染羊毛装置"；当然，如果你是位音像爱好者，不经意间你就会遇到一间黑黑的屋子，屏幕上放着可能来自非洲、中国农村的耕作场景，或者亚马孙丛林的鸟叫，坐下来，说不定这场影像就是你的专场……

　　创办之初，"文献展之父"阿尔诺德·博德想重现早期现代主义艺术文献，故而有了第一届"卡塞尔文献展"。以后，文献展越办越红火，影响也越来越大，参观人数远远超出威尼斯双年展和巴西圣保罗双年展。

　　如今，卡塞尔文献展已经成为典型的后现代艺术荟萃地了。纯正的绘画、严肃的雕塑当然是展览的一部分，但也有艺术家捡来垃圾，聚在一起变成的展品；黑白电视、欢乐的妇人和咧开大嘴的猩猩，这是马李安·卡恩的作品《绘画》；还有木板浅台上的开敞式帐篷，几位游客坐在高背硬木椅上，黄红绿三色菱形图案的白墙……这件作品叫"做饭及餐饮用几何帐篷"；荒郊野外，一顶露营的帐篷立在那里，作者取名"大理石雕塑"；甚至非洲的羊也来了，只不过不少羊屁股变成蓝色了。

策展者亚当·希姆奇克（Adam Szymczyk）说："将雅典作为与卡塞尔并驾齐驱的展场，是基于多方面因素的考虑。雅典是人类文明的原点，还是亚、非和世界各地移居者的汇聚地。现在所有人都应回到原点，思考将要做什么，雅典是最合适的地方。"雅典文献展再次高扬了"艺术当代性"的大旗。

虽然很多艺术品我们不一定能看懂，但如果你外文没有问题，还是能从展品里读出很多玄机来，而会心一笑。

上文献展官网，你会读到一位希腊极简主义作曲家的作品在展览现场的表演预告"Epicycle（1968—2017）"，可是当你来到现场，你就会发现原来他早在 1970 年就因车祸去世了，于是观赏现场表演，作品会带着你冥想、沉思。

在雅典音乐学院，你会看见台子上的一堆杂物，那就是艺术家丹尼尔·克诺尔（Daniel Knorr）的《艺术家的书》（Artist Book）了。别急着走，艺术家本人正站在垃圾堆边，从中搜索小纸片、小卡通、小招贴，不时往书里贴。你看中了哪一件，80 欧元买走，你就为克诺尔的卡塞尔之行出了一点力。

雅典一圈下来，我们发现，当代艺术各门类之间的界限已经模糊，甚至艺术与生活之间的界限都已渐渐模糊。是不是说明，于艺术，我们普通人也是有机会的？

评论　　**卡塞尔文献展何以长盛不衰？**

卡塞尔文献展始于 1955 年。那一年，大学教授阿诺德·博德（Arnold Bode）受邀为德国联邦园艺展办一个周边活动，结果他和友人冒出了"洗脱纳粹时期笼罩在艺术天空乌云"的念头，决定高扬现代艺术的旗帜，把展览办成"艺术朝圣者的麦加"。

为何有此念头？那是因为二战时立体派、未来派、达达艺术被大肆毁灭，塞尚、高更、凡高、马蒂斯、毕加索等现代艺术家无一幸免，画家阿诺德·博德也在其中。

希特勒倒了，博德策划的第一届卡塞尔文献展的主题就确定为"1945 年后的艺术"（Art After 1945），大力回顾包括野兽派、未来主义等大师作品。展览吸引了 150 名艺术家的 670 件作品前来参展。接下来的两届都还是博德操刀，继续延续展示前卫艺术的路线。

何谓"文献展"？字面意义当然是涉及文献资料的汇编，拉丁文里还有"教导"和"精神"的意思，可见文献展的要求很高。5 年一次的卡塞尔文献展至今已经举办了 14 届，世界上各个角落的艺术作品被送到这里，参展作品也从这里走向了世界：卡塞尔文献展成为了名副其实的当前艺术风格库和未来趋势的风向标，观众鼎盛时一届就超过 400 万人。

文献展长盛不衰，关键有以下几点：

一是始终与艺术发展大势同步。要想了解当今艺术思潮，如果你不去研究卡塞尔文献展，你就不能称"达人"。正如评论者所说，卡塞尔文献展在 60 年间，从现代艺术转到了当代艺术，策展理念从展览变为艺术事件，展览空间从展厅延伸到社会公共空间，从德国区域展走向世界艺术盛会，在今后的发展中将继续反映并引领时代艺术的整体发展面貌。

这次卡塞尔文献展雅典展场，一位艺术家带来了他的影像作品《我无处可去》，展出地点是一个隐蔽于内庭中的本地传统露天影院。影片首映时，四周的枝叶模糊了屏幕，放映结束后，他被问到"树枝挡住屏幕了，为何不砍去？"艺术家说："不明白为何要将其砍去。"你从中读出了什么？环保、念旧还是树本来就是电影内容的一部分？我倒觉得颇有"天人合一""万物齐等"的意思，因为工业时代物我两格的英雄主义艺术风已经过去，你说呢？

二是对艺术的开放态度。谁都不敢说，他能看懂文献展所有的艺术品，但这并不妨碍文献展的包容态度。是的，希腊还没有走出债务危机的泥潭，但这并不妨碍我们用 10 万册禁书筑起一座雅典卫城，禁书、卫城、文献展，这些仿佛不相干的词汇聚到一起，接下来我们当然要用开放的态度思考展览想要告诉我们什么，我们当然也要思考当下，我们该做什么。艺术作品的议题是开放的，思考当然也是开放的。

还有甄别艺术的独到眼光。如果我告诉你，艺术家有一天对文献展策展人说，他要在现场种橡树，并且发种子给大家种，你会让他参加艺术展吗？这位名叫博伊斯的种树人硬是实现了他的"社会雕塑"作品《7000 棵橡树：城市造林替代城市管理》。他的规划是：寻求卡塞尔市政府和市民支持，在第七届和第八届卡塞尔文献展间的 5 年内，由志愿者在市内种植 7000 棵橡树，并在每棵橡树旁放一个 120～150 厘米高的玄武岩石条。任何想要参与的人，可以买下树和石条，并种植。种树干什么？博伊斯要用橡树 800 年寿命和玄武岩的坚硬壮硕为象征，推动"人类生存空间"的美化与改造，呼吁永久和平。愿望实现了，博伊斯的行动已成当代艺术的标杆和范例。

第十三届卡塞尔文献展，中国艺术家宋冬奉献了《白做园》。他用垃圾堆成了一座高8 米的山形盆景，并种植蔬菜、灌木和花草，做成花园。小山丘上用霓虹做了标语："不做白不做，做了也白做，白做也得做。"宋冬用这个来暗示资源的消耗、浪费与再利用，以及这种工作背后的徒劳感。这件作品现在被卡塞尔文献展资料馆永久借用了。

文献展是一块艺术洞察力、思辨力和行动力的"试金石"。

用艺术留住"城市的年轮"

公元前的古代巴比伦"空中花园"很多人都知道，但一睹其真容不可能。可你到纽约，走一走"高线公园"，你就能瞬间穿越，依稀见那时辉煌。最近，我到这家公园走了一趟，站在高架线上，穿过高楼望着哈德逊河，深感这里用艺术留住了城市的年轮。

纽约高线公园　作者 摄

高线公园是什么？

纽约高线公园（High Line Park），是一座建在高架铁轨路基上的公园。高出街道水平面 18 ～ 30 英尺（5.48 ～ 9.14 米）。沿着第十大道从甘斯沃尔特街开始，到第三十大街结束，高线公园呈南北走向，全长 1 英里（1609 米）。

1847 年，纽约市政府批准了通往曼哈顿西区的街边铁路工程计划。但由于铁路经过繁华街区，这条路上事故频发，第十大道也一度被称为"死亡大道"。于是，经过繁华的部分最终成了架空线，火车在铁路上行驶，穿楼过屋经街口，牛奶、肉类、农产品、原材料和制成品也可以在空中完成运输和卸载了。

20 世纪 80 年代，铁路完全废弃。拆还是留？这成了个问题。

高线如何改造？

荒废在继续，高线在 20 世纪末甚至成了城市探险家的乐园。争论也一直不休，高线经过多条繁华街道，拆了当然磕磕绊绊就没了。但是，有人不干了，其中一些人就成立了一个"高线之友"，反对政府一拆了事。成立于 1999 年的"高线之友"铁了心要让高架铁路活化。

2003 年，高线铁路再生改造"设计"竞赛面向国际"喊话"，36 个国家的 720 支队伍参与竞赛。2006 年，公园由詹姆斯·科纳（James Corner）的建筑景观设计公司和 Diller Scofildo+Renfro 建筑公司设计；植栽设计则交给了荷兰的派特·欧多夫（Piet Oudolf）。

公园如何改造？设计者们给出的答案是："植—筑（Agri-Tecture）。"设计师布罗·哈波尔德介绍："铁路线原样保留，高使用率区域（100% 硬表面）过渡到丰富的植栽环境（100% 软表面），我们通过丰富的设计手法，为大家带去丰富的体验。"

高线场地的自身特色当然要保留。铁路线、道碴、钢铁、混凝土与草地、灌木丛、苔藓和应时的野花草等奇特的和谐性不能破坏。因此，设计团队用条状混凝土板铺装步道，留着开放式接口，接地处被设计成下窄上宽的锥形，植物就可以轻松长出来了；走在高线公园上，放眼望去，步道就如犁过的田，一垄一垄的，夕阳下齐刷刷奔哈德逊河而去；公园的植被当然是本地植物，这一丛、那一簇，摇曳在路边迎候着匆匆的你，野性、生机、活力鲜亮很容易就洗净你的烦恼丝，你就跟着它们缓缓悠悠地，走悠长的楼梯、蜿蜒的小路，看中了在幽静的角落发发呆：忘记曼哈顿，心向哈德逊，心情旖旎一回。

公园活化了城市"锈区"

高线改造政府投入的很少，只有 70 万美元，其余资金由"高线之友"募集或开发商提供。

因为一口吃不成胖子，所以工程分成了三期，慢慢改。

第一期从最南端的甘斯沃尔特街延至西二十街，长约 0.8 公里。改造由混凝土和绿化景观带组成，旺盛的野花草留下了，锈迹斑斑的铁轨不少也留下了。3 年后改造完成，瞬间成了纽约人的"新宠"，高楼大厦间的草丛、柔和浪漫的灯光成了他们的最爱，眺望起伏流动、韵律绵延的光带让纽约人上了瘾。

于是二期上马，从西二十街到西三十街，公园总长 1.6 公里。新入口多了，无障碍通道覆盖了，电梯也增加了。福利也来了：一系列的景观小品，如"切尔西灌木丛"，草甸铺在闹市间；"草坪和台阶座椅"是一个 455 平方米的大草坪，休闲座椅一排排，都是回收的柚木制成的；"野花花坛"则是一条闹市间长长的乡野步道。

三期工程是环绕哈德逊铁路站场的 1/3 铁路，一场"铁路站场复兴"之后，高线公园最终复活了城市锈区、串起了艺术区，附近社区也跟着靓了。沿线的仓库和工厂成为了艺术画廊、设计工作室、零售商、餐厅、博物馆，你也想开一家，晚了！如今已是一席难求。惠特尼美国艺术博物馆市中心新馆也来了，前年（2015 年）开的业。

足迹：乘电铁游日本美术馆

摊开东京的旅游地图，几乎很容易就会发现——在或新潮或传统的街区中，不约而同地生长着许多美术馆。以至于在东京旅行，若不安排一两个美术馆导览一番，总觉得有所缺失。这次，我们就来一次日本美术馆的电铁之旅。

上野站

说起东京有名的赏樱地点，最熟悉的莫过于鲁迅先生笔下的上野公园了。这里的樱树密集，种类繁多，景色秀美。从成田机场搭乘京成电铁，只需 41 分钟，就能到达终点站上野车站。然而今天我们并不是来上野赏樱，而是来感受这里的艺术气息。

2016 年 7 月 17 日，联合国教科文组织的世界文化遗产名录上又多了 7 个国家的 17 个设施。其中日本东京国立西洋美术馆成为了日本国内第 20 项世界遗产。该美术馆就位于上野公园内，由建筑大师勒·柯布西耶设计，这也是他在亚洲唯一一个建筑项目。这座美术馆是柯布西耶早年"可生长美术馆"概念的实现，建筑像螺旋的贝壳一样可以向外侧无限增长，将来当需要扩建的时候，可以把原有建筑向外侧扩展。一层的中央为天窗采光的通高大厅，柯布西耶把它命名为"19 世纪大厅"，现在成了罗丹雕塑的展示空间。在大厅中，一层到二层通过坡道连接，游览者可以一边欣赏雕塑，一边步行。

同样位于上野公园的东京都美术馆也是历史悠久的一座美术馆，开馆于 1926 年。设计者为日本老一辈的建筑大师前川国男，他曾在巴黎和东京为勒·柯布西耶和雷蒙做草图设计师。该馆内正在进行的是 16 世纪尼德兰地区最伟大的画家彼得·勃鲁盖尔的《通天塔》作品展，最近前去日本的朋友不要错过。

日暮里站

位于日暮里站的保木美术馆被称为世界上鲜有的写实主义作品美术馆，在建筑界享有很高的声誉。这是一家私人美术馆，主要用于展示与保存馆主保木先生收藏的画作。

保木美术馆造型非常奇特，像是几幢被放倒的连体高层大厦，重合在城市森林地带与住宅区的分界线上。建筑体最有意思的地方是，堆砌在最上层的一条管状体几乎有 30 多米长的部分不合逻辑地悬在半空中，管道口隔绝了周遭的光线与空气，形成深处的幽暗空间，仿佛是用一种"抑制性"来强调建筑体存在的方式。进入馆内，几条分隔的曲线形长廊，路径悠长纵深，没有任何装饰的白色墙壁上以恰到好处的间距陈列着日本写实主义大师森本草介、野田弘志等人的油画作品。美术馆用最佳的空间来展示藏品，游览者则以最合乎逻辑的顺序来欣赏画作。

佐仓站

佐仓市位于千叶县北部、北总台地的中央部。佐仓市立美术馆收藏了著名画家浅井忠的作品。说到浅井忠，喜欢日本美术史的朋友一定了解，他是明治时期的西洋画家，曾留学法国，他的绘画以表现自然、人物等生活情趣及抒发情怀为主。浅井忠还创办了圣护院西洋画研究所，并成为关西美术院（后来被解散）的美术教育家。能与浅井忠的作品近距离接触，也是一次难得的艺术旅程。

古根海姆：艺术救城的一段传说

都说"古根海姆：一个馆救活一座城"，说的是 20 世纪西班牙老工业城市毕尔巴鄂夕阳西下、奄奄一息之时，古根海姆博物馆出手。最后，这座城市复活了，现在成了西班牙的明星城市，每年吸引大量游客。是机缘巧合，还是艺术真有如此魔力？

毕尔巴鄂古根海姆博物馆，是该市复兴计划中的重要一环

西班牙毕尔巴鄂古根海姆博物馆今年（2017 年）迎来建馆 20 周年。应该说，这座以博物馆让一座造船、冶炼闻名的城市重生。

毕尔巴鄂市始建于 1300 年，先是因港口因造船而逐渐兴盛，后来因铁矿而再度振兴，但 20 世纪中叶以后再次衰落。1983 年的一场洪水把该市老城摧毁，城市雪上加霜，虽经各届政府百般努力却无回天良策。

也许是受到伦敦、利物浦、巴黎用文化艺术改造老城的启发，1997 年毕尔巴鄂市也试图借助艺术的力量改造城市滨水"工业锈带"。要做的事情太多了：内尔维翁河河道需要整改，老旧的航站楼也不好使了。正在这时，古根海姆博物馆来了，这时的古根海姆已经是"文化产业"的代名词了，正欲在世界范围内呼风唤雨。

毕尔巴鄂的河水变清了，鱼儿也回来了，河上还新添了卡拉特拉瓦设计的人行天

桥——"白桥",他设计的航站楼——"和平鸽",还有英国著名建筑师福斯特设计的 29 个地铁站;当然,最有名的还是古根海姆博物馆。

"当时的毕尔巴鄂,新闻常常是负面的,不是工厂关闭就是恐怖袭击。"古根海姆博物馆负责人胡安·维达尔特说,博物馆更像是一场蓄力已久的逆袭,"它的使命就是要修复创伤,向世界大声喊出复兴的雄心和抱负"。

盖里的设计被称为"未来建筑提前降临人世"

由盖里设计的古根海姆博物馆甚至被称为"未来建筑提前降临人世"。整个博物馆结构体是借助一套为法国军用飞机制造所用的设计软件逐步完形而成的,整个造型仿佛兜头一阵大风吹皱了一船风帆,乍一看乱蓬蓬的。建材用的是玻璃、钢和石灰岩,在屋顶乱卷的金属片就是帆了,整个造型呼应的是数世纪前西班牙的海上辉煌。

于是,我们从内尔维翁河北岸眺望城市,博物馆就是第一重滨水景观:一群欢呼雀跃的金属板,让毕尔巴鄂这曲凝固的音乐又重新流动起来;再往北看,长长的、横向波动的三层展厅,仿佛河中粼粼的波光,聪明的盖里让终日阴影中的建筑表皮穿上铠甲,这样阳光跌落到任何位置,都会惊起亮闪闪一片,像阳光下的鸥鸟光羽熠熠。

毕尔巴鄂古根海姆的巨大成功,极大地彰显了艺术作为文化产业的"魔力"。毕尔巴鄂古根海姆博物馆的第一场展览就是"中华 5000 年文明艺术展",观众数量甚至超过本市人口 3 倍多,门票收入超过 1000 万美元,加上带动展览衍生品的出售,收入可谓盆满钵满。

争做第二个毕尔巴鄂成为许多城市的发展梦想

毕尔巴鄂因博物馆而一跃成为了世界知名的旅游城市,连好莱坞的电影首映式也选在这里,大家惊呼:一座建筑改变了一个城市的命运。难怪该馆理事会官员接受采访时说:"目前有 130 多个城市想与古根海姆合作建立分馆。"争做第二个毕尔巴鄂已经成为许多城市的发展梦想。

古根海姆的运作模式为何成功,以至于柏林、莫斯科、立陶宛、阿布扎比纷纷"联姻"或者接洽中?

有人总结为四点:树立高级别的收藏标准、举办权威性的展览、设立具有全球性影响力的奖项、建设遍布全球的分馆。也有人把该馆开创出的一条适应全球化特征的艺术产业运营方式直截了当地称为"古根海姆模式":站在世界文化的高度提出自己的发展战略，打造国际文化品牌，同样也就造就了博物馆本身的国际地位；与西方现代艺术发展的脉动合拍、同步，极大地拓展了艺术视野，创造了更加广阔的展览天地；强调展览规模，树立精品意识；拥有一批高素质的工作人员，这些人甚至通过卫星全程监控"中华5000年文明艺术展"展品的陆路运输。还有，重视媒体的宣传作用；注重拓展展览的派生产品，充分挖掘展览的附加值；成功的运作模式赢得各种重量级机构、财团的广泛参与，相得益彰。

可是，古根海姆的文化艺术运作方式并不是处处凯歌。前几年，柏林古根海姆也歇业了，最近芬兰赫尔辛基的古根海姆，法国人方案成为实施方案公布后，也传来当地议会否决了出资动议而搁浅的消息。毕尔巴鄂古根海姆的观众1998年创下130万人次的纪录后，也呈逐年下滑的趋势，2016年的数字尚未见到。业内人士说，缺乏实质性的文化内涵，没有吸引人的展览内容，仅凭前卫造型的博物馆没法儿满足民众持续求新求奇的需求，博物馆经营的挑战随之而来。

观察 ## 纽约古根海姆联姻艺术与产业

古根海姆博物馆是索罗门·R.古根海姆（Solomon R. Guggenheim）基金会旗下所有博物馆的总称。古根海姆基金会成立于1937年，是博物馆的后起之秀，今天已是世界首屈一指的跨国文化艺术产业投资集团。其中，最著名的古根海姆博物馆为美国纽约古根海姆博物馆和西班牙毕尔巴鄂古根海姆博物馆。

文化艺术产业，今天的人们习以为常，可是在60年前谁会将艺术与文化产业连在一起？古根海姆这样做了。

60年前，弗兰克·劳埃德·赖特为古根海姆基金会设计纽约古根海姆博物馆。最终，一只茶杯样的博物馆坐落在纽约市一条街道的拐角处，也有人说它像一个白白的弹簧，也有说像海螺的。很久以来，赖特老想造不需要楼梯、更不需要分割的屋子，一个大空间，走着转着几层楼就逛遍了。为了这个梦想，赖特在旧金山、匹兹堡、纽约都留下了他的印记，但螺旋形商店、螺旋形车库，都没有纽约这座博物馆来得气宇轩昂、惊世骇俗，外表朴实无华的博物馆只有馆名稍稍装饰了一下，白色混凝土墙一旋到顶，远远望去更像雕塑，而不是房子。

经过两年的建设，博物馆开馆了。建筑物底部直径28米许，呈3°仰角往上螺旋着，坡道在底部宽5米，到了6层就宽10米左右了。螺旋的中心形成一个敞开的空间，阳光从玻璃圆顶呼啦啦倾泻下来，瞬间塞满整个大厅。美术作品就沿坡道陈列，你可以选择乘电梯至顶层，然后顺着坡道走完430米，边走边欣赏；当然也可以循着坡道边看边上。馆里用于展示的美术品就沿着坡道的墙壁悬挂着，"不知不觉就看完了"，"比一个房间穿到另一个房间有趣"，"一种全新的观展方式，轻松而有趣"……来此的观众纷纷感叹。

开创了全新博物馆模式的纽约古根海姆博物馆，第一次把艺术推入产业的蓝海，并成功成为"艺术弄潮儿"，博物馆也成了当今世界上最著名的现代艺术博物馆之一。需要指出的是，纽约古根海姆鼎鼎大名与其不再固守现代艺术绘画、把眼光拓宽至整个艺术世界关系密切。

那时开始，古根海姆就成了"文化产业"的弄潮儿。但今天，其风头是否依旧，尚待观察。

观点　　　　　　　　　　　　　**内容为王**

虽然，形式千变万化，渠道五花八门，但无论是文化产业、文艺作品，还是博物馆业，有一样东西是永远不会变的：内容为王。

正如论者所说，再前卫的造型，再大咖的设计师，最终留住观众的还是不断推出新意满满的展品。什么样的展品才是王者归来？当然是反映大时代、深入百姓生活的"接地气"的作品，只有接地气才能赢得共鸣，收纳掌声，才能有"产业"化出，否则再好的艺术形式也只能是水中月、镜中花。你说呢？

威尼斯：中国艺术再次唱响

（2017年）5月13日，威尼斯双年展拉开帷幕，主题为"艺术永生"的展览将持续到11月26日。作为当今世界最负盛名的艺术展，威尼斯在这半年里将吸引世界数百万人前来观展，大街小巷里的主题展、国家馆、平行展、外围展，到处都是观展的人们。因此，对于今天的世界艺术交流活动来说，去威尼斯参加双年展无疑是一大美事。

今年双年展展什么？

第57届威尼斯双年展和往届一样，展期大约半年左右。总策展人克里斯汀·马萨尔 (Christine Macel) 剧透说：主题为"艺术永生"的双年展分为艺术家与书本之馆、喜悦与恐惧之馆、共同馆、传统馆、酒神馆、色彩馆、时间与无限之馆等9大板块，来自51个国家的120名受邀参展艺术家参与此次展览。其中，103位首次参展。有意思的是，上届双年展的主题展有来自53个国家的136名艺术家、艺术家团体及机构，中国艺术家只有4位；这次主题展120人大名单中有耿建翌、关小、郝量、刘建华、刘野、周滔等8位中国艺术家受邀参加。

中国2005年以来已连续多次参展，如果您这时去威尼斯，很容易就能在水巷老宅里碰到汉语华声的中国人，恍惚间你仿佛就有了身在苏州、扬州的感觉。

中国艺术家很抢眼

精明的威尼斯策展人知道，双年展的平台好使，于是每届都大量邀请新人参展。2015 年中国的邱志杰、曹斐、季大纯、徐冰；今年也是全新的面孔。

今年受邀的中国艺术家中，耿建翌早在 1993 年就参加了第 45 届威尼斯双年展，这也是中国艺术家首次进入威尼斯双年展。从那时到今天，耿建翌试图打通绘画、拓印、摄影和影片的界限，跨界创作。这回，他将自己的工作室"搬到"了展览现场，观众看到很多艺术家的床、工作台，还有书本。这次，耿建翌带来的是一柜子泡水的无字天书。

中国当代艺术家中，刘野留学时间最长、对欧洲艺术传统了解极深。卡通画面、圆头圆脑的小孩、蒙德里安的方块、米菲兔……刘野的作品融入了哲学、绘画史、符号、情绪、讽刺和忧郁等等东西，"看起来无伤大雅、童趣、迷人的画面，传递的却是曲折忧患的情绪"，评论者说。他的作品受到市场的追捧，动辄"千万＋"。这次展出的是他关于书的绘画，黄色封皮、几何图案的，还有的打开了却是什么字都没有的红红内页……

郝量与关小的作品都被安排在主题展的"传统"板块。郝量《潇湘八景》占据了三面展墙，画品围合的区域放置了一个展柜。关小一直探索不同类型的媒介，像雕塑、装置和录像。这次参展，她的视频作品将焦点对准了大卫雕像：博物馆里，里三层外三层的人，世界艺术生纷纷临摹它，大卫于是成了商品，石膏模型卖到世界各地，而大卫的形象越来越模糊，于是艺术家将它变成了一首 MTV 供人消费。

刘建华与周滔出现在最后一个板块"时光与无限"中。刘建华的作品名为"方"，他将钢板与陶瓷结合在一起，二者在火中呈现出不同的形态。他想把工业材料与传统材料之间并存的对抗性与依赖性展示给人看。他说："这是人内心对物质的理解和感应。"丝绸之路联通中国与世界，唱主角的就是陶瓷、丝绸和茶叶。

正像有些评论者说今年的威尼斯双年展是场艺术大杂烩，但传统与现代、东方与西方交汇融合，同台观照、互整衣冠不正是艺术生长必需的吗？

中国国家馆艺术不息

国家馆当然更能展示参展国家的艺术水平和发展现状。呼应"艺术永生"大主题，中国馆策展人邱志杰以"不息"应之。"每一位中国艺术家，都既承又传，代代相传、无尽接力之中，聚集起的就是不息的能量场，这就是中国艺术和中华文明几千年生生不息的秘密。"邱志杰说，中国馆的展览在意象上将以"山·海"与"古·今"两个相互流变、转换的"阴·阳"结构来展开叙事。

于是，大禹治水、夸父追日、愚公移山、精卫填海、宋人绘画都被引进了展馆；参展的四位艺术家汤南南、邬建安、汪天稳、姚惠芬分别以绘画、皮影、苏绣演绎展览主题。其中，汪天稳从事皮影雕刻 50 年，为国家级工艺美术大师；姚惠芬则是一位苏绣的国家级非遗传承人。中国优秀传统艺术，在高唱"一带一路"的今天，又回到了欧洲。

中国馆位于双年展军械库展区的尽头，说不定你去还能赶上锣鼓喧天的场面：多媒体皮影表演《不息——移山填海》在展场中心位置展开。皮影幕布后面，几位陕西华县的皮影艺人弹月琴、吹唢呐，悠扬的小调略带沧桑，皮影小人在他们手里活灵活现、生动有趣。两侧幕布后，一边飘过一朵云彩，另一边则是鲲鹏在"羽化"。中国馆里，《愚公移山》《骷髅幻戏图》（宋人李嵩画，姚惠芬绣），还有一幅是宋人马远的《十二水图》。在邱志杰眼里，这些作品都关系中国人的精神世界，如生死观和时间观，都指向了"不息"的意象。

几位艺术家的阅历都很显赫。邱志杰，现为中央美术学院实验艺术学院院长。他的个展"南京长江大桥系列""2013 独角兽和龙""2016 与时间赛跑"都为人熟知，《无知者的破冰史》《时间的形状》《莫愁》《记忆考古》等作品"试图在中国文人传统与当代艺术、社会关怀和艺术之间架起一座桥梁"，论者评价说。

汤南南的"铸浪为山"等以现代都市乡愁为核心，讨论时间与记忆、神话与诗歌、乡愁与生死等命题，尝试绘画、装置、摄影、多屏幕录像剧场等融通互鉴，努力探索自身经验切入当代生活情境的艺术方式。这回，他带来了《填海》，拍摄的是自己在海上目睹的一幕。坠落海中的鸟努力挣扎离开海面，却被它所羁绊的重物不断扯回。"我立刻想起了精卫填海，不正是人类与命运抗争的精神象征吗？"汤南南说。

邬建安很早就对中国传统的剪纸、皮影产生兴趣并探索将之化入今日生活，因此也被演绎"不息"的邱志杰召至威尼斯，让其运用综合性材料与方法，创造出层次丰富、尺幅宏大的装置艺术作品，诠释中西方神话和哲学。

另外两位，一位是皮影雕刻艺术大师——汪天稳。皮雕、纹样设计让汪天稳、邬建安成为忘年交，传统艺术与当代艺术家成为了合作的伙伴，一起来到威尼斯，就着马远的《十二水图》和山海意象进行了新的创作。苏绣也一样，邱志杰跟姚慧芬商量，应该创造出后人可以效仿的合作模式。于是，邱志杰创作图稿，姚慧芬按照标注的绣法进行创作，于是就有了《葡萄少女》《虎丘》等作品，苏州丝绸、苏绣再回西方，已是全新。这一回，姚惠芬不仅将以精湛绝伦的上百种针法再现《骷髅幻戏图》，还参与了汤南南《遗忘之海》的创作。

　　业内人士说，传统、多媒体、合作是中国馆的关键词。邱志杰说，这才是中国艺术生生不息的原因。

题内话　　　　　　　　　　　# 就应该这样活化

　　威尼斯的中国馆，策展人将之称为"代际雅集"，说中国艺术从来都没有"永生模式"，只有"不息"。不息，然后雅集，共同走向世界，面向未来。

　　其实，传统艺术更多体现的是"工匠精神"，当代艺术更多彰显的是"创意情怀"，他们就如同冰与火。能走到一起吗？当然能，就如邬建安与汪天稳、邱志杰与姚慧芬，就化成了一心向海的水，他们穿山林、跃河涧，在威尼斯成瀑布、铸浪山，昭示中华艺术的隽永与灿烂。

惠特尼双年展：当代艺术的风向标

下周（2017 年 6 月 3 日），为期 12 周的惠特尼双年展就落下帷幕了。不同于世界上很多双年展，它没有评委会绞尽脑汁地筛选作品；一旦艺术家被选中，参选作品全由自己定；作品一旦参展，作者就自动成了惠特尼美术馆的终身会员。这是一个个性鲜明、品格新锐的艺术大展，是当代艺术的风向标。

让艺术家发声

今年的惠特尼双年展试图探索艺术家如何通过多种媒介和语言发出自己的声音。80 后、华裔策展人克里斯托弗·罗与更加年轻的米娅·洛克斯张罗了这次展览。

展览在高线公园南部尽头、满是画廊的切尔西地区惠特尼美术馆新馆举行。两位策展人呈现了来自 63 位（组）艺术家的 310 余件作品，占据了大楼的 5 层和 6 层。艺术家们既有拉里·贝尔、乔·巴尔、达娜·舒茨等声名鼎鼎的大咖，也有像安妮卡·伊这样的艺术新秀。

平日里打扮得像济公的贝尔，20 世纪 60 年代开始绘画创作，然后转向结构艺术，现在又从事雕塑创作。他在雕塑实践中发现，金属电镀的方法在玻璃、纸张和塑料表面镀上渐变的涂层，就能造出视觉上的空间体积感和透明感，于是就有了标志性的玻璃"立方体"和"立壁"雕塑。最近的一组《光之结》，各种金属、石英涂层让原本坚硬的雕塑质地瞬间羽化、婀娜多姿，观之仿佛剔透无物；雕塑被扭成结状的薄膜，意态流动，钻石般的镜面吸收各个角度的光，然后反出去，美得让人不忍离去。

美国韩裔艺术家安妮卡·伊的气味艺术玩得也算是别出新路。她在其招牌的沉浸式装置中结合天然与合成材料，探索合成坚固物类与易腐材料的混杂，她不断在其中捕获艺术灵感；她将食物与烹饪融入创作，她致力于设计特定气味散发装置。通俗地讲，一个是坚硬、坚固的，一个是柔软、易腐，气味臭的（上古时代，"臭"既指香气也指臭气，还可总称"气味"），她总想把这些迥异的东西糅到一起，变成艺术品。

挖掘"艺术潜力股"

惠特尼双年展的宗旨是挖掘艺术潜力股，综观 78 届的展览历史，莫不如此。2014 年在麦迪逊大道马歇·布劳耶大楼里举办的最后一届双年展，邀请了 103 位艺术家参展，像阿黛尔·阿德楠都 89 岁了，这位哈佛才女精通音乐、诗歌，但绘画才能鲜为人知。老人家喜欢把画布平摊在桌上，用一把刮刀来创作。油彩当然是鲜亮与活泼的那种，老人家慢悠悠地布下色块与色团，令其"漂浮""悬停"在厚厚的画布上；小色块星星点点、密密匝匝或者三五一群成了画面的"分割线"，有时也会零散地填充画面犄角旯旮。注意看，色块中总有一个红色的色块，整个画面仿佛都是由它化出，它就如小宇宙般出现、运转出源源不绝的能量流。所以有人说，阿德楠的颜色不是山川景色，而是她心中的山川。也许是巧合，阿德楠参加这次展览的同时还在中国办了个展。

另一位名叫希拉·席克斯的纤维艺术家，她为惠特尼的空间特别创作了《柔软的圆柱》巨型纤维装置，彩色的棉线从房顶一直垂落到地板上，仿佛向灰色坚硬的水泥墙宣示自己柔软的存在。你知道吗？这位 80 岁的老奶奶近年坐过上海的浦江游轮，进过上海当代艺术博物馆，她在那根招牌大烟囱下兴奋地对馆员说："请再给我盖一个章！"她遍访中国江南乡间织布机；安吉的竹编作坊让她抱着大蓬竹篾在乡间小路上兴奋地来回走动，手舞足蹈，又长又细的竹篾散落在她周围，随着她的步子"花枝乱颤"，那情景真有"老夫聊发少年狂"的劲头；让她着迷的还有扇骨作坊里长着美丽斑纹的湘妃竹。你去看看席克斯的作品，一看就是"中国胎"。

2014 年的惠特尼双年展，很多媒体都用了一个很煽情的标题："再见，麦迪逊大道！"

那时还没有新馆；时隔 3 年之后，惠特尼双年展就移师高线公园边、文青云集的苏荷艺术区的惠特尼美术馆新馆了。

新馆位于纽约曼哈顿西部的肉库区。在 20 世纪初，这里云集了超过 250 家屠宰场及相关的肉类加工厂，包豪斯式、钢铁侠样、朴拙勇猛的建筑随处可见。而今，当年的肉库还是那样钢筋铁骨、肌肉暴突，但伦佐·皮亚诺的设计已经让惠特尼美术馆新馆成了文青们的"圣殿"，有的人甚至说"每一寸空间都渗透着艺术的灵魂"。今年的双年展还是秉持发掘"艺术潜力股"，重心放在挖掘新人上，不论年龄。

有自己的诗意表达

惠特尼美术馆特立独行，惠特尼双年展不像威尼斯双年展那样"金钱主导"，更不像艺术博览会那样直接交易。因为参展艺术家无需为参展的"柴米油盐"操心，所以他们可以更纯粹地"艺术"、地道地诗意。

策展人克里斯托弗·罗表示，艺术的敏锐性在于，它能够表达一些尚且无法归类或者言说的情绪。他说，展览没有官方定义的主题，也没有大牌策展人，没有明星艺术家站台，作品更是"个体化"，展示你我的生活体验，这样更能引起共鸣、更有力量。

艺术家也是一个弱势群体，要不怎么会在双年展中有大型装置作品《占领美术馆》？作品在展厅中呈现出一个艺术家"债务市场"，墙面被切开，一红一蓝两条曲线撕裂的是一个锯齿状的不规则裂缝，上部的蓝线显示的是金融巨头逐年递增的盈利曲线，下面的红线告诉我们的是艺术家食不果腹的现状。裂缝中陈列的是艺术家的作品，参与其中的每一位都身背负债，总共达到 4300 万美元。旁边则是文字和投影，艺术家诉说着各自的经济情况，谈论着他们为了维持艺术创作所做的兼职。艺术当然也可吐槽！

但是，如果你从 5 楼浏览到 6 楼，你看到更多的还是绘画、雕塑、摄影、装置、表演、实验电影、录像等所表现出的自然、人间温情和飞扬的艺术才情。夏拉·休斯那些热烈绚丽的花丛画布，像是推开了一扇通往另一个精彩世界的窗；安妮卡·伊的3D 影像《风味的基因组》将科学和神话华美地统一在一起，你要赶紧去体验。

还有，拉法·艾斯帕扎用艺术的方式带领我们回到农业社会，他邀请到多位艺术家一起参与，用传统的砖石围合起一个空间，其间播放"石器时代"的影像；另一位艺术家在屋里用火山岩堆起一个锥形，有人把墙涂上金色、蓝色、红色，有人在墙面上挂满了墨西哥裔男性的肖像。如果你耳朵贴着墙缝，会听到浑厚的男中音：很酷的意境。

伦纳德的装置《945 号麦迪逊大街》——作品名上的地址就是惠特尼美术馆老馆，作品运用小孔成像原理把整个空间改造成为一个巨大的暗箱。天气晴好时，对面房屋的倒影投射到墙上，你踩在云朵之上，看着车水马龙从房顶开过：老馆的时光原来如此诗意！

津桥春水浸红霞

—— "一带一路"上的中国艺术风采

随着"一带一路"的步伐，中国文化行动、中国文物修复技术、中国文明魅力正在走向海外，散发出越来越绚烂的光芒。

联合申遗，文化遗产的一次成功跨境合作

几个国家一起申请世界文化遗产，可行不？反正是给联合国教科文组织出了一道题。

丝绸之路跨国申遗始于 1998 年，但联合国教科文组织经过讨论之后，最初的中国与中亚五国（哈萨克斯坦、吉尔吉斯斯坦、塔吉克斯坦、乌兹别克斯坦、土库曼斯坦）方案变为两条：一条是中国、哈萨克斯坦和吉尔吉斯斯坦的跨国廊道；另一条是塔吉克斯坦和乌兹别克斯坦的跨国廊道。

2013 年，三国确定申遗项目名称为"丝绸之路：起始段和天山廊道的路网"，并将申遗文本提交给世界遗产中心。2014 年，丝绸之路申遗成功，这是世界上第一个国国之间以联合申报的形式成功列入《世界遗产名录》的项目，也是我国第一个跨国联合申报世界遗产的项目。丝绸之路文化遗产我国 22 处，哈萨克斯坦和吉尔吉斯斯坦 11 处。境外遗产包括开阿利克遗址、塔尔加尔遗址、阿克托贝遗址、库兰遗址、奥尔内克遗址、阿克亚塔斯遗址、科斯托比遗址、卡拉摩尔根遗址，吉尔吉斯斯坦的碎叶城（阿克·贝希姆遗址）、巴拉沙衮城（布拉纳遗址）、新城（科拉斯纳亚·瑞希卡遗址）。

"这些遗迹展示了古代中国与亚欧大陆文明交往的悠久历史，其灿烂的光芒至今还熠熠生辉。"业内专家评价说，像李白出生地碎叶城是唐代著名的安西四镇之一；布拉纳遗址位于吉尔吉斯斯坦楚河州，建于公元 10 世纪，是中世纪丝绸之路上的重要

商贸中心，该城拥有完善的城市供水系统，城中陶制供水管路长达数千米；布拉纳塔为该遗址唯一保存至今的建筑，建于公元 10—11 世纪，现高 24 米。该塔虽然只有半截，由红砖建造，但蓝天绿草之间，一眼色彩缤纷，煞是好看。

古丝绸之路上有一座保存完好的旅馆，名叫塔什拉巴特客栈，又称"石头城"。站在天作盖的石头屋里，听着当地人叙述的"儿子忘了父亲的忠告，修房子时看美女结果跟她跑了"，于是这家 5 百多年历史的房子到今天也没有盖上屋顶：那些往来欧亚的商人晚上躺在床上，望着满天的星星，什么感觉？

丝绸之路中国申遗官员说，丝绸之路于公元前 2 世纪与公元 1 世纪间形成，直至 16 世纪仍保留使用，连接了多种文明，遗产点包括古都、宫殿群、贸易居住点、佛教洞穴与寺庙、驿站、关口、烽火台、长城、古墓以及宗教建筑等。"申遗成功是个起点，接下来各国将会开展更加紧密的合作，比如拓展遗产内涵。"这位官员说，现在，我们又在紧锣密鼓地展开海上丝绸之路的申遗工作。

吴哥窟，中国帮助修复成功的一个域外文化遗产

柬埔寨的吴哥古迹，位于东南亚中南半岛的柬埔寨西北方暹粒省，包括高棉王国从 9 世纪到 15 世纪历代都城和寺庙，如吴哥窟、吴哥城、巴戎寺、女王宫等。联合国教科文组织于 1992 年将吴哥古迹列为世界文化遗产。

列为世界遗产，它同时就进入了濒危名单。于是，法国、美国、日本等国文物保护工作者组成联合团队，对其进行保护性修复，中国也在 21 世纪初加入这个团队。"文物修复的目的就是为了让它传播文化、艺术。"中国文物专家说。可一件文物修复究竟有多难？中国文物保护专家已在当地进行了长时间考察，2000 年最终选定了周萨神庙作为修复对象。因为周萨神庙块头较小，属吴哥经典建筑之一，还在"吴哥游"的首站或末站，是游客必到之处。但占地约 1600 余平方米的周萨神庙，除主体建筑尚残留着半截不规则的塔体外，其余都已坍塌，甚至不见了踪影。怎么办？用最笨的办法，把现场找到的 4000 多块石头（大的数吨，小的百余公斤），分类、编号，这项工作持续了一年多。结果是，参与修复工作的中国文物工程师现在见到吴哥窟的石头构件，立刻脱口而出、准确无误地说出其"原籍"。这种技能让国际同行和柬埔寨人大为惊讶，纷纷取经"你们是怎么得到吴哥窟的密码的"。于是，他们一有疑难杂症，就请中国专家前去"号脉"。

每一位到吴哥的人几乎都要去周萨神庙，浓密的树林中，金黄的光芒下，石头神像和庙宇建筑散发出的美几乎让人窒息，惊得说不出话来，但可曾想到当年的断垣残壁、

残石遍地，是中国人找回了它的美妙。

现在，日本、法国这些老牌文物修复大国，纷纷效仿中国做法：尽量保持原有的结构形态，尽量使用原有构件，只对残缺部分进行复原处理，以最大限度保持古迹原貌。更为可喜的是，修复过程中，中国已为柬培养了一支技艺娴熟的古迹修复队伍，他们渐渐挑起了文物修复的大梁，吴哥窟现在也从世界濒危遗产名录上"下架"了。

现在，中国已帮助柬埔寨完成茶胶寺的修复工作，目前正在修复柏威夏寺。请期待。

让中国文化为更多的人熟知

随着吴哥古迹的一件件作品重放光芒，中国舞台艺术也在吴哥绽放异彩。2010 年11 月 28 日，云南文投的《吴哥的微笑》在柬埔寨公演。这场情景大戏由中柬两国艺术家共同编创，运用现代高科技手法，浓缩了吴哥王朝所有精华，梦幻般的情景被观众誉为"柬埔寨鲜活的文化艺术博物馆"。截至目前，已经演出 1230 余场，接待了来自 60 多个国家和地区的 110 余万观众，好评如潮。该作品成为中国政府"文化出口重点项目"，被柬埔寨政府授予"柬埔寨旅游特殊贡献奖"。

其实，中国文化艺术走出去现在已经成为常态。就说国字号的艺术项目吧：2014 年，庆祝中法建交 50 周年，"汉风——中国汉代文物展"在法国举行，来自中国 27 家博物馆的 450 多件精美文物展现了汉代 400 多年的辉煌历史；国家主席习近平和法国总统奥朗德都为展览写了序言，并担任监护人。还有"牵星过洋——中非海上丝路历史文化展""颐和园珍宝展""天涯若比邻——华夏瑰宝秘鲁行"等，纷纷走出国门。

今年（2017 年）1 月，文化部发布的《"一带一路"文化发展行动计划（2016—2020 年）》，其中就包括促进与沿线国家和地区在考古研究、文物修复、文物展览、人员培训、博物馆交流、世界遗产申报与管理等方面开展国际合作；建设"一带一路"文化遗产长廊，实施文物保护援助工程；大力推进"一带一路"文博产业繁荣，提高"一带一路"文化遗产与旅游、影视、出版、动漫、游戏、建筑、设计等产业结合度，促进文化艺术的国际融合。

今年 2 月，国家文物局印发《国家文物事业发展"十三五"规划》，提出建设"一带一路"文化遗产长廊，其中包括沿线文化遗产保护利用、陆上丝路扩展项目、海上丝绸之路的保护与申遗工作，开展丝绸之路"南亚廊道"的研究，促进文化艺术的互鉴互赏、民心的相通相融。正所谓"津桥春水浸红霞"，喜人！

观点 **走近，才能欣赏**

很高兴，"一带一路"被越来越多的外国人知晓。

无论是"一带一路"文化规划，还是文物规划，中国人的眼光从未像今天这样"地球村"，民心相通需要民心互见，民心互见需要文化互融，文化互融当然就需要我们的文化艺术工作者更多、更频繁地走出去，需要我们的文物、文化更快地到异国去展览，去演出，去持续、细致地修复文物。走近了，才能欣赏。

如果说，20世纪前半叶的世界是物质文明取胜，后半叶是文化取胜，到了21世纪，文明取胜的趋势越来越明显。经外国朋友票选出来的"新四大发明（高铁、网购、支付宝、共享单车）"，被越来越多的世界公民所欣赏，我们的文明、我们的价值观也应该如此：要知道，艺术与文化是文明的"面子"。

他们重新定义了"家"

——青山周平、亚历山德罗的民宅设计印象

"家可以怎么装，空间可以怎么变？"最近颇为流行的一句广告语道出了房价高企之下人们渴望提升生活品质的别样追求：大房子买不起，螺蛳壳里可否做道场？

青山周平想造"移动的家"

北京南锣鼓巷，一座百年四合院，30 平方米的房子里要挤进老少三代五口人，因为孙女读书，这是学区房。

房子小、功能要求多，四个大人都是"重量型"体型，"微胖"的幸福遭遇蜗居的"挤压"，拥挤就成了这处最小"学区房"的常态。厨房里胖大婶转个身就撞落东西了，因为空间狭小浴室玻璃被撞碎，于是一有人洗澡便"水漫金山"；吃饭睡觉更是惨不忍睹。

怎么才能腾挪出品质生活？清华博士、日本设计师青山周平开始了神奇的点化，将胖婶家分成上下两层；整个房子里一共开了 13 扇窗户，自然光线、通风等等瞬间解决；许多隐藏式设计让房子顿时变得"肚量"大大。

青山周平说，设计是在尝试给人提供一种希望、一种可能性；他说，生活物器和建筑每天与我们接触，都会产生情感连接，都有温度。有温度的青山对"家"有很多独到的观点：我在北京 11 年，7 年住在胡同里，从我家走两三分钟就到菜场，菜场是我家冰箱的一部分，因此我家厨房很小、冰箱也很小；出家门，走几分钟，我就到了意大利人开的餐馆，工作就去这个咖啡厅，咖啡厅是我的书房；想喝啤酒就去啤酒场……刚到北

京时，我奇怪胡同里的人怎么老穿一条大裤衩就出来，后来我明白了这就是胡同的生活方式，这是家的一部分，他们家的客厅——为什么在自己的家里面要穿衣服？所以，他认为家应是开放的，应跟城市融在一起：家、社区应该是共享的，就像北京的胡同。

因此，青山周平现在正在力推"四百盒子社区"，盒子可以移动、可以租借、可以叠加。在《美好家园》杂志主办的"品质生活 Style Maker"论坛上，青山谈起了他理想中的"社区"，一个适合年轻人一同居住的地方，现代社会中逐渐消失的血缘、地缘等传统的共同体以新的方式联结在一起——兴趣、生活方式，形成新的社群。"我们在福建泉州做了这个项目，把房间做成可以移动的盒子，个人的房间很小，基本上是一张床、一个衣柜，其他的都没有。厨房、客厅、卫生间都在外面，大家可以一起使用。"青山说，因为越来越多的年轻人开始离开原生家庭独自生活，生活空间变得越来越小，如何帮助他们在小空间里找到"大生活"，提高他们的生活品质，是一个值得建筑师探索的话题。

亚历山德罗造"会长的房子"

青山周平设计"会走的房子"，亚历山德罗设计"会长的房子"。

2016 年普利兹克奖获奖人亚历山德罗·阿拉维纳的成名作，就是为智利伊基克市政府设计了一片经济适用房——金塔·梦洛伊（Quinta Monroy）。

这是一处 1960 年开始便被 97 户家庭非法占有的市中心土地，政府下决心要安置他们。这里地价是周边的三倍，但每户家庭的房屋补贴都一样——7500 美元，这钱要用来支付地价、基础设施和建筑架构等，最后剩下的钱只能修建 30 平方米大的居住空间。

于是亚历山德罗创建了灵活的半舍（half-homes），只修一半，空出另一半空间，让每家住户可以在未来进行自我扩建。这样，建筑成本被压低，同时也激励住户们努力工作，赚了钱就加建房屋。于是，亚历山德罗非常智慧地把房子设计成两层楼、锯齿状，他提供的是一个家庭核心的部分。最初的住宅两层高，坚固的混凝土砌块构成最基本的家——厨房、浴室，一些隔断墙和内部木楼梯。每一个盒状结构交替留有一个空的空间，大小完全一样。在这个空位上，家庭只要有能力，就可以轻松地扩大自己的家，用他们的想法配置空间。

现在，这个违法占用 30 年之久的贫民窟已变成了一个环境更好的生活小区，成了伊基克市的模范社区，小区逐渐变成了环境优美、品质优良的高尚社区。面对这样充满智慧、谋划时间的建筑设计，普利兹克奖评委说："他的作品总是充满新鲜感，它的设计中彰显着诗意的重要性。"

是啊，原来建筑设计还可以四维的。

看，十年一回的艺术展
——聚焦德国明斯特雕塑展

<u>这个世界上还有十年一届的艺术展？明斯特雕塑展就是。每隔十年一届，一直坚持到现在，本届展览上月（2017 年 6 月）开幕，将展出到（2017 年）10 月 1 日。</u>

本届明斯特雕塑展着眼于数字化对环境的影响，卡斯博·科尼希邀请了包括雷贝嘉·霍恩、克拉斯·欧登伯格、布鲁斯·瑙曼、罗斯玛丽·特罗克尔、艾榭、艾克曼、荒川医、凯瑟琳娜在内的近 40 位艺术家参展。他们中不少人从第一届开始，每届不落届届参展。

这届展览约有 30 个新作品出现在公共空间供免费参观，部分则以表演艺术形式呈现。不过与往届不同的是，今年的展览还将延伸到邻近的城市马尔。

20 世纪 70 年代，科尼希基本还活跃于纽约；明斯特的策展人克劳斯·布斯曼想为经济迅速发展的当地带来一些艺术气息，于是二人一拍即合，组织了一场名为"明斯特雕塑展"的展览，介绍现代雕塑。

如果说首届明斯特展览对于当地人来说还只能算作一个入门级的艺术教育项目，但在国际上却一炮走红，原因是科尼希邀请的 9 位雕塑家都是大咖。他们中的不少人届届都来，不断理解升华作品与场地的关系，呈现给明斯特的作品现在大都成了经典。

雷贝嘉·霍恩的艺术创作常常出现尖刀、利刃、削尖的笔、耸立的犄角等元素，评论者说她是"借苦痛得到自由"；克拉斯·欧登伯格是仅存的几位波普艺术巨匠之一，他善于从普通物品中发现美好，发掘魔力，他谦称"不想把它们搞成艺术"，只是想让人们习惯普通物品的威力，所以这回他还是从汤匙、钳子之类的物品中发现美好的潜质。

布鲁斯·瑙曼是一位观念艺术开路先锋，他也是明斯特雕塑展的常客，他的玻璃纤维雕塑、霓虹灯浮雕等开放式作品，颠覆了普通人的观念，也让艺术后来者脑洞大开，像他的早期作品《真正的艺术家帮助世界揭示神秘真相》，是受到了杂货店啤酒招牌的启发，用霓虹灯管弯折成文字，悬挂在街道的玻璃内侧。作品由两个稍微重叠的字母螺旋组成。整个作品是运动的，颜色艳丽，呈红、蓝、绿、粉等色，所有的字母一律有节奏地明灭，产生一种相互追逐的感觉。他们在不同的时刻呈现出不同的明暗度，产生不同的强调效果。后来，瑙曼又开始主攻雕塑，像《动物金字塔》《青铜猫》等等，他的作品很多，方式千奇百怪，但目的只有一个，找到最合意的形式，最大程度地体现观念，即形与意的完美结合。上届展览，他就呈现了《方形的忧虑》，成为很多观者躺下休息的床，绿色草地上出现了白色坡状的大地雕塑，成为当地人美好的回忆。

中国艺术家也成为明斯特雕塑展的座上宾，如第三届时黄永砯的作品《百手观音》就成为当地媒体的新闻，他的灵感源于当地教堂的一尊在二战期间双臂被毁的基督塑像，在本用来架空酒瓶的朝天钩上安了 100 个姿势各异的手臂，手中拿着各种生活和文化符号的实物。他为这座城市专门创作的《百手观音》立于街头，与教堂内的塑像相互映照，在大展上引起了全世界的关注。后来，作者就一发不可收了，2012 年在上海双年展上再现了《千手观音》，成为达达主义和中国传统宗教文化意象的结合体。

德国人当然想吸引更多的中国人去观展，所以去年（2016 年）9 月，他们来到上海宣讲明斯特雕塑展的历史，称其为"书写当代艺术的一部口述史"。

评论　　　　　　　**明斯特雕塑展，公共雕塑的风向标**

毫无疑问，明斯特雕塑展现在已成为世界雕塑艺术的风向标。

和卡塞尔文献展一样，明斯特人也想重建被纳粹中断的现代艺术传统，于是布斯曼和柯尼斯一拍即合，在明斯特办雕塑展，要找"当代艺术之根基所在"。

明斯特雕塑展不同于很多当代艺术展，它有极强的在地性、坚韧的连续性和顽强的专注性等特点。

展览虽然十年一届，虽然今年（2017 年）已经第五届（50 年）了，但策展人依然还是科尼希，一个策展人从当初的小伙子变成了今天的古稀之人，依然宝刀不老、老马识途，带着一群年轻策展人搞展览。在他的主持下，近 40 位艺术家书写了一个不老的神话：不变的展览主题——"城市公共艺术计划"，不变的展览策划人，部分参展艺术家也一直不变。

今年夏天，你一定要去明斯特，看那以一座城为展厅的雕塑艺术展，大街小巷、湖畔草坪，不经意间你就会和大咖们的作品相遇，那光景美不胜收。

更多的则是作品的连续性。因为很多艺术家都是连续参展，于是就有了长期思考这座城市的个性、品格与作品之间关系及展现方式的机会和时间。迈克尔·阿舍在明斯特街上停了一辆普通的大篷车，19 周的展览期间，他隔段时间挪个地方，并且从 1977 年一直停放到 2007 年，这款大篷车也就变成了《大篷车》：城市的背景一直在变，时间长河中不断变幻的空间，空间里却有一件不变的大篷车。原本毫不起眼的日常物件，这么一说大家还能不思考？

还有瑞士艺术家雷米·佐格，他在街头安置了两个人像，一个驭马的男性农民和一个牵着牛的女性农民，他为其做了新的底座，由此用一对对立的典型形象纪念被遗忘的劳动阶层。在展览图录中，他写了封信给策展人，讨论对于这座城市之历史的责任，讨论雕塑的艺术史，他还追问当代艺术对于子孙后代所扮演的角色。

既然是"城市公共艺术计划"，参与性当然是必需的。卡尔·安德烈的公共雕塑行为就受到兰迪斯（当地一所大学的教授，园林专家）的影响。安德烈专门为他制作了一件艺术品——《给兰迪斯的 97 条钢线》。这是用 97 个钢片制作的一条工作小径，每一位参观者都可以走上去。

另外，这次您去明斯特，如果进入艺汶·盘彭豪斯剧院，您还可以在阿兰·巴斯厚的一件艺术作品上为手机充电。

也许，10 年一次的雕塑展节奏有些缓慢，但谁能否认正是如此慷慨的时间安排，参展的作品才能够得到艺术家长期的精雕细琢，并在他们的脑海中占据一块特殊的位置。

云端里的"露天艺术博物馆"

第 41 届世界遗产大会审议通过了今年各国新的申遗项目，我国再获丰收。更令人高兴的是，世界 193 个遗产缔约国中又增加了两个拥有世界自然遗产项目的国家——安哥拉和厄立特里亚。今天我们就来聊一聊厄立特里亚。

找罗马吗？到阿斯马拉去

厄立特里亚是一个国家？对，和福建省差不多大；在哪儿？非洲北缘的红海边。厄立特里亚首都阿斯马拉在哪儿？就在红海边的高原上，要知道海拔从 0 升到 2350 米只需 70 公里，因此，阿斯马拉在云端里。

那个时候，阿斯马拉还是一个普普通通的乡村，当地有一种说法，即使最强壮的山鹰，也无法从马萨瓦飞上阿斯马拉。当年意大利人从马萨瓦登陆，站在红海之滨仰望高原，它陡峭得不像是一座山，而是一堵墙。意大利人一路攀爬这座"高墙"，试图寻找一处适合建造城市的平地，在穿过云层之后发现了今天的阿斯马拉，因此阿斯马拉又被称为"云中之城"。

1889 年，小村庄被意大利占领，1897 年后逐渐建成一座城市。1900 年成为意大利殖民地厄立特里亚的首府。进入 20 世纪后，意大利人开始大规模营建阿斯马拉，这种营造在 1935 年后进入高潮，在意大利理性主义信条的指引下，这里建造了现代的政府大楼、居民区、商业建筑、教堂、清真寺、犹太教会堂、电影院和酒店等。于是，阿斯马拉成为 20 世纪初期非洲极为稀有的现代都市。

　　结果，第二次世界大战爆发，意大利最后被打败，1942 年至 1952 年阿斯马拉归英国管辖。1993 年，厄立特里亚独立后，阿斯马拉成为首都。但是，该国与邻国战争不断，无暇恢复重建自己的城市，能做的就是修修补补，于是第二次世界大战的弹孔、损毁的战车就被留到今天。到该国一定要去阿斯马拉周边、马萨瓦（位于红海之滨的厄立特里亚第二大城市）看一看。

　　因为阿斯马拉在第二次世界大战中是和平解放的，因此意大利人半个多世纪的营建成果被完好地保留下来，所以走在阿斯马拉街头你仿佛来到了电影《西西里的美丽传说》中的那座小镇，于是有人用"小罗马"来形容阿斯马拉。

这里曾是现代设计师的"疆场"

　　阿斯马拉在提格林雅语里是"丰收"的意思，也有说是"和平的生活"。拥有 150 平方公里、42 万人的阿斯马拉就是一座风情万种的意大利小镇，走在疏朗空阔的街上，你眼里的一切都是意大利风格：二层的小楼，低矮的院墙，墙头如火般绽放的三角梅，安静、安静，是静谧。走在这里和陆家嘴、外滩大相径庭，你会心生"一汪秋水月如钩"的奇妙念头，尔时万念俱寂、时间静止。

　　看，那栋棕红色的天主大教堂 1922 年开始雄伟地矗立在市中心，以红色为主的麻砖，间以白色如豆如链的檐下饰，当然是严谨的哥特式对称；那弧状的、圆圆的窗户，尖而又尖的塔让教堂灵气充盈；尤其是 52 米高的哥特式钟楼，至今还是全市的最高建筑物，在阿斯马拉的任何一个角落都可以看到它——当之无愧的地标。你若是迷路了，和它对对标就能回到正轨。

　　阿斯马拉皇宫是一座哥特式对称、一主两副的建筑，红砖墙、青黛瓦、白色长条窗，配上高高的红砖烟囱。主楼连同阁楼高三层，远没有上海马勒别墅富丽、气派，但广阔的前广场、后花园却宣示着它的高贵与典雅，房子是为当年的意大利总督建造的。宫门前至今还摆着两尊古老的意大利火炮和一些其他武器。

　　有人说阿斯马拉是非洲最美的首都，街头的建筑不经意间就拽住了你的眼球：绿绿的墙、窄窄长长的窗、对称如望楼样的边柱，上面就是非洲图腾与耶稣"同框"，再往上，那顶分明是非洲土居的稻草圆锥尖顶帽，再往上那避雷针（抑或天线）却是意大利风范，如此混搭居然一点也不违和！可不是，只有一条主干道——就是大教堂所在的街道，在 1945 年街边就停满了汽车，那种圆头圆脑的汽车，把非洲大陆上这座小城装扮得时髦而品位高尚。那时的阿斯马拉城区里集中连片、散珠泼银般地泼洒着数十座意大利现代派设计师的激情之作，每一栋都匠心独运、心裁别出，美得你只能张嘴，说不出话。这些建筑因城市的和平移交而幸免于战火，于是英国作家米凯拉·容说："只能在祖传相册中才看得到的意大利。"

看，那座加油站

意大利在非洲的鼎盛时期就是 20 世纪初的数十年，阿斯马拉的繁荣也在那个时期。

20 世纪前 10 年，仿佛就在一夜之间，意大利建筑工程师奥多尔多·卡瓦纳里（Odoardo Cavagnari）就勾画出了一座精彩绝伦的现代城市的骨架，这座城中将会建起大量的现代建筑。20 世纪初，在德国包豪斯及著名建筑师格罗皮乌斯、密斯·凡德罗、柯布西耶等的推动之下，摆脱传统、适应工业化的崭新建筑不断涌现，阿斯马拉成了这些现代建筑的试验场，数百座由意大利建筑师设计并建造的现代主义风格的建筑在厄立特里亚拔地而起，包括诺威森托风格（novecento）、理性主义和未来主义等等，他们在这里纵情挥洒自己有些狂野的想象力：华丽的电影院、荒诞风格的工厂、时髦的商店、漂亮的酒吧和餐厅、豪华的宾馆以及大量的住宅区，甚至政府大楼也流露出现代主义的风格，简单的几何形状与纯粹的理性主义，意大利式现代主义审美风格被展现得淋漓尽致。阿斯马拉建筑中的卓越代表——菲亚特·泰格里奥加油站，就是向未来主义的一次致敬。

加油站位于阿斯马拉一个重要的十字路口，由意大利建筑师朱塞佩·帕太兹（Giuseppe Pettazzi）设计，竣工于 1938 年。城中的 5 万多辆汽车在去机场或是厄立特里亚的南部城镇甚至埃塞俄比亚时，都会经过这里，地理位置十分具有战略性。于是，面对着南方繁忙的十字路口，机翼悬浮在空中的加油站就成了那个时代的一个象征，这栋建筑也成了未来主义的一个重音符。有人说菲亚特·泰格里奥加油站是设计师对未来意大利的想象，30 米高的悬臂式机翼令人窒息，加上驾驶舱体和环绕式的窗户，高耸的加油站与周围的超现实主义建筑完美融合。

但是，这座建筑的大胆设计震惊了当地政府。他们对建筑师的计算产生了怀疑，认为建筑的"机翼"必须要有立柱支撑，每个需要 15 根立杆支撑，于是他们就这样做了。结果，在建筑揭幕式上，设计师帕太兹拿枪指着承包商的脑袋，命令他移除那些支撑物。拆除后，悬空且巨大的机翼并没有掉下来。

这次申遗，厄立特里亚将加油站浓墨重彩地加以包装，申遗宣传片中就有它的故事：飞机曾经是殖民镇压的同义词，而菲亚特·泰格里奥加油站象征着厄立特里亚人保护自己丰富的文化遗产的决心。

观点 ## 就让时光在这里停一会儿吧

　　带有浓郁的意大利风情，充满地中海式建筑味道，阿斯马拉很多老式楼房的建筑风格停在意大利现代主义勃兴的时代。

　　由于历史原因，这些建筑，还有厄立特里亚这个国家的时光至今还停在 1945 年，复兴、重建还是个沉重且需耐心的话题，但是，为保护阿斯马拉等国内城市的这种意大利情调，厄立特里亚政府严格限制对老式建筑进行大规模的修改和重建，即再破再旧也不允许推倒重建，只能在原有的基础上小心地修缮维护，厄立特里亚的第二大城市马萨瓦和第三大城市阿萨布，更是如此。

　　我们去了那里，走在旧旧的但并不荒凉的街上，看着那些老式楼房虽然外表已经严重破损，有的甚至弹痕累累、炸洞豁豁，但那时的精气神依然让人很容易读出"风骨"。这些建筑大都由于维护得很精心，基本上保持了原来的风貌，依然发挥着应有的功用。

　　阿斯马拉让我读出了：时光有时停一会儿，挺好的！

今年，世界新增遗产"废墟"多

——2017 年世界 18 处文化遗产观察

在波兰第 41 届世界遗产大会上，今年（2017 年）新增 21 项世界遗产，与去年（2016 年）持平。其中 3 项自然遗产、18 项文化遗产，另有 4 个世界遗产项目得到扩展。这些遗产从此进入人类共同财富名单，但一个有趣的现象不得不说⋯⋯

"废墟"年年有，今年尤其多

今年新增的文化遗产有 18 个，但这些遗产有一个共同的特点，那就是大都是废墟，甚至是遗址：克罗地亚 / 意大利 / 黑山的 15 至 17 世纪威尼斯共和国防御工事、柬埔寨古伊奢那补罗考古遗址的三波坡雷古寺庙区、安哥拉姆班扎刚果、巴西瓦隆古码头考古遗址、法国塔普塔普阿泰、日本"神宿之岛"冲之岛·宗像及相关遗产群、德国施瓦本侏罗山的洞穴和冰川时代的艺术、丹麦格陵兰岛库加塔、波兰塔尔诺夫斯克山铅银锌矿及其地下水管理系统、南非蔻玛尼文化景观、土耳其阿弗罗狄西亚⋯⋯11 个项目都是以废墟、遗址的形式呈现的。

这让一直关注世界文化遗产评选的笔者也心生"废墟年年有，今年尤其多"的感慨。

遗产分布广泛，且底蕴深厚

"克罗地亚 / 意大利 / 黑山的 15 至 17 世纪威尼斯共和国的防御工事"受到联合国遗产专家的高度评价。其防御工事在意大利境内就有九芒星军事堡——小城垒帕尔马诺瓦，因平面规划与奇特结构而闻名。小城被设计成一座九角星形状，街道宽度都是 14 米，城墙将所有的角连为一体，这样角与角之间便可互相支援；城外有护城河；共有三座部署重兵的城门。拿破仑占领该城时期，又修建了一圈外城墙。如今，堡垒已成遗址，居民依旧在小镇生活。1960 年，意大利政府宣布帕尔马诺瓦为意大利国家级文物。

如果说意大利的小镇功能已经改变，柬埔寨的三波坡雷古寺庙区则完全静止在 7 世纪了。这座"丛林中的寺庙"6—7 世纪初是真腊王国的首都。满眼残破的砂岩建筑遗迹占地 25 平方公里，包含有一个带有防御工事的城市中心及若干寺庙，其中有 10 座八角形的庙宇独一无二。古寺庙群里有一百多座小庙，中心有四组大建筑，主建筑就是三波寺，寺塔上的雕塑满是各种大型象征女性多产的造像。

当然，还有更特别的，常见的黄土小山，山脚挂着几栋简陋的半坡式房屋，树倒是绿得叫人眼馋。对了，它就是位于安哥拉姆班扎刚果的前刚果王国的首都遗迹。实在是太普通，你若路过都不会注意；但它是刚果国王的首都，因此也被列入今年的文化遗产，估计是这片坡地出土了不少当年的文物和址迹。巴西瓦隆古码头，一片现代混凝土建筑的下边发现了破旧的铺路石，一块块还算规整的片石散落在平缓宽宽的台阶上，考古专家说这是过去非洲数百万奴隶踏上巴西的首站。巴西人类学家米尔汀·古兰说："这是一处独一无二的纪念遗址，是非洲奴隶输入贸易的最后遗迹。"

它们记录的是人类的文明史

其实，今年的新增文化遗产中，每一片废墟记录的都是人类文明发展演化的历史。

法国塔普塔普阿泰，一块散落在太平洋上的岛屿——两座绿林掩映的山谷、一块泻湖与珊瑚礁、一片海洋。专家们说，这是地球上最后一处人类社会定居之地。遗址包括这片文化及海洋景观的中心是——塔普塔普阿泰毛利会堂：铺砖的庭院，庭院中心有一块大石头。还有德国施瓦本侏罗山的洞穴和冰川时代的艺术，考古发掘了 33000 ～ 43000 年前的小型动物雕像（洞狮、猛犸、马、牛）、乐器、首饰等。丹麦格陵兰岛库加塔，冰盖边缘的北欧及因纽特农业遗址，它见证了 10 世纪以来北欧农民、因纽特猎人的农业社区文化史；波兰塔尔诺夫斯克山铅银锌矿及其地下水管理系统，反映了 3 个世纪中为采矿排水所做的不懈努力；南非蔻玛尼文化景观，其实就是一片广袤的沙漠，但不断的考古发现证实了人类从石器时代到现代人类的进化历史、文化习俗及智慧。

因为遗址无一例外地烙下了人类文明进程的印迹，我们便在参观时为祖先的行迹自豪、沉思或怅然神伤。这些不说话的遗址，都在宣示着文明进程的无言大美，洗却铅华后的纯粹美好。就如土耳其阿弗罗狄西亚，古城建于希腊和罗马时期，在今天土耳其热尔附近。这里最招徕游客的就是女神阿弗罗狄忒的神像，充满了灵气，散发出的气韵隽永淡定；土耳其人把散落在野外的各种雕塑收集到一起，建了一座博物馆，于是这座博物馆就成了人们参观、临摹的"圣殿"：沧桑数千年，雕塑虽然缺胳膊少腿，即使没有头、只有下半身，依然吴带当风，气韵生动。

需要指出的是，这里是地震高发区，你看到的建筑虽已断壁残垣，那澡堂、那拱门、那横梁、那石柱长廊及月女神殿，身已残、柱已断，但韵犹在，那石头在夕阳下、朝霞里，依然大美不言、无语春秋。

怎样欣赏废墟之美？

题内话

断臂维纳斯、长城、圆明园、希腊神庙、古罗马斗兽场……不少人都知道它们，但有多少人去想：原来这就是废墟之美？断臂维纳斯，多少人想为她接上胳膊，但是无论怎么接，觉得都没有断臂好看，为何？我们的审美特点决定了，一旦想象的空间被填满，美就折了翅膀。

"国破山河在，城春草木深"，杜甫看到当年的国都城池变成了荒芜之苑，所以"感时花溅泪"，于是留下千古吟诵的诗句。可是，当后人不知前人痛，不再"恨别鸟惊心"之时，面对废墟之景，我们又会心生怎样的境，吟出怎样的诗？

我们来到了雅典、罗马古城，如何审视废墟之美？是啊，千年不烂今犹在，栉风沐雨一石骨，废墟那庄严有力的存在是昔日辉煌的纪念碑，即使它今天破衣烂衫依然风骨不倒、肃穆迷人。因此，参观这些历史遗迹，我们事先必须做些功课，了解一些当年的历史，心中装些疑问。比如，如此巨大的石头，在没有吊车、没有卡车的时代是如何放到了那高高的山冈上。这样，美才会被审得立体丰腴且入骨。

"对，那是块残片，但它是八千年前的彩陶"，在渑池彩陶博物馆我就听到这样的话语，时空的距离决定着文物的价值和美的意蕴。正如有人说，"树上满是树叶时大家都忙着走自己的路；树上只剩下一片树叶时常常会驻足观看"；朱光潜也说，"年代的久远常常使一种最寻常的物体也具有一种美"，简单地说就是稀少、距离决定了美：太近，你看见的都是痣和雀斑了。正因为如此，国内国外大型博物馆，都爱展出各种残片，各种残缺的雕像、神器。

废墟所以美，还因那是我们不了解的世界。过去的日子让人留恋，最美是那羲皇上人时代，虽然过去常常吃不饱，虽然羲皇时人均寿命不长，但是缠绕在废墟上许多我们不知道的故事，正激发着我们的好奇心。像今年（2017年）的世界文化遗产威尼斯共和国防御工事，系挂在上面的故事有很多，比如：为何要修这么长的防御工事？工事发挥过作用没有？拿破仑为何要修一圈城墙？好奇心引爆悠古之遐思，向往、悲悯等种种情怀便从我们的心中汩动、升腾。

还有，废墟审美还可以激发我们再创造的兴趣。断臂维纳斯会引发我们想象她的完整，看着看着，想象的热情就"烧"进了日常，成为了我们设计品质生活的新动力。不是吗？

艺术原来可以如此诙谐
——在比利时感受环境雕塑的幽默因子

欧盟总部、滑铁卢、撒尿小孩……对了，它们都是比利时的"特产"。比利时国土面积才 3 万平方公里，但它是欧洲工业革命的发源地之一，经济社会高度发达，也许正因为如此，才孕育了发达的幽默文化。

撒尿小孩在比利时很多很多

　　"撒尿小孩"于连国人耳熟能详，当然是比利时布鲁塞尔的标志，所以甚至有人说没去看撒尿小孩就等于没有到过布鲁塞尔。位于布鲁塞尔中心广场附近的埃杜弗街口，这个小孩蓬松着头发，翘着鼻子，光着身子，笑眯眯地站在一个约 2 米高的大理石雕花台座上，旁若无人地撒尿。"尿柱"涓涓而下，长年不息地浇注水池，那天真调皮的姿态、栩栩如生的神采，让每一位访者都忍俊不住，会心一笑，纷纷拿起工具拍摄这尊才 61 厘米高的铜雕。

　　其实，布鲁塞尔"第一公民"的故事起源很复杂。有的说他是皇室贵胄；有人说是被魔法蛊惑的孩儿；流传最广的是公元 15 世纪中叶，外国侵略者准备炸毁这座城市，他用一泡尿浇灭了正在燃烧的导火线。

　　实际上，这个喷泉的创意源于西方神话与传说中的爱神——一个弯弓射箭的小男孩形象。文艺复兴催生了新的艺术形式，艺术家诙谐地将"赤裸小男孩儿"描绘成爱神，一人呼而千百人应，于连在布鲁塞尔"诞生"后，"撒尿小孩"走遍比利时，站在许多城市"尿尿"，还在 300 多年的时间里成了"时装控"。1698 年至今，布鲁塞尔市政厅已经保存了几千套各国送给小于连的服装，他还曾多次在中国国庆节和春节穿上中式的唐装。

幽默的雕塑还有很多

　　去比利时，你一定要留心肩膀以下的空间。如果说建筑是城市的骨架，构成城市森林，那雕塑便是城市的眼睛和灵魂。幽默的雕塑一直是比利时为世人所津津乐道的话题。

比利时数百年来饱受战火摧残，因此这类纪念性雕塑很多，但即使如此，比利时人还是在伤痛之后想到用滑铁卢战场上捡来的武器铸成一座 30 吨的铁狮子，安放在 40 米高的台子上，期盼战争不再：用冷冷的铁做哲学的思考，还是展示有些冷的幽默？

布鲁塞尔市中心附近的圣约翰广场，有一座雕塑一定要找到：一名调皮的少年从下水道中钻出来，头上顶着半掩着的窨井盖，脸是看不清了；他一只手撑住盖子，另一只手抓住警察的一只脚，猝不及防的警察身体前倾马上摔倒。雕塑造型选取的就是他正呈 45° 前倾着，马上就倒却要倒未倒的时候。

有的人看到此情此景，立刻笑出来，有的人不由自主上前搀扶，我在想：这个窨井里钻出来的年轻人是怎么计算得那么精准？！比利时的艺术家汤姆·弗兰岑 (Tom Frantzen) 的这尊《捉弄警察的叛逆少年》的雕塑还在全世界民众海选中成为全球 25 座最具创意的雕塑之一。

这里还有漫画艺术馆

你能想到，欧洲的心脏比利时还是一个漫画王国吗？这个国家每年出版 5000 多种漫画类书籍，"著名记者"丁丁、"山那边海那边"的蓝精灵、"顽皮男孩"加斯通、"小红帽"斯皮鲁，你问问身边从几岁到花甲的一大波人，有几人不知道他们？这些国人耳熟能详的形象都是比利时艺术家的杰作。

漫画、漫画人物雕塑在布鲁塞尔、安特卫普、布鲁日等城市的大街小巷，不经意你就撞见它们。

一到比利时中央火车站，你就会看见活泼可爱的蓝精灵家族的群雕。蓝精灵当然是比利时漫画博物馆里的"主角"。接着，远远就能看见一个绿衫蓝裤、露着肚脐眼、耷拉着裤带的小男孩，手里端着一盆仙人掌，他手指的方向就是漫画博物馆了。进去，首先看到的就是那位骑着马的"幸运的卢克"，旁边则是《丁丁历险记》中的火箭，展厅里到处都是卡通雕塑，萌萌的、搞怪的，随处可见；快看丁丁！一绺似发非发的"土豆"从头顶拱出来，旁边扶着他照相的就是"丁丁之父"乔治·勒米，这父子当然要占据展馆的显要位置了；还有小红人斯皮鲁正在搭凉棚、看远方，二三楼间的蓝精灵一大排，阵势不小；墙上的漫画，黑衣、红衣的大人小孩，谁在那儿"偷窥"？

快看，老师在给一群孩子讲漫画，那老师肯定是漫画达人！你还不赶紧凑上去？因为好多画本的情节都待重新了解呢。

雕塑当然要有"把玩性"

如果说城市是个家的话，房屋、街道、广场就是这个家里的硬件儿，而公园、城雕就是家里的软装了。一个家庭的软装修，不仅是供人观赏的，还应该是能供人把玩、供孩子游戏的。

在美国，林肯的鼻子被摸得闪闪发亮。伊利诺伊州首府的林肯墓地，因为很多人相信摸一摸林肯的鼻子就会带来好运气，所以这里林肯的头像很严肃，但鼻子却是锃亮的。有人说，林肯看着很忧伤，摸摸鼻子能够让他快乐。

类似的还有英国议会下院议事厅入口的丘吉尔雕像，传说摸一摸首相的脚，能带来好运，议员们于是都这么做了，首相的脚便锃光发亮了。

还有意大利一处朱丽叶的青铜塑像，自从这尊雕像立起之后，就流传：触摸朱丽叶的右胸，能带来美好的爱情。于是，朱丽叶铜像的右胸被摸得瓦亮瓦亮，原本忧伤的朱丽叶也因此变得有些滑稽；还有右胳膊也磨损严重，那里是人们靠着留影的地方。

人们到了哈佛就喜欢摸约翰·哈佛的左脚，说本人或者后代能因此上哈佛。到了华尔街，都喜欢摸摸牛鼻子，和铜牛合个影沾沾牛气，于是每天这里都被游客围得水泄不通。后来，牛走了。

在雕像上乱摸确有"咸猪手"之嫌，但雕塑、装置这些城市"装饰"，难道我们只能远观，不能近玩？

纽约中央公园里的雕塑《爱丽丝梦游仙境》，作者就考虑了孩子们的需求，专门把作品做得圆润且"可爬性"极佳，当然是要放在十字路口，就成了孩子们的乐园：看，那遍布的亮光都是孩子们的成绩；还有树林边的《安徒生与丑小鸭》，安徒生的腿、胳膊、衣襟和鼻子，还有他手中的书，都被摸得发亮，小鸭子更是通体要多亮有多亮；再看那《群熊》，连同它下面的基座，亮煞眼！

近年来，雕塑、装置作品的"把玩性"已经被越来越多的艺术家和规划者所熟知并自觉实践。入选"全球最具创意雕塑"的25件作品：像新加坡一条河边的5个赤裸小男孩，一个接着一个"噗噗噗"往河里跳，那表情、那姿态吸引了无数游人驻足观赏、上前拉拽，岸上那个大男孩的背、胳膊早已亮了；雕塑《扩张》，虽然不明白佩姬·布拉德利的创作动机，但看到广场上光从爆豁裂坼的裸女体内射出来，每一个人都会停下脚步，围着它转，照相，走开，然后若有所思地回首；澳大利亚墨尔本的《下沉的建筑》周围，孩子们在倾斜的屋檐、快没了的罗马柱上，欢快地爬上爬下，那一幕至今还常常在我脑子里的前排；还有斯洛伐克首都街头那位趴在井口的管道工人，雕塑名字居然叫《工作中的男人》，他哪是在工作呀，偷偷从下水道口探出头来，正偷看路过女士的裙底风光，嘴边那怪笑，难怪叫他"街边色狼"，他的帽子、衣服无处不被摸亮；还有《路人》《蜘蛛》《河马》《蓝道购物街上的铜猪》……25座著名的雕塑，许多都是大人孩童的最爱。

国内不少大中城市的艺术家也注意到雕塑的"可玩性"，上海静安雕塑公园小广场上硕大的"红山"由十余根粗细不一、姿态各异并向上汇聚的钢管组成，这个夏天它成了孩子们的乐园。北京门头沟的斋堂镇，没听说过？这里的劳作场面、民俗风土的雕塑，那麻袋、牛、磨盘……一到节假日就成了孩子们的天堂。

梦想"家"？魔术"家"！

1908 年在英国创立的"Ideal Home Show"将于今年（2017 年）12 月登陆上海。据悉，该展会累计吸引超过 7000 万人次参观，大约 100 个英国人里就有 1 个人参加过，同时，它也得到了英国皇室的青睐，如伊丽莎白王太后、伊丽莎白二世、威尔士亲王、戴安娜王妃等。可见，对"家"的梦想，是一个延绵百年不变的话题。你梦想中的"家"是怎样的？今天我们就来探讨一下。

28 平方米，设计让"家"更智慧

在大都市核心区生活，想拥有一丢丢立足之地绝非一件容易之事，好地段的房价让人望而生畏。一对年轻夫妇在香港中环一中心位置上班，这里的房价达到了惊人的 20 万元 / 平方呎。但为了工作生活的便利，他们还是倾尽积蓄在这里购置了一套一居室公寓。虽然面积只有 28.7 平方呎，但是生活质量不能下降，必须要起居方便，浴缸、健身房、家庭影院、猫咪空间、储物空间，还有周末派对、朋友串门……一个都不能少，咋办？

他们找到了迈多（Laab's architects）国际设计团队，帮助他们实现这个梦想。

迈多硬是用智能换功能、用时间换来了空间。"因为面积有限，我们必须考虑将一天中不同时间与各个空间的不同功能结合，让空间在时间里流动起来。"设计师说，即在三维的空间里加入时间维度，让室内空间变换。

比如浴缸及其位置，不用的时候可以变身沙发，客人来时可变成家庭影院，客人留宿时还能作临时客房：浴缸所在的小小空间里，各种功能区要在不同的时间灵活方便地切换，你知道设计人员的智慧神经多么强悍，硬是让每个区域都变起了魔术。

还有泉涌式洗手台，平时是工作台，做饭了打开玄关就是洗菜池；上面的空间也不能闲置，电动储物柜轻点按钮就上下滑动了；底层的储物箱也是电动的，需要时一按就开了。

　　还有，猫也要自由起居，设计师为 3 只猫在房顶设计了猫抓板，方便它们走来走去、追逐打闹；安排了隐蔽的生活空间和抽拉式猫食盆，主人说猫在家里很幸福。

　　经过一番改造，那个曾经阴暗破烂的小公寓，摇身变成了生活休息功能区完善的新房：每天再不用挤地铁上班，离公司近就有大把时间收拾自己；休闲在家，晨练；好友来做客，手机上轻轻一点就开了门。真正是小房子也有大智慧。

　　看了这个，正在为房纠结的你是否脑洞大开？

垃圾造的"家"，房龄 90 年

　　荷兰人、英国人，甚至美国年轻人都在用垃圾造房子，但最牛的还是美国的老人，他们用垃圾造的房子有的已经有 90 年房龄了。

　　美国加州坎布里亚郊外有一栋坡边的房子，是一位名叫哈罗德·比尔的垃圾清理工造的。干一行，爱一行，比尔觉得这些扔掉的箱子、柜子、一截管子、一根木头，合起来就能干点大事。于是，他从 1928 年开始造房子，先用锹和铲子挖空小山的山脚，里面塞满砖块瓦砾加固地基，然后砌墙、铺地板、盖屋顶、修花园、做石头拱门，比尔还在屋边设计建造了一个人造喷泉。最后，一共三层的别墅就闪亮登场了，使用的建筑材料包括贝壳、啤酒罐、旧砖头、汽车部件、旧壁炉、瓦片，还有洗衣机滚筒等。

　　1978 年以来，比尔在这栋别墅里住了 15 年。去世后，他的骨灰就撒在别墅的房前屋后。

　　美国还有一位名叫丹·菲利普斯的老人，今年已经 70 多岁了，当过美军情报官，还在大学里教过舞蹈、当过古董交易商。过去 10 多年来，他回收建筑废料，用于建造绿色环保、富有艺术感的房屋，低价卖给低收入者。

　　他说："把废旧材料扔掉很可惜，尤其是还有那么多人没有像样的地方住。"他要用它来造房子，找的帮工都是学徒或新手，房子建好了他们也出师了，找份好工作就容易了。曾经的帮工吉姆·图罗就买下了菲利普斯造的房子：一座拥有 5 个卧室、2 个半卫生间和一座阳台的独栋别墅，套内面积 200 多平方米。图罗说："15 年前，买的时候花了 10 万美元，但在我眼里它就是一件无价的艺术品。"

　　走在小城亨茨维尔的街道上，你的目光不时会被一些外观奇特的房子吸引：有的屋顶是用彩色的汽车牌照拼成（使用寿命至少 75 年，不用换顶），有的墙上镶着彩色玻璃盘子，庭院里的桌椅好像出自后现代艺术大师之手……这些都是菲利普斯为低收入人群造的房屋。走进屋，你还能在墙上、地上、门上……看到残砖碎瓦、破碎的马赛克、废弃的 DVD 光盘、农场捡来的动物骨头，它们都成了建筑装饰，实用且艺术；它们还是上千个画框组成的缤纷屋顶，可能是牛骨头做成的门牌号码，你说世界上还会有"无用的东西"吗？

当然，骨头屋、树屋，那是租给艺术家的，普通人就别去奢望了。骨头屋里啥光景？筒骨成了牙刷罐，有凹槽的做了肥皂盒，小屋的门把手是牛角做的，下颚骨钉在桌子边缘，肋条骨成了木椅的横梁，连碎骨头也掺进水泥变成了花式地板。树屋更是惊艳，长在大树上仿佛童话里的精灵屋，最让人不可思议的就是地板了：由千万颗酒瓶软木塞组成，铺到木塞不够用，菲利普斯只能向市民求助，结果瓶塞纷至，铺满了小屋。瓶塞上，酒的出厂日期全部朝上，你想想，大家看到"那是我们结婚那天开的香槟"，多么开心！这两种小屋，只租给正在创作的艺术家，菲利普斯说，"想给他们一些创造灵感"。

小链接 ### 关于"梦想生活方式展（Ideal Home Show）"

1908 年首次举办，是英国乃至全球历史最悠久、规模最庞大的展会之一，宗旨是为了打造人们"梦想中的家"。许多知名产品的首次亮相都在"梦想生活方式展"上。上海展会于 2017 年 12 月 14 日至 17 日在上海世博展览馆举行。日本建筑师青山周平、室内设计师吴滨等将亲临现场，与中国家庭分享提升生活品质的实用建议。

题内话 ## 设计是灵魂

由超现实主义大师萨尔瓦多·达利设计的"挑逗着全世界的红唇沙发"，据称灵感来自于 20 世纪 30 年代好莱坞影星梅·维斯特的性感嘴唇，后由意大利著名设计先锋品牌 GUFRAM 量产。Fausto 山羊书架的灵感来自主创设计师的梦境：一只带着怒意用蹄子捅开障碍的山羊。随后这个梦被变成 Ibride 动物系列中的一个具象家具，风靡了时尚圈。GUFRAM JOLLY ROGER 座椅是设计界的第一款摩尔人波普作品，灵感来自滚石乐队吉他手 Keith Richards 的戒指，JOLLY ROGER 也是海盗旗的名字，椅子背上还印有太平洋海盗使用的世界地图浮雕，时时提醒着你心中还涌动着的征服四海的热血……

美好的生活，需要诗和远方，更需要沙发和床。作为全球设计尖货大秀，"鲁班设计尖货节"上的尖货展示，让大家重新认识了设计对于家居、对于更好生活的重要性。

红星美凯龙董事长兼 CEO 车建新认为："在家居行业中，设计就是科技。"的确，家居的灵魂是设计。优秀的设计作品，可以重塑一个人的世界。

下水道：功能之外还带点艺术范儿
——海外下水道百年发展史深度解析

目前（2017 年），全长 73.13 公里的干支线管廊、182.5 公里的缆线管廊正在古城西安热火朝天地建设。"管廊寿命要达百年，建成后各种管道都将入住宽 10.8 米、高 3.4 米的'三居室'，留给人们崭新的'无线'＋'无拉链'古都"，报道说。我国开展综合管廊建设较晚，海外早在百年前就开始了包括下水道在内的基础设施规模化建设。

下水道，另一个色彩斑斓的世界

1700 年，伦敦已是一座拥有 57 万人口的欧洲超级大都市，但城市排水系统实在太糟糕，明渠中塞满了灰烬、粪便甚至动物尸体，肮脏不堪、臭气熏天。19 世纪中叶，伦敦市政府打算建设新的排水系统，巴瑟杰承担设计：地下排水系统全长 160 公里，位于地下 3 米的深处，需挖掘 350 万吨土，但这个计划连续 5 次被当局否决。

1854 年，伦敦再次爆发严重的霍乱，直接诱因就是水。舆论的巨大压力迫使伦敦市政府同意了巴瑟杰的城市排水系统改造方案。1865 年工程完工，全长达 1700 公里的下水道在伦敦城地下纵横交错，污水经由这个管道都被直排至大海。

有人说，巴黎下水道是另一个精彩的巴黎。总长 2300 多公里的管网处于地面以下 50 米，水道纵横交错，密如蛛网，规模远超巴黎地铁，世界上最负盛名，也是唯一可参观的下水道。下去，你就发现，管道四壁整洁，地上没有一点脏物，闻不到丁点儿腥臭味。宽敞！中间是宽约 3 米的排水道，两旁是约 1 米的便道，供维护之用。还有，如果你哪天走在巴黎大街上，一不小心把钥匙或戒指掉进窨井，你拨个电话，不一会儿你房间的门铃就响了，送回来了。为何？下水道标注的号码与街面同步。这项服务还是免费的。巴黎排水体系多发达？约 2.6 万个下水道盖、6000 多个地下蓄水池、1300 多名专业维护工……其中一个蓄水库就分了两层，合计面积 60 万平方米。

厉害的还有东京下水道，深达 60 米；德国慕尼黑排水管网总长 2434 公里，布置 13 个地下蓄水库，蓄水总容量可达 70.6 万立方米；芝加哥的"隧道、水库"工程长 176.1 公里，蓄水量为 870 万立方米，广州学它开工建设成一条长 1.77 公里的深隧排蓄水工程，上海的苏州河深隧也在筹划中。

下水道早就与文化遗产、艺术结缘了

世界上，下水道的老祖宗当然是罗马。公元前 6 世纪许，伊达拉里亚人用岩石砌成排水渠网，把雨水洪流排出罗马城。排水渠中最大的一条截面为 3.3 米 ×4 米，从罗马城广场通往台伯河。2500 年后的今天，意大利罗马仍在使用这些渠网。当工程变成了文物，成了文明史的内容，当然也充满了魅力，也就是文化遗产了，所以参观者众。这种参观有史可考的是 600 年后的公元 33 年，罗马的营造官清洁下水道时，坐着小船在地下水道游了一遍，他成了早期的下水道观光客。

巴黎下水道从 1867 年世博会开始，陆续有外国元首前来参观，现在每年有 10 多万人慕名而来，聪明的巴黎人还因此建立了世界上第一座下水道博物馆。

参观下水道博物馆，当然要从窨井盖进去。塞纳河畔灌木丛中一个毫不起眼的窨井盖掀开，经过一段螺旋铁梯，我们就到了博物馆。在专门用于游览的小船和马车上，身着白色服装的导游（全是货真价实的下水道工人）为参观者讲解。博物馆里不但展出各种与下水道、排蓄洪水有关的物件，还介绍巴黎水处理历史、排水技术、饮用水来源，展出钥匙、戒指、刀剑、失窃的手袋和假牙（都是下水道里拾得的）。最奇特的，还在下水道里发现过一条鳄鱼，长 81 厘米，目前生活在巴黎的一家动物园里。

不仅法国，英国布赖顿市下水道也是 "最佳旅游地点"，这里的下水道是维多利亚时期风格，其得票数甚至超过英国最古老的电影院等名胜古迹；伦敦每年的 "污水周" 期间，也邀请市民进入下水道参观游览；比利时布鲁塞尔也翻修了 "下水道博物馆"，馆舍类似希腊神庙，游客看到的下水道非常宽阔，就是气味浓烈，没有巴黎上档次。

日光不知从哪个角落射进来，前面拐弯处飘过一束光……下水道现在已经成为世界各地城市冒险者的乐园。澳大利亚的下水渠道被探险人称为洞穴；伦敦舰队下水道，成为了伦敦城市探险者拍摄的经典地点；东京深达 60 米的深坑更是被人们称作 "地下神宫"，有人直接称之 "宛如奇幻的电影场景"。

与艺术结缘：愈来愈有范儿了

自从雨果在《悲惨世界》中介绍冉·阿让背着自己的未来女婿穿过了一段危险又深邃的下水道流沙泥之后，下水道与艺术界的缘分就越来越深、越来越有范儿了。

1910 年，法国作家加斯东·勒鲁撰写了《歌剧魅影》，1986 年据此改编成同名百老汇音乐剧，于是其原型——巴黎北边一座歌剧院的地下湖就蒙上了一层重重的神秘感：影像中男女主角在剧院地下湖上划着小船，淡雾轻纱，光影劈开了湖面，情景奇幻朦胧，它们要往何方，魅影又在哪里？！好奇的人不断前来探奇。

巴黎巴士底地区和共和国广场之间的圣马丁运河地下部分长 2 公里，太阳光从运河的拱顶射入，地下运河的河面便光柱刺眼地明、薄雾轻轻地锁，那美很是撞人腰。于是，1870 年阿尔弗莱德·西斯莱创作了油画《圣马丁运河》：画面中，那占据了大片空间的空中流云，让作品流动感"爆棚"，天空非常开阔，云朵低垂凝重，印象派醉心渲染画面整体效果，气氛的韵味尤为鲜明。

圣马丁地下运河还因为日本设计师敬田原（Keiichi Tahara）的灯光秀而常被人们津津乐道，绚丽的灯光与运河的波光粼粼相得益彰，光影在水面跳舞的意境很是让人心生原来地下也有仙宫阆苑的感慨。日本还有一名叫内山英明的摄影师，更是镜头数十年如一日对准地下，照片多彩且动感、神秘而美得五彩斑斓，影集一出世人轰动。

奥地利维也纳的下水道系统因是 1948 年"二战"谍战片《第三人》的取景地而出名。拍摄地是维也纳潮湿的街道、幽暗潮湿的下水道，都是罪恶滋生的温床。拍摄手法就是著名的"倾斜构图"，有人说，"随便从影片中截取一个画面，都可能是一幅经典的摄影作品"，这是下水道的优势；再加上另类的音乐，《第三人》电影"倾斜的世界"配以"伟大的阴影"，完美呈现了维也纳"四国共管"时期的真实面貌。

片中，约瑟夫·科顿（饰马丁斯）和阿莉达·瓦莉（饰安娜）的贡献极大；威尔斯居然耍大牌，在维也纳的下水道拍了一天戏之后，就拒绝再进那个臭气熏天的片场了。但现在，维也纳借用电影《第三人》而开发的"第三人旅游"——下水道旅游项目却经营得很成功。游客只需花 10 美元，就能来到维也纳的下水道，体验真正的下水道风景、声音和气味。

观点　　　　　　　　　# 良心活也可以很美观

维克多·雨果在《悲惨世界》里说：阴渠，就是城市的良心。

其实，随着生态文明、城市双修（城市修复、生态修复）、海绵城市、智慧城市的不断进展，我们在强调下水道、综合管廊功能的同时，还可以更多地注重艺术在其中的作用。

艺术，是人与自然和谐的最高境界。美的东西，一定是顺天应人的。所以，下水道的设计、施工、管理，不妨多些艺术因子，多加入些审美因子。这样出来的成品，一定和古罗马下水道一样棒棒的。

遗产，可以这样活态传承

今年（2017 年）第 34 个欧洲遗产日主题是"青年与遗产"，与今年世界遗产大会的主题一脉相承，年轻人被引入遗产保护之中。年轻人应该如何介入文化遗产的保护大业，我们全体大众又如何参与保护并适度活用？

欧洲遗产极丰富

今年 9 月第三个周末，欧洲大陆平日高冷的爱丽舍宫、中国驻法国大使馆（原孟德斯鸠公馆）都开放了，法国全境有 1.7 万余处名胜古迹敞开迎客大门，既有总统府、总理府、议会、部长楼等国家机构，又有公园、花园、教堂、剧场及部分私人建筑，吸引了超过 1200 万人来赶这场视觉盛宴。

不止法国，意大利、西班牙、英国、德国、俄罗斯等都是坐拥数十项世界文化遗产的国家，他们都举办了丰富多彩的开放活动。英国的世界遗产超过 30 项，涵盖从远古到现代的全部历史进程。乔治铁桥区就是一个年均接待观众 30 万人次的工业革命遗址。

位于英格兰的乔治铁桥区记录了英国工业革命的所有要素，包括矿业和铁路等。铁桥峡谷以铁桥和鼓风炉最为著名，铁桥峡谷上的桥是世界上第一座用金属制成的桥，大铁桥建于 1779 年，跨度 100 英尺、高 52 英尺、宽 18 英尺的大拱全部用铁浇铸，总重超过 384 吨，且完全适合 18 世纪古典的审美观——匀称和雅致，它大大推动了科学技术和建筑学的发展。桥通了，桥的北端出现了一个周五市场，一直兴隆到现在，一个叫铁桥镇的小镇发展起来。

后来铁厂废弃了，英国人要保护这一工业遗产，恢复铁厂时期遭破坏的生态环境，他们建造主题博物馆，吸引游客前来参观，领略工业革命时的英国。而今，这里已是一个占地达 10 平方公里，由 7 个工业纪念地和博物馆、285 个保护性工业建筑组成的旅游目的地。1986 年铁桥区成为世界文化遗产。

世界文化遗产巴斯城在英格兰西南，小城的中心是罗马古浴场遗址（Roman Baths），这是全欧洲保存最为完好的古罗马时代建筑群。罗马人爱洗澡，其遗址在地面以下 6 米处，拥有大浴池、国王浴池及女神莎丽斯·米娜瓦的铜像等，巴斯成为英国当今最富有特色的古城之一。

开放参观是这些开敞性的公共空间活化传承的主要方法。凡尔赛宫博物馆负责人说："参观者看见罕见的藏品，那种独特的体验是任何描述都无法给予的，只有遗产本身能。这正是凡尔赛宫影响着一代又一代创造者，直到今日也是法国艺术、美食、时尚等灵感来源的重要原因。"为了保护凡尔赛宫、卢浮宫、埃菲尔铁塔，法国政府近年来采取了限流措施。

遗产的保护方式很灵活

欧洲是世遗大洲，拥有世界文化遗产的国家超过 40 个，遗产小国的人们保护遗产的意识也很强。

世界遗产荷兰风车是中世纪农业及聚落的标识。它借风利农，灌溉、磨面样样都能，最壮观的就是金德代克—埃尔斯豪特风车群，有一千多个风车。而今，最初的功能不再，风车成了旅行者的最爱，风车附近的小型博物馆、河流边花田旁，美丽如画醉了人。

荷兰还有一处世界文化遗产，建成于 1924 年，它就是里特维尔德设计的施罗德住宅。原因就是其简洁、重实用、重经济性，广泛采用现代建材，是"荷兰风格派运动"的代表。房子当初是施罗德一家五口住的，现在没人住了，这栋"现代主义建筑风格立体化体现"的建筑成了从业者心中的经典，变身成为博物馆，供人参观。

克罗地亚的杜布罗夫尼克是亚得里亚海东南沿岸的美丽小城，只有大约 4 万常住人口，它同时拥有世界物质及非物质文化遗产双桂冠。小城是如何活态传承保护的？业内人士将其总结为保护人文景观、开发自然景观、发展旅游产业，非物质文化遗产传承保护及与现代科技的结合催生发展动力，引入影视经济"反哺"旅游产业并促成良性循环等。

杜布罗夫尼克古城只有不到 1 平方公里，部分始建于 7 世纪，曾是东西方贸易的重要中转站，繁华持续几个世纪。虽然近代以来连遭地震和战乱，但在国家和当地居民共同努力下，出台政策法规，规划、修缮等组合拳让小城逐渐释放出迷人光彩。1400 多年来，小城一直被中世纪的 1940 米城墙环抱着，大小不同石砖砌成的角楼、炮楼、堡垒与城墙构成了完整的街巷楼宇，古城内各式建筑布局紧凑，教堂、钟楼、宫殿和民居井然有序。临海的城墙下，巨大的岩石被汹涌海浪拍打出的轰鸣声与古城内 36 座教堂的钟声遥相呼应，令人不辨古今。

小城一直在努力，2009 年又将圣弗拉霍巡游成功申报为世界非物质文化遗产，于是每年 2 月上旬，来杜布罗夫尼克的游客都有机会参加为期一周的纪念小城守护神圣弗拉霍的巡游活动，感受这一传承千年的宗教仪式；再者，重点打造每年一度的夏季艺术节，持续 45 天的文化盛宴包含了繁富的现场表演、各类音乐会和嘉年华等，小城游人如织。如今，小城正在建设"智能城市"：您开始畅想吧。

民众广泛参与遗产保护

得益于行之有效的活动，杜布罗夫尼克的游客数量持续增长，市政府随即出台了同一时段流连老城的游客不能超过 6000 人的措施，为的是不让老城太累。

同时，借国家"外国影视公司来拍摄，退税优惠 20%"的政策，杜布罗夫尼克开始进军影视业。《权力的游戏》拍摄地选择该市老城，该剧热播，探寻"君临城"的热潮随之来到。数据显示，该市每年 10% 的游客增长量中一半是《权力的游戏》贡献的。韩国综艺《花样姐姐》的拍摄同样带来了韩国游客数量的成倍增长。科幻大片《星球大战 8》的部分镜头也在这里取景。还有消息称，007 系列的下一部也要来。

影视产业取景地不仅增加了收入，还大大加深了当地居民的自我认同感和城市凝聚力，他们在知名电影或电视中看到自己家园的场景，无不感到自豪，更加积极地配合政府保护文化遗产，于是遗产的活态保护就良性循环了。

在欧洲，民众参与的遗产活态保护方式全面、深入，细致入微。像普遍成立的遗产保护民间组织、公众参与管理机构决策、文化遗产使用中的动态保护等等，全方位、全过程、立体化蔚成潮流。在英国，威廉·莫里斯（William Morris）1887 年就创立了民间古迹保护组织——古建筑保护协会。

观点　　　　　　　　**生命力无处不在**

来自法国的著名装置艺术家文森特·勒罗伊（Vincent Leroy）首次中国个展日前在上海拉法耶艺术设计中心人头马之家举行。

他最负盛名的大型动态装置艺术品《光环》于一楼入口处展出：巨大的白色光环漂浮于地面之上，并配合着特殊的同步配乐缓缓起伏、旋转。随着场地上光线的变换，光环如海中的波浪，给人带来无限的遐想空间。而螺旋状的作品《红色涟漪》的灵感则来源于酒窖中干邑的颜色渐变。现场还有一个很奇妙的作品《雾月》，材料仅为一条薄木片和两个中国制造的小电动机，简单至极，却构成了一个缓慢运动且无规律的形变过程，仿佛在讲述——大道至简。

为什么几乎每一件作品都在缓慢转动？文森特告诉观众，他 30 年来的创作灵感大多来源于运动。他喜欢通过作品，表现源源不绝的生命力。

链子桥　作者 摄

多瑙河上的明珠

——走进世界文化遗产之城布达佩斯

过去四年（2014—2017 年），"一带一路"倡议取得丰硕成果，十九大的召开，必将给"一带一路"倡议注入新的强大动力。匈牙利是第一个同中国签署"一带一路"合作文件的欧洲国家，"一带一路"把中国和匈牙利更加紧密地联结在一起。

匈牙利的首都布达佩斯，坐落在多瑙河中游两岸。它曾被茜茜公主视为一生的挚爱之地，如今更以丰富的世界文化遗产闻名遐迩。这次，不妨让我们走近这颗"多瑙河上的明珠"。

九座大桥，牵手东西两岸

布达佩斯是一座被多瑙河分割的双子城，布达与佩斯在多瑙河的两岸遥遥相对。据说陈佩斯的名字就来源于这里。20 世纪 50 年代，著名演员陈强正在布达佩斯访问演出，正逢儿子出生，为了纪念这一时刻，陈强将儿子取名为"布达"；数年后，二儿子出生，则名"佩斯"。

早在 1987 年，布达佩斯的多瑙河岸就已被列入世界文化遗产。夜幕降临，华灯初上，多瑙河岸一片金黄，让每一个见到的人为之陶醉不已。除了两岸极富特色的老建筑外，连接东西岸的九座大桥，也构成了布达佩斯独特的风景。

链子桥是连接布达与佩斯的大桥中最古老的一座，多年来一直是布达佩斯的象征。当地有这样的说法，和爱人在链子桥上待 15 分钟，就会充分感受到爱情的力量、婚姻的真谛，以及真正享受到匈牙利人的浪漫。

1820 年，贵族青年塞切尼要赶到对岸去探望病危的父亲，但因天气不好，木质浮桥无法通过，倒霉的他等了足足一个星期才渡过河，可惜父亲已经去世。悲愤的他决定在多瑙河上修建一座永久性的桥梁。筹措到足够的资金后，他请来了英国设计师和建筑师。1849 年 6 月 18 日，威廉·克拉克和阿达姆·克拉克共同主持修建大桥，经过 10 年时间终于完工。这是一座以锁链为骨架的三孔铁桥，长 380 米、宽 15.7 米，两座桥墩之间相距 203 米，是当时世界上跨度最大的桥。为了纪念塞切尼伯爵的贡献，大桥被命名为"塞切尼链桥"。桥头尾有四座石狮，目光坚毅，守望着两岸的人们，石狮出自雕塑家马勒士查古·亚诺什之手。

与链子桥相邻的伊丽莎白桥得名于我们熟悉的茜茜公主。茜茜公主非常喜欢匈牙利，将它视为第二故土。至今，布达佩斯仍留有不少茜茜公主的影子，但凡茜茜涉足过的地方，匈牙利的旅游地图上都会特别标明。在布达佩斯经常可见"Sisi"的字样，还有以茜茜公主名字命名的街道、餐厅。

国会大厦，新哥特式建筑

匈牙利的国土面积大概与中国一个小型省份相当，却拥有一座规模庞大的国会大厦。大厦建于 1885 年，设计者是建筑师斯泰因第尔·伊姆雷。它是一座新哥特式建筑，长 268 米，最宽处 123 米，中央尖顶高达 96 米（约 32 层楼的高度），占地总面积 17745 平方米，高度虽然比伦敦的英国议会大厦矮 2 米，但外观的豪华壮丽却有过之而无不及。

整座大厦拥有 27 个大门、29 个楼梯间、13 部电梯、691 间厅室和两大四小六个采光的天井院，并建立了匈牙利第一个中心供暖系统和空调系统。无论是天花板还是支柱、窗户，所有能装饰的地方都极尽铺张之能。每个窗台前都设有一个放雪茄烟的地方，议员在发言前，会先把手中的雪茄搁在这里，谁的烟燃得越短，说明谁的发言时间越长，也越受欢迎。

还记得几个月前在上海博物馆举办的"茜茜公主与匈牙利：17—19 世纪匈牙利贵族生活"展览吗？其中有一件展品是匈牙利的传国之宝——王冠（复制品），而王冠真品就珍藏在国会大厦的穹顶大厅里。与它一起躺在防弹玻璃罩里的还有权杖和宝剑。

这是匈牙利民族历史与国家主权的伟大象征物，根据古老传统，这顶镂金嵌宝的王冠并非仅仅是匈牙利国家的象征，它本身的地位就等同于匈牙利国家（奥匈帝国时代的匈牙利王国被称为"圣伊斯特万王冠领地"）。哪怕是堂堂君主（比如哈伯斯堡的弗兰茨）也不能占有它，而只能临时"借用"一下。二战之后，这些伟大的匈牙利国宝一路辗转落到了美国人的手里，直到 1977 年才最终被归还给匈牙利。

文化遗产，传承有妙方

作为一个走几步就能遇见世界文化遗产的城市，这些老建筑当然要好好保护、好好传承，但如何活态传承以尽量延续其寿命一直是个严谨的科学问题。欧洲有许多好的做法，包括修复和生活功能化。

在布达佩斯，我们发现茜茜公主居住过的布达王宫，现在成为了布达佩斯历史博物馆、匈牙利国家画廊以及国家图书馆的所在地；著名音乐家李斯特曾多次演出过的"文娱宫"，现在成了一个举办外交活动、音乐会和艺术展的综合性艺术场所。据说，二战后，"文娱宫"损坏非常严重，是修复还是拆掉重建？当时政府犹豫了很长时间，一直举棋不定。直到 1980 年，才下定决心修复，而初步修复就花了长达 24 年的时间。从 2004 年开始，又花了 10 年时间对建筑进行了彻底翻修，终于恢复了"文娱宫"1865 年时的原貌。就连大厅里的水晶灯，也完全复制当时的模样。

好在政府没有一时冲动将建筑拆除，不然，这个世界上又会少掉一座可以被后人瞻仰的宏伟之作。对待文化遗产，真的不必动辄大拆大建，想法子因旧出新才是大智慧，进而相映生辉、相得益彰，生出别样的魅力。

垂直玻璃屋　作者 摄

加点艺术，居住城市更惬意
——2017 釜山国际建筑文化节"居住釜山　居住上海"观感

　　2017 釜山国际建筑文化节，因为话题亲民，吸引了世界众多设计、建筑、材料、艺术从业者参加，中国板块便是其中的亮点。

　　上海和釜山是友好城市，因此"居住"的联袂而行当然就很自然，这次带作品前来参加展览的中国设计师、艺术家就达到 18 位，说的当然都是房子，有公共建筑、教育建筑、建筑小品，还有衍生于建筑的艺术作品，等等。

　　张永和的"垂直玻璃宅"就是一件让人大开脑洞的作品。一栋四壁清水混凝土的房子，就如同高高的大立柜，只不过颜色青灰，房子四周密封但朝天开"窗"——玻璃，那窗一层层做成了屋顶、地板，于是餐桌、椅子、马桶……上下一看，一目了然。张永和说："垂直玻璃宅的墙体是封闭的，楼板和屋顶是透明的，房子向天与地开放，将居住者置于其间，创造出个人的静思空间。"

　　相对而言，柳亦春比较亲民，他的作品是四层共高8米、每层平均六七平方米，房型呈凹字型、梯形、锯齿形，加上共有六个楼梯，每个楼梯坡度都近90°的"水箱住宅"，既有观赏价值又方便居住，楼顶平台还为周围六七户居民提供了"小花园"。他说："我在改造好了的家中上下的时候，就像在一个假山中攀行，这个家把尺度与身体的要素凸显了出来，生活变得艺术了、有品位了。"

　　刘可南、张旭改造的邬达克作品也来参展了。这是一栋位于上海长宁区新华路上的百年老宅，改造当然要尊重老建筑的精气神，样貌依旧，要做的是强筋骨、复容颜，屋里的铁扶手、铁栅栏、铁门扉，都留下了，衬了雪白的墙面分外好看。设计师说："楼梯间作为嵌入具体环境的空间装置，本身也是一个独立的小建筑：有自己的城市姿态、立面表情。"于是，他们将入口处平面上的曲线"飘"到客厅地面上，地上霎时就铺了一卷地毯；三层的阁楼层被分成两半：一个低矮、温暖、木质，那是肉身空间；一个高耸、冷峻，那是白色抽象的精神空间。这种改造很是匠心独运。这个展台前，人气很旺，美的东西人人喜欢。

　　还有倪卫华的《风景墙》，那是以城市旧空间为背景的影像装置艺术，说要体现反差，让人的视觉和思想产生冲击。

哈尔滨音乐厅　作者 摄

未来自在本来中
——传统中国赋予矶崎新灵感与思考

　（2018 年）3 月 6 日，普利兹克奖评选委员会宣布，把 2018 年度
该奖项颁发给日本建筑师——矶崎新。他自言最喜欢中国的宋朝，
从南宋建筑的结构—形式关系中，他曾经得到很大的启发。就像他
毫不掩饰自己对中国的热爱一样，他试图以多维度的历史观念去构
建自己的建筑思想，但并不仅仅是沿袭或借用。他用建筑思考构筑
物与自然的关系问题，将本来融于未来之中。

"建筑是什么？"建筑是世界观的表达

88 岁高龄得到建筑界最高奖——普利兹克奖，当然是一件高兴的事情。这是对矶崎新半个世纪以来不断探索的褒奖，无论是早期的手法主义，用极富冲击力的立方体、弯曲的半圆柱强烈地冲击你的视觉，还是后来更严格古典主义的技术控，在他看来，建筑有时间性，它会长久地存留于思想空间，成为一部消融时间界限的建筑史。

细检矶崎新的家庭，他的父亲既是成功的商人，也因写和歌而知名。商人，天生逐利；和歌，源自中国乐府，犹中国古诗，自带强烈的文学性和抒情性。二者如何统一起来，如何相互照亮、生发？每当自己的父亲在帘外潺潺的春日、月明星稀的庭院，或三两或五六好友，着和服、跋木屐，抑扬顿挫地击着节拍，摇头晃脑地吟着新作的长调短歌，那情景、那气场对年幼的矶崎新产生着影响。询问美妙的诗句如何得来？其父答：来自中国。

在矶崎新的早期作品中，很多是由大块的混凝土墙构成的笨重体块的组合，呈现出一种透入地层的沉重感。粗放的清水混凝土形体，绽放的则是图形化、机械化的外表。他的作品里，有黑暗的、压抑的观感，也有幽默与反讽。这些建筑理念与特质，与他14 岁时亲历广岛和长崎原子弹爆炸不无关联。在他的"元世界"，城市是变动不居的，他一生为世界设计了很多建筑，在东京他却没有像样的居所，房子是租来的。对矶崎新来说建筑本身并不重要，重要的永远都是背后的人文意义。否则，建筑终将走向废墟。

以自然的和谐消解永恒之变

矶崎新是一个弄潮儿，被称为"影响世界建筑历史及现实的后现代主义大师"。他说，自己最喜欢中国的宋朝，从南宋建筑的结构—形式关系中，他曾得到很大的启发。"我对中国建筑进行了大量研究，中国在唐朝和之前的 7—12 世纪的古典建筑就影响了日本。之后才有了日本传统特点的建筑。"他曾表示。

宋朝对日本的影响举其大要有禅宗、茶道和绘画艺术等。如荣西被誉为"日本的茶祖"，两次入宋，学禅法，得茶道，悟艺术，回日后兴禅布教，开创建仁寺，习得宋式禅院的建筑技艺、经验，在日本京都、镰仓等地建造了一批明州（今宁波）风格的寺院，这些寺院后来成为日本汉文化的中心。他还撰写了《吃茶养生记》。他的徒孙道元，也入宋求法，也拜在天童寺方丈膝下，学习曹洞宗禅法，他回到日本开创永平寺。永平寺的布局风格有"小天童"之称，天童寺和日本永平寺至今依然交往密切。

宋朝给日本带去了禅、带去了意境、带去了味道、带去了美好，带去了变动不居之下的宁静与安好。这一时期开始，日本的建筑十分注重人与自然的和谐，大到整体规划、栋宇高低远近的节奏安排，小到廊庑宽窄长短、哪里来棵枫哪里种棵樱，都要自觉对标"画境"有无，他们把对生活在大自然中的乐趣和对自然景物的喜爱用一枝一叶、一帘一柱体现出来，以保持心在自然的谦逊。在日本常见的"枯山水"，正是受到宋代禅宗"空寂"思想的激发，以砂代水，以石代山，或配以少量盘松曲树，看似漫不经心地就构成一幅诗意的庭院。用梳出的波纹，用粒粒灰白雪白的砂砾隐喻流动的、易逝的事物，用砂砾的"流水"不变超越日常的无常。

战后的日本满目疮痍，只有一些唐风宋韵的遗存依然完好，那是得了中国古建专家梁思成的出手相助。"满目疮痍，唯有唐宋"的营构对少年矶崎新的冲击何等强烈，怪不得他说：南宋的楼阁恰当得"体"。

何谓恰当得体？一处建筑置于环境之中，不突兀、不张扬，飞檐飞到恰恰好，门户对着幽径口，或者是所有榀柱临照水，天光树影共徘徊。

在宋代寻找心灵的回声，矶崎新好古但不泥于古，他广泛吸收了包括禅宗顿悟在内的各种有用的养料，目的只有一个：自由自在用建筑思考人与自然的关系。正如他所说，古再好，也不搬，我自摇曳得春风。

以传统拥抱时尚

中国与日本都是传统中的产物。矶崎新毫不掩饰对中国的热爱。20世纪90年代矶崎新注意到中国建筑领域，在他看来当时的中国建筑具有一种独特的"现代感"，很有意思，很吸引人。也就是从那时开始，非常热爱中国文化的矶崎新开始与中国频繁往来。这些年，中央美院现代美术馆、朱家角谭盾水乐堂、上海交响乐团音乐厅、湖南省博物馆等，都发挥了矶崎新的艺术想象力，这些在中国的建筑实践，也成为他新时代的代表作。

喜马拉雅艺术中心是他在中国的第一件作品，如何出新？中心建筑整体被矶崎新分成上下两部分，上部由立面光环绕、造型纯粹的立方体构成，下方则被他设计成表面蜿蜒曲折的"森林"。若要了解当下的艺术、生活，当然首先要进入森林。你远远地望见这片"异型林"，渐渐地走入喜玛拉雅中心，艺术的浸染感便如烟如雾又如风，弥漫开来，建筑的魅力随着异形体不断生长。离远点看，这片"森林"犹如地下生长出，林莽东泼西洒就成了喜玛拉雅艺术中心。这也许就是矶崎新另一种转化"南宋"的方式，未完成、不确定、在成长。

在朱家角，矶崎新和谭盾一起，把一间明清的老房子变成了一件乐器，把旧仓房的天井改成了水乐堂的水舞台：天顶用半吨纯银打造，当天顶的葫形水口"吐"出或绵绵密密或倾盆滂沱的雨水时，那"雨琴（壶口、地面、空气）"便在演奏；舞台浮在水面，水从河岸漫入，室内浮于薄水之上，乐者踏水地板踩出或铿锵或曼妙的节奏，水波应声荡漾，水乐纷纷和鸣；还有禅音楼梯，用合金铸成音梯，一阶阶插入墙面，音乐家穿上木屐，踏出苍莽清冷的古调，敲击出空灵纯净的音符。

2014 年正式启用的上海交响乐团音乐厅，也出自矶崎新之手。一个四方形建筑，加上一个波浪形的凹陷圆顶，外观简洁低调，被人们亲切地称作"馄饨皮"。矶崎新说："今天的建筑一定不能成为一个'偶像'，而是要融入它所在的城市'系统'。"由于建筑层高受到限制，音乐厅 2/3 以上的工程量在地下进行。而在地下，地铁离开音乐厅最近的地方只有 6 米，为了隔开噪声，矶崎新设计了一个"全浮建筑"。固定在地基上的是支撑弹簧，而音乐厅的地板则建于弹簧之上，以隔绝震动与噪声。如此一来，整个音乐厅如同置于席梦思上，这是中国内地首个完全浮在隔振器上的建筑。

矶崎新说，之所以接手上海交响乐团音乐厅的项目，一个重要的原因是，他的父亲多年前曾在上海留学，他的亲人也曾在这里参观、学习、游玩甚至结婚，因此他对这座城市的感情很深。在 2002 年上海双年展上，矶崎新演讲的题目是"树"——巨型城市结构："这是个在既存的城市上空建造城市，并使新城和旧城共存的构思。"

这位热爱中国的建筑师希望上海不要变成下一个曼哈顿，希望一座城市能拥有更多具有原创性的建筑，希望看到中国建筑师设计的作品能对这个国家的文化、城市发展起到更大的作用。

仙桥村里的民宿 作者 摄

艺术更新乡村：和声细语打造多样化美

这个元宵节（2019年2月19日），罗店灯彩又成了沪上打卡地。如今，罗店镇已成为习近平总书记"保护好传统村落、传统建筑，以多样化美打造各具特色的现代版'富春山居图'"的一个样本。今年（2019年）一月，国家五部委公布了《关于统筹推进村庄规划工作的意见》，指出"村庄的规划建设更新要以多样化为美"。今年上海两会，乡村振兴再次成为代表热议的话题。和声细语不搞大拆大建，且看上海各大乡村如何走出多样化的美丽路径。

罗店灯彩、车墩影视城：深挖文化资源

元宵节来临，中国历史文化名镇罗店再次成为灯彩的海洋！罗店灯彩已经有四百余年的历史，《宝山县志》载："明王纶以纸凿灯为人物花鸟诸形，工细独绝。"而今，以朱玲宝为代表的非物质文化遗产传承人带火了罗店一方水土，闹大了幸福产业。罗店灯彩上的彩灯多达数百种，龙灯最长数十米，大塔灯高的达十三层，小型彩灯数不胜数，宫灯、花灯、飞禽走兽灯、人物灯、铜钱灯，正应了"高照彩灯千百盏，盛年此夕照田蚕"的诗句景象。

南京路、马勒别墅、石库门，但你可曾知道，上海有两处南京路、两栋马勒别墅？车墩影视基地始建于 1992 年，是上海乡村以文化为抓手展开的一个成功案例，是当地追求幸福梦奋斗出来的果实。电影《建国大业》、电视剧《情深深雨蒙蒙》等都拍摄于此地，这里已被评为国家 4A 级旅游景区，成为文旅合一的地标。

罗店的历史悠久、特色鲜明，不仅有彩灯，还有造型别致、工艺精细的龙船竞技，所以被命名为"中国民间文化艺术之乡"；车墩则是当地能人抓住了上海独特的区位优势和历史特点，拷贝了上海滩上的文化和建筑，使之成为拍摄老上海故事的不二之选。它们的追梦动力都是内发的。

革新村、水库村：规划古村落改建

千镇万村各不同。追梦的脚步越来越快，乡村人才相对匮乏的今天，外脑就很重要。

革新村，闵行区内的一个普通村庄，知道的人并不多，但知道浦江镇召稼楼的人一定不少。召稼楼古镇就在革新村内。几年前，革新村请来同济大学专家编制村庄规划，重新安排村域 2.37 平方公里的田垄沟渠、滩头村落。

召稼楼是上海稀有的一处大型古建筑群，也是古代浦江的垦荒中心，距今已有800 余年开发史。故而有诗："十里晓烟破，数声召稼钟。"于是，村庄规划就以"古

车墩影视城里的老上海　作者 摄

镇、农村、农田"为基调,将村庄发展定位为"田园文化旅游示范村"。依据规划,村里的老街巷、旧河道、古桥、古树、水井、河埠、特色驳岸、特色铺地悉数保留,同时探索出一条古村可持续发展的"美丽"路径。

走在革新村老街上,老石桥、润而光的青石街道、悠闲澹定的茶馆、依依袅袅的柳树、神定气闲的粉墙黛瓦,还有熙熙攘攘的人群,似乎什么都没有改变,但又充满生机。五水围合的召稼楼,骑马墙、观音墙记录的都是上海的底色;资训堂、贡寿堂、梅月居、宁俭堂、礼耕堂、逸劳园叙说着古老的故事。礼耕堂厅里高高立起撑厅大橱柜两只,宣示的是"耕与稼是上海文化高贵(柜)的根"。

村里人说,规划我们都参与了,哪里哪里听了我们的建议,改成今天的模样;专家就是专家,和声细语不搞大拆大建,仿佛什么都没发生,村庄就悄悄变了模样:古村落更新就该如此。而今,革新村已经成为"美丽乡村"的样板。

规划先行的还有金山水库村。规划团队目标是将水库村变成新江南田园。以"水＋园""水＋岛""水＋田"为主题,把村庄分为北、中、南三大片区。北片区叫"溪渠田园",主打农业和田园风光,保留原有的村落格局,民宿寓于其中;中片区是水库村的核心区域,"滩漾百岛"景色优美,村民枕水而居,重点发展亲子休闲、理想乡居、慢活养生、高端度假、文化体验等;南片区"河塘聚落",以养殖业为主,让老厂房变身后兼顾"共享办公＋度假"功能。规划中,具有6000年左右历史的古冈身带遗址、古海岸遗址,还有阮巷老街、茶庵等均一体考虑。"这样一来,水域面积近三成、有70多个小岛、民舍星罗的村庄,小威尼斯范儿更足了!"镇里负责人点赞道。

仙桥村搭台　艺术家进村

什么特点都没有,如崇明仙桥,有的只是田垄庄稼和一栋栋散落在金黄碧绿原野上的民房,这样的乡村如何"美丽"?

当下,仙桥村正成为艺术家、设计师施展才华的新天地。村里废弃的猪棚能干啥?堆柴火、放杂物,或者放着放着最后风吹日晒自行坍塌或被拆除。但这里的猪圈却成了"奔放艺术"基地,艺术家在乡野的星空下享受着自由的艺术创作,还吸引了来自各国同行切磋交流,既潮又酷:这是同济大学设计创意学院师生发布"英雄帖"后的产物。

10年前,一个名为"设计丰收"的项目在同济设计学院立项。老师和同学选择了这个交通不便、没啥资源,但有意愿改变现状的村落,和乡镇干部、村民一起,打造一种全新的生活艺术。

他们最先选择的是6个废弃蔬菜大棚,还改造了几间空置的民房,它们成了"田

革新村召稼楼里的礼耕堂　作者摄

埂""禾井"和"花觅"。2010 年开始，他们采取"针灸式"设计策略，通过小而互联的"靶向"设计项目，激活村庄、联动城乡。2015 年，"设计丰收"和"奔放艺术村"合作策划"流变——艺术家驻村"项目，通过涂鸦、创作等形式推动艺术和设计植入乡村，这里的改变逐渐加速。

中国台湾艺术家傅纪康看中了稻田里的猪圈，稍稍改造后他成为地地道道的驻村艺术家。他和刘哲荣等一起，经常骑着自行车在村中转悠，捡回村民丢弃的物件，不几日它们就成了作品中的"枝叶关节"，甚至神来之"睛"，村民们看后惊奇不已。雕塑家刘哲荣用捡来的破瓦碎砖，做成"日记"系列。干枯的秋葵成了他小女孩雕塑的头发；阳台上的树，是他用枯枝、棉壳做成的，棉壳上涂上了一层荧光粉。"白天吸收阳光，夜晚关了灯，一个个闪闪发光的棉壳，就像一只只停在枝头的蝴蝶，忽闪忽闪地扇着翅膀。"中外艺术家纷至沓来，邀来村民把田里的小路变成彩绘之路：艺术家给创意、搭好框架，村民随意发挥填涂。彩绘的那天，如同村里的"嘉年华"。

再看蔬菜大棚，顶披上了稻草帘"外衣"，棚内的桌子用旧门板搭成，储物架用废弃叉车板拼装而成，纸巾装在钟形的竹筐里，插花的葫芦形陶瓶是捡回的酒瓶……这里已经成了多功能、开放性公共空间。来过的人都感叹：大棚原来丢在那里根本没啥，现在里里外外都姓"艺"，这群上海来的"眼镜"真会"搞事情"。

仙桥民宿也不一般。外观就是普普通通的农家院，走进去却是文艺范儿十足的田园风。厨房里，可以生火做饭的土灶还在原处，微波炉、电饭锅一应俱全；几个大小不一的卧室带给你苏格兰、地中海等风格，简约派的崇明布艺、旧物改成的家具，配上一两幅画作、一二摆件，空间立刻生动起来。那晚，我就住在这处"民宿"，心中满满的都是"宁做崇明客，不羡做神仙"。

艺术家驻村的作品入城展览、秋收季节乡村亲子活动都已经成为仙桥村明星项目，一批来自芬兰、意大利、英国、美国、中国的艺术家，带动着村子里的孩子们——未来艺术家，用艺术连接乡村和多元美好生活。

美丽上海，公共空间让心"晴"好

刚过去的 2018 年，各个区不约而同地将打造公共空间作为了一项"实事工程"。当疲惫的你走在冬夜的街头，一抬头看见对面的老公房上，陡然一面墙都是萌萌哒的"撑伞"图；当你急匆匆地赶地铁，猛一望发现《神雕侠侣》中的场景就在那儿。公共艺术是国家的文化福利，让民众享受艺术化的生活环境，减少城市现代化带来的负面影响，它也折射出上海在城市化进程中的新定位和新追求。

地铁环线：从中国传统文化中寻找灵感

这些日子，您若是乘坐地铁 13 号线，在陈春路站、长清路站上下车的话，会发现一组清新可人、古风飘逸的青春佳人图、山水清远图，仿佛时空瞬间转换，进入了金庸大侠描绘的世界，或来到了富春江畔悠然山居。那是城市建设者对公共艺术的新尝试。

看不懂的公共艺术，一律不要，回到中华文化去，于是就有了陈春路站的《家国情缘》。地铁 13 号线发展有限公司董事长兼总经理尤旭东说："用侠义题材来弘扬中华传统文化、传播正能量，这也是一种家国情怀的中国人文精神。"一进陈春路站，天地虚无缥缈间，一点丹红一点青，烟雨写意大江南中，家国故事便开始了。项目艺术总监奚耀艺介绍，团队中有位设计师也是画家，手绘了一组人物造型，在半年多时间里数易其稿，最终完成了九幅飘逸灵动、虚实相生的人物画面，水墨风格一气呵成。冲虚而见仙气、写意溢满豪情。陈春路站的《家国情缘》，由站厅站台的侠士水墨画、大型玻璃影像装置、水墨立柱和伞形灯光照明组成。其中侠士水墨画从各进口到站厅层，再到站台层，连续的故事情节间隔喷绘在铝质墙面上，覆盖全站；大型玻璃影像装置是整站的高潮部分和点睛之笔；水墨立柱和喷绘水墨图纹的伞形灯光照明，烘托了整个车站的艺术气氛和艺术主题……当你从主题墙走过，若有似无的粉青淡墨间，一对情侣在对饮、私语或畅谈家国志，画面隐隐而动，观者甚至会产生上去和他们一起攀谈的冲动。

长清路站则是另一番景象，一进站暗香浮动，环视却不见胭脂红袖。原来这是上海首个"三觉"（视觉、听觉、嗅觉）车站。这座车站的站台层顶跨度长，放置一轴书画长卷再适合不过了。模拟中国书画长卷体来设计顶灯照明，灯罩画面就是艺术家新创作的拟《富春山居图》的青绿山水长卷，天头、引首、画心、尾子等手卷"肢体"精心布局。不仅如此，书法、印章与主题山水相得益彰。奚耀艺表示：构图时，首先考虑了长条灯罩的照明功能，重色笔墨影响照度，不宜大面积运用。所以，采用了主画面居画心中央，四周多留白的构图方式，这样不仅让灯具能充分照明，画面欣赏也意犹未尽，艺术性与功能性和谐统一于一体。于是，"最中国"的艺术地铁站之一在上海诞生了。

其实，2015 年通车的地铁 13 号线江宁路站的艺术装置《江山宁和》、2018 年年初正式运营的地铁 17 号线也很中国风：青花瓷烤浮雕的青龙古镇、电扶梯上青蛙蜻蜓绿荷铺就的《清夏图》、五色风筝争相飘曳的《纸鸢图》、晨曦里的青浦……喷绘、浮雕、动画，艺术形式丰富多样，活脱脱也是一条艺术地铁线。功能之外讲求艺术性，已经成为新时代上海地铁的自觉追求。

静安国际雕塑展：互动中亲民

第五届静安国际雕塑展刚落下帷幕，这期展览的主题为"城市无界"。为何无界？因为这里有梦想、有未来，能实现人与人、人与环境之间的和谐。

由于名气越来越大，静安两年一届的雕塑展吸引了越来越多的艺术大咖、年轻新锐从地球的各个角落前来，主办方表示，由于报名参展的人太多，评委们筛选作品的过程十分辛苦。

城市无界，艺术家们如何展现人处其间却并无繁华与乡野的隔膜之感？加拿大艺术家的《城市创变者》创作了一双钢铁做的、铅笔画般的网眼状红色双手，硕大的手上拿着一粒豆子，看情形是要往地里种。绿树蓝天之间，这双红色的手如同一位"城市农人"，播种希望。

九段高手是谁？聂卫平？错了，是猫咪。上海年轻艺术家创作的 2D、3D 互动作品来了。橙红的木格栅墙上，白色的小猫正在围棋枰前捉对厮杀，地上一块白布、几只猫食盆，观者投食，园中的猫儿就来吃。这里是猫儿们的乐园，当然更是观者的乐园：因投食与艺术互动而快乐。几个胖乎乎的男女坐在林中草地正在看啥，原来对面广场上正搞"艺事展"，各色小人儿、各种装置，满满当当煞是热闹精彩呢！还有中国香港艺术家带来了小小星球，阳光下，穹顶光怪陆离晃煞了你的眼；无数的车轮"淌"下来，到了自然博物馆广场的水上、草坪上，就成了螳螂、甲壳虫、恐龙……巴西艺术家带来了一组女性雕塑，清癯如宋徽宗瘦金体书法般的女子，或《归心》或《欢舞》或《射箭》或《跳水》，宣示《地平线在消失》。

中国小伙用木做的房子、椅子、亭台楼阁，做成了中空状如上弦月的《月宫》，十分好看；法国艺术家在上海生活，他创作了一幅《通往回忆的大门》；意大利人在路边水渠中扔了一些梧桐树枝，叫《秋之华彩》……各国艺术家参与其中，让这座国际大都市的艺术表情丰富生动。

静安国际雕塑展"身世不凡"，2010 年年初举办时就设立了"全国优秀雕塑项目年度大奖"，后来吸引力越来越大，观者如云，2018 年走进社区、园区，"朋友圈"快速蔓延；威尼斯双年展参展作品来了，高科技新媒体等展陈手段惊艳了你；夜晚去看，魔幻灯光下活脱脱进入了爱丽丝梦游仙境。观展中，经常听到三两名、四五个对着一件作品轻声细语地评头论足，公共艺术润物无声地提升着公民的文化素养。"我期待，两年后展览更精彩。"市民的啧啧称赞充满了幸福感。

历史建筑区更新：面向未来的空间

2018 年街头最"闪亮"的一场艺事，当数新天地岁末开幕的《光之树》了。这是一件放在新天地街上的装置作品：观者拿着椭圆的纯白气球，进入白色的"树"兜（形似鸡腿菇）里，放飞并想象其飞入浩瀚的星空；树兜边还有一间红框玻璃电话亭，老式电话机边也围满了氢气球。创作了这个装置的法国艺术家要求观者把气球想象成原子。不远处淮海路上有一个关爱乳腺癌的互动装置：一座高十余米的电话间放大版，里面飞舞着红彩带，互动区就在边上，扫码，机器就会吐出一段粉红丝带，参与者作为关爱女性的发声者进入装置镜头前放飞粉红丝带，录一段专属视频：艺术装置还兼具公益性质，丝带的每次放飞都将代表一份善款，用于"粉红丝带乳腺癌防治运动"。是不是很有爱？艺术不高冷，更新的老商场，瞬间成了艺术打卡点，人气飙升！

愚园路最近也添新景物：10 扇门寓意愚园路的历史 100 年。加拿大艺术家在蒙特利尔有间跨学科设计工作室，他们的创意结合周围环境和空间，开放性的作品提供给观众一个互动好玩的环境。

　　还有，你能看到愚园路晚上的树与淮海路上的一样忽闪忽闪地亮，但这里的树是自己发电的。如何做到的？米莉丝是一位声音艺术家、作曲家、互动生态设计师和绿色能源倡导者，她的作品覆盖了沉浸式装置、声音设计制作、互动装置等，她的作品总有瞬间燃爆空间的魔力。

　　德国艺术团队昆特森兹在中国的首件作品也放到了愚园路。这是由 33 种不同颜色、33 个不同的层面组成的喷漆纺织品《五彩之路》。当风吹过，如浪、如柳、如云、如雾，远近高低各不同；夜晚，赤橙黄绿青蓝紫，妩媚颜色自如变幻。

　　老建筑要保护，艺术负责更新周遭环境。国顺路上整面墙绘就的《松鼠童儿夜雨图》温暖了无数冬日里的夜归人，一位网友的留言特别挠人心尖儿："拖着疲惫的身躯，撑着伞，踩着'落叶不扫'的街道，对面墙上的小松鼠为小伙伴打伞、孩童为它扯外套避严寒的图景叫我瞬间泪奔！"

　　全世界各地对于历史建筑的保护都有着严格的标准，因此在利用历史建筑和街区营造新的公共空间时，规划者和艺术家力求保留建筑原本的风貌和历史性，充分利用原本的空间进行创作，在城市规划中加入公共艺术的概念来改善，公共艺术对提升城市软实力有着不容小觑的作用。

上海世博会　作者 摄

会展地址怎么办？城市更新用绣花功夫慢慢来

　　中国国际进口博览会（以下简称"进博会"）成功举办，又一次证明了上海在举办国家级重要会议、活动方面的综合能力。如何处理大型会展留下的建（构）筑物，需要发挥城市规划者的智慧。

　　8 年（截至 2018 年）后，上海世博会周边 5 平方公里的世博区现在怎么样了？专家们为此发明了一个新词：双遗产（工业遗产、世博遗产）。如何整合世博资源，发挥好后续效应？原上海市世博科技促进中心副主任、同济大学上海世博会研究中心常务副主任姜富明说："我们要用绣花功夫慢慢来。"

更新工程慢工细，活制造华丽转身

　　历届世博会的历史证明，世博会的后续效应远远大于其筹办、举办期间的直接效应，把握世博后续效应对城市发展转型和社会经济、科技文化内涵的提升都具有重要意义。

上海世博会开始时，专家们就在考虑"后世博"了。"后世博"时代如何放大世博会这个创意大秀场的光芒和效应？大家共同的认识是：不着急，想好了再干。

2012 年 10 月 1 日，中国馆变身中华艺术宫，重新面向观众开放；"大烟囱"所在的南市发电厂在完成世博会之城市未来馆使命后，也在 2012 年 10 月 1 日变身当代艺术博物馆；2014 年世博轴商业中心全面开业，标志着"一轴四馆"五座永久建筑整体完成后续开发；2016 年，包括 28 栋大楼的央企总部集聚区全面建成；2017 年，9 万余平方米的世博会博物馆正式对外开放，它是世界上唯一全面展示历届世博会的世博专题博物馆。"后世博"这 8 年，慢工出精品，世博会会展旧址正发生令人欣喜的变化：这些地方正"变身"成为市民公共活动区、央企总部集聚区、上海文化艺术新地标，有的还在酝酿破蛹化蝶。

《上海城市总体规划（2017—2035 年）》提出，上海世博地区今后将定位建设全球城市中央活动区，是上海建设全球城市中央活动区的重要组成部分。按照这一规划，原世博会后滩地区近 2 平方公里将建设成为市民共享的开放式大绿地——世博文化公园。已建成 28 公顷滨江湿地公园向市民开放，春赏油菜花、秋观芦荻花、下水捉鱼虾已经成为不少市民的赏心乐事。接下来的公园绿地设计，将综合考虑规划中的大歌剧院、世博会后保留的部分外国国家馆，结合原克虏伯工业遗存，新建一座高水平的温室花园。

基地重建文化创意，引领有机更新

纵观世界上老工业基地的更新，一个普遍的做法就是以创意产业为引领，如巴黎左岸、伦敦泰晤士河两岸、德国鲁尔地区、纽约苏荷（SOHO）等，走的都是这条路。

上海世博会是历史上首次大规模改造和利用工业建筑遗产的世博会。工业建筑具有大跨空间特征，比较适合改造为展馆。作为展馆有效地保存了地区的历史脉络和集体记忆，既减少了建筑垃圾，符合绿色环保的发展理念；也为地区增添了独特的文化底蕴和风貌特色。

作为"双遗产"的发电厂再生是由同济大学的章明团队完成的。采用历史叙事的方式，将辉煌工业时代的遗存变成 2010 年上海世博会城市未来馆，继而蜕变为上海当代艺术博物馆，设计的历程见证了一个昔日能源输出的庞大机器如何转变为推动文化与艺术发展的强大引擎。团队采取的是有限干预原则，最大限度地让厂房的外部形态与内部空间的原有秩序和工业遗迹特征得以体现，同时又刻意保持了时空跨度上的明显痕迹，体现新旧共存的特有建筑特征；以空间的延展性释放建筑的开放性与日常性，让其以积极的姿态融于城市公共文化生活；以漫游的方式打开了以往展览建筑封闭路径的壁垒，开拓出充满变数的弥漫性的探索氛围。经过六年的打磨，现在它成了一个公平分享艺术感受的精神家园，更是一个充满人文关怀的城市公共生活平台。即将（2018 年）于 11 月 10 日开幕的双年展主题是"禹步——面向历史矛盾性的艺术"，可以想见又将是艺术圈的一桩盛事。

徐汇滨江"上海西岸"，助力亚洲演艺之都建设

2007 年，随着上海世博会紧锣密鼓地推进，徐汇区即委托同济大学张松课题组展开滨江工业建筑调查，张松等对包括飞机场等在内的工业建筑、厂区实地踏勘，筛选出 54 处保留建筑。针对这些建、构筑物制定"拆、留、改、迁"分类保护 / 保留措施，土地收储精细化，原样保留码头 4 万平方米，保留历史建筑、构筑物 33 处，系缆桩近 100 个，铁轨 2.5 公里，枕木 1200 根，石材 1800 平方米，吊车 4 台，这些元素构筑起了西岸开放空间内宝贵的城市成长脉络，也让这儿成了最有故事、最有看头的"穿越取景点"。

龙腾大道现在已经成为江滩改造的成功范例。漫步在滨江宽阔的景观带上，老机库变成了余德耀美术馆，北票码头的煤炭传送带成为观景长廊；老码头上装卸塔吊那红红的长臂，朝霞中昔阳里成为摄影发烧友的最爱；南浦货运站，蒸汽火车等老物件都在，码头成了亲水平台。

经过多年的琢磨、比较，最后《徐汇区滨江地区发展"十二五"规划》明确了西岸"与巴黎左岸、伦敦泰晤士河南岸遥相呼应，将成为国际高端创意文化艺术产业聚集区"。余德耀美术馆、龙美术馆、上海梦中心，还有飞机库变身而来的西岸艺术中心……龙腾大道已经成为艺术大道、文化大道。徐汇滨江"剧院群落带"让徐汇区高端艺术院团纷纷前来。目前，"上海梦中心"的业态组合已经明晰，即文化、演艺、娱乐和商业组成的超大型综合体。

杨浦滨江工业遗存，从"锈"到"秀"

黄浦江沿岸的杨浦老工业区，被联合国教科文组织专家称为"世界仅存的最大滨江工业带"，它见证了上海工业的百年发展历程，是中国近代工业的发祥地。老工业区更新，仅杨浦滨江南段，规划保护 / 保留的历史建筑总计 24 处，共 66 幢，总建筑面积达 26.2 万平方米。除此之外，还保存了一批极具特色的工业遗存，例如：中国最早的钢筋混凝土结构厂房（怡和纱厂废纺车间锯齿屋顶，1911 年）、中国最早的钢结构多层厂房

（江边电站 1 号锅炉间，1913 年）、近代最高的钢结构厂房。这些遗存都是中国近代工业史留下的重要遗产。

工业遗产的"锈带"如何变身"绣带"进入新时代？姜富明介绍，在世博会建设阶段，同济大学莫天伟教授在 2004 年就针对上钢三厂、江南造船厂等工业老厂房，向市政府提出保留工业历史文脉的建议，被政府采纳。由此在世博园区规划中保护了 25 万平方米工业老厂房，这是世博会历史上破天荒的创举，也是人类旧城改造史上的一次创举。莫教授提出，"要让工业老厂房从'锈—绣—秀'生辉，让未来拥有记忆"。杨浦滨江作为中央活动区的重要组成部分，政府把封闭的生产型岸线转变为开放共享的生活岸线，努力打造成为百年工业文明展示基地、后工业科普教育基地、爱国主义教育基地。

杨树浦一带滨江环境如何焕新？章明团队提出了"三带、九章、十八强音"的构想。"三带"是指 5.5 公里连续不间断的工业遗存博览带，漫步道、慢跑道和骑行道"三道"交织活力带，以原生植物和原有地貌为特征的原生景观体验带。"九章"就是对于整个杨浦南段滨江的区段划分，团队在场地遗存的特色厂区基础上进行了不同空间处理、情绪体验、功能倾向的规划设计，从而形成各具特色的九个章节。在充分调研场地工业遗存的基础上，他们提炼出"十八强音"的工业遗存改造新亮点，诸如船坞秀场、钢雕公园、失重煤仓，设计这些景观，目的是要体现节点设计的趣味性、开放性和互动性。

现在，从丹东路、安浦路口的转角进入杨浦滨江段的栈道，你首先看到的就是曾经的全国第一——上海鱼市场，旧时的黑白影像印刻于规整的透水混凝土步道之上，形成一套独特的鱼市相册。

姜富明说，世博会的经验表明，城市的发展不是推翻重建，而应当像底片叠加，色彩越来越丰富。每一届世博会，无论规模大小，都使人类文明迈上一个新台阶，而综合类世博会，对一个城市的发展将会影响几十年。上海世博后的老城、老建筑更新还在进行中，还是要想好了再做，用绣花的功夫慢慢来。

真如站　郑鸣 供图

"她这样天然去雕饰"
——地铁 14 号线车站空间观赏记

上海地铁 14 号线通车了，酷爱地下空间艺术的我闻讯而来。这条新开通的地铁有很多美誉：魔都换乘王、穿行"达车"，还有小众的"天然去雕饰"的地下艺术展览馆。当然要去看！

"黄陂疏影"里的"一大会址"

2021 年是中国共产党的百年华诞，"一大会址"当然是我们礼敬先驱们的神圣之地。现在她的"靓影"进了黄陂南路站：青灰的磨石地面、灰黄的树林墙面，还有涂了表皮的铝合金网状穹顶，那是顶上的树林。走着走着，树林里"飞"出一辆山地自行车，那是一位红色冲锋衣的青年从我面前飘过，画面写："保持热爱，奔赴山海"；地上，疏影横斜水清浅，灯光澄澈的地面树影一路摇曳着，到了地铁闸口；往上看，咦——这里的树林黄了？原来我已经从春来到了秋：一行穿三季，我似到森林。

换乘、出站，我看到了梧桐树影里的石库门青砖墙红腰带：黑灰的树干、亮白的树影，那是灯光效果里的树林，密密匝匝，一路迤逦伴着你；再看，青灰的墙上红腰带，三条，间隔着划过去，凑近看红腰带里有灯光，红黄相配温暖人心；最奇的是，那墙上摇曳舞动的分明是"写意"的魔都青年，正在跳着带劲儿的街舞，历史悠久、岁月流金的城市同样可以热情四射，不是吗？

"让红色的记忆融进美好的生活"

高高的、宽宽的漆面浮雕，夺眼的中国红衬着明亮的灯光，曹杨路车站大立柱上的这大片的红一下子粘住了我的脚步。凑近看，礼帽、大檐军帽、鸭舌帽，一群腰间绑着子弹带、手上拿着盒子炮的工人纠察队员向我走来，背后就是上海的大洋房；还有静谧的沪西工人半日学校建筑、上钢厂、外滩……当年上海工人运动风起云涌，曹杨的纺纱工人当仁不让。

这边是斗争，那边是日子：苏州河、黄浦江，河上的乌篷船、江上的大轮船，两岸的老建筑、石库门里老克勒的日常，高楼大厦里的精致生活……百年来上海的发展史、市民生活史，这里就是见太阳的"一滴水"。

"如果说，黄陂疏影还是较为传统的'表皮'装饰，曹杨路就'一半是海水一半是火焰'了，地下空间艺术从外在符号化妆式转向内生成长式——开始'自然生成'了。"14号线全线车站空间总设计师郑鸣告诉我。他说，曹杨路是当年上海纱厂集中地，这里的车站结构立柱处因布置管线显得低矮些，两排立柱托举空间攒集着往上，在中间拱成较高的穹顶。如何处理？通行的做法就是沿着立柱顶，顶拉平。于是，市民就只能在平整如冰面、低矮能打头的铺板下面行走了，冰冷、逼仄而无感。打破常规！如何打破？敞豁豁地露肯定不行，那就按形势自然的屋顶状原样艺术化。对！此地是纱厂，就用车间的意象，于是因形就势，用标准化材料，自然天成的钢构，不拗造型不化妆，就成了眼前的"工业、技术的美"：满足了功能、愉悦了眼睛、留足了明日之白。

"真如，艺术长出来的'模子'"

如果说，曹杨路还有装饰的成分，真如则是在地长出来、天然去雕饰的一处空间设计。取义橡檩的灰白金属构件作"山尖"型，宛如一条鱼骨架，一路"叮铃铃"从顶上飞过去，黑黢黢的穿顶下分外闪亮。

"你看你看，我家年深月久的老屋顶就是这个样子。"我指着长长白灯带上的一排排白色钢桁条对郑鸣说。

"这像古建筑屋顶'彻上明造'的做法，就是真如古民居的意象，我们用它来呼应当地的历史文化。"郑鸣介绍，灯带上面就是最高处。往这边，落在立柱上的钢条分成了四层，就成了搁物架，上面放置强电、弱电、通信等线路、管件，这就是"屋架"了。组成"屋架"的所有支吊架既是受力构件，又具建筑审美特征。你从通道中间看过去，这就是一间江南传统民居的样子，和站牌的"真如塔"遥相呼应。

"因真如特点采用民居形式，借此处高低走势安排空间，采用全程伴随式设计规划集成、留白空间，最后长出来的就是生命鲜活、谦和安静、文质彬彬，越细品越有味道的地铁车站空间。"我说，这大概就是清水出芙蓉吧！黑白灰为主色调的车站环境是"画布"，涂颜色的是来来往往的行人，所谓大美无色、大美不言正应了它！

如此看过去，静安寺、豫园、陆家嘴、昌邑路、歇浦路……30 余座车站，站站吸睛。

出了 14 号线，夜色里细雨蒙蒙，霓虹闪烁，我在想：黄陂疏影、曹杨脊梁、真如风情，大概就是地铁空间艺术成长的三个阶段——化妆、淡妆到自然天成。

昌邑站　郑鸣 供图

"它是个不断成长的生命体"
——地铁 14 号线车站空间总设计师郑鸣一席谈

多年来，同济建筑设计集团受申通地铁及下属多个项目公司委托，积极参与上海市多条轨道交通线路建设，从暗挖隧道难题到车站站体建筑，处处都有同济人奉献的身影。近日，有"换乘王"雅号的上海地铁 14 号线正式投入运营。车站工程全线是由同济大学建筑设计研究院（集团）有限公司作为装修总体设计，联合土建总体上海市隧道工程轨道交通设计研究院等多家单位协作完成的。

"地铁 14 号线是一个生命体，一个不断成长的生命体，所以我们团队 7 年前开始介入的时候，就怀着敬畏之心，不断涅槃、反复打磨，最后将它融在城市里、捧给市民。"上海地铁 14 号线全线车站空间总设计师、同济设计集团上海同济建筑室内设计工程有限公司总建筑师郑鸣说。

为何要推翻已经定稿的方案?

"几年前，我们的方案已经获得了有关部门的批示，成了实施方案。但是，我总觉得还缺点啥，又把方案推翻了，重来。几年里，参与项目的年轻人来了一茬又一茬，我们都是暗夜里与方案不离不弃的人。"郑鸣坦言。

为何要这样?

传统的地铁车站建设按照工序，土建施工、机电安装、装修施工、艺术品布置等一个一个接续"数萝卜"，各干一段、互不顾盼，结果造成本就逼仄的地下空间被机电管网等无序占用，空间功能、结构脉络野蛮生长，结构高度未得到充分利用，空间布局乱象横生。最后进场的空间艺术营造就变成了"就汤下面"、表面文章了，外行一看挺热闹，内行细看不入"道"，贴上去的，自然不能"自然而然"，成为一个美由内生、向外衍发的"生命体"。

于是，郑鸣团队废弃了可实施的方案，从头再来。

"技术变成审美，点化这层窗户纸"

是，当代 BIM 的发展已经让基建等行业工厂化、标准化轻松实现。但是，城市作为一个生命体，它在成长过程中难免会"头疼脑热""骨质增生"，拥堵啦、出行难啦……昌邑站就碰到这样的难题。

昌邑站是一个千挖万筑的地下空间，14 号线路径上还有其他几层构筑：江浦路过江隧道、东西通道、地铁 18 号线……就像夹心汉堡。为了让"泰山"在头不压顶，建设者用了四根直径长宽超过两米的钢筋混凝土柱子，而柱子恰恰在进出车站的 C 位!

怎么办? 大柱子愣头愣脑地堵在市民进站、出站、换乘的关口，而它就这样矗在那儿。去掉? 不可能; 搞点装饰，太生硬。更何况，电线、管线，各种设备"开会"般都聚在这里。郑鸣说，方案推倒了一番又一番，就在山穷水尽之时，有一天夜里看到民生路码头璀璨的夜景，咦——火树银花! 对了，就是它。

于是，立柱变成了树，各种管线自然是收纳进去，五彩的光从"树"中漫射出去，红的、紫的、蓝的、白的、浅红的、橙黄的……郑鸣说，建议您驻足几分钟，看一会儿，劳累一天的疲惫很快就会"浴美重生"，精神就会抖擞起来，脚步就会轻快起来。这处"暗香素蕊，横枝疏影"的地铁空间，现在已成市民的热门打卡地。

"效果出乎意料，是因为团队身怀敬畏，敬畏场所的原始'基因'，建筑、机电、装饰安排，全程统筹，通盘考虑，把难题变成了金题、难点点化成了亮点。"业内专家评价说。

"地下空间艺术，是长出来的"

郑鸣说，习近平总书记在上海考察时提出"人民城市为人民"的思想，14 号线就是一次尝试。

城市是先导者，它有绵长的历史和独具个性的文脉，后来者不能打扰它；市民是城市的主人，也是地下空间如地铁的主角，任何时候，我们的空间艺术都不能抢了镜。

因此，我们将 14 号线的 24 个站都设计成了"标准车站"，它们是全线的底色，何谓？风管桥架收纳在白色基调的物件后面，乌漆黝黑的顶则是空空如也，你只能看到一根细细长长的管子。我问："这是什么？"

"喷淋管。消防用的。可以说黑色的部分就是我们全程规划的留白部分，以备将来之需。"郑鸣说，正如十几年前谁能想到微信、5G、物联网……2035 年呢？所以我们要"留白"。

郑鸣说，地下空间艺术，是长出来的。地铁开工时便介入，艺术生长就有了丰厚的土壤。因形就势地收纳、展现；让出入口融于周边的城市环境；古风满满的地方，就用"彻上明造"；全部地下空间，都采用 BIM 模数化处理；细节上尊重市民的出行感受；礼敬传统文化与城市心理……7 年的时间长度、数十万平米的地下空间，成为"人民城市人民建"的广阔天地，好长出美来。

我国古代生态文明智慧：
都江堰、吊脚楼、溇港圩田的启示

中华民族是世界上唯一一个文明传承连续且有序的国家，千百年来，先民们不断观察、总结人与天地、人与环境的相处之道，提炼人与自然的相处智慧，这些智慧和实践用今天的话来说就是：很好地体现了生态文明的本质特征和要求。

何谓生态文明？简而言之就是人与自然和谐相处，人们在日常生活和劳动实践中尊重自然、顺应自然、保护自然。我国历史长河中，无论是生产实践还是日常生活，这种自觉随处可见、俯拾皆是。

都江堰，变害为利也要顺应自然之道

　　都江堰今天集世界文化遗产、世界自然遗产、全国重点文物保护单位、国家级风景名胜区等多项桂冠于一身，名闻遐迩。都江堰未修以前的公元前 3 世纪，岷江奔出崇山峻岭之后，一到成都平原，水速突然减慢，它夹带的大量泥沙和岩石随即沉积下来，淤塞河道，危害农田，千里平原就垫为湫隘之地。

　　秦昭王末年（约前 256—前 251），蜀郡太守李冰父子决心解决水患。都江堰的整体规划将岷江水流分成两条，一条向外（西河道）水大时分洪，一条向内（东河道）引入成都平原，顺坡就势灌入农田，主体工程包括进水口宝瓶嘴、鱼嘴分水堤和飞沙堰溢洪道。

　　宝瓶口的修建。李冰父子邀集了许多有治水经验的农民，对地形和水情作了实地勘察，下决心凿穿玉垒山引水。由于当时火药还未发明，李冰便以火烧石、以水浇石，一胀一缩岩石终于爆裂，玉垒山被凿出了一道宽 20 米、高 40 米、长 80 米的口子。因其形状酷似瓶口，故取名"宝瓶口"，立于江中分离的石堆叫"离堆"。这样一来，岷江水便顺天应人，水大时顺外江（西面）而去，平常时滔滔江水流势从东边的内江而下灌溉千里平原。

　　再修分水鱼嘴。宝瓶口修成，虽起到了分流和灌溉的作用，但因江东地势较高，江水难以流入宝瓶口，为了使岷江水能够顺利东流且保持一定的流量，并充分发挥宝瓶口的分洪和灌溉作用，李冰开出宝瓶口以后，又决定在岷江中修筑分水堰，由于分水堰前

端形状像鱼头，所以被称为"鱼嘴"。

鱼嘴的建成将上游江水一分为二：西边称为外江，它沿岷江顺流而下；东边称为内江，流入宝瓶口。因内江窄而深，外江宽而浅，这样枯水季节水位较低，60%的江水便入内江，供成都平原用水需要；洪水来临时，由于水位较高，大部江水从宽阔的外江泄走，四两拨千斤的鱼嘴就这样"四六分水"。

飞沙堰的修建。为了进一步控制流入宝瓶口的水量，更好地分洪减灾，同时保证灌区的水量稳定，李冰又在鱼嘴分水堤的尾部，靠着宝瓶口的地方，修建了分洪用的平水槽和"飞沙堰"溢洪道。飞沙堰用竹笼装卵石法堆筑，堰顶的高度根据水量丰枯而酌定，当内江水位过高的时候，洪水直冲凹曲内江崖壁而产生漩流冲力，经平水槽漫过飞沙堰流入外江，使得进入宝瓶口的水量不致太大，保障内江灌区免遭水灾；同时，凹曲崖壁产生的离心加速作用，泥砂石块大部也被抛过飞沙堰（即前人总结的"二八分沙"），从而有效地减少泥沙在宝瓶口周围的沉积。

为了观测和控制内江水量，李冰又雕刻了三个石桩人像，放于水中，以"枯水不淹足，洪水不过肩"来确定水位；还凿制石牛置于江心，以此作为每年最小水量时淘滩的标准。

走入都江堰，我看见二王庙上的"深淘滩，浅作堰""遇弯截角，逢正抽心"，心中充满敬意。2000 多年前，先民们就知道河道拐弯处，要把直角修出弧度；主河道的中心位置一定要深挖，让江水循轨快流：顺水之性，给以流畅的出路。怪不得有人感叹：中国历史最动人心的工程不是长城，而是都江堰，因它顺天性、应水势、就人便，都江堰至今仍在滋养川蜀百姓。

干栏建筑，依山傍水

如果说，都江堰是顺水之性、勒水之缰，最后变害为利，成都平原成为了"天府之国"，那遍布鄂西、贵州、云南等地的干栏式民居，就是先民们与山水和谐共居的范例。

干栏式民居（建筑）是一种在木（竹）柱底架上建筑的高出地面的房屋，是南方山区少数民族的建筑，俗称"吊楼""干阑"等。

湖南凤凰沱江吊脚楼早已名闻遐迩，苗族古民居。吊脚楼依山傍水，随地而建，上下两层，上下穿枋，垂悬于沱江河道之上，形成一道独特的风景。

贵州凯里苗族山寨吊脚楼。贵州山区山高坡陡，开挖地基极不容易，加上天气多变，潮湿多雾，地上湿气很重，不宜起居，因而，苗胞依山傍水，构筑吊脚楼。也是上下两层，各层百把平方米，房屋穿斗式结构，每排房柱 5 ～ 7 根，柱间用瓜或枋穿连，组成牢固的网络结构。中柱一定要用枫木，那是苗人生命图腾树。苗族建筑文化可追溯至蚩尤时代，是河姆渡文化和良渚文化的主要群体，两地的考古发现证实其民居就是干栏式建筑。

傣族竹楼。傣族生活在亚热带，"多起主楼，傍水而居"，村落都在平坝近水处，小溪畔大河边，湖沼四周，凡是翠竹环绕、绿树成荫的地方，一定有傣族村寨，大的两三百户，小的一二十家。历史上，傣族干栏建筑——竹楼只有大小不同，样式全然一样，就连车里宣慰司衙门，也只是面积较大，四周有走廊而已，一样的上面住人底层养牛马。西南地区，干栏式建筑在哈尼、景颇、傈僳以至苗、瑶、黎各民族多见。

鄂西咸丰土家族吊脚楼营造技艺 2011 年被列为国家非物质文化遗产。年近七旬的传承人李坤安讲起吊脚楼，滔滔不绝：最基本的样式是连三间的"一字屋"，中间为堂屋，两边的正屋为主人卧室。如果两边再加披屋，就形成"明三暗五"。披屋前面加做横屋（即厢房）后，拐角处称为"磨角"（俗称"骡子屁股"）。通常，正屋地基要铺平，横屋做成吊楼子。吊一头的（L 型）叫"钥匙头"（一正一厢）；两头吊的（U 型，一正两厢）叫"三合水"或"撮箕口"。有的还在"撮箕口"加"朝门"，围合成"四合水"式井院。井院后面，又可做多个天井，形成连片的楼群。吊脚楼底部是牲畜、生活用具所在。

李坤安说，吊脚楼比水泥房子实用。吊脚楼里，包谷（玉米）、黄豆随便放也不长霉，因为透气；吊脚楼不需要空调，它就是个大风箱；山里湿气重，住吊脚楼的也没听说谁患风湿；榫卯结构的吊脚楼抗风、抗震，木料好一点的，住两三百年没问题。

山边的吊脚楼都为山洪留足了通道，因为它占地少。古建专家张良皋认为，鄂西、湘西、云贵及渝东的吊脚楼遗存，完全可以捆绑申报世界文化遗产。吊脚楼对长江、钱塘江等水患频繁地区、沼泽地带的开发，对中州大平原的开发，对西南山区、河谷滩涂的开发和中华席居文化的形成意义重大。他说，澜沧江的季节性泛滥并不影响在吊脚楼上的傣族同胞"安居"，汛期一过，傣族人立即"乐业"。这让人们容易想到，长江中下游许多"分洪区""行洪区"，居民早该采用吊脚楼。为"沙漠化""盐碱化"所困的中州大平原，民居如果恢复商朝的吊脚楼，那么，黄河的定期泛滥，正是大自然送水、送肥、送泥的盛举。张良皋说，我们完全可以把明日之城市规划为"干栏化城市"。

湖州溇港，生产生活一体化

都江堰变害为利，利于农业生产；干栏建筑依山傍水，便于生活生存；湖州溇港则将生产生活一体化，是我国古代生态文明的鲜活典范。

《中华大字典》记载："溇，绝潢断港谓之。"潢是积水池。可见太湖地区水之丰富。历史上，溇港圩田广泛存在于太湖周边的无锡、苏州及湖州地区。湖州溇港圩田系统源自春秋战国，逐步形成了由运河、太湖大堤及 70 多条溇港、数条横塘、万顷圩田组成的成熟水利系统，被水利泰斗郑肇经教授誉为"古代太湖人民变涂泥为沃土的独特创造，其地位可与都江堰、郑国渠相媲美"。

　　溇港圩田究竟是怎样一种水利文明？它是先民习水、理水、用水及居水的成功范例。地图上，一条条南北向的"溇""港"伸向太湖，一条条东西向的横塘间于其间，如梳齿般繁密的人工河道构成棋盘式的溇港圩田系统。空中俯瞰，溇港像一条条灵动的血脉，圩田则如一块块壮实的肌肉骨骼，滋润着这方百姓。

　　走在湖州义皋村，眼前是一条普通的乡间小河：两岸或砌斑驳石条，或以田泥夯筑，小石桥横跨两岸。就是这样一条不起眼的小河，"河水通过会呼吸的河岸渗透到农田，旱涝无忧；河上石桥不仅能走人，还能束水"。湖州水利局老专家陆鼎言指着眼前这条缓缓流动的小河说，河道南宽北窄如喇叭状（鼓着腮帮子的太湖如同吹者）伸向太湖，"汛期，由南往北流的苕溪水经过逐渐变窄的河道与桥洞束水双重作用得以加速，湍急的水流将河道里淤积的泥沙冲入太湖；旱期，由北往南流的太湖水回入河道，滋养田垄"。先民巧用天力的智慧让溇港的桑基圩田、桑基鱼塘泽被湖州百姓到如今。

　　河道上还有闸口，调节溇港横塘与太湖间的水位。汛期，关上闸门，太湖高水就无法南侵入溇港；旱时，引太湖，清水自来，良田无忧，闸起着防、蓄、引、排、降、挡、运等综合功能。世世代代，太湖周边的百姓生活于此、劳作于此，智慧也在"水"上展露得淋漓尽致、曲韵天成。当地百姓说，一年收入 20 来万元，"百坦（湖州口头语，描述行为状态：不着急、慢慢来、从容坦然；慢走、走好、一路平安）、百坦"。

　　行走在溇港遍地的土地上，北望是烟波浩渺的太湖，南岸则是一片片桑树、稻田、鱼塘，还有掩映在碧水绿树中的一栋栋小楼……湖州地区的先民们利用疏凿河道的土堆成堤；在地势相对高仰、平坦肥沃的墩岛、圩田内种植水稻，河堤上种植桑树，圩内低洼的沼泽漾塘养鱼，从而形成了符合循环经济和生态农业原理的"桑基圩田"和"桑基鱼塘"模式。"港里高圩圩内田，露苗风影碧芊芊。家家绕屋栽桑柳，处处通渠种芰莲。"南宋项世安的《圩田》描绘的就是湖州；宋末元初戴表元在《湖州》中也说："行遍江南清丽地，人生只合住湖州。"

　　正因为如此，活着的，活了 2000 多年的溇港，文化价值远远超过荷兰的贝姆斯特圩田（贝姆斯特圩田 1999 年被列入世界文化遗产名录），它是人与自然和谐相处、共荣共生的人间佳话。溇港圩田比贝姆斯特圩田早将近 2000 年，它充分利用墩岛、湖泊等自然环境的要素，利用开筑溇港取出的土方筑堤种桑，衍生孕育了良好的生态循环系统；纵横交错的溇港水系还是江南运河水系的重要组成部分，今天的年运力依然高达 1.5 亿吨。

　　与荷兰贝姆斯特圩田相比，湖州的溇港圩田规模更大、历史更为悠久、承载的历史文化信息更为丰富。它是生态文明的典范，符合世界文化遗产唯一性、保存的原真性和完整性、现在仍具有生命力三个条件。2016 年 11 月 8 日，浙江湖州太湖溇港与我国陕西关中郑国渠、江西槎滩陂三项工程入选第三批世界灌溉工程遗产名录。

生态文明建设的几点意见

生态文明建设要尊重自然的系统性、完整性和生态恢复能力

习近平总书记指出："绿水青山就是金山银山。"他还说，必须留住青山绿水，必须记住乡愁。党的十八大以来，国家出台了一系列推进生态文明建设的政策措施，但是从各地的实践来看，我认为我国生态文明建设还有很长的路要走。

何谓生态文明？生态文明应该是生态统领的发展方式，是天人合一、人与自然和谐相处的文明模式。生态文明既包含人类保护自然环境和生态安全的意识、法律、制度、政策，也包括以维护生态平衡和可持续发展为目标开发的科学技术和所采取的实际行动。生态文明是人类社会一种新的文明形态, 是人类迄今最高层次的文明形态。2012 年党的十八大报告中将生态文明上升到"五位一体"的高度，提出要将生态文明建设融入经济、政治、文化、社会建设，构成"五位一体"的建设体系。

但在实际生活中，我们的生态文明建设往往是从人的角度（惟人意志）出发的，并没有真正尊重自然的系统性、完整性和生态恢复能力。由于对生态文明内涵理解的缺失，我们往往是在"建设生态文明"的旗帜之下做着破坏自然环境的事情，最常见的就是挤压河汊湖塘的生态空间和千篇一律的硬质堤岸及"亲水廊道"，这不仅会严重削弱河流流域的"海绵"功能和生物栖息，还会降低河网水系的自净能力。

西方发达国家走过同样的路子。20 世纪 80 年代前，因为在经济社会的快速发展和城镇化进程中，过多地考虑河流的结构性防灾和高效水资源利用，加之环境污染等多重人为胁迫，发达国家的青山绿水不再，河湖及近海水域生态系统健康均遭受过严重的破坏，他们的治理也经历了漫长而曲折的过程。

生态文明建设不可再惟工程是瞻

生态文明其实就是人和自然生态系统之间的和谐问题，再具体一点就是政府主管领导强调的建设模式与生态保护、绿色发展模式的关系样式，而城市建设水平则反映出主

管领导对生态文明内涵的理解水平。比如，国家"十二五"以来实施的河流综合整治与水质功能提升计划，由于偏重对工程效果的追求，动辄就上几千万乃至数亿元的工程项目。然而，多数地方在推进过程中由于急于求成，不惜重金追求考核达标，而不注重基于量化评估诊断的精准定位，更不注重对于自然地貌和生态本底的保护措施，导致工程惟上和伪生态工程泛滥的现象十分普遍。崇明的生态河流建设，过多地强调了沙性土壤岸坡的稳定性，导致直立式硬质护岸和岸上景观绿化成为河流治理的标配，结果一条条自然河流现在都成了人工水渠，导致岛域内水生生物的栖息地（缓坡）被破坏，河网的自净能力不断下降。

2013 年起，中华人民共和国水利部出台了水生态文明建设试点工作意见，先后提出了两批共计 105 个全国水生态文明建设试点城市名单。在"因地制宜、以点带面"两大原则指导下，开始实施水生态文明试点建设。今年（2017 年）水利部下发了第一批全国水生态文明城市建设试点验收工作的通知，验收统计项目涵盖了生态、安全、环境、管理、节约、文化六大项，范围广泛、内容丰富，但笔者认为验收考核指标中生态完整性的要求有待加强。

发达国家长期环境治理的经验表明，以流域为单元的系统环境治理中，大工程投入与环境综合治理绩效并不等效。一些违背生态理念的工程虽然可以带来单方面的效果，但由于工程性投入和每年的维护成本惊人，虽然在经济高速增长期，政府有钱上工程，但从经济发展规律、西方国家的经验教训看，这种依靠财政收入满足公共基础设施高额维护成本的做法不具备可持续性。理智分析后我们不难发现，一味追求高大上的规划和建设往往成为破坏生态文明的助推器。

生态文明建设应该遵循的原则

笔者认为，要走出一条人与自然和谐的生态文明之路，避免打着以人为本的旗号行破坏自然之实现象的发生，必须要做到以下几点。

从可持续发展的视角理解什么是以人为本。以人为本并不是只考虑今天、当下我们的需求而无视自然的规律。人本来就是自然生态链条上的一个环节，自然并不一定需要人类，而人类却离不开自然生态系统的恩惠，人类本来就是地球的客人，我们的思想和行动都必须有节制。以人为本指的是在人的基本需求得到保证的前提下，要在经济社会发展过程中时刻考虑到环境的负担，考虑到留给子孙后代绿水青山，而绝不可只顾眼前，挥霍子孙的资源。

悟透"天人合一"与"人水和谐"。为避免发达国家曾经走过的弯路，首先我们要屏除工程唯上的思维，政府主管部门不应该只追求数字 GDP 的增长，规划和设计部门不可单纯追求经济效益而不断策划大项目，要把社会效益和生态效益放在重要位置。

要从重视觉转向注重内涵，要让专家有话语权。一讲到生态文明，我们常常想到的就是"天更蓝、水更清"，但基于淡水生态学的理论细想想，就天然水体而言，至少"水更清"应该适度，如江河的源头凭借自然水循环的神奇之力和人为强力干预是可以实现"水更清"的。可是，淡水生态学的原理告诉我们，适宜的清澈度才能维系最佳的生物多样性和生态系统多样性，人类才能从多样化的生态系统中获得更多来自自然的恩赐。现在五六十岁以上的人小时候都曾经历过渴了河里塘里舀一捧水就喝、热了跳进一片水中就凉快了的快乐记忆，现如今，已经很难再看到这种人水和谐的景象了。

因此，建设生态文明一定要充分考虑生态系统的三个完整性：物理、化学和生物完整性。这是确保自然生态系统健康的基础保障。发达国家的建设教训表明，无视自然规律的投入会损害生态健康，片面追求单一效率的项目也会好心办坏事，破坏自然生态系统的生态服务功能。像过度地追求结构性防洪和排水效率会损坏水生生物的栖息地多样性，单纯地追求稻田的灌溉和排水效率会阻碍鱼类从河流向稻田的迁移，过度地追求稻田的稻作产量会严重阻碍多种淡水鱼类在稻田中的产卵行为，甚至完全破坏稻田作为幼鱼索饵和快速生长的栖息地功能。因此，遵循生态系统的客观规律，才能确保经济、社会和生态系统之间的和谐。

生态文明建设是一项十分复杂的系统工程，不仅需要多学科交叉，还必须赋予相关专家话语权。因为他们知晓经济社会发展与生态系统保护之间的利害关系，懂得牵一发而动全身的生态规律，可以凭借经验并通过调查研究给出符合实际的总体解决方案，从而协助管理部门规避头痛医头、脚痛医脚和片面追求速效的违背科学规律的错误决策。他们会把局部问题放入大系统中去考虑治本之策，他们有强大的环境治理内功，从而通过创新激发出生态系统的内生动力，还你一个"绿水青山"，并且带来金山银山。

（感谢同济大学环境科学与工程学院李建华教授的专业支持）

国外生态教训对我国的启示
——以英、法、德及日本为例

随着工业革命的迅猛发展，英国、法国、德国及日本等国，先后都走过垃圾围城、臭河熏城的先污染后治理的历程。在民不聊生的生态灾难面前，这些国家被动地开始了环境治理，如泰晤士河、塞纳河、埃姆舍河、琵琶湖等，其治理的方法各不相同，对我国的生态文明建设具有较好的借鉴意义。

英国、法国，河在城市中央怎么治？

全长 402 公里的泰晤士河流经伦敦市区，是英国的母亲河。19 世纪以来，随着工业革命的兴起，河流两岸人口激增，大量的工业废水、生活污水未经处理直排入河，沿岸垃圾随意堆放。1858 年，伦敦发生"大恶臭"事件，臭味源于未经处理的生活污水直接排入泰晤士河而挥发出来。这股恶臭被认定为直接引起霍乱大规模传播的罪魁祸首，因为泰晤士河还是伦敦人的饮用水源地。

政府开始治理河流污染。具体做法一是修建污水处理厂及配套管网。1859 年，伦敦启动污水管网建设，在南北两岸共修建七条支线管网并接入排污干渠，减轻了主城区河流污染，但污水却被直接排入海洋（污染别处，后纠正）。再就是修建污水处理厂，一直努力到 20 世纪 80 年代，该流域污染物排污总量减少约 90%，河水重新变清。

再者，从管理上狠下功夫。1955 年起，逐步实施流域水资源水环境综合管理。1963 年颁布了《水资源法》，成立了河流管理局，实施取用水许可制度，统一水资源配置。1973 年《水资源法》修订后，全流域 200 多个涉水管理单位合并成泰晤士河水务管理局，统一管理水处理、水产养殖、灌溉、畜牧、航运、防洪等工作，形成流域综合管理模式。

还有，当局不断加大新技术的研究运用，污水处理厂从早期的沉淀、消毒工艺，到活性污泥法处理工艺，成为水质改善的根本原因之一；泰晤士河水务公司引入市场机制，向排污者收取排污费，发展沿河旅游娱乐业，仅 1987—1988 年，总收入就高达 6 亿英镑。

与此同时，20 世纪 60 年代以来，政府不断收紧入河排污的笼子，如废水必须达标排放，企业必须申请排污许可，定期检查，起诉、处罚违法违规排放等。

经过治理，泰晤士河鱼类逐年增加。20 世纪 80 年代后期，无脊椎动物达到 350 多种，鱼类达到 100 多种，包括鲑鱼、鳟鱼、三文鱼等名贵鱼种，水质和水生态恢复到了接近工业化前的状态。

类似的还有法国巴黎的塞纳河。塞纳河巴黎市区段长 12.8 公里、宽 30 ～ 200 米。巴黎是沿塞纳河两岸逐渐发展起来的，因此市区河段都是石砌码头和宽阔堤岸，30 多座桥梁横跨河上，两旁建成区高楼林立，河道改造十分困难。20 世纪 60 年代初，严重污染以及缺乏生态考量的各种水利工程设施导致河流生态系统崩溃。污染源主要有上游农业的化肥农药、工业企业大量排污、生活污水与垃圾随意排放，再加上下游河床的淤积顶托，塞纳河也曾经因黑臭而著名。

20 世纪 70 年代以来，巴黎和伦敦一样多管齐下、综合施策。规定污水不得直排入河，并投巨资新建污水处理设施；进一步完善城市下水道，在原来完备下水管网基础上，增加人力、更新设备，配备了清砂船及卡车、虹吸管、高压水枪等专业设备，并使用地理信息系统等让管理维护升级；在上游，要求农业部门减少化肥农药的使用，同时对 50%以上的污水处理厂实施脱氮除磷改造。

再加上新建大型蓄水湖、修建船闸、建设二级河堤、不断完善法律制度等，法国从全流域、全社会的大视野下综合治理，塞纳河水生态状况大幅改善，生物种类显著增加，鱼类由 50 多年前的 4 ～ 5 种增至 20 多种，其中包括鳟鱼、鲈鱼、白斑狗鱼和河鳗等具有较高经济价值的鱼种。

德国的污水电梯、奥地利的生态河岸

德国埃姆舍河全长约 70 公里，位于德国鲁尔工业区，是莱茵河的一条支流；其流域面积 865 平方公里，流域内约有 230 万人。150 年前，该流域煤炭大量开采，导致地面沉降，采空区比比皆是，这条河的河床遭到严重破坏，出现了河流改道、堵塞甚至河水倒流的情况。19 世纪下半叶起，鲁尔工业区的大量工业废水与生活污水直排入河，河水遭受严重污染，脏水还漏进地下采空区，埃姆舍河成为欧洲最脏的河流之一。

除了通常的做法外，针对流域采空区繁多的特点，埃姆舍河治理协会采取的污水电梯根治污染的做法值得借鉴。

臭气熏天的埃姆舍河里有二战时期未爆的炸弹、罗马军团的帐篷，还挖出过古代德国的日用品和一根猛犸象牙。要清理河里、地下采空区的污水，污水清理系统需要河水保持流动，因此排污管的放置要保持 1.5/1000 的坡度，意味着每 1000 米的管道两端高差要达到 1.5 米。这样的高差对于整条河来说，管道的两端高度差要达到 75 米（相当于 20 层楼房），做不到。

为了解决这个难题，工程需要 3 个提供抽取动力的泵站——即"污水电梯"，每个耗资 5 亿欧元，安装在地表以下 45 米的深处。"污水电梯"把掺杂着拖把、内裤等垃圾的浓稠污水抽进离心式水泵，送到地表，进入下一道程序——净化。除此之外，协会还在河道两边种植大量绿植并设置防护带，同时拓宽、加固清理好的河床，并在两岸设置雨水、洪水蓄滞池。经过艰苦的努力，目前流经多特蒙德市域的河道已恢复自然状态。

奥地利维也纳多瑙河的治理在综合施策基础上，更加突出"生态治理"概念：建设生态河堤，恢复河岸植物群落和储水带；基于"亲近自然河流"概念和"自然型护岸"技术，在考虑安全性和耐久性的同时，充分考虑生态效果，把河堤由过去的混凝土人工建筑，改造成适合动植物生长的模拟自然状态，建成无混凝土河堤或混凝土外覆盖植被的生态河堤。

优化水资源配置和使用。维也纳周边山地和森林水资源丰富，其城市用水 99% 为地下水和泉水，维持了多瑙河的自然生态流量。维也纳严禁将工业废水和居民生活污水直接排入多瑙河，废污水由紧邻多瑙河的两座大型水处理中心负责处理，出水水质达标后，大部分排入多瑙河，少部分直接渗入地下补充地下水。此外，严格控制沿岸工业企业数量并严格监管。

日本琵琶湖生态治理

日本最具代表性的则是琵琶湖的环境综合整治。琵琶湖面积约 670 平方公里，是京都、大阪和神户大都市圈的"母亲湖"，也是拥有约 400 万年历史的物种宝库。但随着 20 世纪 60 年代日本经济的腾飞，湖水水质恶化、富营养化，水华及淡水赤潮频发。

琵琶湖流域面积占滋贺县行政区总面积的 93%，20 世纪 80 年代以来，当地政府主打水环境和水生态两张牌，在构建了完善的污水处理系统、有效地控制了流域点源污染之后，在流域面源污染控制方面也实施了一系列有地方特色的治理对策。在"母亲湖"计划中，环境社会学家出身的滋贺县知事嘉田由纪子等政府官员大力推进环境科普与绿色发展转型，注重生态系统的保护与恢复，用科学的生态方法使"母亲湖"计划结出了丰硕的成果。其中，"川端式水池"和摇篮水田工程是最为典型的生态方法，前者是被当地居民普遍接受的一种生活用水净化体系，后者则成为人们追求人水和谐恢复生态的典范。

健康生态系统概念在琵琶湖早已深入人心。琵琶湖的主要水源针江靠近比良山系，山上积雪融化成清泉，经针江汇入琵琶湖。这一地区的居民家里，家家都是三段式的水池，称作"川端"。这是针江地区自古以来独特的生活用水设施，第一段水池称"元池"，池中的水可直接饮用；"元池"的水流入第二段的"壶池"，供洗菜、洗脸等；第三段为"端池"，人们在里面刷洗炊具等。从"端池"流出来的水汇入自家门前的小河，最后流进琵琶湖。最近 30 年来，当地居民通常在自家的"端池"里饲养鲤鱼，池水中的菜渣、米粒就成了鱼的养料，鱼吃了食物残渣，水质就净化了；居民洗脸刷牙也只用天然材料的肥皂和牙膏，由于洗衣服要用到化学洗涤剂，于是洗涤污水就被引入卫生间，最终将流向市政管网集中处理。

"摇篮水田项目"则是滋贺县实施稻田生态系统修复的另一成功案例。日本与中国一样拥有悠久的稻作文化，然而，伴随着人类对稻作经济效益提升的不断追求，通过各种工程手段一味地提升各种灌溉的效率和稻作的高产，昔日鱼虾嬉戏的稻田渐渐变成了单纯的稻谷地，由于食物链缺失了，化肥和农药残留也逐渐进入人类的食物链当中。在当地政府的引导下，生态学家与农户密切合作，通过构筑河流进入稻田的渔道、推广无农药无化肥栽培等措施，帮助鱼类进入水田产卵繁育，终于恢复了在生态理念统领下的鱼稻共生模式。经过 30 多年的努力，琵琶湖重现昔日的碧波荡漾，全流域河网生物多样性的不断恢复也在演绎着人水和谐的新篇章。

综上所述，发达国家曾经的生态教训主要源于不可持续的发展模式和对环境的肆意破坏及污染，如早期水利及环境治理的工程至上主义，反而损害了水域生态系统的健康。治理的成功经验在于多学科联动、多管齐下，实现以流域为单位的综合良性治理。发达国家走过的生态弯路，值得我们仔细考量，汲取教训，借鉴经验。比如其多方联动、多管齐下、综合施策，这恰恰是我国制度的天然优势；转变发展观念，摒除惟数字是瞻，由片面追求"总水面率""人均湿地、人均绿化、人均水面积"等，转为尊重自然规律的环境网络化、系统性恢复与保护，放弃直立河岸、河堤铺装等，为生物栖息留出空间，以利生态系统的健康循环，恢复河流的自净能力。总而言之，生态文明要用生态的办法，要尊重自然、自然而然，要有"天人合一"的思维，不能让功利目的压倒了生态文明的内在规律和需求。

长江：如何大保护？

党的十八大以来，以习近平同志为核心的党中央深刻回答了为什么建设生态文明、建设什么样的生态文明、怎样建设生态文明的重大理论和实践问题，提出了一系列新理念、新思想、新战略，形成了习近平新时代生态文明思想，成为习近平新时代中国特色社会主义思想的重要组成部分。今年（2018年）5月的全国生态环境保护大会上，习近平总书记提出新时代推进生态文明建设必须坚持人与自然和谐共生、绿水青山就是金山银山、良好生态环境是最普惠的民生福祉、山水林田湖草是生命共同体、用最严格制度和最严密法治保护生态环境、共谋全球生态文明建设的六大原则。

党的十八大以来，习近平多次就母亲河——长江的保护问题作出重要指示并数次考察沿线环境保护情况。我认为长江大保护，关键是要落实好总书记强调的第一条原则，即坚持人与自然和谐共生，坚持节约优先、保护优先、自然恢复为主的方针。总书记多次指出，长江经济带一定要坚持生态优先，绿色发展，共抓大保护，不搞大开发。这说到长江环境问题的根上去了。

长江的历史与现状

众所周知，长江是我国的母亲河，千百年来养育了无数中华儿女。它发源于青藏高原，干流流经青、藏、川、滇、鄂、湘、赣、皖、苏、沪10个省/自治区/直辖市，支流还流过甘、陕、黔、豫、浙、桂、闽、粤8个省/自治区境内，在崇明岛以东注入东海。干流全长6300余公里，流域面积180余万平方公里，多年平均入海水量近1万亿立方米，它的流域面积不足全国总面积的1/5，而赖以生存的人口超过全国总人口的1/3。

由于长江自古以来不断增加的开发力度，母亲河的生态环境日渐恶化。尤其是最近数十年来，长江经济带快速发展过程中，人与资源间的矛盾日益突出，物种受胁迫程度增加，珍稀水生物日益灭绝；湿地面积日益缩减，栖息地规模及水体的天然自净功能日益丧失。据全国第二次水土流失遥感调查，长江流域水土流失面积为 63.74 万平方公里，水土流失主要分布在上中游地区，这一地区水土流失面积 50 余万平方公里，约占全流域水土流失面积的 80%，约占全流域土地面积的 30%，年均土壤侵蚀总量达 22 亿吨。

干流污染在继续，支流污染也呈爆发态势。公安部相关负责人表示，当前，长江干流域破坏生态环境违法犯罪活动仍然多发易发，支流排污亦十分猖獗。今年（2018 年）以来，针对长江流域非法排污、倾倒危险废物等违法犯罪猖獗的形势，公安部部署长江流域 11 省市公安机关，会同发展改革、生态环境、交通运输等部门开展集中打击整治行动，目前已侦破刑事案件 150 起，抓获犯罪嫌疑人 510 名，公安部挂牌督办的安徽芜湖万吨危废品倾倒长江案、浙江海宁德尔化工有限公司非法排污案、江苏南通"1·29"非法排污案等 45 起重大案件全部告破。

令人欣慰的是，在高压态势之下，长江生态环境开始好转。生态环境部部长李干杰介绍，2017 年长江经济带好于三类的水质所占比例比 2013 年提高了 9.1%，劣五类降低了 6.2%。然而，对于长江而言，从重视 GDP 转向重视环境民生、从大开发转向大保护才刚刚启幕，作为国家七大标志性战役之一的长江保护修复路还很长。

对大保护的思考

长江如何大保护？我认为习近平总书记强调的第一条原则（我个人认为也是最重要的一条）就是：坚持人与自然和谐共生，坚持节约优先、保护优先、自然恢复为主的方针。按照这一指示，首先要做的就是牢固树立"绿水青山就是金山银山"的观念，转变发展方式，把良好的生态环境作为最普惠的民生福祉，把山水林田湖草当作生命共同体，统筹兼顾、整体施策、多措并举，全方位、全地域、全过程开展生态文明建设。

首先，长江大保护要理清长江经济带、长江流域和长江的概念。长江经济带是指上海、江苏、浙江、安徽、江西、湖北、湖南、重庆、四川、云南、贵州 11 省市，长江流域则包括干支流广大区域的 19 省份，长江则是自然地理的河流和水系单元，淮河的大部分水量也通过大运河汇入长江。明确它们之间的联系和区别，我们才不会将澜沧江、怒江、钱塘江笼统地纳入保护范畴，保护的有效性就会增强；再者，长江大保护不仅仅是自然生态，还应该包括流域的历史文化，比如都江堰、湖州圩田等。

其次，应该让河流生态学及流域生态学理论引领长江保护与发展。河流生态学是研究流域及河流生态系统中生物群落结构、功能关系、发展规律及其与环境（理化、生物）间相互作用机制的学科。河流生态系统研究的重点是河流生命系统与生命支持系统之间的复杂、动态、非线性、非平衡关系，其核心问题是研究生态系统结构功能与重要生境因子的耦合、反馈关系。这里所说的重要生境因子是指水文情势、水力学特征、河流地貌等因素，它们对应的学科分别是水文学、水力学和河流地貌学等。河流生态系统研究是一种跨学科的新兴学科领域，包括生态水文学、生态水力学、景观生态学和生态水工学等。流域生态系统则是研究流域范围内陆地和水体生态系统相互关系的学科。流域生态学以流域为研究单元，应用等级嵌块动态理论，研究流域内高地、沿岸带、水体间的信息、能量、物质变动规律。

近年，因参与中欧水平台（CEWP）生态修复领域合作交流活动的缘故，我经常陪同欧盟生态专家考察国内的河流治理工程，考察发现不少示范工程，采用的常常也是单一的工程性干预，清淤、挡墙及景观绿化几乎成为黑臭河道治理乃至河流综合治理的必选动作。要知道，缺乏河流生态系统理论支撑的工程化措施非但难以实现河流水质的可持续性改善，水生生物栖息地也会因为工程的扰动而受损衰退，这些示范工程可能会加剧我国天然河流生态系统的衰退进程。

历史的经验告诉我们，只关注治污这个单一目标，缺乏生态保护优先的理念，天然城市河流在"综合治理"之后，往往河流变窄，河岸的横向连续性被直立挡墙遮断，河流被简单渠化，水生植物及水生动物栖息地被人为破坏，自净能力丧失，水质及生态状况反而恶化。由于城市河流的水生物栖息地功能和自净能力不断下降，城市河流的自然属性（流域性生态多样性、抵御外界干扰的生态系统弹性、滞洪与蓄洪、消减面源污染、减缓气候变化影响、地下水涵养）荡然无存。稍有生态常识的人都知道，当河流的纵向及横向物理结构从复杂变得单一之后，随之而来的就是河流生态系统的营养结构趋于简单化，自净能力急速下降，藻类生物多样性下降，藻类水华的爆发频率迅速上升，加上无视水域连通性的闸控设施大量建设，河流的富营养化就会雪上加霜。因此，借鉴吸收发达国家经验，坚持人与自然和谐共生，坚持保护优先的理念，强化河流生态系统完整性保护，规避工程性盲目干预对河流水生生态系统的胁迫迫在眉睫。

对大保护战略的建议

近年来随着中央环境治理的力度不断加大，空气、水土污染状况正在好转，《水污染防治行动计划》颁布以来，各地吹响了治污冲锋号，河长制也全面得以落实。而要实现真正的长江大保护，就应该从生态系统整体性和长江流域系统性着眼，在强化顶层设计的基础上从"五位一体"的角度全方位地实施系统工程。

首先，要生态保育先行。生态保育包含"保护 (protection，即针对生物物种与栖地的监测维护）"与"复育 (restoration，即针对濒危生物的育种繁殖与对受破坏生态系统的重建）"这两个层面的内涵。长江大保护，要以尊重自然为先导，以生态学理论为支撑，通过系统监测定量把握人与生态系统间的相互影响，从而科学运用各种管理工具有针对性地协调好人与生物圈的相互关系。生态保育包括物种保育、栖地保育、迁地保育与环境复育等，保障生物资源的永续利用。

其次，要注重长江流域支流的保护与修复。长江流域从源头到河口由于地貌、气候、水文的巨大差异孕育出多姿多彩的生物栖息地和不同的地域文化，有着丰富的自然遗产和文化遗产，随着长江干流滩涂湿地的消失和通江湖泊的减少，长江支流成为孕育长江水生生物物种的宝库（是长江鱼类重要的产卵场、索饵场和越冬场）。因此，长江支流作为长江大保护的最后一道防线必须遵循河流生物栖息地保护优先的原则，彻底摒除单纯追求治污和崇尚人工景观的伪生态治理模式。

再次，要加强对河长的专业培训。河流治理是一项跨学科的系统工程，有着其内在的科学规律，各级河长转变观念，摒除大工程思维至关重要。因此，除了加强河长培训和约束之外，建议在河长制的体系框架内配备专家委员会，以确保长江保护修复的方向不偏离，确保质量和效益不打折扣，还应该将河流生态保护工作尽早纳入干部离任审计清单。

最后，要站在长江全流域的高度重新审视并规划平原河网生态保护。平原河网是长江中下游流域的典型地貌特征，也是我国江南水乡文化的重要物质基础，由于平原河网地区复杂的水路交错构造孕育出多样化的淡水生态系统和湿地生态系统，千百年来不仅成为养育华夏子孙的富饶之地，也对维系地表水水质发挥了巨大的作用。然而，最近数十年来重防灾、轻生态的水利建设模式及快速的城市化进程，忽视生态保护的圩区建设导致我国平原河网地区生态系统遭到较大破坏，所有建成区河流的富营养化问题都很突出，重塑江南水乡变得愈发任重而道远。

新时代新思维，我们首先要打破思维定势，深刻领会习近平总书记"大保护"思想的深刻内涵，吸取优秀传统文化的智慧，一定能闯出一条万物齐等、人与自然和谐共生的新路来。

（感谢同济大学环境科学与工程学院李建华教授的专业支持）

郑和宝船厂遗址公园　作者 摄

"海上丝路"与郑和宝船

今年（2015 年）5 月 14 日，"一带一路"国际合作高峰论坛在京召开。会上，习近平总书记指出，2000 多年前，我们的先辈筚路蓝缕，穿越草原沙漠，开辟出联通亚欧非的陆上丝绸之路；我们的先辈扬帆远航，穿越惊涛骇浪，闯荡出连接东西方的海上丝绸之路。古丝绸之路打开了各国友好交往的新窗口，书写了人类发展进步的新篇章。

海上丝绸之路源于秦汉，规模盛于明朝。今年是郑和首航成功 610 周年。当年，郑和舰队船只数量两百余艘，最大的船排水量近两万吨，船队人数近 28000 人，是当年名副其实的海上巨无霸。

郑和下西洋，《明史》记载语焉不详。但同时代的各种典籍中的吉光片羽汇集起来，大致还是能让我们窥见当时情状。郑和下西洋始于永乐，名义是安定海外，但更多人倾向于寻找建文帝朱建文。于是郑和数次下西洋，永乐死后，朝中无数大臣以各种理由开始向明仁宗进谏，要求废船队，绝海洋。郑和说："欲国家富强，不可置海洋于不顾。财富取之于海，危险亦来自于海……一旦他国之君夺得南洋，华夏危矣。我国船队战无不胜，可用之扩大经商，制伏异域，使其不敢觊觎南洋也。"郑和这段话，今天看来犹振聋发聩。

其实，郑和下西洋在宣示明朝武威的同时，陶瓷、丝绸、茶叶贩至海外获利巨大，并换回香料、染料、宝石等等，互利互惠，成绩显著。但学界普遍认为，若贸易是主要目的，所有商船都设法用最少的船员，空出最大的船上空间做载物之用，以增加其利润。郑和船队与一般商船队背道而驰。

但无论如何，前蒸汽机时代，郑和船队的海上能力独步天下。据《明史·郑和传》载，最大的船"长 44 丈、宽 18 丈"，换算成今天的尺寸是 125.6 米 ×50.94 米，船上九桅可挂大小 12 张硬帆，甲板面积相当于足球场大小。席龙飞《中国造船史》考证，郑和的宝船有 125 米长（水线长 107 米）、50 米宽，吃水 8～10 米，总排水量 17700 吨；仅控制方向的舵就得二三百人才能举得动。

虽然这一数字存在争议，但这样的巨无霸浩浩汤汤、遮天蔽日地航行在海上那是怎样的一番情景？要知道，妇孺皆知的哥伦布，他的船队摸索海疆是在郑和之后的 87 年，发现新大陆的船队仅仅由 3 只帆船组成，最大的圣玛利亚号只有 100 吨，吨位只有郑和宝船的 1/170，放在宝船边真有"象蚁之比"。

如此的巨无霸在哪里建造，如何建造？随着南京郑和宝船厂遗址的发掘，六百年前的秘密部分见了天日。初春时节，我们来到郑和宝船厂参观。

郑和宝船什么模样？大宝船分为 8 层：最底层置压舱砂石，专家估算砂石用量超过 500 吨；往上，二三两层是两个长 80 米、宽 36 米、高 2 米的大型货舱，载货和食物用的，海上航行动辄数月，得靠它来补给，海外通好的礼物、做生意的货物都在里面；第四层是顶到甲板的一层，这层沿船舷两侧设有 20 个炮位，中间 3280 平方米的空间是船上 826 名士兵和下级官员住的地方，每人平均 4 平方米，比一般的大学生宿舍还宽敞；再上面就是甲板，分为前后两部分，船头有前舱 1 层，是属于 108 名水手的，舰队的"大脑"在船尾的舵楼上。舵楼分四层：一楼是舵工的操作间和医官的医务室；

二楼叫官厅，是郑和等中高级官员和各国使节居住和工作的地方；三楼是神堂，供奉妈祖等诸神；第四层为指挥、气象观测、信号联络等所在。尤值一提的是，在前后楼之间的甲板上除了火炮、操帆绞盘外还特地留出了 2 个篮球场大小的空间，专门供习操活动之用。

郑和率领的"特混舰队"从 1405 年起七下西洋，28 年时间里，行程约 10 万公里，到达约 40 个国家和地区。船队中除了大号宝船外，还有其他许多型号的舰只，比如马船（明初的大型快速水战与运输兼用船，长 37 丈、宽 15 丈，8 桅，相当于今日之战列舰）、粮船、战船、水船、八橹船等，八橹船虽然个子最小，但它是"通讯船"，速度快、灵活，船队里就靠它传递讯息、穿针引线。

如此巨大的宝船如何建造？位于今日南京的郑和宝船厂遗址东临漓江路、西靠滨江大道、北为金浦、南邻银城，占地 198 亩，约 13 万平方米。现存三条水塘均为 600 年前宝船厂的作塘（造船工场）。当年的宝船厂占地 50 余万平方米，工匠最盛时近 4 万人，可以想见当年是怎样一副热火朝天的场景。作塘已知的有 7 个，在作塘周边设有七大作坊和十三小作坊，分别生产缆索、锚、舵等，还设有官府衙门、工匠生活区、集市及材料仓库等，建筑规模千余间。"宝船厂七条船坞同时开工，能同时建造大小近百只宝船。现场官员、匠丁、后寝杂役人等两万余人；穿场内锤、锯、斧、凿叮当之声，搬运木材号子声日也不息，响彻云霄。"《作塘简介》写道。

船队航行在浩淼无边的海上，万一漏水怎么办？海水深浅变化影响船舵使用怎么办？风向不对、风力忽大忽小怎么办？这些问题在宝船厂都一一解决了。

泰坦尼克号巨船沉没的场景让全世界惊心动魄，但宝船如果碰上这样的冰山，却未必会沉没。第一，它运用了隔舱板技术，即将船舱分成十几个舱区；第二，运用了"捻缝技术"，即将麻丝、桐油和石灰等捻料嵌进船板缝隙，捻料随着船板一起热胀冷缩，这样就保证了隔舱板不透水，形成一个个"水密隔舱"，即使有一两个舱区破损进水，水也不会流到其他舱区。这项技术发明于宋代，它的运用使中国造船技术在当时独步世界。

2014 年在龙江船厂（当年与宝船厂隔秦淮河相望）出土了一面长度 10 米左右的舵叶，匹配的船排水量为 1000 吨左右。郑和船队的中上等船只都用升降舵杆（也是宋代技术），可根据需要随时调整舵叶的入水深度：深水区或大风浪、乱流时，舵叶降到船底以下；浅水区或者锚泊时，升高舵位。外国的船舶掌握这种技术是在 1000 年以后了。

不仅如此，宝船上也不让随便使用明火，且古代没有玻璃，船舱里如何采光？原来他们使用"明瓦"。考古时在宝船厂发现了 8 枚蚌壳，工匠们将蚌壳打磨成厚度仅 0.1 毫米的蚌片，安装到木格窗上，既可挡海浪风雨，又可保证屋中透亮。但是，南京并不临海，蚌壳资源不充足，工匠们就用羊角熬制，黏液凝固后质地近似贝壳，以此作为替代。

今天的南京还有条小巷叫"明瓦廊"，当年就是明瓦工匠的作坊街。

当年郑和宝船上的装备，大炮就不说了，龙江船厂遗址出土的最大口径火炮超过 20 厘米，装备在船上，真正的"大炮巨舰"，敌意的人都领教过它的厉害；船上还有"步枪""手雷"。当年的步枪就是火铳，永乐皇帝创建了神机营，所有士兵人人拿着火铳，这是世界历史上第一支拿枪的部队。龙江船厂遗址出土的火铳，长 20 ～ 40 厘米，重 3 ～ 5 斤，铜质单眼，虽然流传至今枪的木把手已经腐烂，但前端金属发射部还是让人望而生畏。您知道吗？明朝时，中国士兵还被训练"三排射击"：前排士兵射击完毕装弹之时，后排士兵举铳射击，依次类推，这样就能始终保持强大的打击火力。这一战术也比欧洲早了 200 年。考古现场还发现大量的陶瓷水壶残片，专家介绍，一旦发生海战，水手就在陶壶里装上火药，扯一块布作为引信，点燃后掷向目标，陶罐"手雷"破碎，点着的火药向四周溅射。由于当时的船舶均为木制，一旦火势蔓延就是毁灭性的灾难。

宝船厂有太多的秘密，比如作塘为何没有护坡、宝船的船甲板多厚。我告诉你那时就有"水泥"——一种"彩色土壤"在作塘里坐底贴边；宝船的甲板厚度在 3.4 ～ 3.8 米，采用的是"层层厚板，叠积层累"，为何这样做？

如今，这些秘密都随着刘大夏的"销毁"行动沉入淤泥之中，虽然不时传来"一截舵杆十米长""红木门板（其实是舵板）一吨重"……但更多的消息永远也不会回到我们的耳朵里了。

留住成长的年轮
——杨浦老城更新漫说

缤纷春梢，莺飞草长，踏青当然是不二选择。其实，感受春潮澎湃，你也可到上海的杨浦江畔。

这里，杨浦老城区绣出一幅好水景。杨浦是近代中国工业的摇篮，诞生了很多第一，15.5 公里的杨浦滨江，是中心城区中最长的黄浦江岸线，沿岸分布着上海船厂、杨树浦水厂、新怡和纱厂、中国第一鱼市场、丹东路渡口等。现在的南段岸线：上海船厂变身"船坞秀场"，滨水栈道环绕杨树浦水厂而建，第一鱼市场、新怡和纱厂改造成"渔码头景观带"，杨浦大桥下的雕塑公园呈现百年工业博览景观。

春明景和的辰光，侬到杨浦大桥西边的江畔走走：黑色的是骑行道，骑上共享单车，来一段属于你的"芳华"？红色的道是供您跑步的。沿岸漫步，还有木铺的廊道、红红的碉楼、青青的蒿草、钢构的骨架房、铸铁的锚桩、悠悠摇动的船坞、推车样的花盆兼座椅……这里，早已没有了轰鸣，没有了喧嚣，更没有了背纱锭、扛货箱的工人，它已经化作了江边的装置艺术；当年的繁忙、生意，还有滩上的波诡云谲，早已变成了城市的年轮和记忆，改造的妙手将其凝固成了城市的阅历和文化骨骼。

上海图书馆（修复后名为"杨浦图书馆"），对，就是民国时期仅开了几个月的文化地标建筑，当年它是大上海计划的重要符号，那是董大酉的作品。随后，抗日战争全面爆发，再后来这栋气势雄伟的中式建筑派过各种用途。历经 80 余年的风雨，身上还带着不少的弹孔，今天如何对待它？杨浦区政府的态度很坚决，修旧如旧，恢复其公共性质。

于是，这栋坐落于恒仁路与黑山路路口的"工字型"宫殿式建筑开始了涅槃，飞檐、榫卯、朱漆圆柱、天花藻井、雕梁画栋，当然都要保留。可是，岁月早已把建筑汰洗得面目沧桑了，专家们对图纸、找照片，外墙板破损了，还是用当年的干挂注浆法修复；斗拱，能用的涂上保护剂，原样复位；地上的老红缸砖，尽量修复，添补的新砖也设法做出旧相。还有孔雀门，一楼的不见了，就照着二楼的老门切割、冷拉加上锻打热弯仿出一副，所以您到图书馆报刊阅览室，一定要看看孔雀门，铁做的，花纹繁富、灵动非常；还有壁龛上的蝙蝠、"寿"字，然后再坐在 20 世纪 30 年代的黑漆桌椅旁读书看报，那才叫"惬意"。杨浦区政府有关人士说，今年（2018 年）图书馆开放。

城市中心老城区，靠什么再获发展新动能、绽放第二春？文化当然是个重要抓手。文化地标则是这个抓手的"虎口"和关键。杨浦区打造文化地标不是来几座英雄主义建筑，而是不断地在老街区、老建筑里腾挪更新，当年的文化建筑当今依旧归于文化，沉寂下来的江畔今天也化入城市文脉。反思这两个案例，我在想有故事的城市如何在喧嚣沉寂、时光沉淀之后化出一片灿烂的文化天空，这是一个值得细嚼慢咽、深入研究琢磨的大课题。

杨浦区的这两处文化地标，都是不嫌烦杂、慢慢磨出来的。所以，老建筑、老城区，一时想不出好出路不要紧，留在那里，要有功成不必在我的气度和胸怀；想好了，多听听多看看多比较，不怕不识货就怕货比货，多比比办法就有了；还有，上海挺好的东西跑到山西就不一定好了，浦东挺美的到了虹口就不一定美了，每个地方个性不一样，得因地制宜；想好了定好位了，就要有耐心慢慢地磨，好酒须得十年酿呢。

所以，为杨浦这两处化旧为新的城市地标点赞。

徐汇滨江：文化范儿足
——上海徐汇浦江西岸十年蜕变记

<u>今年（2017 年）国庆节，"食尚节"爆棚；11 月，西岸艺术与设计博览会第四次上演；年底，上海梦中心六大剧院完成主要剧场建设，6 座大型剧院及 10 余座类型不一的中小型剧场落成，徐汇滨江"剧院群落带"初具规模……这只是今年第四季度三个月的大宗故事，至于画廊、博物馆、广场及滨水边发生的艺事，那是数也数不清的：上海西岸徐汇滨江文艺范儿越来越足了。</u>

徐汇滨江的历史很辉煌

在上海黄浦江上游的徐汇区境内，有一个名叫"徐汇滨江"的地方，它北起日晖港，南至徐浦大桥，纵深至中山南二路和龙吴路，范围 7.4 平方公里，其中濒临黄浦江的岸线长 8.4 公里。百年来，这里集聚了南浦火车站、北票码头、上海水泥厂、上海飞机制造厂、龙华机场等大企业，为中国近代工业现代化的重音符。

先说南浦火车站。建于清朝光绪三十三年（1907 年）的南浦火车站，当时称为日晖港货栈。日晖港货栈是当时上海地区唯一自备专用码头的铁路车站，主要负责黄浦江上货物的装卸，并承担沪杭铁路的部分货运和客运业务。1908 年 4 月 20 日，上海南站和日晖港站开通运营。随后的 100 年里，这座火车站客货运输业务一直繁忙。1983 年，上海南火车站的浦江码头进行了大规模改建，排水量 2000 吨级的货轮可在码头停泊。上海世博会召开前夕，由于南浦火车站站址位于规划展区范围内，车站在 2009 年 6 月 28 日关闭。

上海水泥厂创建于 1920 年，创办之初名叫"华商上海水泥公司"。它是中国近代著名爱国实业家刘鸿生创办的系列民族企业之一，为中国第一家湿法水泥厂，工厂选址上海龙华地区，濒临黄浦江西岸。厂区占地 30 多万平方米，沿江岸线长达 1000 米，设有百吨至 5000 吨级的码头 10 座。《上海水泥厂的前世今生》（载"上海市历史博物馆论丛"《都会遗踪》第八辑第 29 页）描述道："1920 年末，爱国实业家刘鸿生创办华商上海水泥股份有限公司，开始了从洋商买办向民族实业的转化。该公司是中国建设的第一家湿法水泥厂，其水泥商标为著名品牌'象牌'。20 世纪 30 年代上海海关大楼等多幢标志性建筑，都是采用象牌水泥建造，刘鸿生被人称为'水泥大王'。"

龙华机场是我国较早的机场之一，创建于 1922 年，当时称龙华飞行港，有飞机 8 架。1927 年改为陆军机场。1929 年 6 月，由航空署接管改为民用机场，并设立龙华水陆航空站管理机场。同年投入民航运输。1966 年，上海至中国各地的国内航班，均由龙华机场迁至虹桥机场。1978 年，龙华机场改名为中国民航管理局龙华试飞站，1982 年改为龙华航空站。

以龙华机场为根底成立的上海飞机制造厂成立于 1950 年，从修理和改装飞机起步，直至 1980 年 9 月 26 日，由上海飞机制造厂制造的"运十"飞机首飞成功，引起了世界舆论的广泛关注和高度赞誉。美国波音公司副总裁斯坦因纳在《航空周刊》上说："'运十'不是波音 707 的翻版；更确切地说，它是该国发展其设计制造运输机能力 10 年之久的锻炼。"路透社北京 1980 年 11 月 28 日电："在得到这种高度复杂的技术时，再也不能视中国为一个落后国家了。""运十"客舱设 124 个座位，如果按照经济舱布置可载客 178 名；飞机试飞高度达到 12000 米；先后试飞转场到达北京、哈尔滨、广州、昆明、合肥、郑州、乌鲁木齐、成都等地，并 7 次飞到拉萨执行援藏任务。

可以说，徐汇滨江地区曾经是"海陆空"汇聚之地，北票码头当年商贾云集，龙华机场飞机轰鸣，繁荣岁月里的刘鸿生每天早晨起来第一件事情就是站在自家的阳台上观察水泥厂的烟囱冒出的烟是何种颜色。

筑巢引凤，环境优先，打造市民的滨江

艺术观展、滨江夜跑，晚饭过后沿着江岸江堤栈桥走一走，徐汇滨江西岸现已成为附近居民、城市探奇的首选，越来越漂亮的西岸获得 2015 年的"中国人居环境范例奖"。

"想筑好巢引良凤，就得从环境打造入手，但品质升级却又不能急，要慢慢来。"西岸开发集团有关负责人表示，"能为将来发展恰当地'留白'，这是一种能力。"慢慢想、慢慢建的西岸在上海市滨江沿线中属于晚跑者，但正是十余年不急不躁的"留

白"，才让这段滨江有了更高的起点及更国际化的视野，契合了大都市人们物质丰裕后的品质期盼。

西岸再造强调的是历史、文化、生态的有机融合，并坚持先沿江后腹地、先环境后开发的策略。

首先，针对区域内众多具有历史文化价值的优秀工业遗存，开发者委托同济大学，请来专家做专业的事情，摸清家底后严格按照建议书，"拆、留、改、迁"分类施策，现在您看到的预均化库那口大锅已经变身成为东方梦工厂的穹顶剧场——东方巨蛋了。

其次，借鉴德国汉堡港、英国伦敦南岸等"棕地"复兴成功经验，征集国际设计方案，优选出英国 PDR 公司的"上海 CORNICHE"（"上海 CORNICHE"的方案源于法语，原意指法国戛纳到尼斯的沿地中海大道，现已成为享受优质生活的标志），分级设置防汛墙、抬高路面标高、打造可以驱车看江景的景观大道，规划贯穿南北的有轨电车、景观步道、休闲自行车道、亲水平台，促进水、绿、城融为一体，形成适宜市民活动的各类广场。

这里的土壤、路宽都是被"设计"过的。开发者通过土壤检测，采用局部换填、隔离控制、植物净化相结合的方式实现棕地利用；通过微地形塑造，实现项目土方平衡；采用透水路面、雨水花园、细分排水区等手段，打造海绵城市；通过疏林草地的种植搭配，增加乔木数量，提高区域二氧化碳吸收能力；运用风能发电等技术，提供场地照明，减少碳排放，倡导绿色、可持续开发理念。

"西岸，首先是市民的西岸。"徐汇区主要负责人说，徐汇滨江这一昔日"烂泥湾"的改造走的是亲民、便民路线。已经改造完成的龙腾大道成为江滩改造的成功范例。首先，路面标高从原先的 4.5 米抬升为 6.5 米，与二级防汛墙的高度相同，这样无论你是驾车还是行走，都能满眼尽是浦江美景；其次，龙腾大道上的 4 排大树，法国梧桐、银杏树，四季交替、层次分明，非常完美地诠释了"上海 CORNICHE"绿树成荫的概念；龙腾大道上的龙华港桥——龙之脊，现在是一道亮丽的风景了，非常适合清晨、傍晚观赏。

漫步在滨江宽阔的景观带上，老机库变成了余德耀博物馆，北票码头的煤炭传送带成为观景长廊，老码头上装卸塔吊那红红的长臂，朝霞中、夕阳里成为摄影发烧友的最爱；南浦货运站，老物件都在，拍电影那是老有腔调；还有码头成了亲水平台，木板子踩上去声音悦耳极了（清晨去声音更脆）。

2017 年春天，经过 3 年的努力，春申港桥和张家塘港桥贯通，徐汇滨江自然体验区两大断点被打通，CORNICHE 滨江大道动线、自然体验动线和 CORNICHE 滨水动线模样初现。

单说滨水动线，它结合工业遗存，推陈出新为亲民。无论是步履匆匆还是闲暇漫步，亲水平台处的景观似有灵性，总能让人停驻于此。听着江浪拍打驳岸的呢喃声，嗅着江风里的丝丝水汽，看着朝霞在蓝天下绚丽如画，往来船只游弋在波光粼粼的江面上，江鸥划过水面展翅律动……白日的江畔让人流连忘返，而夜色下的风光更是美到醉心。斑斓的夜间照明系统，两侧的自然风光，让一场简单的晚间散步也宛若吟哦风月般唯美。

伴随着浦江贯通工程的推进，流经中心城区的这条弯弯曲曲的河成了真正意义的母亲河，两岸百姓都能享受这江畔的无限风光。"我和老婆一路走走停停，随时摆个POSE，让我给她拍照留念，她有时又像孩子一样，做出一些匪夷所思的动作，让人忍俊不禁。我们在江边悠闲地逛了2个小时，看日落时的粼粼江面、塔身桥影，看月出时的撒珠泼银的江面，美得醉了江水醉了人。"网友还说，下个星期，我还要来。顺便说下，那里骑摩拜、ofo 最舒服了；如果你准备好一双轮滑鞋、一块滑板，也是爽呆了。

徐汇滨江：上海的西岸、文化西岸这样建

随着环境品质的逐渐提升，徐汇滨江的定位也越来越明晰：上海的西岸、文化的西岸。上海市政府《黄浦江两岸地区发展"十二五"规划》要求把"浦江两岸计划打造世界级滨江带"。徐汇区的《文化发展三年行动计划》及《徐汇区滨江地区发展"十二五"规划》明确了西岸"与巴黎左岸、伦敦泰晤士河南岸遥相呼应，将成为国际高端创意文化艺术产业聚集区"。

西岸欲打造上海城市文化新地标的思路已经明确，但如何落实到规划上、项目上？为了确保环境整治的高水平，世界一流的设计师团队，其中包括伦佐·皮亚诺（Renzo Piano）、妹岛和世、大卫·奇普菲尔德（David Chipperfield）、SASAKI 事务所等一批著名设计师和景观设计公司被聘请来主持滨江的重点项目设计，从整体的城市设计到单体建筑、景观设计，反复斟酌，大咖们把"百年机场"变身跑道公园、废弃油罐改建实验剧场、水泥厂遗址建设成"梦中心"文化主题公园。

徐汇滨江腹地，竖立着4大1小五个白白胖胖、略披风霜的油罐，它们就是当年专为虹桥机场供油的油库。2016 年，随着"又·一个"文化项目的签约，5 个油罐将继续保留，成为徐汇滨江"油罐艺术公园"的核心地标。公园由原斯蒂文·霍尔（Steven Holl）事务所合伙人李虎设计，内容涵盖景观环境、保留油罐改造、地下空间、防汛墙、沿江步道及亲水平台、配套服务设施建设等。"油罐"的领地将被改造成以公共艺术为主基调的公园式艺术中心，还将有迷你剧场、画廊、设计街等多种与艺术相关的功能进驻。

立馆舍，办活动，徐汇区主导近年来陆续举办包括西岸音乐节、西岸建筑与当代艺术双年展、西岸艺术与设计博览会在内的诸多大型活动。这些活动的举办地常常选择西岸艺术中心，该中心由原上海飞机制造厂房改建而成，一方面通过保留原厂房大跨度空间的完整性，展现原有空间的震撼力，凸显出新旧交合的时间印迹；另一方面，东、西立面山墙的打通处理，也寓意着这座有着工业遗迹感的建筑将以全新的姿态向城市开放。

今年的西岸艺术与设计博览会已经是第四届了，11 月 10—12 日西岸艺术中心又成了全球顶尖画廊的盛会场地。举办方介绍，参展的画廊将会有 70 余家，展会内外公共区域展出的国际艺术家的前沿作品让观众脑洞大开。博览会与毗邻的龙美术馆、余德耀美术馆、上海摄影艺术中心、乔空间、新世纪当代艺术基金会，以及周边越来越多的画廊与艺术家工作室，一同为西岸文化走廊迅速成长为上海艺术聚集地贡献力量。

有凤来仪，政府要做的工作之一就是解除入驻者的后顾之忧。近年来，徐汇区陆续建成"西岸艺术品保税港""西岸文化金融中心"，不断完善艺术品产业链，正在努力建设包括融保税仓储、展示交易、艺术品创作及配套服务等融多种功能于一体的艺术品保税区域，"让进入西岸的海内外收藏家、艺术家、艺术机构专心做艺术的事"；同时，积极引入艺术品基金、拍卖行、藏家及评估鉴定、保险、经纪等专营机构，编织艺术品交易上下游产业链，引导促进艺术品金融集聚区的形成。"艺术品保税仓库 2014 年 7 月投入运营，目前运转情况良好。"徐汇区有关人员表示。

老建筑，新建筑：凤凰纷至筑巢忙

徐汇滨江文化产业集聚区渐入佳境，现在包括蓬皮杜在内的世界文化企业纷纷以各种方式进入徐汇滨江。

第一个进入的美术馆是余德耀美术馆。2014 年 1 月 7 日，余德耀美术馆举行了落成仪式。说来曲折，印尼华裔收藏家余德耀很早就想在上海建一家私人美术馆，但由于种种原因，一直未能如愿，于是他就发了一条微博，感叹自己"爱国无门"，说自己想做公益却这么难。微信恰好被当时的徐汇区区委书记孙继伟看到，"于是，他打电话给我的助理，助理就把遇到的种种困难大致说了一下。他就叫我去看徐汇区的几个地方，看看哪里适合"，余德耀说，第一个在龙华庙隔壁，他看后觉得不行；第二个就是这里，他看后马上就激动了，"第一眼看上去，这个仓库（张松调查报告中所说的飞机库）里堆得很乱。但用来做展览，我收藏的一些大型装置放在这里，效果一定不得了"。

于是，我们现在就看到了丰谷路上的"绿盒子"，那是日本设计师藤本壮介的设计。这位"马库斯建筑奖"得主设计的余德耀美术馆由原龙华机场大机库和"绿盒子"拼接而成，总面积 9000 多平方米，主展厅有 3000 多平方米。不仅如此，他还把老机库涂上鲜亮的中国红，作为主展厅展示余先生收藏的装置作品；新建的玻璃大厅设计成为通透的钢骨架"绿盒子"，适合大型作品。"这样对比鲜明的设计，使老机库凝重且富有历史的沧桑感，玻璃大厅富有亲和力和环境融入性，二者反差显著却又不显唐突，在西岸煞是抢眼。"业内人士评价说。

余德耀来到西岸，在世界文化艺术圈内一石激起千层浪。用他自己的话来说就是"人家说余德耀拿到那片地区最好的地方啦"。

龙美术馆也来了。它的拥有者是在中国金融证券界与艺术界都名闻遐迩的刘益谦、王薇夫妇，二人从事艺术品收藏近 20 年，藏品规模和规格堪称国内私人藏家之翘楚。王薇说："创立美术馆是因为我买了太多艺术品，导致家里连走路的地方都没有了，我就跟我先生提盖一间美术馆，将艺术品摆在公共空间里头，这样大家也可以欣赏，不是很有教育意义吗？"

2014 年 3 月 29 日，龙美术馆在徐汇滨江正式开馆。馆舍由柳亦春负责设计建造，建筑总面积约 33000 平方米，展示面积达 16000 平方米。这是一座新建筑，但设计师让一座长 110 米、宽 10 米、高 8 米的煤漏斗卸载桥作为新建筑入口处的"标志物"，"工业遗存就是这家美术馆的阅历"，柳亦春解释。不仅如此，这里还有先前挖的地下停车场，为 8.4 米间隔的网格结构，"于是，我们顺势开发了一种'无隔墙计划'，让房间之间形成流动的空间"。这种设计让业主刘益谦大加赞赏，省钱又好看，还有利于布展，观者想到哪儿就到哪儿。

与私人艺术馆落户西岸不同，2014 年 3 月 21 日正式启动的徐汇滨江"西岸传媒港"的旗舰项目"上海梦中心"项目是习近平总书记访美的积极成果。根据中美经贸合作论坛上签署的协议，华人文化产业投资基金 (CMC) 联合上海东方传媒集团有限公司（SMG）、上海联和投资有限公司（SAIL）、美国梦工厂动画公司，在中国上海合资组建上海东方梦工厂影视技术有限公司。公司将引进消化美国梦工厂的核心制作技术和创意管理经验，发掘中华传统文化题材和当代中国价值追求，打造国际水准的原创动画影视及各类衍生产品和互动娱乐形式，推动中国文化融入世界的步伐。

西岸现在建得如何？有眼尖的网友今秋已经快报："进入龙腾大道后，你将与西岸艺术中心、上海摄影艺术中心、香格纳上海画廊相遇。这里曾经出现过西岸艺术与设计博览会、Dior 展览、玛格南大师摄影展。"接着他一个个数过来：西岸艺术中心，总面积 10800 ㎡ 的建筑原来是由上海飞机制造厂的厂房变身而来，每年秋季都将上演西岸艺术与设计博览会，是魔都设计和艺术界潮人必来的地方。

上海摄影艺术中心，龙腾大道 2555 号-1，是魔都一家专业的摄影艺术馆，由著名的华人摄影艺术家、普利策新闻摄影奖获得者刘香成创办。当前展览：瓦莱丽·蓓琳：陈像，蜕变；未来展览：张海儿，缪斯。

还有上海香格纳画廊，龙腾大道 2555 号 10 号楼，一处很江南、很诗意的民居；香格纳身后，是一片艺术家工作室、小型画廊聚居区，这里不定期举办各类小型专业展览。目前各画廊中都有当代艺术展览正在举行。

还有艾可画廊，机库改造而来的余德耀美术馆（丰谷路 35 号），没顶画廊、马凌画廊，还有东安路路口的西岸音乐节诞生地——西岸营地，再往前就是龙美术馆（西岸馆），这是沪上文艺达人们最喜欢的美拍圣地！龙美术馆外，就是优美的江岸，走上浪漫的玻璃天桥步道，你能远望浦江的另一侧，江风吹拂的傍晚时分，倚在这里看夕阳，那是绝了！

必须要说说"上海梦中心"。今年年底，6 大剧院及 10 余座小剧场落成，徐汇滨江"剧院群落带"会露出影视传媒业和演绎艺术业的小荷尖尖角。徐汇区高端艺术院团云集，上海越剧院、上海京剧院、上海沪剧院、上海昆剧院、上海交响乐团、上海音乐学院、上海电影集团等名院大团鳞次栉比，如何将优势资源充分发挥，徐汇的选择是在西岸为他们组团打包、形成拳头，其新节目、新创意便可在"梦中心"常年驻场演出。

"上海梦中心"目前业态组合也已明晰，文化、演艺、娱乐和商业组成超大型综合体，计划 2018 年正式开幕投入运营。据介绍，"梦中心"总建筑面积 46 万平方米，包括面积达 13 万平方米的甲级写字楼、14 万平方米的时尚购物空间，可容纳 2500 座的多功能剧场、1800 座的专业音乐剧剧场、1000 座的演艺剧场、400 座的黑匣子实验剧场，以及互动音乐厅、艺术展厅等，未来将成为徐汇"滨水岸线"的国际文化地标。

"梦中心"的项目共分 7 个区域，分别为探索广场、梦广场、庆典广场、演艺广场、龙门广场、创意坊、星光坊。拥有 12 栋创意文化建筑的"上海梦中心"将拥有中国首个百老汇风格的文化场馆群和兰桂坊休闲餐饮区，集文化体验、休闲餐饮、酒吧体验以及时尚零售、家庭娱乐、创意媒体等为一体。

其中的文化场馆群极具特色，建筑群里汇聚了多个文化场馆，风格中西合璧，内设 2500 座多功能演艺剧场、1800 座专业音乐剧剧场、1000 座演艺剧场、400 座黑匣子小剧场、互动音乐厅、艺术展厅等。"一个中心看全球"是"梦中心"的目标，通过打造符合年轻观众需要的专业剧场，引入丰富多样的内容及体验，吸引年轻人在此体验"不一样的人生"，实现"不一样的梦想"。

中心还有亚洲顶尖动画娱乐制作基地"东方梦工厂"总部；专为电影首映礼、红地毯仪式等全球性电影活动量身定做的 IMAX 影院；七个特色户外主题广场、遍布创意艺术装置的绿化平台层等，它们串成西岸传媒港的主轴线。

还有星美术馆、西岸美术馆、观复宝库、隧道股份展览馆、水边剧场、上海越剧院、上海沪剧院……都在孕育中。

今年 8 月 30 日，全球（上海）人工智能创新峰会在"西岸艺术中心"举行，时任徐汇区区长方世忠发言说，徐汇素有科技创新的基因。按照区里重点构筑"一核一极一带"的空间格局，作为"一极"的徐汇滨江创新极，将围绕建设全球城市卓越水岸的愿景，从"文化先导"到"科创主导"，重点建设 100 多万平方米的西岸智慧谷。我们相信，不久的将来徐汇滨江将成为集品质滨江、文化滨江、文艺滨江、智慧滨江于一身的城市人居高地。

美丽中国，顺自然而行之

——从古代城乡居住悟"天人合一"实践

习近平总书记在十九大报告中提出，人与自然是生命共同体，人类必须尊重自然、顺应自然、保护自然。他强调，我们要建设的现代化是人与自然和谐共生的现代化。

笔者认为，总书记的这些论断具有强烈的现实意义和历史使命感。目睹我国快速城镇化、乡村环境的恶化（农村的土地、水体、空气、生态、文化、景观遭到了不同程度的破坏）带来的种种苦果，像城市看海、洪涝滑坡等等，脑子里时常想起我国古代的居住智慧，依山傍水的干栏式民居，八卦沟、福寿沟，还有会自己排水的明城墙、从不被淹的故宫，可以说我们的祖先深谙"天人合一"的智慧，把日常栖居变得充满诗意。

干栏式建筑是山水共生的居住范例

干栏式建筑在河姆渡文化中就很普遍，后来这种居住模式广泛分布于长江、淮河及黄河流域。那时，水洼遍地，干栏式建筑高高的吊脚很和谐地与广大的水域相处（那时，没有今天这样到处都是堤坝拦水）。

直到今天，在鄂西、贵州、云南等地还广泛地分布着干栏式民居，它反映的是先民们顺应自然的生活态度，是与山水和谐共居的日常。

干栏式民居（建筑）是一种在木（竹）柱底架上建筑的高出地面的房屋，是南方山区少数民族的建筑，俗称"吊楼""干阑"等。

湖南凤凰沱江、贵州山区的吊脚楼广泛分布，是苗族古民居的代表。吊脚楼依山傍水，随地而建，上下两层，上下穿枋，在江边、坡上形成一道道独特的风景。傣族生活在亚热带，"多起竹楼，傍水而居"，村落都在平坝近水处，小溪畔大河边，湖沼四周，凡是翠竹环绕、绿树成荫的地方，一定有傣族村寨，大的两三百户，小的一二十家。西南地区，干栏式建筑在哈尼、景颇、傈僳以至苗、瑶、黎各民族多见。

这样的吊脚楼，洪水来了不怕，炎蒸暑湿不怕，栖居变得诗意。

鄂西咸丰土家族吊脚楼营造技艺 2011 年被列为国家非物质文化遗产。技艺传人李坤安说，吊脚楼比水泥房子实用。吊脚楼里，包谷（玉米）、黄豆随便放也不长霉，因为透气；吊脚楼不需要空调，它就是个大风箱；山里湿气重，住吊脚楼的也没听说谁患风湿；榫卯结构的吊脚楼抗风、抗震，木料好一点的，住两三百年没问题。

关键是，山边的吊脚楼都为山洪留足了通道，因为它占地少，特别是对河流的天然岸坡没有影响，有利于保护河畔的生物栖息地。古建专家张良皋认为，鄂西、湘西、云贵及渝东的吊脚楼遗存，完全可以捆绑申报世界文化遗产，人与生物可以各取所需，相得益彰。吊脚楼对长江、钱塘江等水患频繁地区、沼泽地带的开发，对中州大平原的开发，对西南山区、河谷滩涂的开发和中华席居文化的形成意义重大。他说，澜沧江的季节性泛滥并不影响在吊脚楼上的傣族同胞"安居"，汛期一过，傣族人立即"乐业"。他说，长江中下游许多"分洪区""行洪区"，居民早该采用吊脚楼。被"沙漠化""盐碱化"所困的中州大平原，民居如果恢复商朝的吊脚楼，那么，黄河的定期泛滥，正是大自然送水、送肥、送泥的盛举。张良皋说，我们完全可以把明日之城市规划为"干栏化城市"。

八卦沟、福寿沟则是古代城市导水大智慧

科技如此强大的今天，我们常常"城市看海"，古代生活在城区的人们遭遇洪水怎么办？

八卦沟是福建泉州老城（鲤城区）的排水系统，起于唐，成熟于明朝，由壕沟、暗渠、池塘逐渐连接而成。八卦沟主支沟总长 9500 米，规模宏大。沟的大濠两岸，皆叠砌筏形堰岸。这种筏形堰岸是宋代建筑特点，能承载、负重，至今不变形、不坍塌，再大的水都顺畅流过。

明孝宗弘治十一年（1498 年），御史张敏主持大规模疏浚，按八卦与方位相配将城里沟渠分为东离、西坎、南乾、北坤、东南兑、西北艮、东北震、西南巽，每个方位放置相应的八卦瓶，故民间亦称其为八卦沟。

八卦沟布局合理。泉州城厢地势北高南低，形成"金交椅"形，整个排水系统就是按地势划分为金交椅背外的东北区和西北区、金交椅内的城内中心区、金交椅前的南区。四区因受地势影响，互不通联，但各支沟都有出水口，汇入外城濠，最终导入晋江出海，形成一套完整的排水系统。

奇的是沟池配合。历代泉州主政者都将城内沟渠与城内外池塘连成一体，加以修缮，发挥联动作用，排泄功能强大且巧妙。《泉州府志》载，清朝乾隆时城内大池塘 11 座，肃清门外的大池塘周长 4 里。城内外大小池塘近 50 个，平日纳雨水，大雨滞洪水；

塘满溢，则通过明沟暗渠导入八卦沟支沟，或出水关排入外濠。再加上，护城壕也被用了起来，洪水来时，7 城门水关一开，八卦沟里的水就进了外城濠，城防蓄洪一举两得。

福寿沟是赣州一处地下水利工程，修建于北宋时期，修建者是水利专家刘彝。赣州也和泉州一样，是座水洼子。刘彝根据州城地形走势、街道布局特点，采取分区排水的原则，建成了两个排水干道系统，因为两条沟的走向形似篆体的"福""寿"二字，故名"福寿沟"。

北宋熙宁年间（1068—1077 年），赣州知军刘彝经过实地踏勘、反复思考，提出了根据城市地势西南高、东北低的特点，以州前大街（今文清路）为排水分界线，西北部以寿沟、东南部以福沟命名。刘彝从城市地理位置、山形地势上因势利导，把城市排水系统规划设计成集城市污水、雨水排放，城市诸多池塘蓄水调节雨水流量、调节城市环境空气湿度，池塘停积淤泥、减少排水沟的淤积，池塘养鱼、淤泥堆肥的生态循环链系统；又从城市风水学的角度，把福寿二沟线路走向设计成古篆体之形，"纵横纤析，或伏或见"，作为赣州龟形城的龟背纹嵌在龟背上，充分考虑了赣州城的永固、人民的福祉，也寄托了他的美好愿望。

至今，这些沟渠还在老城里发挥作用，所以"老城不怕水"的名声也越传越远。你若是到了赣州老城，一定要去看看那些排水孔、水窗，其设计充满了智慧。比如水窗，刘彝为了保证水窗内沟道畅通和具备足够的冲力，采取了改变断面、加大坡度等方法。有专家曾以度龙桥处水窗为例计算，该水窗断面宽 1.15 米、高 1.65 米，而度龙桥宽 4 米、高 2.5 米，于是通过度龙桥的水进入水窗时，流速陡然增加了 2～3 倍。同时，该水窗沟道的坡度为 4.25%，是正常下水道采用坡度的 4 倍。于是，水窗内便形成强大的水流，带走泥沙，排入江中。

福寿沟综合集成了城市污水排放、雨水疏导、河湖调剂、池沼串联、空气湿度调节等功能，甚至形成了池塘养鱼、淤泥作为有机肥料用来种菜的生态环保循环链。加上定期清淤疏浚，2010 年 6 月 21 日，赣州市部分地区降水近百毫米，老城区"没有一辆汽车泡水"。此时，离赣州不远的广州、南宁、南昌等诸多城市普遍"城市看海"。

皇城宫殿的择居智慧

你什么时候听说过老城墙被水冲塌了、故宫淹水了、地震震塌了宫殿？为何南京明城墙挡在山坳处却安然屹立 600 年，北京故宫建成 500 余年却无涝灾、不被震倒？

2017 年 6 月 10 日，南京发布暴雨红色预警。截至下午 6 时 40 分，南京站日降雨量已经达 245.1 毫米，创下 1951 年以来日最大降水量气象纪录。倾盆而下的雨水渗入历史悠久的南京紫金山龙脖子段明城墙墙体内，经由其排水系统喷吐而出，形成了独特的"龙吐水"景观，场面十分壮观。不明就里的市民说明城墙出现裂缝需要维修了，管理部门快点动起来吧。对此，南京城墙保护管理中心副书记曹方卿说，市民不用担心，太平门段明城墙是包山墙，山上大量的雨水淌下来，必须要通过城墙自身建造设计中的排水系统向外排水，否则积水长期得不到排放，土石方吸水饱和后，容易引起山体"肚子发胀"，造成塌方，从而破坏明城墙。原来，太平门城墙地处山坳，内侧积水在龙脖子汇积，城墙内部有自排水系统，古人在建城墙的时候就在城墙内部密布了毛竹作为排水设施。

2012 年 7 月 21 日，北京逢 61 年来最大暴雨，北京不少城区淹水，可是故宫安然无恙。你进故宫，就会发现千龙吐水，那是"螭首"在奋力排水，然后你就看到水有的就吐到下面的水槽里。这就是进明沟、再就掉"钱眼"，水就顺着"钱眼"下面的暗渠，流到水闸，然后流进金水河。

紫禁城 (1403—1424 年) 占地 72 公顷，宫殿建筑连檐接栋，地面大都为砖石铺设，设有完整排水系统，加之历年的掏挖养护，500 余年来几乎不见暴雨积水记载。

宫城内利用自然坡降设计，营造了纵横交错、主次分明、明暗结合的庞大人工排水网络，包括干沟、支线、涵洞、沟眼等众多排水设施。

还有，600 年来，北京周边地区发生过大大小小的 200 多次地震，而故宫却完好无损地保存下来。为什么能？最近，英国一家电视台演示了故宫屹立不倒的秘密：原来是因为独特的榫卯结构和柱础的减震作用。报道说，实验强度进入 9.5 级以及更高烈度，这是有记载以来最高的地震强度，相当于 200 万吨 TNT 炸药的当量——10.1 级！摇晃得越来越剧烈。然而，故宫模型晃动了很久，但仍然稳稳当当地站在原地，只是发生了轻微的位移。专家认为，故宫建筑所采用的斗拱结构，如同汽车里的减震器，同时很重的屋顶也提供了一个反作用力，向下压，下面的灵活组件就可以立于震动之上。因为石头柱础，木柱没有固定在土里，有了一定的摇晃空间，便避免了折断，整栋房屋便不会倒塌了。这种"柔韧"是中国古建筑的普遍特点。于是，故宫 600 年不倒，其他建筑也从一次又一次的地震中保留了下来。

天人合一，生态宜居，必须顺其自然而行之，这样美丽中国可期矣。

形制独特的红房子　作者 摄

这里藏着半部民国史
——南昌路民国建筑探访记

深秋的周末，节气已经霜降，但上海老城南昌路上的梧桐树依然密密匝匝，除了树顶、梢檐偶蘸金黄外，大树顶下、怀里的叶子依然精神抖擞地遮盖着沿街三两层、长只10余米体量秀珍的各式建筑，"老建筑控"们一看便知：窄窄南昌路的老建筑，沿街门面属当下，墙壁檐顶属民国。

一条南昌路，半部民国史

南昌路是跨黄浦区和徐汇区的一条老街道，多老？大约 100 年吧。路东西走向，东起重庆南路，西至襄阳南路。全长 1690 米，宽 14～15 米。在汽车日益成为城市主角的今天，它变成了一条西向东的单行道，黄、白实线两边的人行道挺宽，也算是标明人依然是这条路的主角。

南昌路包括租界时代的陶而斐司路（Route Dollfus）和环龙路（Route Vallon）。陶而斐司路为今南昌路东端重庆南路与雁荡路之间的一小段，1902 年法租界公董局越界修筑，最初的名称为军官路（Rue des Officies），1920 年以法国军官陶而斐司改名为陶而斐司路；环龙路为今雁荡路以西的南昌路大部分路段，1912 年法租界公董局越界修筑，因法国飞行员沪上飞行失事而命名。1914 年，两路都被划入上海法租界。1943 年，汪精卫政权接收上海法租界，将两条路统一命名为南昌路。

一条南昌路，半部民国史。沿路最初主要就是为居住而陆续建起来的住宅区，著名住宅有上海别墅、花园别墅等；东段雁荡路口科学会堂，往北是大同幼稚园，路南侧不远有复兴公园。

这条路上的名人故居实在太多了，估计大都是取这儿的深处繁华但幽静不喧嚣、休闲有公园等优越条件。

挥去商业的喧嚣，走进南昌路 100 弄 2 号——渔阳里一处典型的两层石库门建筑，100 年前陈独秀把《新青年》从北京迁至这里，他办公地、住宿都在这儿。上海市地方史志学会常务理事汪志星介绍，1920 年陈独秀主持的《新青年》成为当时革命风暴的策源地。史料载，这里最初的门牌编号是"环龙路渔阳里 2 号"，斑驳的乌木大门、典雅的红漆窗檐，依稀可见当年的雕梁画栋。门口挂着两块铭牌，一说《新青年》，一指陈独秀。

上海共产主义小组是中国第一个共产主义小组，1920 年 8 月在这里的陈独秀寓所中秘密成立。11 月定名为"中国共产党"，陈独秀任书记。《劳动界》周刊、《共产党》月刊等红色刊物在此问世，这里还开办了外国语学社，建立新青年社、上海社会主义青年团等，尤其是担负中共发起组的任务，与各地共产主义者建立联系，并参与筹备召开"中共一大"。在这里，陈独秀校对了陈望道翻译的《共产党宣言》。

老渔阳里 2 号原是安徽都督、国民革命军军长柏文蔚的私宅，一幢坐北朝南双开间的老式两层石库门楼房。走进旧旧的房子，楼下是客堂会客，室内挂有小黑板，上书"会客谈话以十五分钟为限"，旁边厢房是《新青年》编辑部；楼上厢房是陈独秀的卧室，统楼是他的书房，亭子间是当时《共产党》月刊编辑室。1921 年 10 月至 1922 年 8 月，陈独秀在这里两次被法租界巡捕房逮捕。这里的居民对我说，这座老房子今后会成博物馆的。

南昌路 180 号是国共第一次合作时期国民党上海执行部旧址。1924 年 2 月到年底，毛泽东在这里上班了 10 个月，台湾某博物馆还保存着毛泽东这个时期未领的部分薪水。史料称，中共中央当时派出中央局成员毛泽东、罗章龙、王荷波、恽代英、邵力子等参加上海执行部工作。后因与胡汉民意见相左，毛泽东辞去组织部秘书之职，专一负责文书科工作，具体负责旧国民党党员重新登记，指导和帮助各区基层建立国民党区党部和党员发展工作。毛泽东每天都从位于茂名北路的"甲秀里"，步行到这里上班。1925 年 1 月，国民党二大决定撤销执行部。

此外，南昌路 68 号是新四军沪办及李一氓旧居，南昌路 110 弄 25 号 2 楼亭子间是江青、唐纳 1935—1937 年的旧居。

南昌路上的民国政府名流尤其多。1916 年 11 月，孙中山被迫辞职后到上海环龙路 63 号（今南昌路 57 号原址地）暂住，现在这里已经是科技发展展示馆了；南昌路 63 号（近思南路）是汪伪内政部长陈群旧居，1945 年 8 月日本投降后，陈群服毒自杀；南昌路 65 号是西安事变主要发起者之一杨虎城旧居；雁荡路 80 号（近南昌路）为中华职业教育社旧址，该社成立于 1917 年 5 月 6 日，黄炎培联合蔡元培、梁启超、张謇、宋汉章等 48 位各界知名人士创立，成为中国共产党领导下的抗日民族统一战线的重要力量。此外，这条路上还有陈其美故居及中华革命党上海总机关部（韩国要员申奎植 1922 年在此绝食身亡），民权人士杨杏佛故居（1933 年夏被暗杀），国民党元老叶楚伧旧居、吴稚晖旧居，国民党将领陈铭枢旧居，民国时全国商会理事长王晓籁 30 年旧居，绸业银行董事长王延松 1950 年退居南昌路租居小屋（20 平方米住全家近 10 口人），味精大王吴蕴初旧居（现旧居小院内有他的塑像）。

这里还居住着诸多文艺名家、社会名流。中国第一代电影明星王汉伦曾在南昌路 244 弄居住。王汉伦（1903—1978），原名彭剑青，她的婚姻坎坷，擅演悲剧角色，有"银幕第一悲旦"之称，主演电影有《孤儿救祖记》《玉梨魂》《苦儿弱女》《电影女明星》《弃妇》《空门贤媳》等。1929 年，她自组成立汉伦影片公司，拍了一部《女伶复仇记》后就宣告结束。1930 年告别影坛，开办美容院维持生计。建国后，她是上海电影演员剧团成员之一。还有林风眠旧居、赵丹与叶璐茜结婚旧居、钱君匋旧居、"灯彩王"何克明旧居、巴金短暂旧居、郭沫若旧居、傅雷旧居、上海美专教授章衣萍旧居等，单说南昌路 136 弄 48 号这幢三层小楼，3 楼住的是白杨、2 楼应云卫、底楼魏鹤龄，都是文艺界名宿。

在南昌路与茂名南路路口，竖着一尊泰戈尔的塑像。徐志摩是泰戈尔的"铁粉"，泰戈尔1921年来中国，徐志摩和林徽因两人就在全程陪同队伍中。泰戈尔与林徽因、徐志摩相处后，才知道这二人还有一段缠绵的感情。泰戈尔发现，林徽因与徐志摩并不是十分合适，他曾用"天空的蔚蓝，爱上了大地的碧绿"，来形容徐、林爱情。第二次来，泰戈尔探望徐志摩夫妇，入住其家中。不过，据考证，此时徐志摩、陆小曼夫妇已经搬离南昌路了，但这并不妨碍在南昌路、茂名南路路口竖起一座泰戈尔雕像，大约是看中了这里的"那时环境"。

南昌路、茂名南路路口，有个霞飞坊（现名淮海坊，正门开在淮海路），有人说"一条霞飞坊，半部民国史"，大概是由于民国时期，这些并不能算豪宅的楼房里，多是文艺界大师、商贾巨富、军政要员的栖身之地，199幢楼房，几乎一半住的都是当时的风云人物：巴金、徐悲鸿、周建人、许广平、徐悲鸿、竺可桢、胡蝶等都曾在此留下印迹，留下传说故事。弄内3号，作家夏丏尊从1937年至1946年，一直居住于此；59号三楼，巴金自1937年起在此生活了18年，《激流三部曲》中的《春》《秋》两部，均在此完成；1936年年底，许广平携子周海婴居住64号，直至1948年离开去北方。在此期间，她致力于整理、保护鲁迅的手稿，并且编辑了《鲁迅全集》。黄裳（当代知名藏书家，曾任《文汇报》记者、编辑）回忆："当时巴金住在霞飞坊（今淮海坊），他家来往的朋友多，简直就像一座文艺沙龙。女主人萧珊殷勤好客，那间二楼起居室总是有不断的客人……萧珊有许多西南联大的同学，如汪曾祺、查良铮、刘北汜不时来坐。谈天迟了，就留下晚饭……"

科学会堂

长长的坡道、方盒状法式廊屋、麻灰的墙、雪白的拱门，这就到了南昌路47号那名气很大的科学会堂。

科学会堂　作者 摄

　　科学会堂，原来是德国人办的乡村俱乐部，1903 年建造，俱乐部有两幢德国式小别墅、草顶圆亭、竹制小桥，还有网球场、棒球场、草地滚球场和露天溜冰场。第一次世界大战结束后，法租界公董局无视中国的主权，接管此地，易名为凡尔登花园。

　　法国总会新楼建造在凡尔登花园内，由法国退伍军人拉白力斯等人筹建，由万茨、博尔舍伦设计，是当时上海市区最大的单体法式别墅，有法国文艺复兴时代典型的建筑特征。建筑主体坐北朝南，成对称布局，为二层钢筋混凝土建筑，占地 15800 平方米，总建筑面积为 6000 余平方米。建筑的主立面朝南，面对院内 6000 平方米的花园和复兴公园。

　　房屋为上下两层，外墙原采用鹅卵石贴面，现在加涂米黄色涂料以护墙面。窗洞均砌成半圆或弧形券状，并配置法式大落地木窗。另外，一层和二层都有长方形宽阔外廊，一层外廊突出部分还加盖坡形屋檐，屋檐由曲线型斜撑木牛腿支撑。建筑物由 5 个四坡顶、2 个两坡顶共同构成一个大屋顶。东西两端的屋顶为盝式四坡顶，中部屋顶为法国孟莎式屋顶，斜坡顶檐嵌入一座圆形时钟，南立面有山花装饰。屋面盖法国红平瓦。

　　当年作为上海市区最大的单体法式别墅"法国总会"，与当时的美国花旗总会、英国总会齐名，号称上海"三大总会"。1925 年，公董局决定将总会搬迁至宝昌路、迈尔西爱路（今淮海中路、茂名南路），建造规模更大的总会（今茂名南路的花园酒店）。这里的原会所则改捐为法国学堂，主要接收法国侨民为主的外籍侨民子女，故建筑又名"法童学校"。

　　1949 年 5 月后，上海市文化局迁入此处办公。1954 年，任鸿隽向国家提议，将这里改建成科学家活动场所。时任国务院总理周恩来亲自落实此事。1958 年 1 月 18 日，文化局迁出，此处更名为科学会堂，并由时任上海市市长陈毅题写了"科学会堂"，新成立的上海市科学技术协会搬入科学会堂，并一直在此办公。2009 年，中影、上影集团的《建国大业》在此取景。

　　年深月久，科学会堂一号楼也在不断改造中。但无论时间如何变，会堂修缮遵循的法式风格不变，因此走进会堂，扑面而来的轴线对称、双合式楼梯、高高的门厅让人眼前一亮，立刻被震撼；那硬木护墙板，一直到顶，气势恢宏逼人。沿着铜铸扶手拾级而上，迎面而来的法式彩绘玻璃灿烂夺目，咫尺山水如真似幻。据说，这里的装饰是 1918 年土山湾工艺局的出品，当年，上海很多法式风格的高级住宅、银行、教堂均以使用土山湾彩绘玻璃为荣。还有，阳台长廊上的西式柱、墙上的拱形门窗、内部的彩色玻璃天棚及弹簧地板舞厅，处处显出当年的法式奢华。当年，这栋楼的室外还有大片草地及网球场，如今已很难辨出旧时模样了。

南昌路 57 甲号上海科技报社是上海市第四批优秀历史保护建筑，原名法国总会俱乐部，砖混结构，1931 年建，西班牙式，红瓦屋面，曲线形山花，屋面檐口下做红砖叠涩出挑装饰带。站在街对面，静静看着三角形红瓦"山"状装饰檐，门躲在粗大而矮的西式粉白柱后面，衬以麻麻的灰白墙面，那份典雅别致很是让人着迷。

南昌路雁荡路路口有家名叫"洁而精川菜馆"的馆子，外观很普通，它与科学会堂因为周恩来结了缘。菜馆创建于 1927 年，周恩来民国时期的寓所（周公馆）就坐落在思南路上。他曾经常光顾"洁而精"，对这里的菜肴喜爱有加。1958 年，周恩来总理视察上海科学会堂，当得知参加活动的科学家们就餐无处着落时，就建议"让洁而精搬来科学会堂为科学家们服务嘛"。就这样，这里成了苏步青、刘海粟、吴湖帆、钱君陶、程十发、张君秋、赵丹、黄宗英等经常光顾的场所。

南昌大楼

南昌大楼原名阿斯屈来特公寓，位于南昌路和茂名南路交叉口的东北角，故有两个门牌号码，南昌路 294—316 号和茂名南路 151 号，为上海市优秀近代建筑保护单位。大楼建于 1933 年，钢筋混凝土结构。大楼平面呈楔形，楔面端为构图中心，两翼立面非常简洁，有半封闭式小阳台。

基址原是上海县城外南长浜，周围一片农田，还散落有些村落。20 世纪初，法国殖民者将"顾家宅兵营"改建为"顾家宅公园"（今复兴公园），后来在法租界与公园间修筑了一条马路。1912 年法租界当局为纪念法国人环龙在上海做飞行表演时坠亡，将这条马路命名为环龙路（今南昌路）。1917 年俄国十月革命后，一批俄国流亡贵族集中在霞飞路（今淮海中路）一带开店经商，外商在这一地区较集中。环龙路毗邻霞飞路，闹中取静，永安地产公司看好这里地块，1933 年投资兴建环龙公寓，由外籍建筑师列文设计，安记营造厂承建。

大楼 8 层，钢筋混凝土结构，占地 2000 平方米，建筑面积 11196 平方米。由于基地两面临街，建筑师在总体布局上将转角作为主立面和主入口，然后向两边延伸形成辐射面。公寓底层设店铺，沿南昌路底层设两个过街楼出入口。楼内住宅由 4 个单元组成，每个单元设一个主楼梯和一部电梯；考虑消防需要，两个单元拼接处再设一个小楼梯，形成一户有两个出入口。公寓户型有一室、两室、三室和四室等类型，开间宽 5.8 米，户内有大小壁橱、明厨、明厕。

大楼后立面是内院，有一排 6 个车位的车库（现已不存），车库上面是 4 层间隔成 12 个小间的佣人宿舍楼，7 平方米标准小间供汽车司机、保姆或其他佣人居住，主人通过按电铃召唤他们。因此，这里当时就被称为"等级森严"的住宅。

针对主立面很狭窄的现状，建筑师为了突出主立面效果特地在立面上做了两根竖线条，上方尖塔做浮雕并冒出女儿墙。主入口上方处的门楣，也装饰一大块与尖塔浮雕同一主题的浮雕，上下呼应。大楼沿街外墙面镶贴黄绿色相间的面砖，间以玻璃凸窗。两翼立面较简洁。大楼外墙的面砖，历经80多年风吹日晒、雨雪冰霜，依然紧固如初，没听说有脱落下坠的。

南昌大楼内的电梯也很有特点。电梯居中，楼梯围绕它而盘旋直上。电梯间可透视，外面的人能够看见里面（里面当然也可以看见外面）。操作不是按钮式，而是手柄式，那时候，有专职开电梯的，属房管所，不像巴黎，住宅电梯得自己开。

大楼底层那时就是各种商店；二层以上楼层公寓住宅以内廊式为主，部分为外廊式。户型有一室、两室半（半室为扩大门厅）、三室、四室户等多种户型，大多户型为套间式。一室户的房间较大，开间达5.8米，厨房、卫生间均靠后外廊或后面采光，平面布置较为紧凑，沿南昌路的南偏东向的一室户中，设有半凹半凸封闭式小阳台；在多室户中，大多设有半凹半凸的封闭式共设大阳台（其凸出部分为悬楼），深达2.2米（有的大于3米）。公寓从一室一厅到三室二厅，各式公寓房70套。

当年该公寓在上海滩上是赫赫有名的，除南昌路302号为一梯四户外，其余均为一梯二户，着实奢侈。

新中国，南昌大楼是政府落实知识分子政策的体现地。艺术界、医学界的知名人士先后搬了进去，当然也有部分原来的住户由于特殊原因仍然留住。如京剧艺术家陈大镬（余派老生）、钢琴教育家丁杏仙、整形外科专家张涤生、胃肠道专家唐振铎、皮肤科专家朱仲刚等，还有工商界著名爱国人士唐君远老先生等都是大楼里的名人。

复兴公园

说到南昌路，必须要说复兴公园。复兴公园位于南昌路、雁荡路口，是上海开辟最早的公园之一。

清末上海，开埠之前，现在的复兴路、重庆路一带是上海县城的西郊，村庄里住着几十户以种田为生的农民。村中，一户顾姓人家生活相对富裕，用10多亩地造了一座私人花园，人称"顾家宅花园"。

1845年11月，英国人在上海取得第一块租界后，法国人不甘落后，同样用武力胁迫取得在上海的第一块租界，1862年成立了管理租界的机构——公董局。但列强不受约束的贪婪没有止境，尝到甜头的殖民当局想出千奇百怪的理由，千方百计地扩大租界，抢占与偷拿并举，强行越界筑路，建立界外"飞地"齐上，迫使清政府就范。

1900 年 9 月，接着八国联军攻陷北京的"威势"，法国军队开进上海，早就看中顾家宅一带土地的法国驻沪总领事，乘机向上海道台提出要购买一块土地作法国军队的兵营。暗地里，法国军队已在顾家宅附近擅自搭建了马厩。上海道台遂同意公董局以 76 万两白银买下了顾家宅花园一带的 152 亩土地。不久，附近这一带都成了法国的租界。时间不长，法国军队撤走，用作兵营的土地（科学会堂一号楼一带）先后造起了网球场、弹子房、跳舞厅、击剑馆、酒吧和餐厅，专供法侨休闲、娱乐等享受之用。

其中部分土地又变成了公园。1908 年 7 月，公董局董事会决定，把顾家宅兵营改建成公园，聘请法国园艺师柏勃主持设计，中国园艺家郁锡麟负责设计，公园于 1909 年 6 月建成。

柏勃依照本国里昂市金头公园样式，作了抄袭性的运用。全园重点工程是在公园中央（现存的大喷水池一带），用水泥、砖头砌了几个几何形花坛，铺设了草坪，草坪上建了一个音乐演奏厅，还有几座简便避雨棚，剩下的就是花草树木了。

园名按地名叫"顾家宅公园"（法文 Parc de Koukaza），也称法兰西公园，中国人叫法国公园。这时，公园的法式风格尚是雏形，面积也只有 60 余亩，整体环境在当时的上海以幽静著称。公董局把开园时间定在当年 7 月 14 日法国国庆日。从此，每年 7 月 14 日，法国国庆活动都在园内举行。节点一到，公董局便拨专款，在园内道路两旁插红旗，搭建检阅台、观礼台，全园张灯结彩，白天阅兵、游园，晚上燃放焰火、办晚会，至深夜散去。1922 年 3 月 8 日，法国霞飞上将（一战中，霞飞在马恩河会战中立下赫赫战功，深受法国人爱戴）访问上海，一系列活动都选择在这座公园举行，如欢迎霞飞的提灯会等。霞飞在园内种下一棵"自由树"，表达他对和平的憧憬。

该公园最初也不允许一般中国人入内，直至 1928 年 4 月，迫于压力，公董局开会讨论，才认为"有必要对顾家宅公园章程进行修改"，取消严禁华人入园的规定。7 月 1 日，修改后的公园章程公布，华人可购票进园游览。

1945 年抗日战争胜利，这里改名为"复兴公园"，寓意中华民族的伟大复兴。如今，公园中南部 8000 平方米大草坪还在，喷泉和西侧的花坛依然保持当年的形态；可以说，复兴公园是目前国内唯一保存较完整的法式园林。走近中央花坛，看着喷水形成的"蒙古包"，恍如来到了里昂；那下沉式花坛，爱称叫"沉床园"；那水喷射时，水柱有时直冲云霄，大多则向池中心喷水，圆形的"水屋"色如珠玉、状如莲蓬倒扣，晶莹雪白与郁郁红绿相映成画。

大喷水池　作者摄

老建筑大多毁坏得厉害，修缮更新迫在眉睫

大同幼儿园，从重庆南路走进南昌路就可以看见这栋红瓦顶、木制窗的两层小楼。小楼二层中间凹进去，呈白色；两边鼓出来，整体形状似哑铃，安静地欲现又隐藏在法国梧桐树下。

现在的南昌路 48 号，这栋坐北朝南三开间就是当年的"大同幼稚园"。这是一所在中国革命史上红色光芒特别鲜艳、意义很是特殊的幼儿园。

中央机关迁至上海后，1929 年秋，周恩来提议创办一所幼稚园，主要招收两类孩子，第一类是追随我党革命而牺牲的烈士子女，第二类是正奋战在各地对敌斗争第一线的我党干部子女。党中央商议，由党的外围组织互济会出面开设一个儿童福利机构，就有了这座幼稚园。大同幼稚园实行全托制，先后共收养了约 30 个孩子，其中有彭湃的儿子彭阿森、恽代英的儿子恽希仲、蔡和森的女儿蔡转、李立三的女儿李力，杨殷的儿子、王弼的女儿等。

毛家三兄弟毛岸英（9 岁）、毛岸青（7 岁）和毛岸龙（4 岁）在此寄宿。原来，毛泽东夫人杨开慧 1930 年牺牲后，毛泽民夫妇向中央汇报：三个孩子恐遭不幸，请同意接来上海抚养。孩子们就这样辗转来到大同幼稚园。出于安全考虑，周恩来特意请宋庆龄为大同幼稚园题写牌匾，又请国民党元老于右任题写园名。有了这两块"金字招牌"作掩护，警探一般不敢随意前来骚扰。

大同幼稚园管理人董健吾（牧师，真实身份中共党员）是董家的第四代教徒。他毕业于上海圣约翰大学，与宋子文是同窗好友，曾任圣彼得教堂牧师，后在冯玉祥部任秘书兼英文教师，1927 年加入中国共产党，1929 年在上海参加中央特科，开始从

大同幼稚园旧址 作者 摄

事党的秘密情报和联络工作。在开办大同幼稚园后，董健吾仍以牧师身份与外界周旋，赢得了"红色牧师"的称号。

希勒公寓（钟和公寓）编号为茂名南路 122 号，位于南昌路茂名南路交叉口。这是一栋建于 20 世纪 30 年代的现代派建筑，总建筑面积不到 1000 平方米，外立面贴米色面砖，窗洞周围为仿石雕装饰线脚，矩形阳台出挑较大，形式较为简洁。

大盛里，清水青砖嵌以红砖刻线，避阳透气的木质百叶窗；爱达公寓东侧圆窗，外挑的阳台很漂亮；花园别墅最早的房屋建于 1912 年，南向设阳台，屋顶上简化的古典样式，猛一看就是希腊神庙屋顶的缩小版，水平装饰的线条简洁而明朗；还有铭德里、陶村、环龙里、美乐坊人民坊、光明村、香山公寓（原圣保罗公寓）……徜徉在南昌路的弄堂，居然还碰见了大城市里消失多年的蔬菜小贩，我赶紧买了一把青菜、几斤芋头，回家一炒一蒸，就是好吃：南昌路弄堂，真能谓"人间烟火地"。

深秋时节，徜徉在这条单行道的小马路上，看着那些不再冒烟的壁炉烟囱、老房子的模样浮雕镌在围墙上的社区中心、两层三扇木格窗拱抬的福寿坊，那些虽简洁但依然严格对称的房屋设计；街道上、小区里密密匝匝纵横交错的各种线束（路），那红砖麻砖垒砌、斑驳但韵律可人的老墙面；那些变来幻去的硬山顶、一折一折再错举的西式屋顶，门口并立罗马柱衬托中式悬山顶老虎窗的老屋；咦——三角檐插进米色墙，原本孤单的吊脚楼顿时生机盎然；平平的檐叠着坡陀的檐，檐上的窗戴着"卧蚕的眉"，那楼看起来如此另类……中西合璧、地中海式、新古典主义、现代设计，一条短短的南昌路一应俱全。

往阳台上看，窄窄的阳台上生火做饭的，滋滋的声音伴随着一阵青烟起，那是在小炒；嗯？那不是俩外国小伙儿嘛，听着不一样的发音，抬头望，两位大约来自欧美的年轻人正在阳台上喝着咖啡、闲聊着，张望着老街，他们的周末很惬意；临街的店面、弄堂里，装修的敲打声、电钻声此起彼伏，不知这些对老建筑动的"手脚"获得批准没有？这条街上的人们不论是走了的，还是依然在的，弄堂就是他们心里城市中最接地气的所在："虽然处于闹市，只要一走进弄堂，鸟语花香，林荫夹道，外面的嘈杂统统关在世外了。"

房子老，与今天的美好生活有距离。黄浦区认定区域内的居住类建筑和公共建筑具有较高的人文价值和艺术价值，认识到一些历史价值较高的居住类房屋修缮还不到位，过度使用、自行装修对房屋无底线的破坏，违法违规行为依然高发。黄浦区现已启动南昌路周边的整治及修缮。该区介绍，下一步要安排一大批房屋修缮整治。不是"普修"是"精修"，即在修缮过程中既要解决老百姓的基本需求，做到保基本保安全，同时结合历史风貌的保护，继续推动环境综合整治。届时，老屋乱搭乱盖、不该出现的门面房之类的问题大约都可以得到根治了。

云间粮仓 设计者 供图

粮仓：在云间遇上艺术
——松江云间粮仓观察记

当云间遇上了艺术、夜灯光，松江这处面积 40000 平方米的粮仓靓了！
霓虹闪烁、流光溢彩，那是必须的，端一杯啤酒，徜徉在影斑驳、路
硌楞的林间小道，叶子已透出秋的消息；放眼望去，星空嫣然灿烂，
近处的低檐瓦舍、远处的朦胧高楼，只有那九色鹿依然在昂首向天、
举蹄奔跑。
今年（2020 年）国庆节，云间粮仓已成为大上海上了热搜的网红打卡地。

云间粮仓的前世

云间粮仓，先前叫"南门粮库"。再往前，1949 年 5 月，松江解放，当时是苏南行政公署所在地。专署粮食局所建的粮库和中粮松江公司第一粮库，1953 年 4 月合并后称"南门粮库"。那时，产粮大县松江出了个种田状元陈永康，他用"一穗传"方法培育出晚粳新品种"老来青"，亩产达 700 公斤以上，于是，松江一口气建了数十栋粮食仓库，大多建于 20 世纪 50 年代。20 世纪五六十年代，国内 22 个省、世界上 15 个国家种了"老来青"，亩产平均 500 公斤。那时候的南门粮库是贮存"老来青"种粮的基地之一。因为种水稻成绩突出，1952 年 9 月 30 日，陈永康作为农业爱国丰产模范，参加了毛泽东主持的国庆宴会，10 月 1 日还登上了天安门观礼台。1954 年，他加入中国共产党，当了"全国劳动模范"。1955 年 6 月，宋庆龄专程到陈永康家中探访。

粮库地域的历史还可往前追溯。如果我告诉你，徐光启的《农政全书》在这里刊印，你相信吗？这是真的。上海徐汇人徐光启以毕生精力作此农书，欲一网打尽中国所有农法，可是至临终，书依然未付梓，怎么办？他的学生、进士、抗清志士陈子龙"删者十之三，增者十之二"，终于在他的私宅——平露堂刻板流布。可圈可赞的是，虽然陈子龙花了四五年时间，书上却依然署徐光启一个人的名字。平露堂就在松江。

2017 年，刻于 1894 年的《重修普照寺碑记》碑在粮库地界上被发现。碑刻于清光绪二十年（1894 年），青石质地，纵 138 厘米、横 71 厘米、厚 18 厘米，碑文共 20 行，每行 40 字，碑文为袁昶撰、杨兆椿书、邱竹泉刻石，普照寺时任住持为馥山；原有俞樾所篆碑额，现在已无存。碑现安置于松江博物馆。

松江是上海先民繁衍之地、上海历史文化之源，享有"税赋半天下""衣被天下"之美誉，更是上海之根、沪上之巅。明朝起成为漕粮主要来源地与储存地，也是江浙一带粮食主要集散地之一，因而形成了独特的粮食文化。南门粮库一带傍运河、依良田，粮食及与粮食有关的营生就成为这里长久以来的亮丽名片。

当地人介绍，云间粮仓东大门和北大门前有两条大马路，分别向城区北向、西向延伸，由此连接松江府城和西仓城历史文化富集区。从松江二中的云间第一楼（原松江府谯谯楼，松江城中的第一高楼。传说这座"云间第一楼"的楼基原是三国时东吴大将陆逊的点将台），南行穿越云间路，至东大门近南门铁路的云间粮仓，是一条沉淀松江府城历史文化的人文线路。

出云间粮仓北大门，便是松汇路，一路向西行，便是松汇西路。松汇西路的古浦塘南端，明代建有西次水仓和仓城。入清后，贮存华亭等四县税粮的仓城增建廒房，一排 10 间，多达 400 间，为"天下粮仓"之一。

20 世纪 50—90 年代，南门粮库 130 余亩的土地上陆续建造粮食仓库及工厂。要知道，在那个物资匮乏的年代，靠近粮库、上班在粮库，就意味着一家老小再也不会受到饥饿的困扰，那个年代是会饿死人的（春天里的树叶、树皮、野菜是很多农家的当家粮，饿极了还有吃观音土的，吃下去到肚皮渐渐变得透明，能看见体内的景象，最后死去）。南门粮库、松江米厂、松江面粉厂、松江县配合饲料厂，云间粮仓伴随着共和国粮食史的风风雨雨、坎坷与辉煌，见证了新中国成立以来松江粮食行业的发展演变。

随着改革开放的春雷在神州大地炸响，装粮食的饭碗已经被勤劳智慧的中国人牢牢端在自己手里。与此相适应，祖国各地的地方粮库也渐渐功能弱化乃至丧失，转型就成为摆上议事日程的必答题。

荒索下去的粮仓必须"转身"

黄瓦硬山顶，与普通人家的农舍没啥不同，只是墙上加了砖衬，于是黄瓦檐就拎着一根根半悬着的方方"蜡烛"——那是加固房屋的撑柱。院子里，杂草早已钻破了水泥地面，东一丛、西一簇地洒在院内空旷无人的角角落落，杂草灌木间是白色的、黑色的，更多的是分不出颜色的垃圾，它们是怎么来的、因何而来，反正是倍添了空落落厂院内的凄凉与荒疏。只有尽头的双排、八筒的灰白粮仓依然昂首向天，宣示着曾经的辉煌和"天地之悠悠"。

房屋里面更是杂乱。立柱、桁架裹上了一层似黑非漆、像灰似酱的包裹物，那是岁月的风霜留下的；敞开的、斜立的、东倚西躺的各种箱子、架子、隔板，东拖西拉的绳索、电线，伴着瓜皮帽样的白炽灯、低低下垂的吊扇，光从惨白的窗户里照进来，里面的黑漆凌乱越发纤毫毕现、狼藉不堪。

随着市场经济的快速发展，更多的民企与个人进入粮食流通及加工市场，21 世纪以来，南门粮库的功能逐渐淡化，衰落的步伐不断加速。园区开发者介绍，当初八号桥集团计划开发这片土地时，南门粮库已经废弃多年，可谓一片荒凉，所幸那些几乎与新中国同龄的"万担仓"等被完好地保留了下来，这些都是重要的历史文化资源，也有着可观的改造空间。

面对占地面积 136 亩、建筑面积近 40000 平方米的南门粮库，如何改造？"这些老古董既有传统的硬山顶，也有薄壳建筑，还有 20 世纪六七十年代流行的筒仓，它们都是历史的印记，修旧如旧是肯定的，旧瓶装新酒也是必需的。"经验丰富的设计人员告诉我们，园区建筑记录了半个世纪的粮食建筑史，粮食仓库及工厂都是这个场所的鲜明符号，项目修旧如旧、功能焕新，适当添加涂鸦、装置等时代元素，让云间粮仓重焕人文、历史和建筑价值，实现园区、社区、街区、景区、校区五区联动，成为集科研、文创、农创于一体的人文松江全域旅游示范区。"这就是我们与各方达成的目标共识。"八号桥集团负责人说。

简而言之，在粮库这个大"瓶"里，混搭物质与精神、名人与草根、过去与未来，贯通线上与线下，让小众与大众都能找到自己的"田地"。

粮库这样转身

粮库者，粮食仓库之谓也。但库与仓还是略有差异，仓的意思更宽些更广些，如天下粮仓，指的就是有此仓民可赖焉。因此，有观者言，看着云间粮仓亲切，除了流传不衰的"民以食为天""仓廪实而知礼节"外，是因为那些年，这里不仅是饱肚子、孕幸福的代名词，更是游子们记忆里蓝天之上云悠悠、大地"脸"上金灿灿般的美好，它是撩拨乡愁那根软软的心弦。

"云间"一词既带着仙气，更有长长的历史。晋灭吴后，在西晋开国功臣、文坛大佬张华府上，华亭人陆云（字士龙）与洛阳名士荀隐（字鸣鹤）相遇，张华提出二人勿以常人语交谈。于是，陆云先言："云间陆士龙。"荀隐曰："日下荀鸣鹤。"松江人称为"云间对"。入唐以后，士人名流界好以"云间"喻华亭，华亭因之别称"云间"。真可谓仙气摇荡、诗意满满。

让大茶壶变为小茶壶——"一手壶"的就是明代松江人陈继儒。他不仅在文学、书画等方面造诣精深，且是一位品茗论茶高人，他在《小窗幽记》中说："书者喜谈画，定能以画法作书；酒人好论茶，定能以茶法饮酒。"因此，有人建议在云间粮仓的临河亲水岸线设茶肆。

粮食，从这里运达粮仓　设计者 供图

诗意茶禅的产生是在"衣食足"之后，如白居易的"明朝更濯尘缨去，闻道松江水最清"，清人黄霆的"五茸景物最清幽，环海东南第一州"，因此，驾驶粮仓转身的八号桥设计者们，试图在仓库储粮功能淡化之后依然留住粮食这个根，让"闲向女儿泾上过，为郎婉转唱吴讴"的诗意缭绕飘荡在运河旁的这片天空，吃茶也有一片好水泊。于是，青砖、红砖墙体，让它依旧如斯沧桑斑驳，墙上有白灰，白里透出亮眼的红，挺好的，就这样不改了。改造者要做的是：墙，该加固的加固，但做得不露点滴痕迹；洞豁歪咧的窗户，该换的换成流行的推拉式闭合窗，"化妆"就靠檐下一溜白色灯光，墙脚再添几盏古风浓浓的亭式 LED 灯。到了夜晚，这硬山顶、短檐棚的房子仿佛历尽沧海归来的老者，尝遍人间百味，依旧青春勃发。

里面也一样，桁条依旧是那桁条，立柱依旧瘦削颀长，照明的灯罩还是瓜皮帽的模样，只是灯泡已经不再是当年的白炽灯，环保低耗是新时代的必然要求；当内墙的斑驳不再符合展览的要求，入驻单位才会刷成雪白，这样挂在墙上的展品便格调担当、清新雅致起来；也有需要斑驳来承托幽古之思的，于是展品就"浮"在墙上浓浓的"旧时光"里。

屋顶也是，黄色的瓦片能用的，坚决用上，但创意也是必需的。马赛克效果的爱因斯坦、居里夫人，各种历史与现代感交汇的写意屋面便呈现在无人机的镜头里，那都是设计者利用原有建筑留下的红瓦、青瓦在屋顶拼贴出来的，创意感十足，文化情怀满满。

当地文史专家介绍，松江不但是粮仓、布库，还是诗情画意的云间。陆逊、陆机、陆云自不必言，徐阶、董其昌……《平复帖》是现存最早的名人书法真迹。

还有，世人所知甚少的是，那首流传极广的《雨巷》就在松江发生。"一个丁香一样的／结着愁怨的姑娘……／在雨中哀怨／哀怨又彷徨／她彷徨在这寂寥的雨巷／撑着油纸伞／像我一样……"戴望舒的《雨巷》，凸显了一条悠长湿漉的雨巷，那是情到深处的江南意象。雨巷故事发生地就在云间粮仓北边的西司弄施蛰存故居。"四一二"事变后，受到通缉的戴望舒，辗转来到施蛰存家中，在这里一厢情愿地爱上了施的妹妹施绛年，她成了《雨巷》中的"丁香"，革命与爱情在云间婉转缠绵起来。

所以，今日松江意欲打造"书画之城"，粮仓当然要响应。"酒瓶翻新改造之后，要装的当然是创意之馕、诗意之酒。"松江有关部门介绍，他们会同开发商在园区内设立云间艺术馆、艺术家工作室等等；策划云间艺术季、云间大讲堂、云间文创市集、筒仓露天电影等门类多样、色彩丰富的活动，目的是要吸引好奇心强、生活追求个性化、欣赏能力高的人群，其中主流应该是大学生、游客，以及白领和中产阶层，创意设计朝着网红打卡地目标迈进。

老仓新啼音遏云

2019 年 4 月，18 位两院院士（中国科学院院士和中国工程院院士）参加云间粮仓改造的奠基仪式，超过百幅院士书画捐给了松江区，园区内的部分老厂房也被改建成院士工作站。园区工作人员信心十足：未来园区条件成熟后，他们将邀请其中不少院士来这里开展日常工作。

还有水墨画家何曦、滑稽艺术家王汝刚也来了。20 世纪 80 年代中期毕业于中国美术学院的何曦是当代花鸟画创作领域的风云人物。他以工笔花鸟见长，刻画真实，惟妙惟肖，细腻，纤毫毕现，精致入微，能够到达乱真的地步。何曦说："乱真仅仅是精确的写实，远不是我对绘画的要求，我要通过精确的形象来表达自己对世界的看法。"王汝刚是国内家喻户晓的喜剧明星，他通晓多种方言并善于运用方言营造喜剧效果，曾获中国曲艺"牡丹奖"表演奖、上海戏剧"白玉兰奖"主角奖等荣誉。

作为最早一批入驻云间粮仓的艺术家之一，王汝刚为自己挑选了一个非常别致的空间作为个人工作室，那是一处在上海罕见的捷克式双顶建筑，现在成了许多建筑爱好者和游客的打卡地。王汝刚笑称："粮仓，是个象征丰衣足食的地方，在人们记忆里是闪耀着金黄的希望的地方。就是现在，站在空旷的晒谷场上，都能切身感受到人们在这里庆贺丰收的喜悦。"

艺高如云彩的大咖，作品好看但亲民则难；再加上，当今高手常常在民间。"我们在园区专门辟出十面大型的涂鸦墙，供爱好者尽情挥洒。"开发者称。不仅如此，按照设计者的创意，24 米的八大筒仓将被改造成为创意灯光秀和筒仓放映场地。"筒仓纵看横看都特别，凹凸有致，整齐如兵阵，威武如剑林，立体感、画面感都极强，我们在朝阳初升、月光在空时都来观察过，一致认为此处大有文章可做。"设计者说。在这样的屏幕上播放以松江老城为背景的《小城故事》、播放陈永康水稻丰产纪录片，对于我们来说都是一件十分具有场所感、历史文化感的美事。

截至目前（2020 年），云间粮仓已举办艺术展览、云间大讲堂、云间文创市集、露天电影、爱粮节粮主题日、江南丝竹音乐会等 20 余场活动。同时，以涂鸦、摄影打卡点等吸引广大摄影爱好者。在融媒体时代，图片、视频都是"传播的火种"，大众点评、小红书、抖音等自媒体渠道一个也不能落。于是，众人拾柴火焰高，云间粮仓已久居"大众点评"松江区文化艺术热门榜第一名。

这个转身很华丽

在无人机的视野里，屋顶上棕褐色的是旧瓦、棕红色是新瓦，新瓦勾勒出头发、眼镜和躯体，青瓦描出脸庞和脖项，一幅学者的图像就朦胧出镜了，与周边的新旧瓦片"马赛克"相得相衬，煞是潮派。走进平房里，人字架还是当初那个人字架，但陈设早已是山清水秀。

云间半亩田，东一簇，西一丢，长长短短是麦田，麦田艺术很迷你。那黄如金，那白如棉，轻轻抚过去，绵如白雪的云彩下，那墙上挂的全是写意的画框。观者说："一簇簇小小的金色麦田，摇头晃脑的麦穗儿，特别招人喜欢。扎实的草垛错落藏在麦田里，暖黄的灯光透过悬在半空的棉花（模拟白云），坐在小小的谷堆上，感受着浓浓秋意。"半亩田面积不大，一眼就能看到尽头的墙，但你若是想在这里摆个 POSE 出个影，斗笠、蓑衣、镰刀、小麦束早已为你准备好了。贴心！

两棵香樟树背后，就是一幅蓝底橘红的涂鸦，整整一面山墙，六七只仙鹤振翅向左，中间是橘红云彩托着"心"，一只白色的鸡缸杯上，大公鸡昂首引吭，应该是祝寿颂吉祥的；啤酒屋的背面墙上，鲸鱼跃出海面，湛蓝浩瀚无垠，游船泊在不远处，啤酒正在倾倒，你想来一杯不？三层小楼整面墙被滑板、骑木马、拿着望远镜的小小太空人填满，形态丰富、样貌可人，那花是绿的，那纸飞机飞得高高的；这一侧矮墙上，绘的是砖块嶙峋的废墟上，太空机器人正在打斗；最摄人的当然是那幅九色鹿，米黄的鹿背上棕斑点点，鹿儿体态丰腴、身形矫健，昂首奋蹄，腾云向天，衬映它的是一轮祥云包裹的粉红太阳，它的四周是八头纯白的小鹿，或奋蹄、或回首，蓝天白云、红花绿树之下，一派欢乐祥和的景象。

远远地，你就看见了沪上网红精酿啤酒店——"啤酒阿姨"：新旧瓦片绘出神似五大洲的屋顶，墙上嵌贴的层层垒叠如弹夹的就是啤酒柱了，兰迪灰紫的墙前面配置橘黄圆肚、身形萌哒的啤酒桶，衬得"BEER LADY"分外有型。侧面看过去，啤酒桶与满墙的啤酒瓶配着褐黄的屋顶，不进去喝两杯？屋里，啤酒的欢喜世界：铜管、黑柄、银嘴，手一拉，浓浓的泡沫伴着亲切的啤酒黄瞬间便在弧线优美的长长酒杯里绽放着幸福。"这样的加注器，一排 8 个，一溜儿过去十来排。老饕们来了，欢喜！"工作人员说着、微

啤酒阿姨　设计者 供图

笑着。端着啤酒，坐定，环顾四周，这里就是啤酒王国，五颜六色、斑斓如花的各色酒瓶，瞬间点燃了你挨个儿尝尝的欲望，当然要好酒量才行，因为这里的酒从零度到 70 多度都有，做好准备了没有？店员介绍，这里保存着一万多款来自世界各地的啤酒，单品售价从十几元到数千元都有。同时，啤酒博物馆还以观赏、体验、互动的方式，向顾客展示世界啤酒酿造过程和发展演变，同时展示各种啤酒原料、酿酒设备、灌装设备。"物质与精神在这里很好地发生了化学反应。"啤酒阿姨自信地说。

粮仓管理人员介绍，今年 9 月中旬启动的上海旅游节让试运营的云间粮仓有了一个展示自己风采的舞台，这里陆续上演了"独角戏艺术漫谈""云府游园会"、后备箱集市等活动。听王汝刚妙趣横生的表演，品尝各种稀罕小吃，品味苏式粮仓，欣赏秀丽河景，发幽古之思，观涂鸦之趣，活动精彩不断，游客点赞有加。

开锣登场亮了，接下来的路如何走？负责项目的设计师说，按照计划，筒仓改建酒店、亲子休闲绿地（联合洛克公园打造）、VR 体验中心、民宿等，正在紧锣密鼓地推进中，争取年底正式开园。其次，不断完善旅游配套设施，实现智慧化管理服务，按照 3A 级旅游景区标准建设旅游公共服务点、旅游停车场等；在现有基础上继续推进园区建筑修缮、夜间亮化工程、绿化种植等；做好院士楼建设，打造众创空间，服务长三角 G60 科创走廊。其中，云间艺术馆、艺术家工作室、两院院士艺术馆等文化场馆建设，云间艺术季、云间文创市集、筒仓露天电影、音乐会等都是重头戏，着力点是创造更好的条件，争取更多的优秀艺术家在松江绽放精彩。

设计师说，园区改造设计，还将根据地块建筑特色，打造 600 米空中云廊，云廊不断蔓延上屋顶，穿梭于茂密古树、粮仓建筑、文化广场间，园区多栋建筑由此连接，起伏的云廊将成为松江一道亮丽的风景线，成为市民旅游观光、休闲健身的好去处。

设计方说，松江自宋代以来市集开始发育，时间早、规模大。基于这个考量，粮仓改造专门安排了文创市集之后备厢市集计划。我们试图通过汇聚长三角的优秀文创、非遗、手造资源，搭建孵化和培育更多优秀原创工作室、匠人、设计师、高校学生的市场化平台，满足消费升级带来的市民品质文化消费需求。今后，将持续举办名为"你停我看"的百车后备箱市集，争取做大品牌、做出影响。而且，市集将细分受众市场，尝试举办不同类型的市集，包括适合亲子的游乐市集、美食市集、旧物市集、非遗市集等。

粮仓归来，欲停思难以止。我们已经看到，这片承载松江深厚人文历史底蕴的土地古老基址正加速新生，有理由相信融"科创、文创、旅游"于一体的人文松江新地标历历可期。

茂名南路一景　作者 摄

风云激荡阛阓起
——茂名南路建筑的演进与时代风云

"欧洲古董别墅家俬"、快递点、"承惠里"石碑、上海市"希望工程"

办公室……如果您在延安路高架茂名南路路口往南走，看到的就是这

些景象，与上海常见的老马路别无二致。但是，稍稍知晓上海历史的

老克勒们都知道，当年上海名头响当当的高层住宅建筑、当年中美联

合公报谈判的风云激荡就在不显山不露水的阛阓市廛里。

茂名南路之由来

茂名南路是一条全长 1275 米的小马路，南北走向，北起延安中路与茂名北路相接，南至永嘉路。这条路始建于 1919 年，为法租界公董局修筑，以比利时大主教迈尔西爱的名字命名为迈尔西爱路。1943 年，汪精卫政府接收上海法租界，以广西壮族自治区桂林之名改为桂林路，那时候茂名南路北端的茂名北路以广东茂名市之名改为茂名路。至 1946 年，茂名路改叫茂名北路，而"桂林路"则改叫茂名南路。

尔时，茂名南路的南段是与衡山路、新天地并称为上海三大酒吧区的街区，在永嘉路至复兴中路之间集聚了一批世界各地风味的酒吧、咖吧和休闲茶坊，其中不少在旅沪外国朋友中享有盛名。但我前去溜达时，发现几已不复存矣。

街上，茂名南路的北端许多中式旗袍之类品牌服装专卖店尚存，主要集中在南昌路以北的道路两侧，这些服装店都以服装定制为特色，有特殊需求的顾客就可以来这里。

灰穹之下初春时节，梧桐树纷纷素颜示人，斑驳的树干、瘦铁的树枝，看着人就想加衣服；只有矮矮的别墅、高高楼前的冬青树告诉人们，料峭中依然有"战士"。透过浓密的冬青树叶，灰白墙裙上的一只"猫头鹰"吸引了我的目光，原来那就是著名的华懋公寓了。

茂名南路的悉心建造得益于上海法租界公董局。此局是上海法租界的最高行政当局。1854 年，上海法租界为抵御小刀会给租界带来的损失，从而加入英美租界，受上海租界工部局统一管理。1862 年 4 月 29 日，法国驻上海领事爱棠宣布法租界自行筹办市政机构"法租界筹防公局"，1865 年确定译名为"上海法租界公董局"。1943 年 7 月 30 日，法国维希政府与汪伪政府签订协议，放弃在华治外法权和租界，上海法租界被收回，法租界公董局亦于同日解散。茂名南路上的著名建筑大都是这一时期的产物。

随着城市微更新的走深走细，茂名南路走过曾经的大变身、大热闹之后，眼下倒让人觉得有些冷清，好多店都是关门状态。十几年前，文化创意产业在上海勃兴时，茂名南路也走上了服装、古董等传统产业再造，然后加饮食（咖啡、创意餐馆）的文化产业路子，很是红火了一阵子。后来，这种模式在上海、在全国遍地开花，于是人们的目光开始游移，茂名南路就渐渐成了今天这个样子了。

那些公共建筑，进去看你就知道曾经的奢华穿越了岁月

怀旧的人们爱到这条路上，秋天是标准的到访季节。驴友们有图有真相地说："午后，站在南昌路茂名南路路口放眼望去，梧桐树的'头发'已经飘黄，一阵细风吹过，梧桐

树应声'沙沙'作响，黄透而枯的、黄而未透的叶便从枝头飘然离去，翻转着、飞舞着、落下复又飞起再落下，有的要弹四五下，一片两片……地面上逐渐连点成片，积片成被，淡棕色的叶子、黑漆的马路，美极了！"老克勒们还爱用"迈尔西爱"的名字，吟唱：

整个秋天／都从梧桐树上落了下来／我却不晓得／哪能样子才会再等到／弄堂口那间小房子／传出阿姨老爷叔／拖着鞋底板的脚步／慢慢挪到侬的楼下／高一声长一声地叫开／高悬在红墙上的那扇小窗／听到侬伸出头来说："哎，晓得啦！来了！"／听到你回拨通我的电话时／那种腔调冷静的酥软笑声……我的迈尔西爱冷了／依要去的柳营河／也已经被完全填埋／依楼下的梧桐树／更把过去的春暖夏凉／脱得光溜溜的／好像一切／都不曾来过。

无论是诗还是文，写的都是这条百年老路的日常。其实，百年的光阴里，最先标签这条路的诗意和生活品质的是先后建起的公共建筑。

"茂名南路 57 号／优秀历史建筑／原为英侨业余戏剧协会剧场。新瑞和洋行设计，钢筋混凝土结构，1929—1931 年建造。主立面位于街道转角处，中部为三个装饰性的拱券面，上部为挑阳台的三联窗。室内有简洁禁止的几何图案装饰，为装饰艺术派风格。"这是上海市第二批优秀历史建筑兰心大戏院的铭牌介绍文字。

兰心大戏院原本在诺门路圆明园路口，清同治六年（1867 年）3 月由英侨集资建设，英文名 Lyceum Theatre，为英侨爱美剧社（简称 A.D.C）的话剧演出场。"剧院用木板修建，比较简陋，但它是中国大地上出现的第一座西式剧场。"文献中记录的兰心大剧院最初也是颇简陋的。

这座木板剧院同治十年（1871 年）3 月毁于火。同治十三年（1874 年）重建于今虎丘路。虎丘路上的这座戏院是一座三层楼的砖石结构建筑，规模宏大、金碧辉煌。室内音响效果是"台上微叹一声，楼上的后座也能听到，特别适合西方话剧的表演"。进入 20 世纪 20 年代，随着上海电影放映业的兴起，戏剧业日渐萧条，再加上剧院已有半个世纪的历史，破败之相日渐不堪，危险因素不断增加，除偶尔演出，平日关时多。剧社把它卖给了一个中国人。兰心也于 1930 年迁建现址，民国二十年（1931 年）2 月开幕，称兰心大戏院。当时"外侨不看戏，看戏去兰心"，可见它的档次和品味，故有上海"贵族剧院"的名号。剧院内设计精细，无论你坐在何处，你的视线看到的都是舞台的正中。上海解放后，1949 年 10 月英侨剧社将戏院转售上海市剧影工作者协会，改名上海艺术剧场。1991 年恢复"兰心大戏院"原名。

第三次创建的兰心大戏院，更高端。《阿依达》《蝴蝶夫人》的中国首演就在"兰心"。兰心大戏院除演戏剧、歌舞、音乐外，1931 年 12 月起还开始兼映电影，并获得了美国派拉蒙和哥伦比亚影片公司的专映权。当时一些有影响的戏剧演出和音乐会，都爱选择

"兰心"，如俄国舞剧院访沪演出的芭蕾名剧《天鹅湖》《睡美人》。不仅如此，高芝兰、蒋英、董光光、马思聪等人的独唱、独奏音乐会也选择这里；1934 年起，上海工部局乐队定期在此举行音乐会。中国境内第一个话剧剧团春阳社，在兰心大戏院首次公演话剧《黑奴吁天录》。1945 年 10 月，梅兰芳抗战辍演八年，首次复出，在兰心大戏院演出昆曲《刺虎》。新中国成立，这里长期是上海市话剧演出主要场所，也常有音乐舞蹈演出。1960 年 1 月 11 日毛泽东、刘少奇、周恩来等在此观看上海实验歌剧院民族舞剧《小刀会》，1964 年 7 月 22 日刘少奇、陈毅等观看上海人民淮剧团现代戏《海港的早晨》。

现在的兰心大戏院外貌为意大利文艺复兴府邸风格，主立面位于茂名南路和长乐路的转角处。剧院主立面二层有三个半圆拱形落地式长窗，窗外有花瓶式栏杆的装饰性阳台。三层立面采用联排长窗。外墙使用褐色泰山拉毛面砖，转角处由齿形状假石封边。剧院内原设置观众座椅共 723 个，其中二层楼座有 233 个。2004 年兰心大戏院大修，将观众座位加大，座位数缩小为 681 座。舞台面积宽 19.5 米、深 13 米，总面积与观众厅几乎相等。由于舞台宽敞，所以也能容纳交响乐团的演出。剧院后台有小型化妆间 8 个，后台楼上则为排练室。

站在茂名南路淮海中路路口，往北看，就是国泰影院：正立面两条长长的幽暗反光玻璃长窗"捧"着正中的"塔楼"，灰白的长沟槽内"CATHAY（国泰）"仿佛一支待发的长征火箭，把并不伟岸的红墙塑造得很是挺拔高挑，灰白让国泰秒变为一名绅士。

现在的国泰电影院原名国泰大戏院（CATHAY THEATRE），建于 1930 年，由鸿达洋行设计，钢筋混凝土结构，外墙采用紫酱红的泰山砖，白色嵌缝，属典型的装饰艺术派风格。1932 年 1 月 1 日，国泰大戏院正式对外营业，当天登在《申报》上的广告用语

当年的法国总会　作者 摄

是："富丽宏壮执上海电影院之牛耳，精致舒适集现代科学化之大成。"1949 年以后，更名为国泰电影院，"文革"期间曾经一度改名人民电影院。1994 年被上海市政府命名为优秀历史建筑。

2003 年上半年，国泰电影院大修改建，将原有 978 座平坡式的放映大厅改建成三个风格迥异、舒适豪华的阶梯式电影放映厅。其中，第 1 厅 225 座，红色基调，热烈辉煌；第 2 厅 236 座，蓝色基调，宁静温馨；第 3 厅灰色基调，淡雅平和。1、2 号厅银幕宽 11.2 米，3 号厅银幕宽 8 米。

法国总会。走进茂名南路 58 号，你立刻就能看到巨大高楼前面的那栋两三层的裙房，巴洛克式风格的法国宫廷式建筑：长方形二层，部分三层，南向中央和西侧均有突出的圆形立面，其余为阳台式长廊，顶层为平面层，四周围以水泥栏杆，中央建有瞭望亭两座，形成屋顶花园。法国人会享受，1926 年建造的这栋洋房前的大草坪居然分有 20 多个草地网球场，总面积近 30000 平方米，为当时占地面积大、内容全、绿化多的俱乐部，要知道这里可是上海寸土寸金的地方。史论者说，该建筑是上海近代建筑的典型代表之一，在世界建筑史上也享有较高声誉。

法国宫廷式建筑如凡尔赛宫立面为标准的古典主义三段式处理，即将立面划分为纵、横三段，建筑左右对称，造型轮廓整齐、庄重雄伟，被称为理性美的代表。正宫前面是一座风格独特的"法兰西式"的大花园，园内树木花草别具匠心，全是人工雕琢的，极其讲究对称和几何图形化。宫殿内部装潢则以巴洛克风格为主，少数厅堂为洛可可风格，陈设及装潢精雕细刻、豪华富丽，极富艺术魅力，个个像极了凡尔赛宫。

有趣的是，这座建筑从外表看是典型的石头建筑，如高高大大的立柱、柱顶科林斯风格的装饰、门楣上山墙形的装饰等，看起来都是海枯石不烂的模样，但它们实际上都是由砖和石灰粉刷出的效果，沉稳、典雅，虽灰白一片但却自带绅士魅力。进出口门楣上的山墙为木制后涂抹油漆。内部东面进口大厅通往二楼的楼梯极其鲜明地反映了当时的艺术风尚，特别是金属扶手，造型优美、做工精致，为法国制作运至上海的，堪称该俱乐部中装饰艺术的典范。

二楼宴会厅是原法国俱乐部的精华，是花园饭店建筑精华中的精华。特别是大宴会厅——百花厅，曾经是上海赫赫有名的舞厅：因为它中间椭圆形、凹陷舞池的地板下设计有弹簧，在此轻舞一曲华尔兹顿有轻盈翩翩、如毛似羽的感觉。舞厅的另一大亮点是天花板，由彩色玻璃镶拼而成，中间为船底造型，当天花板上的灯光透过船底造型的彩色玻璃漫泻下来时，整个宴会厅顿时万紫千红，氤氲曼妙，美不胜收，令人欲醉欲仙。

当年，上海有两个法国总会。一个在南昌路和雁荡路交会处，现在叫"科学会堂"。另一个就是现在的花园饭店裙楼了。20 世纪初，在上海的德国侨民见英国人、法国人都有自己的总会，心里不服，集资在当时法租界的边缘地带买地建了一个德国侨民乡村俱乐部。第一次世界大战德国战败，这个地方被法国人收为战利品，于是法国总会在这里大兴土木，建起真正属于自己的总会。法国人在这个新的总会里吃喝玩乐，浪漫潇洒。

可惜好景不长，太平洋战争爆发后，日军就征用了这里，作为占领军司令部的俱乐部。第二次世界大战结束后，租界收回，这块地皮的地价税极高，给战争搞穷了的法国侨民总会再也负担不了，只好听凭上海市政府征用，改为体育俱乐部；二层腾出来给驻沪美军作为俱乐部。

1949 年后，房子和地皮都被上海市政府接管。1960 年为了管理上的方便，改由茂名路对面的锦江饭店（直属于市机关事务管理局）统一管理，号为"小锦江"，正式名字叫作"58 号俱乐部"，用来接待贵宾。20 世纪 80 年代初，这里开始接待外宾。当时一对美国教授夫妇到了这里，里面转了一遍又一遍，惊呆了，说："想不到上海还有这么漂亮的地方。"因为此地的机要性质，非常时期也未曾遭到点滴破坏和改动，因此奢华依旧。

20 世纪 80 年代末，日本人来上海投资涉外宾馆，一眼就看中了这个地方，要求草坪保留，法国总会就成了宾馆大堂。

公共建筑中的风云激荡

可以想象，这些高端公共建筑在当年上演了多少波诡云谲、巨浪滔天的人间故事。

如今，茂名南路上的锦江饭店就是风云激荡几十年的地方。锦江饭店有几栋声名显赫的楼：锦江北楼（习称十三层楼，原名华懋公寓）、锦江饭店中楼（原名茂名公寓，曾称峻岭公寓、高纳公寓）、锦江饭店西楼（原茂名公寓附属建筑）、锦江小礼堂。

上海开埠后，锦江饭店的地皮最早属于瑞记洋行的创始者德籍犹太人安诺德家族。这个家族早在咸丰四年（1854 年）就来到上海"淘金"，一战爆发后，他们被迫改为英国国籍，成为英籍犹太人。战后，他们买下了北起今锦江饭店北楼、南到淮海路国泰电影院的一大片黄金地块。但不久生意大亏，地块抵押给沙逊洋行。1926 年，新沙逊洋行组建了华懋地产公司，在这里建起了三幢公寓。

华懋公寓（现锦江饭店北楼）。20 世纪 30 年代，上海地价日益飙高，为了节省土地，在市内出现了近代高层公寓。这些高层公寓一般在 10 层以上，每层由若干套间组成，大楼内有电梯、煤卫、暖气、热水，楼下有小块绿地和停车场。这些高档公寓当时多数由外国人租用，像百老汇大厦、河滨公寓、毕卡迪大厦、枕流公寓等都是。华懋公寓是当年房地产大王英国爵士"跷脚沙逊"野心膨胀的产物。

华懋公寓建于 1929 年，与外滩的华懋饭店即沙逊大厦同年建成。公寓共 14 层，高57 米，钢筋混凝土框架结构，建筑面积 21000 余平方米，是当时上海最高的大楼。风格为传统的哥特式建筑。建筑平面"一"字形，北面凸出两部分。外观采用褐色面砖，间白浆勾线。立面钢窗排列整齐，为英国传统风格。室内采用蟹脚扶梯、铜门铁饰，电梯厅用了别致的楼层指示钟；楼里设有 7 部电梯，其中 4 部集中在大厅。华懋公寓甫一竣工，沪上洋商、侨民纷纷前来寻租。抗战胜利后杜月笙从重庆回到上海，长住华懋公寓。1947 年，与胡兰成分手的张爱玲曾经在华懋公寓小住过。刚搬来这里，她也被一些激进人士归在文化汉奸之列，一些媒体开始封杀围剿。

华懋公寓设计时对地基考虑不足，沉降达 2 米多，原建筑底层今成地下室。1989 年 9 月，华懋公寓被列为市级文物保护单位。

峻岭公寓（锦江饭店中楼）。锦江饭店的中楼峻岭公寓始建于 1934 年，原名格林文纳公寓，又称茂名公寓，原为华懋地产公司投资建造、公和洋行设计。华懋公寓一炮打响之后，沙逊于 1935 年投资 395 万银元建造此楼。建筑为框架结构，面积近 24000 平方米、高 68 米，外形仿当时世界流行的美国摩天大楼样式。公寓平面成"凸"形，其中中楼高 19 层，并从 13 层起逐层收进，重点突出中部。底层全部为储藏室，二层以上为公寓式房间，共有 77 套，设有 6 部电梯，其中 4 部为客梯。公寓立面处理简洁，用防火棕色面砖材料砌筑墙面，立面用垂直线条装饰，入口处用部分大理石装饰。建筑为装饰艺术派形式。

锦江饭店的西楼原是茂名公寓的附属建筑，建成于 1934 年，建筑面积 10227 平方米，标高 18 米。大楼设计别致，由 6 幢 3 层的炮台式公寓组成，内部装饰与中楼相同。

那时能住进这里的都是身份高贵或具有强大经济实力的人。抗战后日本政客和商人多了起来，抗战胜利后，公寓一度被美军后勤司令部接管。蒋经国、俞鸿钧（1936 年为上海市市长）、美国"飞虎队"的数百名飞行员都曾在峻岭公寓住过。

1956 年峻岭大厦归市房地部门管理，改名茂名公寓，一部分房间分配给高级知识分子居住。著名作家靳以、唐弢、峻青，翻译家孙大雨、文艺评论家孔罗荪、著名医师周诚

峻岭公寓　作者 摄

浒等都曾在峻岭住过。锦江饭店建立后，此楼是锦江饭店中楼——贵宾楼，楼里的中式西式套房是真正的总统套房，只有国家元首才能够入住。1959 年，党的八届七中全会召开，大部分中央领导人都住在这栋楼内。1989 年，峻岭公寓公布为上海市文物保护单位。

锦江饭店小礼堂。锦江饭店院内，高俊大楼的"绿谷"里，有一座方方正正的小礼堂，那儿原来是安诺德兄弟住的小洋楼。1959 年为了召开中共八届七中全会，仅用 28 天就将之"变"成了一个小礼堂。礼堂虽小，却专办国家大事。除了党的八届七中全会在此召开外，1972 年的《中美联合公报》也在这里签订。

尼克松总统 1972 年访华之行，堪称 20 世纪世界最重大的历史事件之一。尼克松访华时最重要的会谈，当然是与毛泽东的一小时零五分钟的最高级会晤。但毛泽东对尼克松说："我跟你只谈哲学，其他具体问题要与周恩来谈。"

尼克松访华进程中的核心环节——《中美联合公报》，会谈一波三折，千回百转，终于柳暗花明。其间关键是台湾问题，双方人员经过贵宾楼、小礼堂间穿梭往来、疾风暴雨般的彻夜磋商协调，最终形成解决台湾问题的措辞。"特别是 27 号晚上，一直到凌晨一两点钟，不停有人在大堂进进出出，中美双方代表团那天晚上都在很紧张地工作。"当年的工作人员回忆。直至 2 月 28 日凌晨两点，预定在上海签署的公报文本终于落实了！

1972 年 2 月 28 日下午 5 时，在上海锦江饭店小礼堂的大厅里，尼克松、周恩来率领的双方大队人马齐了；全世界各地赶来的数百名记者早已将大厅挤得满满的，各种相机的"咔嚓"声与闪光灯一起汇成历史性的一刻：《中美联合公报》（也称《上海公报》）终于在锦江小礼堂宣布诞生了。

华懋这样变身。1948 年，董竹君买下华懋公寓。董竹君（1900—1997），奇女子。出生在上海的一个贫民窟里，在她 12 岁那年，迫于生计，沦为青楼卖唱女（即清倌人，卖艺不卖身）。在妓院里，董竹君认识了革命党人夏之时，以心相许，逃出了妓院，与夏之时结婚，并随夏之时一起来到日本。在日本，董竹君如饥似渴地学习知识。四年后，她随夏之时回到成都，夏之时就任四川都督后，她成了四川省都督夫人。然而，家庭里的封闭旧式，使刚刚开始新生活的董竹君感到窒息，最终她与丈夫离婚，带着四个女儿离开了四川，来到上海。历经无数难以想象的艰苦，闯过无数难关，她周旋于上海警备司令杨虎、黄金荣、杜月笙等权贵们之间，依靠自己的智慧、才能和勇气，创立起了锦江菜馆和锦江茶室。解放前夕，她成功策反杨虎。1949 年后，又在人民政府的帮助支持下，创立了上海第一家可以接待国宾的锦江饭店。1951 年 6 月正式开业。1959 年建成的小礼堂，可供 300 人开会或观看演出。1965 年建成南楼。锦江饭店的餐饮始于 20 世纪 30 年代，曾多次到美国、新加坡、中国香港等地进行烹饪和宴会服务表演。

锦江饭店自开业至 20 世纪 70 年代，一直是上海规模最大的涉外宾馆。曾先后接待 100 多个国家的近 300 位国家元首和政府首脑，其中有美国总统尼克松、英国首相撒切尔夫人等。1993 年，尼克松第三次来到上海，特别提出要回到当年发表《中美联合公报》的地方看看。当尼克松走进锦江小礼堂时，当年接待过尼克松总统的那些服务员列队相迎。尼克松非常兴奋地对媒体说："我要告诉你们，当年《中美联合公报》就是在这里发表的，中美关系就是从这个地方起步的。"

这条路上的著名公寓建筑

茂名南路 112 号、124 号，一眼就能看见这栋四层公寓建筑，长阳台足有两间房的长度，圆形窗点缀其间，它就是希勒公寓／钟和公寓。钟和公寓建于 1930 年，钢筋混凝土结构，现代派风格，建筑立面简洁，外墙贴米黄色面砖，墙面平整，开窗讲究，整体没有过多的装饰，仅在窗洞周围做仿石装饰线脚，阳台出挑较大，顶层也以浅线脚为装饰。

茂名南路 143 号、151 号（南昌路、茂名南路交叉口）则是阿斯曲来特公寓（今南昌大楼）。大楼呈 V 字形，在南昌路和茂名南路上各有两个出口。南昌大楼始建于 1933 年，永安地产公司投资修建，由外籍设计师列文·阿斯取莱特设计。南昌大楼两面邻街，一楼原来是车库，二层以上是住宅，每户都有半挑半凹的阳台，属于现代建筑，简洁而大方。外墙采用奶黄色面砖贴面。大门门楣、顶部尖塔、檐部、门厅地坪、门窗铁花等处，都体现出浓郁的装饰艺术派风格。

大楼里的厨房和客厅连接处有 3 个多平方的独立备菜室，招待客人时，主人家的厨师可以把菜烧好递入其中，再由佣人端上。南昌大楼的后面，是一幢被大楼主体包裹着的四层保姆楼。大楼内的每个厨房里，都设计有电铃，电铃一响，保姆楼里的"下人"立刻起身，随叫随到。保姆楼终日不见阳光，每个房间都是标准的 7 平方米。这种主仆分明的楼宇设计，南昌大楼当时就被人称为"等级森严的公寓"。附近居民的博文写道："这栋高 33.4 米的 8 层公寓，建筑面积 11196 平方米，为法国天主教会的产业。在 V 字形的内部，是块小空地，四边的底层是大楼附属的汽车间；还有四层楼的佣人房。大楼的外墙为黄绿相间的面砖，70 多年过去了，也没听说有脱落下坠的。"

楼内的电梯也很有特点。电梯居中，楼梯围绕它而盘旋直上。电梯间是透视的，外面的人是能够看见里面的。操作不是按钮式，而是手柄式。那时候，有专职开电梯的，属于房管所。

有人做过统计，到 1949 年上海解放时，全市 8 层以上公寓大楼共有 42 幢，而在茂名南路，数百米内就有 3 座：南昌大楼、华懋公寓和峻岭公寓。

茂名南路 163 弄，是茂名南路上唯一有花园的弄堂，这里曾是一条卧虎藏龙的弄堂。

弄堂呈不规则工字型，共有 11 个门牌，其中有 7 个是带花园的，只有弄堂底的 6 号到 9 号是没有花园的长条联体建筑。

弄堂里的 3 号楼原属 1937 年中华民国司法行政部部长谢冠生。现在是幼儿园。6 号楼内，租下一二楼的就是锦江饭店老板、1949 年后连续担任七届全国政协委员的董竹君。但这条弄堂里最知名的，当数 6 号楼三楼曾住过的一位传奇"上海小姐"：王韵梅。据说当年开着小汽车来看这位王小姐的，能从她家门口排队到弄堂外的马路上。为何？

1946 年，抗日战争已经结束，正当上海人民憧憬美好生活的时候，国民党发动了内战，再加上苏北等地洪水泛滥肆虐，灾民填满上海街头，筹措善款救助灾民成为当务之急。正是在这一背景之下，在青帮帮主杜月笙的组织下，举办了一次"选美"，拟选出"上海小姐""评剧皇后""歌星皇后""舞国皇后"……

经过诸多方式的宣传，最终有数千名女子报名，其中有一位叫谢家骅的女子广为人知。她人极标致，颇有周璇、阮玲玉风韵。其家世较为显赫，父亲是当时上海化工大亨谢葆生，她本人也是复旦大学商科学生，优势极大。

但几个月的角逐后，出来的结果让所有人都大吃一惊，冠军竟然是默默无名的王韵梅，得票 65500 张。舆论普遍看好的大热门谢家骅屈居亚军，得票 25430 张，比第一名王韵梅选票少了 40000 多张。结果一出，谢家骅在现场失声痛哭。

深扒之后，世人知道了王韵梅的真实身份——四川军阀范绍曾的第二房姨太太。事情是这样的：比赛的组织者、监票人杜月笙抗日战争时曾流落重庆，得到范绍曾的悉心照顾，于是投桃报李。当时选美投票规则很简单，一票多少钱。于是，有钱的杜月笙便捧王韵梅，硬用大价钱把她捧成冠军，举办方募到的赈灾款也达 4 亿法币。这次选美比赛无意中创下了一项纪录：中国第一次大规模选美。

有意思的是，获得冠军后的王韵梅随即销声匿迹，仿佛人间蒸发。范绍曾逃往香港时没有带上她，上海滩上竟无人知道她的消息。这位王姓"上海小姐"的传奇故事，据说就是王安忆小说《长恨歌》中王琦瑶的原型。

位于茂名南路复兴中路的清华中学里有一幢百年小洋楼，小洋楼如今已经成为学校的行政楼。小洋楼呈竖式三段，二侧对称为厢房，山墙山花雕饰，中间底层外廊式，二楼内阳台，三楼敞阳台，顶层有假四层，外侧是平台。这所学校在民国时期不一般，那时叫弘毅中学，虞洽卿为校董，校长由日本留学归来的俞云九（俞叶封之子）担任。张啸林的孙子就读该校，还有不少大亨之后。

浙江杭州人俞叶封，上海青帮流氓头目，在上海青帮中的地位仅次于三大亨。1937年抗战爆发，俞叶封追随张啸林投靠日本，沦为汉奸，为日寇搜购军需物资。军统决定除掉这一汉奸。1938 年 6 月 24 日第一次暗杀没有成功。俞叶封很爱听戏，针对他的这一爱好，军统在 1940 年再次策划了对他的暗杀计划，趁看戏时将其击毙。

悠悠往事，并不如烟。茂名南路深水激流、晴空烈风的故事深藏在这些古董建筑里，还需我们不急不躁，细心发掘。

它们寄托着民族复兴的愿景
——"大上海计划中"的公共建筑掠影

众所周知，作为历史文化名城的上海是中国近代化的缩影，这里集中了众多西洋风格的建筑，古代文明遗存也不少，但很多年轻人已经不知道还有"大上海计划"和它留下的不少民国公共建筑。上海特别市政府大楼、上海图书馆、上海博物馆、上海体育场、上海市立医院、市卫生试验所、飞机楼……这些当年如雷贯耳的名字早已湮没在悠悠时光里。但是，一旦你知道了这些或藏在学府大院、或隐于僻街陋巷里的建筑为何建、怎么建，它们身上藏着当年的何种心跳，你一定就会想要一探究竟。

大上海计划是块"复兴试验田"

坊间熟知的是当时上海租界及其商业、居民区已无成型、成片的土地可供政局稳定的民国政府展开上海特别市的市府及其必要设施的建设了，于是抱着振兴民族、颉颃列强的想法，民国政府另起炉灶，在这蛙声一片、鸥鸟翻飞的郊区（今江湾地区）实施大上海计划。

其实，大上海计划还有更深一层的意图。当时的欧风美雨代表着世界先进文明，当时的规划实施者、建筑设计者无一例外地笼盖在这一时代背景之下。以董大酉为代表的留美学生，规划设计时，身上肩负的是全球城市、复兴中华的时代宏愿，他们自然而然地在规划设计中模仿美国城市、建筑的风格样式。

我相信，在大上海规划的制定者心中，芝加哥、华盛顿的城市风采一定会是一股驱动他们的动力。芝加哥 19 世纪前是美国中西部一个名不见经传的农产品集散地，但 19

世纪初始，不到 100 年的时间其人口便飙升至 100 万人，成了当时世界上人口超过
100 万人的城市中唯一的一个世纪前还不存在的城市。董大酉他们留学美国时，正值芝
加哥飞速发展时期，被称作"浮华时代"，芝加哥拥有水陆空交通枢纽地位，商业氛围
极其浓厚，国际化程度很高，大量华人被吸引前往。

《芝加哥规划》（Plan of Chicago）的主创者丹尼尔·H. 伯纳姆 (1846—1912) 是美
国 20 世纪早期"城市美化运动"的领导者，推崇大型公园、宽阔街道和开放空间。这
部出版于 1909 年的里程碑式作品，掀起了城市设计的革命，是美国现代城市规划的起源。
规划被芝加哥市采纳后，确立了该市尤其是其湖滨地区的基本发展格局。

华盛顿规划比芝加哥早百余年，请的是法国人朗方。华盛顿等人建立民主的美国之
后，1780 年决定在美国东部马里兰州和弗吉尼亚州相邻处、波托马克河和阿那考斯蒂河
交汇处的北岸高地上建立首都。朗方选择两河交汇处、中心小山冈——琴金斯山高地，
"依山傍水"的轴心处摆上国会大厦，展开总统府、广场、纪念碑、纪念堂等一系列公
共设施。朗方设计的华盛顿不发展或不布置重型、大型的工业建设项目；保持放射形和
方格形相结合的道路网，许多道路交叉点被设计成圆形广场或方形广场；规定了市中心
区周围的建筑物高度，不得超过国会大厦的高度（33.5 米）；市中心主轴线上，精心设
计国会大厦向西经华盛顿纪念塔、倒影池、林肯纪念堂等约 3.2 公里空间范围内的草坪、
林荫道及两侧的主要公共建筑群；设计了大量的绿地、林荫大道和公园。

两座城市的规划和建筑设计肯定进入了中国赴美留学生的课堂，肯定沉淀到董大酉
这批留学生的心里。于是，孙中山先生的"大上海计划"成为民国政府施政新章时，就
变成了实施计划。制定者邀请的评审专家也是美国市政工程专家费立伯、龚诗基。今天
看来，这份科学、理性和秩序的"大上海规划"很多细节都能找到芝加哥、华盛顿两城
的印记。

大上海计划的公共建筑数过来

国民政府在建设首都南京的同时，也准备建设沪宁线另一头的上海，让远东第一大
都市的华界可与租界媲美争艳。1927 年 7 月 7 日，上海特别市政府成立，蒋介石亲临典
礼现场，他说："上海特别市非普通都市可比，上海特别市乃东亚第一特别市。无论中
国军事、经济、交通等问题，无不以上海特别市为根据，若上海特别市不能整理，则中
国军事、经济、交通等问题，即不能有头绪。"

作为霍华德"明日田园城市"理论的中国版——大上海计划仿照芝加哥、华盛顿规
划，在设计道路、公园等公共基础设施之外，率先设计出一批公共建筑，其实这也与中

国古代城市初创的路径一样。

市政设施的核心要义自然是为市民服务，只不过近现代城市的公共性更加突出，所以市政府成了第一批建设的工程。市府大楼位于特别市中心那个大大的"中"字北头一竖的顶上，在"大上海计划"中南北、东西主干道的交叉点上，占地面积为 6000 平方米，总建筑面积为 8982 平方米，东西长 93 米、中部宽 25 米、高 31 米，四层钢筋混凝土结构，布置堂皇，外观极其雄伟，民族特色尤为鲜明。

作为"大上海计划"中市中心区域建设计划的核心，这栋楼由董大酉汇总设计、朱森记营造厂承造。1930 年 7 月 7 日奠基开工，期间因"一·二八事变"停工约 5 个月，工地建筑材料被日军掠夺一空，朱森记营造厂损失惨重。朱月亭明知亏蚀严重，在爱国热情的燃烧下仍然坚持将工程完成。

1933 年 10 月 10 日，上海特别市政府大厦落成，大楼北侧孙中山先生铜像也同时安装完成。大楼落成当日是辛亥革命 22 周年纪念日，航空署派多架飞机鱼跃式穿过大楼上空，中外 10 余万来宾齐聚一堂，共同庆贺新厦竣工。市长吴铁城发表演讲。新厦的落成振奋了民族的信心，给中华民族的苏醒敲了响钟。

大楼也被称为"绿瓦大楼"，现为上海体育学院办公楼，在该建筑上可远眺旧上海市图书馆和旧上海市博物馆。大楼后为北广场，建有九层台阶，石质基座上耸立着孙中山先生铜像。1937 年"八·一三"淞沪抗战时，铜像被毁。现有铜像为 2009 年根据原样所重建。

今年（2018 年）国庆期间，上海市原市立图书馆作为杨浦区图书馆新馆开门试营业。1934 年开工建造的旧上海市图书馆，1936 年完工，同样由董大酉设计，张裕泰合记营造厂承造，规模超过了当时租界内的所有图书馆。旧上海市图书馆平面为"工"字形，中国古典式钢筋混凝土结构，正面中央部分共四层，底层券式大门，二层上有平台栏杆，上一层门楼顶部为双檐歇山式、黄琉璃瓦屋面。左右两翼为两层，而前后有突出的两部分房屋为单层。建筑装饰均为古典式，朱漆柱，梁枋及天花、藻井均有彩绘。馆内二楼中厅的门俗称"孔雀门"，是 1934 年的原物，加工方法是用线切割加工钢板冷拉成形，再锻打热弯，然后装上去的。

市政府大楼站在中间，两侧分别立着两栋公共建筑：一栋是图书馆，另一栋就是旧上海市博物馆了。两栋建筑在当时的江湾市中心区遥遥相对。博物馆 1936 年建成并对外开放，董大酉设计，张裕泰合记营造厂承造。旧上海市博物馆外观与旧上海市图书馆相仿，门楼高 4 层，屋面双檐歇山式，杏黄色琉璃瓦顶。装修也与图书馆相似。从开馆到 1937 年抗日战争开始，该馆先后举办过中国建筑、上海地方文献、各国的博物馆等 6 个展览会。这栋建筑现为长海医院影像楼。

原上海市体育场（江湾体育场）由董大酉及助理建筑师王华彬设计，成泰营造厂承造。1934 年 10 月 1 日由当时的市长吴铁城主持奠基典礼，1935 年 8 月建成，有运动场、体育馆、游泳池三大建筑，钢筋混凝土结构。1935 年 10 月和 1948 年 5 月，旧中国第六、七届全国运动会在此举行。抗日战争期间，被日军占作军火库。抗战胜利后，仍用作兵营、军火库。1953 年由市长陈毅题名为"上海市江湾体育场"。1936 年《上海市年鉴》称，这一体育场"建筑之伟大、范围之广袤，其于体育场之地位，目下远东殆无与匹"。

旧上海市立医院（今长海医院 21 号楼）和市卫生试验所是杨浦区境内最早成立的公立医院，均在 1937 年（民国二十六年）建成。市立医院与市卫生试验所相毗邻，都是为了实施"大上海计划"而在五角场地区建造的配套工程。市立医院由当时的上海市卫生局与同济大学合办，1937 年 1 月 5 日始对外门诊，当年 4 月正式宣布开业，设有内科、外科、产科、妇科、小儿科、五官科及门诊部。

旧上海市立医院于 1934 年开工建造，从总体布局到建筑单体，采用典型的现代主义手法，兼有一定装饰艺术风格的影响，立面比较简洁，横向为三段式构图，二至四层以简化的细长爱奥尼克壁柱强调竖线构图。在细部处理上，装饰线条和纹样有福寿吉祥等字样，中国特色浓郁。

旧上海卫生试验所（中原路 32 弄）与上海市博物馆同时施工，建筑也同样以简洁的现代风格为基调，屋顶采用中国传统建筑的形式，飞檐略微上挑，窗裙墙饰花卉图案，红瓦坡顶开老虎窗。建筑外墙面上，每一扇窗下均有雕饰，大部分为卫生试验所的标识，即十字中有变形的繁体"卫生"字样，外以祥云纹环绕，细部装饰风格为中国装饰样式。

为何选择董大酉？

董大酉，一位喝咖啡、吃牛排长大的中国人。少年时跟随外交官父亲游历欧洲，求学时先考取清华学建筑，然后考取庚款留学美国继续学建筑，回国后就遇上同乡、上海公务局长和建设委员会主任沈怡主持大上海计划，他自然就进入班子成为顾问并主持所有公共建筑的方案召集和评定。

董大酉，1899 年出生于浙江杭州，1922 年前往美国留学，先后攻读于明尼苏达大学和哥伦比亚大学，获得城市设计硕士、美术考古学博士。1928 年，董大酉进入纽约墨菲建筑师事务所工作（MURPHY & DANA ARCHITECTS）。那段时间，墨菲建筑师事务所的业务一半在美国、一半在亚洲，承接的最大业务是在中国建造大学校舍，尤其是参与了首都（南京）现代化建造项目。1928 年，董大酉回国，供职于上海庄俊建筑师事务所。庄俊是我国最早留洋的建筑师。庄俊在 1927 年发起成立了中国建筑师学会，他引荐董大酉参与学会工作。1929 年，董大酉被推选为中国建筑师学会会长。

1928 年，上海特别市政府成立，那时市中心地块皆为租界。为了与租界抗衡，政府决定将市府大楼建在郊区的江湾，以解决华界基础设施落后的状况，并提出"大上海建设计划"（都市规划与建设），与此同时，以发行公债与出售土地的方法筹集资金。

1929 年上海中心区域建设委员会成立，聘请董大酉任顾问兼建筑师办事处主任，负责市中心区域公共建筑的设计、监理等事宜。1930 年，董大酉在上海创办了以自己名字命名的建筑师事务所。同年，《大上海中心区域建设计划书》公布，对虬江码头、机场、水厂、道路、铁路枢纽等中心区进行了规划，同时公布了市府大楼、图书馆、运动场（今江湾体育馆）、博物馆、市立医院、市立公园、各局办公楼、音乐学院、上海铁路局管理大楼，及工业区、住宅区的建设规划。

旋即展开工作，至抗战前完成的道路与公共设施，分别有原市府大楼、原五局办公楼、京沪京杭两路管理局大楼、市立图书馆、市立医院、市运动场、市博物馆、市卫生试验所、上海航空陈列馆（飞机楼）等项目，它们都倾注了董大酉建筑师事务所的心血。因此，可以毫不夸张地说，董大酉是"大上海计划"的一位干将，大有功于该规划。

上海当代艺术馆曾经有个关于董大酉的展览，选择了两件作品以展示其风采：一是上海市政府大厦，一件是他为自己设计的现代主义住宅。展览说："在设计中，他始终秉承了一种结合中西方文化的风格。"

大上海计划，董大酉是一位实干家和幕后推手，任期内，他完成了行政中心的各项规划，其中最可瞩目的就是市政府大厦。

1930 年，由市长张群聘他为主任建筑师，主持征求新市府设计图案。征集令出，共收到 46 份中外建筑设计师应征稿件，他邀请叶誉、茂菲、柏韵士 3 位中外专家评出赵深、赵孙熙明合作设计图案为第一名，给奖金 3000 元。该设计图案的中华民族建筑式样，布置堂皇，庭院外观，极为雄伟；并吸收第二、第三名设计的部分优势，经综合加工，建造了涂彩中国梁柱式的市府新大楼。

董大酉集其成的市政府建筑，劲吹民族风，蕴含着强大的民族复兴之喻托。建筑坐落在行政中心十字平面的中轴线上，南北轴线在前面水平伸展，面对正南的纪念性行政广场，背负北部放射性轴线交汇的半圆形广场。这是一件有着完美比例的三段式理论的宫殿式建筑：平台、屋身、屋顶。同一时期的建筑学者梁思成曾对比古典主义理论和营造法式对此做过很好的概括。

建筑长与高之比为 3∶1，外观民族样式，内胆纯现代功能，表皮依然斗拱、雀替、藻井、彩画、琉璃，一应中国古建筑元素都很好地在民族复兴的意识里各得其所。

骨子里，董大酉是西式的人，那个时代建筑界劲吹的现代风鲜明地体现在他设计的自住宅邸中。1935 年，董大酉在当时路名编号为政旦路 120 号的地方（每亩价格 2000 ～ 2500 元），设计和建造的自宅。这座住宅，坐落在南北向的矩形地块上。该地块面对行政中心主要的放射斜轴线翔殷路，背靠政旦路，处于第一次招领土地上；离东部的行政中心和北部的公园均不到千米。建筑坐落在幽静的政旦路上，入口不事声张，与车库入口并列，而主要的起居空间对着南部的花园敞开，院内设有一个网球场、一个游泳池。

董大酉自宅是一栋现代主义风格的建筑，与同期上海奚福泉的梅泉别墅、邬达克的吴同文宅并驾齐驱。董大酉的自宅，用现代主义设计方法建立起室内视野与室外景观的联系、上部空间和下部空间的视线联系。这种流动与连续的空间，建筑上的立方主义造型及各种不同尺度的长窗、竖窗和大面积窗户，属于自内向外的设计原则，是与他设计古典复兴的公共建筑中的静态和割裂的空间所不同的。论者称，虽然不能说董大酉自此转向了现代主义，但可以看到，中国早期出现的现代主义建筑，并非一种意识形态的宣言，而是包容、接受、共处的一种多元特征。可惜，宅子今天已经荡然无存。

把"民族复兴"融入设计之中

因为租界区把民国上海市管辖范围割得七零八碎、首尾难顾，因此跳出租界另辟新境就成了当时国民的心头大愿。建设期间，又遭战火，种种困局、种种坎坷，让这些标志着主权和民族振兴的建筑必须高扬中华风。因此，董大酉虽然喝着洋墨水长大，骨子里的"中华脊梁"在民族多艰的时代当然不风自吼。

因此，董大酉在设计众多公共建筑的同时还设计了一栋飞机楼，设计为双翼飞机凌空欲飞的形状。日本占着空中优势，自 1931 年"九·一八"始对中国实行无差别袭炸。上海也在 1932 年"一·二八"事变中损失惨重，军队阵地、文化机关和居民区均遭袭炸。孙中山早在 1915 年就提及的"航空救国"又一次进入公众议题，国民政府再次举起"航空救国"的大旗。

1935 年 10 月 12 日，飞机楼举行奠基典礼。演说辞称："今天举行中国航空协会会所奠基典礼，目的是奠定中华民国航空救国运动的基础。中国航空协会，系我国唯一的民间赞助政府建设之空防机关，同时也是主持民间航空事业的机关。今天即吾国航空强盛的开始，深望全国同胞共同努力。"1936 年春落成并于 5 月 5 日举行开幕式。该楼今在第二军医大学内，为该校校史馆。

飞机楼结构分两部分。第一部分由机首和前翼组成，共高三层。机首的底层为会客室，循扶梯盘旋而上，可达顶层。顶层为纪念堂，为圆形环墙，嵌以黑色大理石。中间呈圈状，建成三祭台。祭台正中镶着一块蓝色玻璃，阳光透过玻璃，直射大厅，此即"皇穹宇"。再登高可达白石砌成的"圜丘坛"。坛分三层三围用石倍数均依"九"增减，称"小天坛"，确是当之无愧。前翼的一二层，为航空陈列馆和航空图书馆。第二部分由机身和尾翼组成，高二层，多为航空协会的办公室。穿过机舱走道，便达二层高的尾翼。尾翼上镶有"中国航空协会"字样。

建成后办过中国建筑展览会、航空简易展览会、中国航空购机纪念会等。当时，天原化工厂创始人吴蕴初曾购买战斗机及教练机各 1 架，捐给该协会。楼成不久，爆发了抗日战争。期间，该楼用作日军弹药库。1956 年，该楼划归第二军医大学使用。

1991 年，泰国南洋金龙企业有限公司董事长郑钟良来长海医院体检，俯瞰发现一幢奇特的建筑，楼如一架"双翼战斗机"，"机头"朝南，"机翼"迎风，"尾翼"翘然。择日参观，惊奇地发现正门右侧的奠基石记述着楼史。于是，他专程去南京，查阅这座楼的有关史实，决定出巨资 2500 万人民币予以修缮。修复后的飞机楼，由海协会会长汪道涵题写"飞机楼"匾额。建筑以纯洁的银白色为主色调，突出其飘逸与庄严。彩绘雕刻，相得益彰。1993 年 12 月 18 日，飞机楼修复落成典礼，海峡两岸众多知名人士前来参观。

"大上海计划"首批规划建设的市中心区域之公共建筑，都是出于"以崇国家之体制，而兴侨旅之观感"的考虑，因此，这些建筑上的中国元素十分鲜明，从市政厅的绿屋顶、山花彩绘，到图书馆、博物馆的屋脊走兽、孔雀门和玺彩画，甚至卫生机构建筑墙上的祥云、寿字和地上的"卫生"地花装饰，民族印记无处不在。当时的评论说，这些建筑都是在传统形式下的新古典主义建筑，是现代建筑与中国建筑之混合式样；体育场更是将西方新古典主义的构图与中国传统元素有机结合，使用米色人造石对比红色清水砖墙，让人有耳目一新之感；市立第一医院和中国工程师学会工业材料试验所已经是典型的现代主义建筑，传统形式的影响已缩减为室内外的一些空间装饰元素。飞机楼的设计已经看不到"中国固有形式"了，传统形式更多体现在局部的构件和内部装修上。这些建筑落成之后，当时上海工商业界特撰《落成碑》，称："扼全市之形势，甚于租界不啻高屋建瓴，诚得其道而善治之，则喧宾夺主之势，渐以挽回，上海市之繁荣，可由外人而移于国人之掌握。"民众的欣喜之情溢于言表。

现在，这些历尽沧桑的建筑均被列入上海市文保单位。近年来相继开始扶颓圮、修残破，图书馆现已修缮完毕，将以杨浦图书馆新馆面世。

位于上海市杨浦区黑山路 181 号同济中学校园内的图书馆，占地 1620 平方米，建筑面积 3470 平方米。图书馆正中门楼为歇山二重檐式，四周平台绕以石栏杆。远观，楼亭如城上望楼，为钟楼式建筑。馆舍为钢筋混凝土防火构造，外墙以人造石砌筑，配祥云花饰。入内，图书馆大厅、借书处、陈列厅等功能是现代的，装修均为民族风：红楠柱、彩藻井。当时报刊描述道，图书馆内部大厅全部铺着大理石，圆立柱上全部镂空雕花，显得"非常洋气"。

当年建成开放时，记者以"读者"身份前去体验，撰长文分享体验：读者到馆后，首先会看到，入口处左右两侧分别是阅览证查验处和衣帽间。穿过一道玻璃旋转门，便进到图书馆内。进门后，最先会看到作为"报室"的中央大厅。其中，开架陈列着68种当时上海的各类中西文报纸。"报室"左侧是图书馆各部门办公室与库房，右侧则是"儿童图书室"，专门提供童书、绘本的阅览服务。接着，拾级而上便来到二楼的目录大厅。此处大厅地板全部用大理石铺就，光滑如跳舞场。你要是皮鞋的话，一个不留意会使你滑跌。四周则是装点着雕花罗马柱，显得非常别致，让不少读者感叹这座图书馆果然是中西合璧——"外中内洋"。记者称赞："沪市尘嚣，乃有此静美读书之所，实可称道！馆中秩序肃然，阅者遇有所询，该馆职员为之解释说明，不厌烦琐，尤为难得。"

遗憾的是，由于经费紧张，这座"促进社会教育之普及"的建筑是件半成品。历尽劫难，馆舍曾经为同济中学校舍，后空置多年。2017年开始，100多名工匠历时1年，修旧如旧地修复了馆里珍贵的彩绘、琉璃瓦、水磨石等；最神奇的是二楼大厅的孔雀门，修复的工匠们同样采取当年的办法，切割冷拉成形后手工锻打热弯重塑"孔雀"。今年国庆节，图书馆对市民免费开放，市民赞不绝口，上海的图书馆没哪一家比得上这里，这儿的每个角落都有故事。一位阿姨还说，发展慢挺好，慢，阿拉杨浦才保留了噶西多"故事"。

下　　编

同济人的
建成环境

后滩设计稿　受访者 供图

沙鸥翔集　锦鳞游泳
——世博后滩生态水系改造科研团队专访

"至若春和景明，波澜不惊，上下天光，一碧万顷，沙鸥翔集，锦鳞游泳，岸芷汀兰，郁郁青青。"这是《岳阳楼记》中的句子。如今，拿它来形容 2010 年上海世博会后滩花园颇为贴切。早春二月，笔者来到这里，就只见花开了、树绿了、江水涟漪排排，鸥鸟上下翻飞，仿佛在为即将开幕的世博"彩排"。

后滩公园的前世今生究竟如何？眼前的这片野趣横生的湿地设计思路、"打理"手法如何？我们找到了同济大学城市规划设计研究院科研部苏运升老师。

"这里曾是钢铁厂和船舶修理厂"

"这里曾是上钢三厂和船舶修理厂的厂区，厂房、码头是这里的主要建筑物。"苏运升开门见山。按照规划，后滩公园位于上海世博园 C 片区，北临黄浦江、南傍浦明路、西至倪家浜、东接世博公园，面积约 14 公顷，用地岸线长约 1.7 公里。它在世博园区与世博公园、白莲泾公园共同构成三大公园绿地，也是世博后将被保留下来的永久性城市景观之一。

苏运升说："世博后滩公园的最大看点是湿地生态风景。"所谓湿地，是指天然形成或人工开挖的沼泽地、湿原、泥炭地等，还包括低潮时水深不超过 6 米的水域。湿地被称为地球的"绿肺"，对于大都市上海，它的存在尤为珍贵。

地块内除了水、植物，还有不少工业文明的痕迹，码头、船坞、各种各样的机器，它们清楚地印刻着这里曾经的汽笛声声、机器轰鸣；但污染带来的水质恶化也让设计团队成员时常锁紧眉头。

2005 年起，同济大学、上海水产大学（2008 年 3 月，更名为上海海洋大学）等科研人员和国内外多个景观设计单位共同协作，开展世博后滩的再生研究。

"再生"的理念和技术手段

围绕着"城市让生活更美好"的主题，大家一致认为"科技世博、生态世博"是后滩再生的基本指导原则，将"营造一条具有中国特色和国际顶级水平的生态水系，打造中国的城市生态水系样板，向世人展示中国的水环境治理的新理念与新技术"定为目标。苏运升介绍，早在同济参与世博总体规划投标时，吴志强教授就提出这一设想，并且将之命名为"碧水还江"，以展现"正生态"的城市理念，即后工业城市不但要达到发展过程中不继续污染自然生态环境的目标，而且还要通过"正生态"的技术，偿还治理人类在工业城市时期对环境造成的污染。

具体的功能目标为：在后滩公园构建长 1.7 公里，宽度约 10 米的生态水系，实现 V 类黄浦江水净化为 III 类水，即达到游泳的水质要求；通过人工调控与自然调控相结合的方法，逐渐完善水体中的食物网，建立水、草、鱼的动态平衡和水体生态景观；充分发挥水体生态系统的自净能力，让后滩生态水系具备为世博日提供 3500 立方米景观用水的能力，且这一生态水系能在较长时期处于稳定、平衡状态；把后滩生态水系简称为具有科普教育社会效益的生态水系工程。

"在此基础上，我们和上海水产大学共同研究，采取了八大技术手段。"苏运升介绍，根据上海的气候、水土特点及动植物的特性及生物链的规律投放植物、水生动物，并采取浮动绿岛、土地过滤净化、景观生态配置、选择指示水质的水生物、生态安全监测等。比如土地过滤净化，我们采取利用土壤—微生物—植物组成的梯田系统，借助梯田高差、微生物分解和植物吸收，对江水进行层层过滤净化，并利用 U 形管控制田内水位对雨水进行收集和净化，对梯田进行灌溉。公园里的过滤层被分为土壤层、滤沙层或煤渣层、滤水砾石层及收集管网装置。

再生的后滩野趣横生

在现场，笔者看到，江水流经湿地的过程中，要经过滴瀑水墙、梯地禾田这两个精心设计的"阶梯"。滴瀑水墙宽近 200 米、高 2 米，由石块砌成，表面凹凸不平，水流或飞溅或渗透，跌宕不已。原来，滴瀑水墙的上端是一条渠，渠内江水积满，便溢出，顺着滴瀑水墙掉下，就形成了"滴瀑"。梯地禾田里会应时种上各种时蔬作物，彰显农业文明的田园风光四季不同，"梯地禾田利用纯生态技术，引来浦江水灌溉作物；然后，让江水流过整个水系逐级得到净化。"苏运升说。

"顺着公园水系这条'蓝带'漫步，你就会先后看到湿地生态景观层、农耕文明景观层、工业文明遗存层、后工业文明体验层等四个功能层次的四种文明景观。"苏运升娓娓道来，其中包括综合服务中心、室外庭院、观景广场、亲水栈台等在内的"空中花园"广场；巧妙消解江堤与公园湿地水面之间 5 米落差的梯地禾田，里面种满以"五谷"为主题的植物，"届时你一定要来田块中的小麦、荞麦、向日葵、玉米和水稻五主题休憩平台看看，那里有人教你学农事。"苏运升笑称。此外还有芦荻台、水门码头广场、机器的容器、"红绸带"……六大景观点，"野趣横生，改造设计不露痕迹，处处可见设计匠心"。

海门老街　受访者 供图

复兴百年老街，留下城市标本
——记常青团队 UNESCO 获奖项目"海门老街的再生"

前不久，我校建筑与城市规划学院常青教授主持的"浙江台州北新椒街（海门老街）保护与再生工程"获得联合国教科文组织（UNESCO）2010 年亚太地区文化遗产保护荣誉奖，同时该项目还作为 40 个可持续改造案例之一，被刚刚在德国出版的《更新中国》一书收录。UNESCO 国际评选委员会的评语写道："该工程通过延续这个地区的物质和社会结构，使当地的居民获得福祉。通过基础设施改造提升了生活品质；以地方材料和手工技艺修复了历史街廓和内部空间，活化了传统风俗，使百年老街得到了复兴。"

海门老街凝结了几代人的记忆

"小坐听松涛万斛，闲谈看倭冢千堆。"这是椒江百姓纪念戚继光抗倭的诗句。椒江，旧称海门，位于浙江沿海中部台州湾椒江出海口内，是台州地区的海上门户，历来是军事要地。明洪武二十年（1387）建海门卫城，为明七十二卫中规模最大者，首任参将便是戚继光，至今城内还留有戚公庙。同时，椒江又是一座港口城市，特有的海运优势使其在历史上一度成为我国东南海疆都会和政治中心之一。特别是近代开埠以来，海门成为区域的贸易中心之一，当时人称"小上海"。

北新椒街的前身，是海门城清波门外的一条通道，北与椒江边的渡口（即道头）相接。清光绪二十四年（1898年），海门港正式立埠通商，成为浙江地区的三大港口之一。此街作为连接港口的交通要道，商贾云集，店铺林立，日趋繁荣，至民国时期，北新椒街规模到达鼎盛，成为海门地区的经济和商业中心，也成为地方的宗教和公共活动场所。"北新椒街是典型的集多种社会功能为一体的近代城市共空间，凝聚了几代人的历史记忆。"常青教授告诉笔者，但20世纪80年代后，由于台州新区的兴起，老街渐渐冷寂下来。90年代末，在椒江老城区彻底改造的浪潮中，北新椒街作为残存的老城痕迹也将不保，政府原来的计划是拆除后另建一条拓宽的仿古商业街。2000年开春，常青被专程邀到台州，在100多人与会的地方领导四套班子联席扩大会议上，作了抢救北新椒街的报告，提出"城市既已更新，总该留下标本"的观点，结果会议表决以压倒性多数接受了原址原貌保存修复北新椒街的动议。

"我们这样复活老街"

"沉寂下来的老街基本保持了明清时的旧貌，街上的'古董'很多。"常青介绍，杨府庙，最初是守海疆的士兵在营寨里设神位供奉抗辽英雄杨六郎的，这种习俗传到民间，杨府爷坐"神船"、赶海盗、保护渔民安全慢慢地成为民众的精神支柱，建庙宇供奉杨六郎就成了大家的选择，此其一。"海门关"是朱元璋高参刘伯温命名的。秋高气爽，极目天地的刘伯温，见百里椒江翻涛卷浪，千军万马奔腾而来，倏忽之间冲过牛头颈山和小圆山之间夹峙之水道直泻东海，他希望一关锁海疆。还有老街北端的"接官亭"，专管进出口、征收进出口货税及渔米的"大关前"，高扬"采办环球物品，推销中华国货"、销售"男女时帽、电机线袜、名厂鞋伞、化妆香品"的"李文元百货号"——聚宝楼，加上泥雕、木雕、玻雕，同康酱园……"台州人的北新椒街记忆具体而鲜活"，常青说。

北新椒街所在的老海门（今椒江区），与上海开埠的历史几乎一样悠长，二者同为滨江近海城市，但由于上海与长江的关系使其不断进化，而老海门所濒临的椒江虽亦流向东海，但流域纵深远不及长江，故在航运时代的战略地位也就远不及上海，这就使其于不经意间保存了沿海开埠城市的早期形态。因而，"老街保存的意义，首先就在于留下了此类历史城市的"标本"",常青解释道。的确,老街的构成特征非常形象地表达了这一"标本"的特征及其意涵:中式建筑多在靠老城吊桥头的一侧,西式建筑从椒江向吊桥延伸,二者交汇混杂于街道的中部,这展示了街道由老城向码头发展演变的轨迹,记录了椒江近代开埠设关、商业兴隆的历史。"北新椒街的价值即在于此",常青再次强调了这一判断。

"这里是官方和民间的仪式场所,建筑布局独特,港埠特征鲜明,还有精美、杂糅的建筑装饰特色。"在"北新椒街再生工程说明书"中,笔者体会着常青团队的小心翼翼:严格地保护,适当地利用。"保护与利用的目标为'一个真实的、有生命力的传统商业街',注入现代的生活,让古老的肢体焕发出活力和健康的气息。"

北新椒街已成为"城市名片"

按照常青团队的设计思路,北新椒街的重要空间节点,如杨府庙、武圣庙、海关、戏台、接官亭、海门关牌坊等一一得到修复,"修旧如旧中也有创新",常青介绍。设计中保留了原有街道空间格局,街道中部的两侧街廓背后,形成了复原的戏场和民俗广场,使街区的活化和场景化有了空间上的依托,重塑了社区活动中心。

据了解,工程设计从街区摸底调查开始,经过历史档案检索、原住民访谈、详细测绘,完成了老街的实录;在此基础上提出了工程实施设计方案;然后对街上的每一块铺路青石、每一根待修梁柱进行编号。施工中基础设施改造先行,管道敷设、路面整治完毕后,青石再回到各自的"窝"里。这些大青石大的长约 1.6 米、宽约 0.8 米,短的青石板也有 1.2 米长、0.6 米宽。而对沿街建筑里的木构件,尽量引入当地传统工艺和当地工匠,利用原有材料,能够原地修复的原地修复,破损程度较高的建筑落架维修后复原,"朽坏不能再用的构件方才进行必要的更换,这本身也符合中国修缮老房子的传统。"常青说,修补所用的新材料与原有材料留有明显的视觉差异,以保持建筑遗产的可识别性。据悉,常青团队的这项工作从 2000 年到 2004 年,用了整整 5 年时间方完成了前期论证研究、设计方案、施工图设计和现场施工配合。

"既称'小上海',没有文化和商业的繁荣是不行的。"常青团队潜心修复历史建筑的同时,也恢复了部分尚存的历史场景和老字号铺面,如杨府庙、老戏场、李记百货、同康酱酒坊、玻璃刻花店等,都在原址重新开业。此外有选择地引入了一些地方传统手工业、传统餐饮业等特色店铺。"有了传统习俗,有了老字号,有了传统手工业、零售业,老街的人气就回来了。"常青说。

2005 年 9 月,长 225 米、占地 2.1 公顷的百年老街——北新椒街修缮和改造完工。随后,逐渐恢复了商业街的功能,并复兴了地方上历史悠久的各种节庆仪式,使老街成了台州的"城市名片"。据了解,开街近 5 年来,每逢节庆,老街上人流如梭,热闹非凡,老街还在一项历史老街的评比中被选为"江南知名古街"。

新旧共生，和而不同
——同济大学古建修复专家眼中的"海口骑楼模式"

<u>"这栋房子传到我手上已经是第四代了。你们看，它原来就是这样的，红字招牌，多好看。"家住海口博爱北路的颜振武老伯站在自家骑楼的红字招牌下，拄着拐杖，兴致勃勃地对笔者说："同济的专家真有本事！"原来，今年（2015 年）1 月，海口骑楼老街博爱北、水巷口街景街廊整治工程与骑楼集散广场建设完工，老海口揭开了新篇章。</u>

海口骑楼的前世今生

海口骑楼是文化部、国家文物局评出的首批"中国历史文化名街"。

海口骑楼老街是国内现今保留规模最大、保存基本完好的骑楼建筑，其历史最早可以追溯到南宋时期，随着海口海上贸易与航运的发展，活跃于东南亚与大陆沿海区域的华侨将南洋的建筑风格和样式带到海口，形成了海口近代骑楼老街欧亚混合的城市风貌。在华侨置业的过程中，一家家商铺建在了道路两旁，一层作为铺面，楼上作为仓库或者住房。

但是，很多老骑楼的模样随着岁月的斗转星移在悄悄地改变模样。就说百年大亚酒店吧，2012 年 11 月以前你去中山路寻找，影子都找不到，因为二三十年前它被红砖水泥封了。知情人拿着美国传教士的照片去中山路 70 号，看到的就是平平常常的房子。可是，当大家剥开水泥红砖，四根漂亮的柱子出来了，渐渐地中山路上又多了一栋漂亮的巴洛克式建筑……这样的案例在老街不在少数。

要修复老街，"老字号"挖掘和保护是重点之一，因其见证了海口从小城镇发展成为繁华都市的历史过程。"老字号的恢复工作对还原老街历史风貌有重要意义，老街的价值就是这些老字号唱主角的。"同济大学建筑与城市规划学院教授、老街保护设计牵头人常青介绍，自中山路、博爱北路等骑楼历史街区修复至今，已经陆续挖掘出大亚酒店、泰昌隆、正兴选铺、德兴布厂、会文书局、善利隆、正丰号等老字号，它们分别经营杂货、布匹、医药、书局、旅社等，是老海口繁华风貌的见证者，"走在这些街区上，让人产生时光倒流的感觉"。

海口修复骑楼老街综合整治项目于 2010 年 8 月开工，总投资 5.5 亿元。项目总体规划范围为长堤路以南，龙华路以东，和平路以西，解放西路、文明中路以北的围合部分，地块总面积为121.3公顷。项目启动示范区范围包括新华北路、长堤路、水巷口、博爱北路、解放东路围合区，占地面积约13.37公顷。

修缮骑楼老街是细活

关键是，保护修缮如何让今天的生活品质更上层楼？国内不少的古镇古街常常是，街修缮完毕了，街道也空了，因为老街的居民都搬走了，于是老街立刻沉寂下来，生气也就没有了。海口的骑楼老街不能这样做，常青告诉我们，整旧如旧的同时还要尽量让老楼里的居民生活品质得到改善。

常青说，中山路、博爱北路的修缮分别代表了国际上修缮实践中的两种倾向：中山路模式是倾向"整旧如初"，是最初色彩的一种尝试，试图恢复到骑楼出现之初呈现的形态；博爱北路倾向于"整旧如旧"，即骑楼上一次修缮后的形态，以此体现历史的变化，展现沧桑感。于是，老街的建筑修复被分为三种方式：完全破坏并在原址建有现代建筑的，由规划师重新设计其外立面，统一风格；部分破坏的对楼板、梁、墙体进行加固，对裂缝进行补合；保存较为完好的仅需对外立面进行加固。

另一位专家戴仕炳是同济大学历史建筑保护实验中心主任，他坦言："多年来，骑楼历经过重建和改造等不同类型的干预。要把这些信息提取出来并加以保护，同时还让骑楼焕发青春，难度非常大。"他介绍，在老街的修缮中，坚持了"修旧如故""最小干预""传统工艺"等原则。"把骑楼历史上有积极意义的干预痕迹尽可能保护下来，那些对于建筑肌理没有大损伤、不影响未来功能使用的部分，也尽可能予以保留，原汁原味地传承历史。"戴仕炳强调，"修旧如故"不是原封不动，修复的一个重要目的是提升建筑的功能，这不仅包括外墙面的全面修复加固，还包括对墙体的防水处理、完善基础设施等，唯有如此才能让修好后的老建筑适应新的生活要求。

于是，修复促进工艺的升级。"比如在墙面修复中，我们'复活'了彩色石灰水工艺。"戴仕炳介绍，石灰水是海南、广东一带墙面修复传统的做法，是一种生态环保的传统材料，价格低廉，具有杀菌功效，又没有现代涂料的破坏性。窗户也是，历史上的骑楼老街窗户都是彩色的，修缮中设计团队就大胆地使用冷色与暖色结合，使得百年老街不仅焕发出现代感，也能够古色古香，与历史一脉相承。

骑楼外面的修复难，里面的改造更难。"将近一个世纪的时间，好多空间性的包袱已经形成了。"常青说，原来一进一进的院落、天井，几乎全部被盖成了房，变成了"竹筒房"。有的一层空间被加盖了阁楼，生生变成储藏室。老房子权属复杂，结构复杂，内部修缮的任务比外部改造更艰巨。于是，在对外部修缮的同时，对权属清晰简单的老房子，内部实验性的修缮同步展开。能用的老墙保留，不必要的隔断打通，已经盖上屋顶的天井用玻璃恢复原有的通透，线路进行了统一改造，内部格局、功能尽力优化，让其更符合现代生活、办公的习惯，"再难，我们也要尝试去做。"常青说。

新骑楼天际线与老楼"和而不同"

今年年初完成改造的是中山路、博爱北路和水巷口三个街区的骑楼，同时停车场、游客中心、饮食街等旅游集散广场也将对外开放。

冯仁鸿是土生土长的海口人，他说，以前的博爱路是古海口港的货物运输大路，五湖四海的人在街上来来往往，做生意、建旅店，这里逐渐变成海口所城最繁华的商贸街。"当时在博爱北路的精华公司是全海口出名的商场，里面除内陆货、本地商品外，还可以买到洋货，和香港一样。"不仅如此，四大茶楼、经营药材的广德堂，甚至还有经营汽车运输的琼崖公司都是响当当的名号。

"骑楼街区内部交通拥挤、风貌混乱等问题正在逐步改善。"海口市骑楼办有关负责人介绍，中山路经过改造，也变为一条休闲步行街，由青石板砖块铺成的路面平整干净。而在常青的眼里，如何处理旧和新的问题则应是十分谨慎的。他说，骑楼空间肌理的一部分留下来了，走进去了以后你还能看到历史。但在老街区的入口处、靠近长堤路的城市界面上做了一种新骑楼。为什么这样做？常青说，这一地段80%以上都是当代盖的低质房子，因此设计策略是留下几栋老骑楼，剩下的部分进行更新。新建的部分不再是老骑楼的仿古形态。新骑楼把握了建筑的天际线，从变化的轮廓线可以看出老骑楼的影子，与老骑楼形态既有呼应又有所区分。"不该在历史街区的口上再去做老骑楼，但是新骑楼里面要增加一些历史元素。"方案评审会上，常青团队的改造方案受到王景慧、阮仪三等评审专家的支持。

"老城老街的更新就应该是有机的。新旧是可以共生的，但是要'和而不同'。"常青说，这也许就是"海口骑楼模式"的精神内涵吧。这次海口骑楼老街的外表和内部、街区里面和城市界面就是这样安排的。他表示，在城市界面上的新建筑与内部的老建筑就是一种新旧共生的关系，要体现的就是这样的一种保护观、修缮观。常青同时指出，修缮之后，老街应把重点放在"软质"挖掘上，深度挖掘建筑故事、老街风云故事；二是要让老街昔日的传奇活化、再生，让更多的人共同分享。他说，骑楼老街作为海口城市的发源地和海上丝绸之路的重要中转站、补给站，有太多的亮点和传奇，将这些祖传的大餐端进我们的生活才是老街修缮真正的成功。

"它将成为园林规划设计的典范"
——周俭详解《西安世界园艺博览会园区规划》

五一节前夕，2011 年世界园艺博览会（以下简称"世园会"）在古城西安拉开帷幕，着意低调的世园会依然让西安成为节日旅游的大磁场。"从指导思想，到山水安排，'城市与自然和谐共生'的理念被很好地贯穿在 418 公顷世园会园区的规划设计上，世园会的规划将成为园林规划设计的典范。" 中国科学院院士、中国工程院院士，中国城市规划学会会长周干峙这样评价同济规划设计研究院院长周俭主持设计的《西安世界园艺博览会园区规划》（以下简称《规划》）。

世园会选址广运潭

"'天人长安，创意自然'是 2011 年西安世界园艺博览会的主题，他表达的是城市与自然的和谐共生。"世园会总规划师周俭开门见山，"这当然也是《规划》的指导思想。"

周俭介绍，西安是华夏古都、山水之城。从先秦到五代，定都长安的就有秦、隋、唐等朝代，骊山晚照、灞柳风雪、曲江流饮、雁塔晨钟、咸阳古渡，乃至辋川烟雨，引来无数文人墨客为之流连吟唱；广运潭位于史称"灞上"的浐灞之滨，是我国古代主要港口之一。唐天宝年间，唐玄宗在此举办了大规模水运博览和商品交易会，"灞上烟柳长堤，关中风情广运"描写的就是千年前浐灞一带的大唐气象。

但由于数十年来的无序发展，浐灞地区河流污染、过度挖沙、垃圾围城，生态破坏极其严重，地质灾害隐患重重。2005 年元月，广运潭综合治理项目正式开工，西安市政府下大力气恢复城市生态，因地制宜，将非法采沙形成的沙坑进行整形，取坑为湖、因陆做洲，引灞河之水济之，形成了湖中有岛、岛洲相连、洲内有潭、积潭成渊的良好生态景观。"2011 年中国西安世界园艺博览会择址广运潭，将会进一步提升其品质。"周俭告诉笔者。

"让规划完美阐释展会理念"

"要通过我们的工作让规划完美阐述展会'天人长安，创意自然'的主题"，周俭告诉我们，总面积 418 公顷的 2011 年西安世园会园区比上海世博园核心区的 400 公顷面积还大；其水域面积 188 公顷，几乎占到园区面积的一半。其中标志性建筑有长安塔、创意馆、自然馆和广运门；主题园艺景点则有长安花谷、五彩终南、丝路花雨、海外大观和灞上彩虹；灞上人家、椰风水岸和欧陆风情则是专门设立的三处特色服务区；同时，园区还设置展示来自国内外的精美艺术品、雕塑以及珍禽、珍稀动物等展区，将让人们充分领略园林、园艺、建筑、艺术之美。

"如何把这些集全球设计大师智慧的作品、世界园艺精粹的花卉草木最大限度彰显出来？"面对笔者，周俭自问。凭着对上海世博会的印象，笔者深知，一个规划方案要从全球顶尖智慧的众多结晶中脱颖而出，谈何容易？因为全球规划设计方案的指导原则都会是"天人长安，创意自然"。

从厚厚的规划文本中，笔者得知，周俭牵头的《规划》设计的原则确定为：功能完善，满足展会期间功能运作；主题突出，完美阐释展会理念；特色鲜明，具有原创性、独特性和地域性；经济性和可持续利用，节约投资。"世园会的城市主题应该说是世博会主题的延续，自然、历史、生态、绿色和科技都应是规划设计的理念。"周俭介绍，我们的规划设计指导原则确定为以科学发展观和生态文明理念为指导，体现天人合一、城市与自然和谐共生思想；以园艺植物、花卉与园艺新技术、新产品和新趋势的展示为主体，营造浓郁节日氛围。

"规划的目标就是要通过 2011 年西安世界园艺博览会，从多个方面展示古都西安的文化、历史、科技、人文精神，在园区彰显中华传统文化魅力，荟萃世界园艺精品。向全世界展示一个文脉深厚、与时俱进、时尚和谐的新西安，从而全面阐释'天人长安，创意自然'的园博主题。"周俭说。

"充分做足水文章"

西北、西安在人们的印象中，干旱少雨，但西安浐灞地区却不是这样，周俭说，"'有水则灵'，水文章做好了，规划就跳出来了。"

"景区的水系仍然沿用原有广运潭设计水系"，周俭介绍，原有广运潭水系进水口最大取水能力为每天 18 万立方米，正常情况下，每约 20 天水系可以更换水体一次，世园会期间是灞河的丰水期，水量充裕可以满足景观用水需要。

周俭说，在此基础上，我们的总体规划体现出"两环、两轴、五组团"的基本特征。其中两环指世园会分为主环和次环：主环为核心展区，主要的展园和景点均分布在主环内，次环为扩展区。两轴指园区内的两条景观轴线，南北为主轴、东西为次轴。五组团指主要的展园组团，分别是长安园、五洲园、创意园、科技园、体验园。在规划结构上，这样的设计呈现出层次分明、逻辑性强、利于会后运营改建等综合优点。

"规划中，我们安排了长安花谷、五彩终南、丝路花雨、海外大观和灞上彩虹五大主题园艺景观。"周俭介绍，长安花谷用不同色彩的花卉描绘出"天上"景观，展示从古至今人们对"天"的认识和想象，178 天的会期内将进行 5 次样式和花卉更换；五彩终南是秦岭的缩影，这里地形丰富、地貌奇特，展会期间将布满鲜花，绚丽多彩；丝路花雨利用花卉、绿雕、节点广场等景观元素，表现历史悠久的丝绸之路文化；海外大观以庄重典雅、瑰丽多姿的欧洲园林为主，集中展示其他国家和地区的园林园艺，可观天下奇花，赏五洲园艺；灞上彩虹则是结合水面建筑、滨水建筑，使游客近距离感受水与花辉映、人与自然和谐共处的美丽画卷。

最终，同济方案胜出，成为西安世园会的实施方案。

规划设计，成为西园会一大亮点

"规划设计，成为西园会一大亮点"，这是我们从当地媒体上看到的题目，何以如此？让我们跟着当地记者走进西园会园区："西园会的举办地——广运潭是历届园艺博览会中面积最大、水域最大的园艺博览会园区""浐灞一带生态环境再现了历史上'大水大绿'的自然景象""'两环、两轴、五组团'内，长安园、创意园、五洲园、科技园和体验园个个精彩，长安塔、创意馆、自然馆、广运门与灞上人家、椰风水岸、欧陆风情等三大服务区风景各异，在这里，'城市与自然和谐共生'。"报道中说。

规划得到海内外专家的充分肯定。"西安世园会的整体规划设计将生态环境保护、城市人居需求、园林园艺展示等高度结合，具有很强的时代性和前瞻性。"周干峙说。"西安世园会规划具有很高的国际水准，表现出鲜明的文化特色和极富想象力的创意视角。建成后将成为西安乃至整个中西部地区具有划时代意义的标志性园艺景区。"中国工程院院士张锦秋说。"有水就有灵气，就能为整个园区的园林、风景增色加分，规划利用好了'水'这个主题和资源，本届世园会必定会与众不同。"建设部风景园林专家委员会副主任孟兆祯评价。

外滩源　作者 摄

历史建筑"青春"如何常驻？

——同济牵头团队历时四载"研"出应对之方

国家"十一五"科技支撑计划课题"重点历史建筑可持续利用与综合改造关键技术研究"近日通过国家验收，并获得了高度评价。该课题2007 年 1 月正式启动，以同济大学为牵头单位，上海现代建筑设计集团、上海建筑科学研究院、汕头大学和四川建筑科学研究院四家单位参加，包含 8 项子题。由建筑与城市规划学院常青教授担任课题总负责人，郑时龄院士为课题总顾问。顾祥林、屈文俊、卢永毅、程效军、盛昭俊等为子课题负责人。同济大学共 50 余位教师和研究生参与了研究工作。

这一跨学科课题研究以历史建筑为对象，其特性决定了必须集结多个学科开展立体交叉的综合研究，方能取得推进实效。常青介绍："这些研究涉及规划、建筑、结构、环境、材料、仿真、软件及相关工程技术领域，没有跨学科参研学者的齐心协力是不可能完成的。"

课题梳理了历史建筑的概念体系、价值认定标准及具体操作方法，研发出了历史建筑信息管理和价值评估的技术模型和软件；完成了历史建筑保护设计的控制性规范、导则和技术标准研究，首次在国家层面，为我国历史建筑保护与可持续利用提供了从法律制度到工程设计技术的系统控制方法；多向度、多专题地研发了历史建筑的检测评估、维护修缮、三维仿真等关键技术，完成了系列产品、技术和专利的预定指标，并取得多个重要的工程应用成果，获得了国际、国内多项重要科技奖项；完成了相关实验室和中试基地的建设，形成了保护工程技术产品从研发、中试到生产的完整流程；研发出开放性的历史建筑保护与利用工程示范平台。

课题进行的时间跨度虽然只有短短数载，研究本身却是一个持续了 10 年以上、不断深化和拓展的过程。以保护工程的规划与设计为例，课题组在上海外滩、西藏"小布达拉"、浙江台州海门北新椒街等获得国内外重要奖项的历史建筑保护工程设计方面，取得了丰富的研究与实践经验。又以历史建筑表面材料修复为例，已形成了一个保护材料与技术研发基地。这一设在建筑与城市规划学院的研发基地，目前已开发出采用石灰为原料的粘结、装饰等系列材料，其中包括粘土砖修复剂、石材修复剂、石灰粘结剂、桐油石灰嵌缝剂等多个产品，这些产品在天安门金水桥、上海世博、上海外滩源等国内外上百项工程中得到广泛应用。

再以历史建筑结构安全和加固技术研究为例，课题组研制出了包括硬度法、贯入法、混凝土中方刚检测技术在内的多项"体检"技术，以获得从表皮到肌理、筋骨的各项"体征"，在此基础上开展初始受损结构、填充墙、外包防护层、损伤累积对历史建筑影响的各项研究，成果已应用于 40 多项优秀历史建筑的检测评定，其中包括上海中国银行大楼、工商联大楼的抗震评估，中山东一路 18 号、33 号可靠性评定。据了解，这项成果还获得了上海市科学技术进步奖一等奖。

据悉，随着这些研究的完成，课题取得了相关技术和产品专利 10 项，出版著作 7 部，发表学术论文 83 篇，培养博士 8 人、硕士 30 人，举办了大型国际研讨会 3 次，与联合国教科文组织联合举办历史建筑修缮技术培训班 1 次。

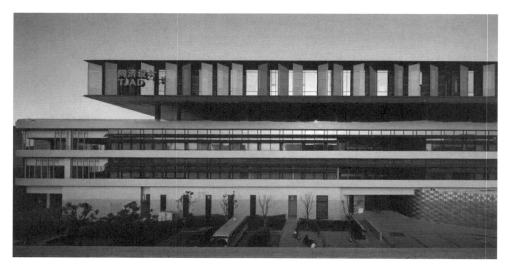

改造后的巴士一汽　受访者 供图

"世博会后续利用的一次成功实践"
——设计一场（原巴士一汽）感受记

绿化墙、中庭绿化苑、太阳能屋顶……1 年前说这些词，那肯定是在说世博园里的建筑。世博园中许多绿色、环境友好型技术如今踪迹何在？在巴士一汽变身而来的设计一场中，我们又见这些耳熟能详的词汇。

"是的，世博会中很多技术在这里得到后续利用。"主设计师曾群告诉我们，该项目为同济科技园的一部分，包括新建沿街建筑 A1 和原巴士一汽汽车库改建 A2 项目。改建后主要用作设计、办公和相应的附属设施，还包括同济大学的海洋展示馆等。

改建遵循的原则和策略

原巴士一汽为典型的停车场建筑，建筑面积 4 万余平方米，体量大，层高有限，并且改建后的使用功能要求较高。"设计保留停车库主体建筑，改造为同济大学建筑设计研究院新办公楼。"曾群介绍，原有三层，改为办公用房须加建两层，改造完成后的总建筑面积为 64500 余平方米。

曾群告诉记者，改造设计遵循三个原则：真实性——加强老建筑的认同感；历史性——明确新旧建筑边界；整体性——实现新旧建筑区域共生。"按照这样的原则，我们采取了保留、改造、加建的策略进行设计。"所谓"保留"："因为停车库清晰的几何体量，钢筋混凝土的基本结构及连续水平线条感，呈现出一种稳定而厚重的姿态，设计中保留它作为承载各种变化的容器。同时保留北侧至顶层的坡道，在老建筑三层屋顶保留其部分停车功能，在功能置换的同时延续对于老建筑的记忆。"

变成办公楼后的一场，"空间更加开放，通风良好、采光充足，围合周密且阳光充足的内院都是必需的"。曾群介绍，因此内院绿化、退台绿化、屋顶绿化都是办公环境人性化的必修课；在此基础上，有序布置交通核，方便内部可达；增设小型庭院和采光井，改善办公室空间局部环境质量都是改造的重要内容。

关于加建两层办公空间，"这是功能上的需要"。曾群说，关键是以什么方式、用怎样的材料加建？我们采用现代钢结构体系，四层局部架空，五层大跨度悬挑，加建后的部分仿佛一个"玻璃盒子"悬浮在老建筑——钢筋混凝土的上方，轻盈的体量同原有停车场稳定厚重的形体形成鲜明的对比。

可持续设计实践世博理念

世博园中的南美洲馆、船舶馆、未来馆，我们看到的都是老建筑的"第二春"。因为"对老建筑的原貌做出最大程度的尊重和保留原来的骨骼、模样是低碳设计的重要组成部分"。曾群描述说，在巴士一汽的设计改造中，"我们在营造新旧建筑共生的前提下，采用大量的节能技术来体现可持续理念"。

利用自然光和风进行大楼的采光通风设计。设计中，我们设置内院和采光井以引入自然光，提升空间品质和空间趣味性，更加有效地利用自然通风，减少空间设备耗能；使用可循环材料，如不锈钢、铜板、铝板、钢结构等，这些材料都是可以重复循环使用的；太阳能的利用，老建筑立面水平遮阳和加建部分立面竖向遮阳，我们使用 20% 遮光率的灰色薄膜非晶硅太阳能电池板等创新建筑材料，以替代传统的遮阳材料，实现美观、遮阳和发电功能的多重复合；此外，为减少北侧坡道上汽车尾气、散热、噪声对办公空间的影响，我们在车道两侧干挂模块式不锈钢网格，让藤蔓植物在上面舞蹈编织，最终形成垂直绿化景观；在屋顶广泛设置绿化苑，以降低建筑物耗能。

曾群说，屋顶的光电太阳能板，总装机容量为 630 千瓦，年发电量 535 兆万瓦时，每年可减少二氧化碳排放 566 吨。

在设计一场里，我们感受精彩

云淡气清的秋日里，我们来到了这座当年远东单体面积最大的立体公交停车场——巴士一汽停车场，现在它已经成了以建筑、环境、交通设计为主要内容的创意设计一场。

行走在长而坡度舒缓的车道上，高高的立柱把阳光舞蹈得远远的、长长的，天也被醉得湛蓝湛蓝的；厚厚的水泥墙、水泥柱还在，据说有 7 万吨之巨，要是拆了、倒了，地球就又多了 8600 余吨二氧化碳的负担。如今它们还在总面积 6 万余平米的设计一场的角角落落，继续发挥顶天立地的作用。

走进设计一场，只见宽敞的落地窗一溜过去，长长的走廊幽深而敞亮；沿着墙、顺着坡，藤萝枝叶到处伸着调皮的颈脖；中庭疏疏朗朗的是高高大大的绿化树木，屋顶上绿叶扶疏、霞飞云蒸的就是盆栽或畦圃草卉了；甚至办公桌隔板顶上也被绿萝们"占领"，"屋顶上安装了 6600 平米的太阳能光电板，理念、模式都是设计上海世博主题馆时实践过的"，曾群坦言。

行走在巨大如迷宫般的设计一场，惊奇常常撞了我们的腰：没有想到高贵的古铜色与混凝土灰色这样的协调，没有想到一场的门厅区一下子让人找回了世博会非洲馆的"气场"，没有想到屋顶的太阳能板如此地"主题馆"。如果你将信将疑，就到清清爽爽、恢弘大气的设计一场感受一番，在那里，"再生"有了鲜活的样板；在那里，世博城市可持续得鲜鲜亮亮。

"改造设计简洁大气，设计一场的成功转型是世博理念在城市老建筑再生实践中的一次有益尝试。"业内专家如是说。

展览现场　作者 摄

同济大学组织实施"物我之境：国际建筑展"

　（2011 年）9 月 29 日，以"物色·绵延"为总主题的成都双年展开幕，以同济大学《时代建筑》杂志社为主导演绎的"物我之境：国际建筑展"也在成都工业文明博物馆对观众开放。"去年（2010 年）6 月份，我们接受成都市请求，担任建筑展的策展方。随后，我们向世界各地涉及建筑的机构、团体发出开放式邀请，响应者众，包括意大利米兰世博会总设计师斯特凡诺·博埃里在内的世界近 70 组建筑师和学术机构报名参展。"此次双年展之建筑展联合策展人戴春告诉笔者。

　　成都双年展作为国内三大双年展之一，向以民间特色著称。这次，成都市政府结合
"世界现代田园城市"的定位，分别设置了"溪山清远：当代艺术展""物我之境：国
际建筑展""谋断有道：国际设计展"三大主题展。据了解，三大主题展的展场总面积
超过 7000 平方米。

　　"我们把建筑展的主题确定为'物我之境——田园 / 城市 / 建筑'。"建筑展策展
人支文军介绍，把成都提出的建设"世界现代田园城市"理念贯穿始终，对世界现代田
园城市的历史脉络、成都世界现代田园城市现在及未来发展方向、成都世界现代田园城
市建设成果等多个方面进行阐释。我们不再像以前那样单纯地陈列作品，而是从反观历
史开始，在全球的视野中枚举多样的可能性，试图唤起、激发决策者、建筑从业者和大
众对田园城市、对人与环境的思考。

　　据悉，本次国际建筑展共设四个展览：文献展、作品展、学生设计竞赛获奖作品
展和成果展。展览方式涵盖图片、模型、装置、影像等，这些模型、图片分别来自世
界各地的近 70 个建筑师和学术机构，在全球语境下它们聚首成都，共同构建了城市发
展的、国际视野的、本土的、当代的、开放的话语平台。此次展览也十分重视学术性，
成都市政府聘请伍江教授担任双年展学术委员会主任，知名艺术家担任委员；建筑
展学术委员会由美国麻省理工学院终身教授张永和担任主任，国内外知名建筑师和
学者担任委员。

　　据了解，四大板块中，作品展由实践、策略和调研三部分组成，是参展建筑师最多、
也是最吸引观众的一个展览。实践部分中，包括 MVRDV（荷兰）、斯坦·艾伦（美国
普林斯顿大学建筑学院院长）、阿道夫·克利尚尼兹（柏林艺术大学建筑学院院长）、
塚本由晴（日本）、长谷川浩（日本）等在内的国内外著名建筑师将在此展示他们在规划、
设计与建筑等领域具有前瞻性和普世意义的作品，审视由于城乡快速发展带来的建筑机
遇及理论焦虑，探索"物我之境"的建筑定义，提供田园城市的当代诠释。

　　策略部分展中，包括伊娃·卡斯特罗（西安世界园艺博览会主题馆设计师）、EMBT（上
海世博会西班牙馆设计师）、祝晓峰、标准营造等在内的国内外新锐建筑师和建筑设计
团队将在此探讨城市化过程中建筑与产业、环境、社会、文化之间的关系，呈现"物我
之境"主题的概念设计及装置作品。策略部分依据设计对象的差异分为"策略——东村"
板块与"策略——自拟"板块。调研部分中，国内外建筑学者将带领成都学生团队，对
成都建筑文化（物质与非物质、建造与使用、个体与社区、成都文化与生活方式、部分
正在实施的项目等）及发展的典型问题展开调研。支文军表示，通过这三个部分的演绎，
作品展最终希望能促进大家思考"田园城市"的方方面面。

　　国际建筑展的其他三大展览中，文献展聚焦于国际、国内田园城市理论脉络梳理

及实践案例研究，旨在向公众普及、推广田园城市理念；成果展将通过推荐并展示成都的田园文化创意建筑设计、城市发展方案等优秀案例，旨在呈现正在建设中的"世界现代田园城市"——成都方方面面的探索；学生设计竞赛获奖作品展则以"'兴城杯'中国高校学生设计竞赛"中的获奖作品展出为主，同时邀请国外 10 所知名建筑院校相关学生作品参展。

据了解，除了策展外，同济策展人还在为期一个月的时间内，组织了一系列高水平的国际学术论坛及演讲。其中以"田园·城市·建筑"为主题的论坛就有包括当代实践与批判、当代理论与策略、城市更新等在内的三场。上海世博会西班牙馆设计师班纳黛塔·塔利亚布、荷兰著名设计师威尼·马斯、美国麻省理工学院建筑系主任张永和等分别赴各高校、机构演讲。届时，成都的蓝顶美术馆、成都当代美术馆、西南交大等都将填满浓浓的学术、艺术气氛。

都江堰市图书馆　设计者 供图

都江堰市图书馆改造记

如果不是亲眼所见，怎么也无法相信这竟然是一家国家级图书馆；
如果不是仔细察看、琢磨，怎么也想象不出，原本一座废弃的造纸
厂厂房竟能变身成为如此先进且人性化的文化服务场所——

"要为都江堰造一座图书馆"

"要为都江堰人民造一座图书馆"，这是 2008 年 5·12 大地震后，对口援建都江堰的上海人民的强烈愿望。当时震区百废待兴，头绪繁杂，但决心高水平重建都江堰的上海没有忘记图书馆的事情。

位于都江堰的成都造纸公司是一家大型国有企业，"专造别人造不出的纸"。地震中，其子企业青城纸厂虽然遭受重创，但其立柱框架基本完好，还可以改造再利用。如何改造？都江堰市与援建方上海不谋而合，将其改造与都江堰的震后重建结合起来，让老城、老厂的改造升级与城市文化品位提升齐头并进。综合考虑权衡后，一致选定同济大学负责原青城纸厂改造为都江堰图书馆的设计工作。

此项任务由同济规划院西南分院肖达牵头，建筑分院的谢振宇、沈洋、周旋等三位年轻人具体承担此项设计。

青城纸厂啥模样？

徜徉在位于壹街区北部的成都造纸厂区域里，烟囱、厂房、小桥流水……我们看着、走着，远远地就看见偌大的造纸厂。如今藏羌风格鲜明的贴墙告诉我们，厂子已经成功转身，成为都江堰图书馆了。

"青城纸厂 20 年前就是上海—都江堰友谊的见证。"谢振宇告诉笔者。1986 年，上海援建的都江堰青城纸厂为单层（局部 2 层）的钢筋混凝土厂房式建筑，建筑平面呈矩形。东西长 120.24 米、宽 18.62 米，原建筑面积约 2785 平方米。

"地震中，厂房并未受到大的破坏，说明当年的质量就是不错的。"谢振宇介绍，厂子成为了灾区为数不多的几个"再生"项目之一。但是，原厂房建筑形态完整，立面单一，与较为复杂的图书馆功能不相适应。"而且，我们改造后的图书馆总面积增加一倍多，达到 5500 平方米左右，功能的多元化更是必需的。"

"让环境、空间、形态'再生'"

"老建筑改造，尤其在震后的都江堰，我们必须要让环境、空间和建筑形态'再生'。因为是震区，老厂房顽强挺立、生生不息在这里有特别的意义。"谢振宇告诉我们。因此，我们确定的改造原则就是通过对保留厂房空间的再利用，历史建筑材料、细部形态的重新表述，体现建筑的文化性和时代性，强调新旧建筑的融合，"这样，

图书馆内景 设计者 供图

既尊重和延续了基地原有的历史记忆，又为老厂房赋予了新的文化内涵，也与图书馆维护精神相契合"。

按照这一思路，设计者们以保留的纸厂建筑为主，新建的报告厅为辅，巧妙地形成一长一短、一新一旧的Y形布局。功能组织上，设计者在老厂房里由东向西依次布置陈列展示、图书馆及储藏管理等功能空间，而报告厅、娱乐休闲则被放到了北面的加建空间里；公共性稍弱的图书阅览室被放进了二楼；活泼是孩子们的天性，因此儿童阅览室被放进了Y形结构的交叉部位，呵护起来。

"厂房内部工业文明特征强烈的结构构件，如钢筋混凝土排架、牛腿吊车梁等都被保留并融进新建筑里；同时保留了部分机械设备，我们把它们改造成了装置小品。"谢振宇介绍，设计同时拆除局部的外围护墙，按内部阅览书库等功能不同重新调整表皮做法，在保留历史记忆的同时，使外观的形式语言能与原有的建筑形制一体化。

与此同时，在北面加建了一个斜插的两层体块，形成主次分明、高低有序、形态丰富的改造建筑。外观上，老建筑的厚重与加建部分的空灵形成强烈的视觉反差。"这样一番梳理之后，图书馆便形成了围而不合的院落格局，空间层次大为丰富起来，都江堰又多了一个包容多元城市生活的场所。"谢振宇说。

"壹街区"有了"历史"

"环境、空间、形态的适应性——都江堰市公共图书馆设计"，这是谢振宇这次改造设计的文章题目，文章说："本着'经济适用'和'节能环保'的原则，改造设计对环境、空间、形态的适应性三个方面进行了积极的探索。""'壹街区'整体规划强调居住区街坊院落的组合，公共图书馆在创造相对独立的室外空间的同时，也试图对其整体空间环境特征做出恰如其分的回应。Y 字形布局既照应了南面主马路玉垒路的城市界面关系，以线性体量形成开放性的广场空间，又利用新旧建筑之间的转折开口创造了宜人的半开放院落空间，充分体现建筑形态对于周边景观资源的利用，在新老之间形成了一种相互衬托的呼应关系。"

按照文章的介绍，我们一进入图书馆宽宽高高、敞亮疏朗的门厅，立刻被墙上抗震救灾的油画"拿"住：众人高高抬起一位救出的群众，忙碌地朝前传送。时间虽已过去四年，画面依然震撼。当然，还有老厂房特有的钢铁梁架、牛腿柱；行走在连接新老建筑的架空廊上，我们更加清晰地观察老厂房的中庭和阅览室，原来的混凝土屋面被拆了，换上了钢板，嵌进了采光带，看着由采光带漏洒在地面的细长光带，看看粗犷的屋面，我们的心里暖暖的。

围着图书馆徜徉、观察着，红红的藏羌装饰墙，均匀布设的方形砖孔把阳光挤得斑斑点点，它们都是红的；东南面，玻璃幕墙把阳光打扮得五彩缤纷……缕缕阳光透过玻璃射进屋内，照在正在阅读的市民身上，情景格外安静。

"都江堰图书馆成为灾后文化重建标志建筑"，这是《四川日报》今年（2011 年）4 月 21 日报道都江堰图书馆重建所用的标题。

改造后的城市最佳实践区　受访者 供图

"这里将是激发文化创意梦想的场所"
——唐子来"导演"的城市最佳实践区"转身"大戏探营

"待会儿，我就要到世博发展（集团）有限公司参加一个设计方案国际征集的评审会。"上海世博会闭幕两周年之际，笔者在建筑与城市规划学院规划系主任办公室找到唐子来教授，他对我们说。已经悄然从世博会期间城市最佳实践区总策划师变身为创意街区"乐队总指挥"的唐子来比我们想象中还忙，和世博期间的忙碌没有不同。他现在要做的就是按照同济编制的会后发展规划，推进城市最佳实践区的"转身"。

"最佳实践区正变身活力街区"

"城市最佳实践区将在世博会以后成为充满活力的城市街区，为城市发展树立新的标杆。"这是唐子来在上海世博会结束后的第二天为一本书所作"后记"中的一段话，这本书记录的就是上海世博会城市最佳实践区全球征集而来的各种案例，他把世博后城市最佳实践区的转身称为"新的梦想"。

新的梦想是什么？唐子来说，城市最佳实践区将延续原有的建筑格局，延续传承世博会的"美好城市"理念，形成文化创意街区。唐子来引述 2011 年 4 月普华永道提交的一份咨询报告中的描述：城市最佳实践区应当成为集文化交流、展览展示、创意创新、娱乐体验为一体的开放式街区，并且建议聚焦八大业态，包括花园公司总部、文化创意"食"尚、特色主题零售、乐活展示中心、先锋魔力秀场、零碳精品酒店、智慧体验市集、活力互动娱乐。

"文化创意街区不是一个孤岛。我们所说的成功的'创意产业街区'，是一个创意集聚区、灵感富集区，更要形成文化创意所依赖的土壤。"唐子来说，以前所说的"新天地＋8 号桥"，"应该说，这两处加起来，也没有我们今天在这块土地上正在落实的内容丰富"。

"这里的土壤激发创意人士实现梦想"

是什么构成了一个活力充沛的文化创意街区？文化创意产业最核心的生产要素是人，即一大批从事创造性劳动的文化创意人才。要吸引优秀的创意人才聚集于此，就必须营造一个与城市生活融为一体的复合功能街区，为来自世界各地的文化创意人才提供生活、工作、休闲的美好而惬意的城市环境。

城市最佳实践区就是这样的一个地方。作为后世博时代最早批复的"世博后"项目规划，它将成为一个集商务办公、文化艺术、商业餐饮、休闲娱乐、酒店、开放空间为一体的复合功能街区；它将融合与展示上海这个城市的历史、发展、未来、文化；它将保留世博会的珍贵财富，继续城市实践案例的分享与展示……它就像一个城市的公共客厅，又像一个气质混合的文化园区。

"城市最佳实践区是上海世博会的灵魂""将成为未来世博会的范例"，国际展览局秘书长洛塞泰斯一再许以嘉赞，但唐子来从这段话中读出的则是期待，"洛塞泰斯希望城市最佳实践区成为街区改造的范例，他希望从这里看到永不落幕的创意大集会"。他说，创意勃发的地方，当然也就是城市的"第三场所""城市客厅"。世界各地的人们离开家、走出办公室，在这里聚会、交流，让点子激情而自由地碰撞，城市最佳实践区就成了典型的既不像家那样过于私密宁静，又不像办公室那样过于严肃拘谨的轻松惬意、灵感易被激活的第三场所了。

城市创意街区里有什么？

纽约、巴黎、伦敦、米兰、东京是公认的世界级创意城市，创意经济之父约翰·霍金斯在 2011 年福布斯·静安南京路论坛上说，"上海要赶上这些城市，关键是要形成一个能够激发文化创意人才的氛围，即各个方面形成协同效应的综合体"。

这个综合体就是能够促进社会交往和激发创意梦想的第三场所，它具有多样性、独特性和高品质三个基本要素。"城市最佳实践区变身成为创意街区，我们在修建性详细规划中将之定位为：文化创意产业的独特集聚区、世博文化遗产的重要承载区、低碳生态发展的最佳实践区、充满活力的复合街坊、彰显魅力的城市客厅。"唐子来介绍说，2010 年上海世博会为这座城市、为中国、为世界留下了很多有形、无形的遗产，从有形的肌理到无形的精神，城市最佳实践区都是很好的案例，也是很好的世博遗产交流、推广平台，"现在有关部门正在酝酿举办永久性'城市日'论坛，成了，这里就是永久会址"。

唐子来兴致勃勃地描述，世博会让城市最佳实践区成为名符其实的低碳社区；世博后，无论是全球城市广场的重新建设，还是北部的局部拆建，我们在建筑、开放空间、基础设施、慢行交通等方面，继续体现街区层面的低碳生态发展理念，争取成为上海乃至全国首个低碳生态街区。

"威尼斯的圣马可广场被誉为'欧洲最美的城市客厅'，城市最佳实践区的滨江广场形状与它相似。"唐子来笑称，这是巧合。但我们的街区将以一业为主、多业融合，同时嵌入各种魅力元素。具体而言，即以文化创意产业为主题，商务办公、文化艺术、会议展览、商业餐饮、休闲娱乐、酒店公寓、开放空间融为一体，嵌入当代艺术博物馆、时尚秀场、巴塞罗那高迪龙、法国玫瑰园、马德里空气树等魅力元素，形成具有协同效应的综合体。"这些内容完成了，城市客厅也就形成了。"唐子来说。

"目前各项工作推进顺利"

世博两周年之际，罗阿大区案例馆对外开放，它成为城市最佳实践区内首个"复出"的场馆，重新开放的罗阿案例馆包括法国生活艺术空间和博古斯学院法国西餐厅，分别位于展馆一楼和四楼。而展馆二至三楼则主要是法国来华企业的孵化办公区。目前，四楼的西餐厅已开始营业。"确定一个，就立刻动工，完工了就开业，稳扎稳打向前推进。"唐子来说，他的责任和任务就是把擅长文化创意所需要的各种"元素"聚到一起，吸引进场的乐手"演奏"一场没有先例的"创意"大合奏。

"世博会是我们最珍贵的精神财富。"指着桌上的规划图，唐子来介绍，"这里有很多无形资产，每一个都讲述了一段历史，10年甚至数十年之后，这里的价值会因为这些历史片段而逐渐彰显"。听着他的讲述，我们知道了，生态楼、空气树、汉堡之家、滕头馆等大部分案例都是要留下的，成都活水公园甚至变成了"露天客厅"，未来馆将会成为上海当代艺术博物馆，今年（2012年）10月开馆；还有，世界品牌体验中心、新品牌发布厅、时装秀场、音乐会、品赏会等等，都会你方唱罢我登场。

"我们的工作得到市里相关部门的大力支持。"唐子来说，"所以，世博会结束后不久，我们的《修建性详细规划》就出来了。""世博后，这里不再会有巨量的人流，因此空间形态我们也做了相应的调整。"他介绍，调整后的街区形态可归纳为一轴线、两核心、九组团，一条步行轴线贯通南北街坊，串连开放空间核心和建筑组团；广场和绿地分别形成南北街坊的两个开放空间核心；九个建筑组团围绕开放空间核心，形成复合功能布局。"比如人行通道，世博期间的宽度为30余米，现在只需12～15米即可。空出部分，广植树木和花卉，再配上艺术装置和街道设施，营造创意环境。"

最后成型的创意街区，北街坊将以商务办公为主、商业服务和文化休闲为辅；南街坊以商业服务和文化休闲为主、商务办公为辅，形成复合互补、动静相宜的功能布局。建筑总量上，商务办公建筑面积占40%～50%，商业服务建筑面积占25%～30%，文化娱乐建筑面积占25%～30%。

馆内展览一景　受访者 供图

"展馆原来还可以这样"
——上海当代艺术博物馆总设计师章明访谈录

2012 年 10 月 1 日，上海"双年展"择地上海当代艺术博物馆举办。从当年的南市发电厂，到 2010 年上海世博会的未来馆，再到今年闪亮登场的上海当代艺术博物馆，这座昔日的电厂老厂房是怎样一次次浴火重生，一次次重新"发电"的？同济大学建筑与城市规划学院教授、同济设计院原作设计工作室主持建筑师、上海当代艺术博物馆总设计师章明谈到这座展馆时告诉我们，很多参展的艺术家这样描述在馆内布展的感受："展馆原来还可以这样！"

"世博后续利用的重点项目之一"

众所周知，南市发电厂因为上海世博会停止了运转，并作为世博会的未来馆，供人们参观游览。那巨大的动画电影、水之城、太空之城、未来之城告诉我们：城市的未来就在这里。未来馆里的太阳能光伏发电、风力发电、江水源热泵、主动式导光、自然通风、绿色建材、水回收利用、结构加固、半导体照明和智能化集成平台等多种技术，使这座展馆成为新能源、新技术、新理念等展示的大平台，成为生态城市生活方式的标杆。设计未来馆的就是章明和张姿主持的原作设计团队，那是 2006 年的事情，章明至今还对第一次走进厂房记忆犹新："发出巨大轰鸣的机组、迎面扑来的炙烤热浪、纵横交错的粗大管道、高耸的超大锅炉和层层交错的金属平台，几乎完全颠覆了我以往对建筑的理解……一束阳光从高窗上穿越浮尘倾泻下来，照亮了造访者汗水浸湿的面庞。嘈杂的背景下，每个人的脸上都写着兴奋与揣测，还有蠢蠢欲动的创作渴望。"

上海世博会结束后，未来馆如何后续利用？上海市将其作为文化战略的重要"棋子"进行布局，"于是，从 2006 年到 2012 年，团队脑子里闪跃跳动的就是'未来馆''艺术馆''展览空间'这些词"，章明说，上海市将转身后的未来馆作为提升城市文化功能的当代艺术博物馆，并将其列为 2012 年上海市重大工程，"团队深感肩上担子的分量"。

"展现设计的无限可能"

"2011 年 3 月 29 日，上海市正式启动当代艺术博物馆项目，改造的设计工作研究交给了我们。"章明介绍，这年 4 月，团队以当代艺术推崇的方盒子空间为元素，通过方盒子之间的组合、叠加与穿插搭建空间框架，此为第一轮方案；第二轮方案对馆内的阶梯状空间加以延续和发展，在馆内营造了一组通过阶梯组织起来的空间体系，从一层直通五层的大台阶连接分布于各层的展示空间，顺着楼层逐级上升；第三轮方案首次提出开放低跨屋顶空间并在建筑外立面设计中以屋顶空间交通组织为核心，提出三组外立面方案，获得各方好评；第四轮方案首次开辟从一层大堂直通 24 米屋顶面的快捷流线，强调了 24 米滨江天台的公共性和开放性；第五轮方案在前几轮探索成果的基础上，输煤栈桥的形态元素被引入室内，成为交通组织的主题元素，在建筑北侧中部开辟出一组呈错位上升的中庭空间并将展览路径延伸到烟囱内部，外立面设计则最大限度保留原建筑外立面材料，并改造原未来馆底层和入口局部，以加强室内外空间的连续性和开放透明性。

"反复地设计、碰撞、优化，直到去年（2011 年）年底，方案改到第五轮，终于化为实施方案了。"章明说，老厂房是上海工业文明的地标性建筑，改造必须遵循"有限干预"的原则：165 米高的烟囱、宽大的厂房外形，甚至内部的管道、平台、设备等等，都要尽量保留。

"开放性和亲民性是城市公共文化的基本要求。"章明介绍，因此当代艺术博物馆的设计更强调开放性、公共性、互动性与体验性。比如，让楼梯打破楼层界限，从一层直通三层或者更高，让光线从高窗直泻一楼大厅，让大台阶供人们席地而坐，在露台摆放桌椅供人小憩喝咖啡，"一句话，让楼层模糊起来，让空间在这里弥漫起来，亲民起来"。

于是，展现在大家面前的就是展览面积超过 1.5 万平方米、大大小小展览空间超过 15 个，并拥有大量开放式展示空间和总面积达 3000 平方米、25 米标高的临江平台，以及有着巨大工业构件的 7 楼室外大露台。

"传统的楼层概念已经模糊"

章明说："内部交通组织运用输煤栈桥意象打破了层与层之间、室内室外之间的界限，让楼梯'弥漫'在随时需要的地方。"果真如此，在馆内，我们不知不觉就从 7 楼走到了 5 楼，又从室内漫步到了露台，一路走一路看，青花瓷坛子穿越的"旗杆"，室内与室外遥相呼应；一根杆子上，"穿"着古代的轿子、当代的手机、手风琴、电饭锅、风雨衣、童车、抽水马桶，还有古老且历史悠久的藤椅……

馆内还用灰色标识原有保留的空间构架与结构构件，用白色表明新生的墙体等体系。

尤值一提的是屋顶的改造。世博会期间，城市未来馆的屋顶是太阳能屋面，"保持原状还是全面改造利用？一直是设计初期争论的焦点"。章明说，保持原状上海就可能永远失去一个开放的城市阳台和室外艺术展场。"最终大家还是选择了改造，不留遗憾。"章明说，于是，我们在这座容纳数百人、面积达 3000 平方米的多功能滨江天台上，看到了悠闲晒着深秋的阳光、喝着咖啡的老外，看到了向着蓝天优雅摇动翅膀的"大鸟"装置。

"滨江平台究竟多高合适？经过了升高、再升高、又降低的反复调整，只为求得人在平台上的最佳视点。"章明这样介绍团队的设计工作，"最终定格为 25.1 米标高，我们是想通过高差过渡与半室外玻璃廊的巧妙结合，尽量保持室内外的完整度。从 5 层中庭经由玻璃廊内部的坡道和台阶到达一览无余的大天台，参观者的行走就有了从紧凑到迂回，然后豁然开朗的空间体验，上了大露台，天高地阔、心旷神怡，感觉美极了！"

"这里的空间叫人眼馋。"一位著名的业内人士告诉章明，"会引爆艺术创造的灵感的。"

"馆内有很多奇妙的地方"

馆内有很多奇妙的地方。大烟囱，原本没有纳入改造计划，但"2011年深秋的一天，设计师们推开尘封的铁门，借着微弱的手机亮光，一个巨大的筒体隐约呈现：粗糙斑驳的混凝土内壁，哥特式教堂般高耸的空间……设计师脑海里隐约勾画出奇妙的艺术场景"。于是，我们就在烟囱内部看到了螺旋展廊，设计师们让它成为当代艺术博物馆15个常规展厅之后最高、最奇特的展厅——第16展厅。

还有，屋顶上的四大金刚——粉煤灰分离器，起初是要保留原来的金属灰，但在对其施工的过程中，一涂防锈漆，这四个庞然大物一夜之间从金属灰变成了耀眼的橙色。"设计团队因势而为，最后选定了与当代艺术氛围更贴近的橙色。"章明说。

当代艺术博物馆2011年12月开工，"去工地、在工地就成了团队成员的必修课"。章明介绍。建筑师们与工人师傅们同进同出，"钢结构深化、灯光设计、标识系统，大家在现场监督施工，就地解决难题，较好地保证了建筑施工的进度和质量"，章明告诉我们。

不仅如此，章明说，设计这座当代艺术博物馆，首先想到的就是打破展览建筑传统的白空间，打破密闭分隔的空间概念，将亲民性、为艺术家提供挥洒自如的想象空间放在设计的首位。"所以，双年展择地这里，开始酝酿时，我就对组委们说'筹划、征集作品时，可通知我参加，这样便于我们把空间处理得更好，让空间更有弹性和亲和力'。"章明说，当代艺术中不少艺术家模糊了日常生活和艺术的界限，比如一个小便斗从卫生间放进展厅，日常器具就在艺术家眼里变成了艺术品，这需要空间更丰富、灵活。

行走在展馆内，欣赏着双年展的一件件作品：水晶球，放在开放空间的这处"敞空"位置，球内水柱、球面上下左右皆"镜像"，艺术家独到的眼光让人着迷；宽台阶上的"丽贝卡"阵，原本放在室外，平的，移到这宽阔的台阶上，一下子"立体了"，上下左右、风生水起，"人入其中景更妙"；再比如，天台上"飞翔的鸟"，灵性十足且意境丰富，若是在室内，飞翔的效果定会大打折扣……我们注意到，在馆内，类似"借窗""借东风"的作品很多。"这里还有很多弹性十足的空间可以被更完美地利用，所以我们对以后的展览充满期待。"章明最后说。

"爸爸看到的话，一定很高兴的"

——石库门改造中董春方的幸福设计感受记

"大约 1 年前，上海电视台'非常惠生活'栏目的两位导演找到我，
咨询有关如何在有限的小空间中挖掘、拓展和创造空间的方法。他
们曾经摄制过若干集为上海居住条件困难的家庭改善生活居住空间
的节目。"董春方的博客里这样记录自己 2012 年的一次经历。没
想到这年 10 月，电视台的导演又找到他，这回董春方开始了"从业
20 多年来最幸福，也是最艰辛、疲累的公益设计"。

　　原来，上海电视台一直以来都在城市里寻找人口众多且住房困难的家庭，这样的
家庭通常是人口众多、三代挤在 1～2 个房间内，房间"无法区分究竟是卧室、餐厅
还是厨房，功能混杂，配套设施也严重缺乏、低劣"。董春方这样描述被电视台选
中、需要提供改造设计的家庭。"虹口区唐山路葛先生的家真特殊：他家并不是只
有一层平面的 1～2 间房的困难家庭，而是石库门里一套较为完整的住宅，面积将
近 60 平方米，但楼里只有二层的一个房间稍大，其余都很迷你，从一楼分布到三楼；
葛家成员实在太复杂：老两口将近百岁，老太太需要照顾就和女儿住在二楼那间大
房里，老爷子一个人住在三层的阁楼，一个简易厕所就在房间里；一个儿媳带着 30
多岁的儿子住二层的亭子间；另外一个小房间是另一个儿子住的。"不仅房间局面
狭小，更加上楼梯坡度达到 70°，这对于百岁老人来说，上上下下无疑是件非常危险
的事情。"考察了老人居所后，董春方说："这是我从业 20 多年来最富挑战性的一
次设计。"他说，对于建筑师来说，空间的再创造具有强大的诱惑力，这处居所多
层空间条件以及复杂的使用要求，对于他们来说就是一次"极限挑战"，他对导演们说：
"我很愿意接受改造设计任务。"

　　房子大约建于 20 世纪 30 年代，砖木结构为主，局部砖混。因为历史的原因，葛
家目前拥有该套住宅的除底层朝南客堂间以外的所有其他房间。乍听起来，葛家似乎

并非想象中居住条件困难的家庭，但除了主卧外，其他房间都只有 5 ～ 9 平方米，常住人口 5 ～ 6 人，老老少少三代成人，成员极复杂。董春方还记得勘察时电视台导演告诉他："老爷子拿出年轻时买的两幅画——一幅山水油画和两匹马的画，对他说，百岁生日时希望能在家里把画挂起来，亲朋好友们来了介绍介绍。"董春方说，现场调查并和葛家人交流后，他们确定了改造的目标：首先必须寻找并开拓空间，横向不行那就向竖向要空间。只有空间有了，日常居住、储物获得了空间上的保障，房间面貌就不可能再回到从前了；其次改造楼梯的坡度，坡度必须是小于 45° 的正常楼梯，以利于百岁老人使用；在老人居住的楼层或附近安排卫生间，"让体弱多病的老人下到底层上卫生间，不便又不安全"，董春方介绍，还必须为这个复合家庭创造一处公共活动空间——起居室。这样设计师就要以老人为主综合全家人的居住需求：葛老先生和葛老太太的卧室各自独立又要联系方便，再不能像从前近在咫尺，却每日只能吃饭时才能"鹊桥会"；还要考虑陪护人员的空间，以便于护理；媳妇和孙子的卧室最好能分开，"我们的目标是要让这家人生活方便、品质提高"，董春方说。

"我渴望幸福的设计，哪怕幸福的设计将会把我压垮。"董春方团队开始了精心的设计："在构思这项改造工程时，我在想：楼梯的腾空部分、厚重的屋顶都应有潜力可挖，可以采用竖向立体增扩空间方法，储藏、美化等功能都可以上墙处于空中。我们的设计努力既要满足基本生活功能，更要提升生活质量，要让这家人舒适地居住；爱音乐、爱美术的精神需求，都要在这处小空间里舒展开来，即为葛家设计出温馨的居住空间。"

转眼 5 个月过去了，改造后的葛老先生的家：一楼的卫生间干净小巧，厨房整洁有序，二楼老太太和儿子的两间房变成了起居室；楼梯变平缓了，加装的扶手稍细且外包柔软橡胶，专为老年人设计；三楼房顶厚厚的隔层被移除，新设了采光天窗，这样"老人都被安排到了三楼，晚辈们的卧室都安排停当，楼梯下的空间辟作储物空间"，董春方在博客中写道，看到最终成果，总体上比较满意，整体感觉"简洁、亲近、温馨，并富有空间境界和气氛"。设计也被导演们赞叹为"似乎有点文艺小清新的味道"。

董春方写道：一栋小住宅，能够运用空间来表达设计意图的途径是很有限的，通常只有在室内的公共交通和公共空间方面体现。有限建筑面积的苛刻制约，迫使我们只能利用走道与楼梯结合，在走道中设置台阶和梯段，解决楼层及不同标高层之间的交通联系，自然而然地营造了空间序列和秩序，并且流畅地将使用者引导至各卧室，最终到达该住宅的中心——家庭活动公共空间。到达起居室前的走道及楼梯空间是整个空间序列的高潮，高耸的楼梯上空使人忽略狭小空间的压抑和窘迫，获得额外的心灵解放和精神快慰。最后一跑，楼梯对景山墙的色彩变化与两侧挺拔简洁的白墙表现出的几何感，再配以彩色玻璃，无意中营造了某种神圣的空间气氛，与葛家的生活习惯和信仰吻合。文中，我们能感受到设计者的倾情投入和在场思考；而在现场，我们发现老先生的那幅油画就挂在对景山墙上，钢琴也端正地靠着起居室的墙：那正是老先生的愿望。

董春方告诉我们，改造装修中，没有设置多余的装潢。起居室紧临南窗处的挑空空间，本是为了避免临窗处低矮空间给使用带来不便而设置的。然而，这一空间处理却扩展了起居空间，原本低矮的起居室一下子长高了、变广了，空间层次丰富了，空间的扩展与渗透交织起来，室内环境变得意犹未尽。在现场，我们在白色的矮墙上，就看到了一盆盆绿萝、长青的藤形盆栽，顿时觉得这家人的生活充满了盎然生机，品质跃然提升。后来董春方透露他安排那些绿色植物的用意，在设计施工过程中他获知葛老先生已经过世，他希望借助这些绿植暗喻生生不息的顽强生命力，给予葛家一种精神安抚。

葛家搬进改造一新的家，可是之前葛老爷子已驾鹤西去了。指着山墙上的油画，葛家大儿子对笔者说："爸爸住院时，一天突然说他'梦见了新家，很好的，但怕是看不到了'。爸爸要是能看到现在的家，一定会很高兴的。"

"只有 60 平方米的住宅改造后增至 120 平方米，且没有违反规划条例和相关的规定，设计的力量呐""在石库门的弄堂里，有这样一个天堂""栏杆扶手做细，高度降低，还有楼梯踏步边上的小灯，觉得很好，是用心设计的"：博文下边，跟帖极多。

看了现场后，业内专家认为，在上海，目前居住在类似条件下的家庭很多，如果这种改造设计方法能够推广，那将不仅仅是那些居住条件困难家庭的福音，而且也是一座城市中旧城改造的佳音，对城市的文脉传承与发展也具有不可忽视的意义。

练塘镇政府办公楼　作者 摄

建筑理念的试验田

从策划者，到设计者、评论者，上海卫星城市青浦、嘉定在近 10 年里涌现的大量构筑（包括建筑、公共环境等诸多领域）都与同济大学有关，这种现象甚至被称为媲美美国小城哥伦布（被称作"美国的建筑圣地"）的建筑实践。这里是同济大学——

一个雄心勃勃的计划

荷兰建筑师哈利·邓·哈托格在《大都市无序蔓延中的先进规划》中说："2002年，青浦区副区长孙继伟制定了一个雄心勃勃的计划，孙副区长选择了一个尊重传统与本土文化的开发计划——并通过保护或模仿，将工艺与传统材料以创新的现代方式重新演绎，保留该地原有的身份，让现代的国际风格与本土文化相互交织，实现可持续发展，以此向'这片土地的自然形态致敬'。"

孙继伟，同济大学1992年建筑学硕士、1996年建筑学博士，毕业后就职于卢湾区，后任青浦区副区长、嘉定区区长。接受采访时，他说特别感谢项秉仁、莫天伟、戴复东等恩师，"学建筑需要长时间不断的熏陶"，那时，"很多国外的建筑大师到同济来做公共讲座，贝聿铭、文丘里都来过，记得矶崎新来的那一次，讲堂的窗口上都挤满了人"。孙继伟印象深刻的是参加国际比赛，思维和眼界都因此开阔很多。

日后的工作中，孙继伟以国际化的视野重新审视崧泽文明一脉传下来的青浦水乡韵。青浦最终选择了法国翌德的总体规划，孙继伟介绍："他们对中国文化更加重视，他们的眼光和视角得出值得思索的结论。"青浦新城由两个镇与数个村庄组成，村庄和城镇将在新的城市框架下保留各自的特色；已有的道路和河流水系将被整合入新城中，修复与更新在新城建设中并行不悖。

2006年，升任嘉定区区长的孙继伟又着手嘉定新城的建设。"嘉定新城是一个完全新的地域，我个人并不想刻意追求风格、形式，或者是传统化或地域化的东西。"孙继伟这一次采取的是"无为而治"。因为他认为，建筑应该探索城市发展的模式，中国的中小城市的发展存在哪些可能的模式，关键是人在其中的生活状态。建筑与城市和人的生活状态、生产方式的联系是非常深刻而紧密的。让人在其中悠游而自在，所建造出来的建筑与城市必然是地域特色鲜明的。"而建筑的风格，是建筑师个人的职责和兴趣所在，不需要有太多干涉。"最后，嘉定新城秉持"区域二级城市意义的枢纽型新城"的原则，继续强化"组合新城、生态隔离"的空间结构，形成了"一个核心区、一环多轴、六大分区"的空间结构，营造"千米一湖、百米一林、河湖相串"的悠游水乡。

规划之后，就是建筑师的延请了。孙继伟坦言："新城建设中面临两个难题，一个是在历史街区中建新建筑，另外一个是在完全空旷无限制的条件下建设新建筑，从无限可能中选择一种凝固下来。因此，为项目选择合适的建筑师至关重要。"而同济大学李翔宁在评价孙继伟等延请这批建筑师的意义时说："如果没有青浦和嘉定这两个区的存在，我很难想象如何向造访上海的国际建筑师和学者们推荐值得参观的当代建筑。"

青浦：建筑设计的清新实践

延续崧泽文明的水乡清韵，如何用建筑语言表达？穿梭在高耸入云的白杨编就的乡间道路上，探访一处处隐藏在绿毯子一样的原野上的建筑，我们一次次被感动，感动一个诗画一样的江南。青浦私营企业协会办公楼、青浦盈浦街道社区服务中心、青浦练塘镇政府、青浦仁恒河滨建筑，他们分别刻上了同济设计师庄慎、袁烽、张斌等的名字。

"青浦区支持练塘镇政府办公楼打造成江南民居，但当地却想有个现代化的办公大楼。"这是张斌设计时碰到的第一个难题。练塘镇政府办公楼位于青浦西南角，距练塘老街约一公里，张斌的方案获得批准后，第一件事要做的就是说服工作。"一个小号的'行政中心'，中间一幢六层高的大房子，一大片广场，说不定还有气派的大台阶。"张斌说，"我就告诉他们，这块地如果这么做的话，六层高的房子会显得特别小，不够气派；我们来做的话，就会把这块地用得充足一些，环境弄得更好一些，但房子一定不会超过三层，充分运用庭院来组织和铺陈空间，会有个比较大气的形象，且最终方案不会像民居。"

踏访这栋仿佛青青草地上雪白而方正的豆腐样的建筑，我们被粉白的墙、青黛的瓦、木黄的窗，被老老而又清新的江南沉醉了，围着房子转，粉白的墙上满插着水乡常见的走马门，凑近了，原来用的是走马门的意象；院落里，都是农家院落的常见情景，只是细看看就察觉出了现代气息，墙是雪白的，扶栏、窗户是木头的，矮矮的盘松葱翠地就这样偎依在廊前的石头边。进入内院，一幅清新淡雅的枯山水图：鹅卵石小道、随意散落的石制马槽、填在路上做踏石的石磨盘，墙角处还有一个辘轳，仿佛还想"咿呀咿呀"地转动着汲水。不经意转到了西边，发现了太湖石垒砌的假山，山前长满了各种乔木，间或点缀着藤蔓，山石树木的影印在粉白的墙上，俨然一幅泼墨山水：设计者运用传统的造园手法，写意地将清新的园林用在这里舒活环境，松快江南。据悉，这栋建筑入围"第五届 WA（世界建筑）中国建筑奖"名单。

更值一提的是，因为充满地方特色的建筑、环境，青浦在国际上成了研讨的话题，2008 年获得了"迪拜国际改善居住环境最佳范例奖"。

嘉定：鲜明的同济印记

嘉定是建筑师展示才华的另一个地区。"2009 年，嘉定新城公司邀请我们进行远香湖公园里的配套服务建筑的设计工作"，张斌回忆，建筑总面积达到 1.2 万平方米的园内建筑"并不适合仅由一家事务所去完成"，于是，同济的王方戟、伍敬、童明、周蔚等先后加入。

远香湖只是嘉定宏大设计中的一个小小的符号，在遍布嘉定的广大区域里，周春芽艺术研究院、安亭镇文体活动中心、嘉定文化信息产业园、嘉定新城图书馆、嘉定城市规划馆，乃至同济大学嘉定校区，众多建筑鲜明地烙上了同济设计的印记。

"这是一个典型的中国式新城项目，土地肌理基本都是需要被完全重塑的，所谓场地只有意图没有任何实在的线索，所谓功能也只是愿景。"张斌这样描述他参与嘉定项目的情景。而王方戟回忆远香湖园内项目大顺屋、沉香园、带带屋、桂香小筑等的设计说："项目开始的时候，公园还没有建成，设计所能依据的也只是一个尚未定型的设计方案，现存的河流、植物、构筑物、路径都会被改写，新建筑如何在这样一个环境细节几乎未知的场地中找到参照呢？再者，这些建筑如何使用也是个未知数。"但是，设计既不能因为任务书不严密而忽略它，也不能仅满足于任务书功能的实现而不为未来留下余地。于是，我们在公园内就看到呈6字形的大顺屋、长方形单坡顶大厅、一系列独立单坡顶的小包间及一个平顶厨房组成的带带屋；类似反转贝壳形格局的沉香园；创造出独特的水岸体验的探香阁，它们是五个方形截面的混凝土筒状结构体，呈现不同角度的倾斜；憩荫轩最大限度地消解了空间与环境的界限，"让树木和建筑缠绕在一起"。

遍布嘉定的更多的是公共建筑。安亭文体中心，建筑师是如何认知基地、选择材料及掌控项目发展方向的？张斌介绍，这块位于安亭镇区最北端的用地，他们希望它能成为"整个镇区的活动中心，为这片混杂地区的重组提供一个契机和开端"。最后，呈现在我们面前的中心就是四个单体建筑若即若离地通过室外平台联系在一起，"这种介于紧凑和松散之间的布局让整个街区向镇区开放"。章明设计的嘉定司法中心体现的则是新江南风格，通过开放性的布局消解权力化的倾向，用连续形态取代巨构特征，三组建筑分别以围合之势构成类似院落式空间，悬浮于绿意葱茏的基地之上形成一体化的呼应；不仅如此，设计还从水面、院落、平台、中庭等层面打造共享的生态型、景观型办公环境。"经过6年建设的嘉定司法中心不仅突破了司法建筑固有的模式及产生的文化价值认同体系，也为中国当代新城建设提供了有益的尝试。"业内专家如是说。

跑道公园　作者 摄

西岸，做建筑艺术的先锋
——同济人与"西岸 2013 建筑与当代艺术双年展"

一边是黄铜质感的木纹墙，闪闪地反射着阳光，一边是一眼望穿的玻璃，这就是张永和的"垂直玻璃宅"；再往前，大道旁的螺旋状建筑就是同济人曾群、王方戟的"瓷堂"。深秋时节，暖暖的阳光下，徜徉在上海西岸徐汇滨江，感受着融汇音乐、建筑、影像、装置等艺术形式于一炉的"西岸 2013 建筑与当代艺术 双年展"是一件尤为快意的事情。双年展的总策展人张永和是同济大学"千人计划特聘教授"，策展人之一李翔宁为同济大学建筑与城市规划学院教授。

西岸，是一个宏大的计划

数年前，上海市在制定"十二五"文化规划时，决心将8公里的徐汇滨江打造成上海的"西岸文化走廊"和"西岸传媒港"，同时还拟推进由龙华机场跑道改造的"跑道公园"等一系列公共环境项目。这里曾经是上海工业文明的发祥地之一，上海水泥厂建于1920年、中国民航发源地之一的龙华机场创建于1922年，还有创建于1922年的北票码头，这里还是砂石料码头、塑料制品企业聚集地。经过世博会筹办期间的搬迁和产业调整后，如今厂子不再轰鸣、烟囱不再冒烟，留下的就是一座座巨大的厂房、一件件巨大的工业遗迹，它们都将以文化的名义再次集结。有媒体曾报道，徐汇滨江最终目标是成为与巴黎左岸、伦敦南岸齐名的国际化文化艺术城区。

以张永和、李翔宁和中国美术学院高士明教授为核心的策展团队表示，"上海西岸"双年展决心把不同的艺术形式汇于一炉，在上海徐汇滨江这条老城长廊里供市民欣赏。总策展人、美国麻省理工学院建筑系前主任张永和表示，上海"西岸双年展"有别于香港西九发展的模式，西岸滨江的所有项目和这里的居民都试图建立起直接而亲密的关联，让建筑设计、声音艺术等作品都融入市民生活。果然，在水泥厂的厂房里，我们就看见络绎不绝的市民流连在建筑模型、图绘前，驻足在影像屏幕前，水泥厂的退休职工王大爷告诉我们："虽然有的东西看不懂，但每天都要来转转，心里老舒服。"

据了解，"西岸文化走廊"意欲打造一批特色的艺术馆、文化主题园区和观演中心。现已落成的建筑有"龙当代美术馆"（2012年年底开馆），余德耀美术馆也随即在今年（2013年）年底开馆。美国著名动画电影公司"梦工厂"将于2016年落成，《功夫熊猫3》将在这里诞生。"西岸双年展"正是作为引凤之巢而设计的，因此策展者表示其常态化、定期化也是必然的选择。采访获悉，今年的第一届双年展邀请了包括普利兹克奖得主王澍、中国先锋戏剧代表人物牟森、中国声音艺术代表人物姚大钧等近140位国内外建筑、声音、影像等领域的艺术工作者。

建筑与艺术的跨界建构

（2013年）10月20日开幕，包含建筑、声音、影像、空间、装置、表演等内容的"西岸2013建筑与艺术双年展"将持续58天，其目的是要融合建筑与当代艺术，通过空间营造推动城市营构，通过艺术生产启发未来想象。"所以，邀请国内外知名建筑师与艺术家共同参与，建构西岸建筑与艺术景观就成为必然。"李翔宁介绍，建筑展分为室外的国际建造展和室内的中国当代建筑特展两部分，室外展以"FAB-RICA（营造）"为主题，室内展的主题则是"图绘中国：2000 以来建筑回顾"。此外，双年展还组织当代中国建筑高峰论坛，邀请建筑师、艺术家、各方专家学者以及大众探讨交流共同感兴趣的话题。

李翔宁介绍，在室外展部分以"营造"单元为核心，聚合国际一流建筑师和艺术家在未来几年中持续打造出新世纪最大的户外美术馆；同时将以"进程"为题，从西岸设定的梦工厂、音乐厅、美术馆、新建筑等四种当代文化现象出发，对其进行历史梳理，呈现其在新世纪的问题意识、创新形态与发展脉络。比如，大家看到的"垂直玻璃宅""瓷堂"等 12 栋户外实验建筑并不只是建筑领域的探索，它们与设计者的理念先锋性紧密相连；部分建筑的功能也十分独特，将永久留存在黄浦江西岸。

关于室内的中国当代建筑特展，李翔宁解读说，改革开放后世界瞩目的"中国速度"让神州大地成为世界当代建筑界的"实验场"。爆炸式增长的中国城市和建筑中，什么是值得转告和重读的案例？"中国当代建筑特展"将呈现 21 世纪以来的十余年中当代建筑思潮和实践的进程，展览对 2000—2012 年的中国当代建筑及建筑师进行回顾。

历史发展到今天，建筑方式已经发生了翻天覆地的变化，是现造还是预制？这是个值得探讨的问题。西岸建筑展就围绕这一核心理念展开。李翔宁解释说，从建筑学的角度看，预制的意义不止是质量、速度和造价。计算机技术也已经模糊了标准和独特的差异，帮助建筑师实现了复杂几何形体的落地。进而预制，尤其是数控建造，使建筑师能够实现让机器（机器人）直接完成建筑；更有甚者，设计师还可以进一步琢磨新技术、新材料，探索其潜在的通往更新建筑之路。如用数控车床雕刻人造石屏风，机器就可以实现透光所需要的局部平均厚度 4 毫米，这是手工无法做到的。

"展览将成为对预制建筑的一次研讨和展望。"李翔宁如是说。这一活动的目的，就是通过在地的交流、共同工作和建造，让建筑师的建造与艺术家的作品彼此呼应，让当代最为前沿的两种生产方式与行动方式互相激荡。所以，展览邀请多位中国及国际一流的当代建筑师和艺术家，结合室外景观和建筑小品（面积控制在 300 平方米以下）的设置进行现场建造，这些既可以作为本次双年展各种活动的载体，也可以在展后永久性保留作为场地中的建筑小品（如书报亭、咖啡厅、简餐厅等功能性建筑）。"我们试图探索预制与现造、历史与前卫等关系，发现、挖掘、彰显古老中国的自我更新意识和创造精神。"

在西岸，感受"同济"号建筑小品

从上述理念出发，诸多同济人都在滨江西岸加入建筑的队伍，张永和、王澍＋陆文宇、曾群＋王方戟、柳亦春＋陈屹峰、童明、张斌、周蔚、袁烽、李立、章明、庄慎等纷纷献上他们的设计艺思，奉献了许多好看、耐看的构筑小品。

王澍、陆文宇夫妇的"太湖房"取江南园林山水形意。三层的房子远远看去颇有园林营造中的叠山手法，叠山置石形态层层摞上去，王澍说，"让江岸、建筑、江水在通透的空间中交织，直接暗示现代都市人力图保持登山远望的执着理念"。这样的作品"在上海这个象征现代取向的大都会，将直接暗示人的价值取向，是人生观的一种转译"。王澍的意图是透过湖石形态的建筑远眺江景，似将奔腾的黄浦江流化作恬静的湖山胜景，一停一观一念，此种语境是建筑师将杭州的江南山水通过一个小建筑幻化其中，作为一个礼物赠予大都会上海。

曾群、王方戟联袂的"瓷堂"是受到原场地上的大油罐启发，现在大油罐已经成了西岸演艺中心。"与'油罐'或'水泥库'一样，我们在西岸户外营造区中 11 号点位上设的建筑'瓷堂'也以具有纯净平面几何形态特征的圆形为存在方式，试图在这片空旷的城市中确立起具自立感的建筑形态。"曾群介绍，其圆形的空间结构具有明显的内向感，为他们在空旷的领域中提供一个安定的场所。建筑螺旋面上均匀地覆盖着预制的菱形"瓷器"。光线透过"瓷器"之间的缝隙撒进建筑之中，又给了建筑透明的感觉，使建筑成为一个感知上的"瓷堂"。建筑中的空间被设置成非常灵活的状态，它可以是开敞的，春暖花开、秋高气爽时在"瓷堂"里可自由进出

"瓷堂"内部展览一角　设计者 供图

户内户外；"瓷堂"也可以是封闭的，酷暑难当、滴水成冰时节里面暖如阳春；它无遮拦的通用空间可方便用来举办小型展览。据介绍，面墙上的瓷砖都是预制而成的，每块价格高达 800 元，手工上釉。曾群说，此瓷砖制作不易，三块成功一块。因为全手工，得专门寻找小窑厂慢工出细活。徜徉在"瓷堂"里，走廊、主房间、小天井，天井里还有一棵挺直的绿树，"瓷堂"空间即刻灵动起来，感觉很舒服。"主体建筑约能容纳 100 人左右，展览结束后，这里将成为各类艺术沙龙的举办地。"设计师告诉记者。

张永和的作品"垂直玻璃宅"试图探讨一个当代高密度城市中建筑垂直相度上的透明性，同时批判现代主义的水平透明概念。在张永和的眼里，人们也可以在商店里像挑冰箱、服装一样挑选房子。"房子也是产品，是可以预制的。"张永和介绍，可以在生产线上生产组装好后，运到现场，日本现在大约有 30% 的独立住宅是预制的。这样一来，房子的质量有了保证，成本也可大大降低，建设速度亦可大大加快；更重要的是，消费者也可挑选不同的建筑构件进行组合，从而参与设计。张永和认为，工厂批量生产的预制建筑与现场单栋建造的建筑之间，设计上也出现了质的不同：设计单栋建造的建筑只有在竣工时才能看到最终的效果，而设计"预制建筑"很大程度上是在设计一个可以重复使用的建造系统。他说，伦敦博览会的水晶宫就是预制建筑的鼻祖，它后来被拆卸并移到别处重新组装了。今天计算机技术让预制更为便捷和高效，麻省理工学院建筑系的一位同事斯凯拉·蒂比茨（Skylar Tibbits）推出 4D 打印——特定的材料在打印出来后自行组装到位——又一次让人们重新审视建造方式的发展方向。

张永和说，"垂直玻璃宅"就是一栋预制建筑，如果有客户定制，工厂生产玻璃钢柱及楼板，现场仅剩下组装工作，现场施工周期当然就会大大缩短。张永和表示，预制是建筑发展的一种主要趋势，这次上海西岸双年展，将对这一趋势进行研讨和展示。

运河纤夫　作者 摄

"申遗成功是保护的新起点"
——古城保护专家阮仪三与大运河的不解之缘

（2014 年）6 月 22 日，在卡塔尔首都多哈召开的第 38 届世界遗产大会宣布：由扬州牵头的中国大运河项目成功入选世界文化遗产名录，成为中国第 46 个世界遗产项目。运河申遗，8 年梦圆，正在扬州参加学术会议的同济大学阮仪三教授表示："作为活的遗产，大运河申遗成功是保护的新起点。"

大运河，今天仍在使用

今天仍在使用的大运河起点北京，重点杭州，从北到南全长1794公里的大运河，穿越北京、天津、河北、山东、江苏、浙江、安徽等省市，是世界上最长的人工河道。生在苏州、长在扬州，少年时代与这条长河相伴相依的阮仪三对它太熟悉了。"大运河有悠久的历史，其开端是春秋战国时期吴王夫差挖掘的邗沟。大运河沟通了祖国南北，千百年来对维系国家经济命脉发挥了重要作用。大运河催生了包括淮扬苏杭在内的众多重要城市，沿线物质得以丰富，交通得以便利，文化得以交流。以江南地区为例，大运河及其支脉沿线形成了300多个特色城镇，如乌镇过去以产丝为主，太湖镇的刺绣至今仍然名震天下。"

"在经济社会快速发展的今天，这些古镇则成了大城市的休养基地和后花园。"阮仪三说，今天的大运河山东以南河段不仅继续肩负水运的功能，还是江南农田灌溉之源。此外，运河是由很多河道组成的，比如在南浔有三条河道，既方便了交通，也满足了人们日常生活和河道分流的需要。

可是，大运河的人为破坏同样严重，尤其是打着保护旗号的破坏。阮仪三说，在城市化浪潮的冲击下，古桥纵横、河埠林立、古屋比邻、商铺连绵、巷弄交错的运河风光已经或即将成为记忆。幸存下的各种闸坝、桥梁、码头及其他古建筑也日益成为城市丛林中的孤岛，众多的地方戏曲、民间传说和民俗等非物质遗产也在濒临消失或已经消失。还有，当运河"申遗"近年来成为社会关注的焦点时，就有人提议把古老运河建成"水上高速"，甚至有计划投资数千亿元重新开挖湮没的古河道，重建分水工程，重现昔日辉煌。阮仪三说："一提到保护，很多地方政府就想到重建，他们没有想到的是，重建规划不当，反过来又是对'原汁原味'的一种破坏。"

运河保护，不仅仅是建筑遗存

为此，2006年6月，旨在保护运河沿线历史城镇的"阮仪三城市遗产保护基金会"成立，希望梳理出运河调查的一种研究思路和有效方法。这年夏季，基金会组织队伍，顺着运河沿线四个不同时期的"运河之都"——扬州、淮安、聊城、济宁及其所属的城镇，在当地政府的配合下，深入运河的古镇古村，重点考察了大运河的现状、保护价值和保护措施。接着，又在2007年6月第二个中国文化遗产日，在上海成立了"京杭大运河文化遗产保护观察站"，立足于沿运河历史街区的保护监督，并将观察的结果定期反馈给相关部门，为大运河的保护建立起一个信息交流的平台、一个合作的研究空间和一个上下结合的监督网络。

运河踏访让大家深切认识到，很多人喜欢把"世界文化遗产"和风景名胜挂起钩来，"这是最大的错误"，阮仪三说，文化遗产核心的评价标准是有多少古老的东西保存下来，是文化有否延续，也就是还有多少"原汁原味"的东西，在他看来，"保护运河沿岸的民风习俗，也许比保护一幢建筑、一件文物更有价值"。在台儿庄，阮仪三听说当地有个纤夫村，激动不已。因为运河，这个村世世代代的男丁都以纤夫为职业。在天津运河边的小镇，阮仪三的弟子李红艳博士发现，当地很多人还保留了朝拜娘娘庙的习俗，还会自豪地称自己是"运河人"。她感慨："其实，世界遗产的保护更多应是保留，而不是更新。想一下，如果小镇动迁了，还有谁会说自己是'运河人'呢？"

复建整修运河古城

1938 年的台儿庄之战让这座运河古城毁于战火，今天如何重现这处"江北水乡"历史风貌，阮仪三与博士顾晓伟、王建波，硕士李文墨等人做了认真的探索。2008 年，同济大学国家历史文化名城研究中心、上海同济城市规划设计研究院联合编制了《台儿庄古城区修建性详细规划》及《台儿庄古城区沿街及重点景点建筑方案设计》。经过当地政府和民众的辛勤努力，原来已破败不堪的台儿庄古城已有了全面的整修和恢复，不久也成为兴旺的旅游景区，特别是吸引了众多慕名而来的台湾同胞，因为这里还是当年抗击日本侵略军的主要战场，台儿庄大捷是那一代人的骄傲。

阮仪三还带领姚子刚博士等保护和整修了运河上另一座不太为人所知的南阳古镇。大运河进入了山东境内的微山湖后与湖体相融，运河穿越湖中，有孤岛南阳，就成为当年大运河航船在湖中停泊、休整、补给的基地。南阳岛留有康熙、乾隆南巡的驻地与行宫，有酒肆、饭庄、客栈，也有政府行辕和粮仓货栈，更有天妃宫等各种庙宇以及富户、商家、豪宅。南阳是一个长岛，老运河穿腹而过，四周湖水宽广，风光佳丽。由于大运河现在还在通航，但船只增大，主航道已偏离，南阳稍显冷落，也因此未遭受现代建设破坏。这项规划和整治，使南阳又获得了生机，老建筑、老街、老店铺的原样修复，名胜古迹的重新彰显，使南阳古镇在微山湖上崭新绽放。

因为调研、保护大运河沿岸古城、古镇、古村落的成绩突出，2008 年阮仪三教授主持的"大运河保护和研究"项目获 2008 年国际规划师协会（ISOCARP）颁发的第二届杰出成就奖。

大运河申遗，牵头城市是扬州，因为运河修浚的第一锹土是在扬州开挖的，阮仪三表示，8 年来，作为中国大运河发源地的扬州以高度的责任感和历史担当勇挑牵头重担，足以说明扬州是一座历史厚重、人文笃醇的文化古城。"历史记录昨天，历史也启迪今天。"阮仪三表示，信奉历史的真实性、坚守文化的纯洁性，才能将大运河这份沉甸甸的活体文化遗产保护责任担当起来，让大运河再活一个 2000 年。

"培养专家型的建筑师与工程师"
——经过十年磨砺，历史建筑保护学科建设与专业教学硕果累累

　　徜徉在曲曲折折、清新淡雅的图片墙前，阅读着一张张介绍的文字，"历史建筑保护与再生""历史文化名城保护""保护设计作业展""历史环境实录作业展"……这是笔者（2013 年）6 月 6 日在同济大学综合楼大厅里看到的景象，200 余张图片生动地记录了同济大学历史建筑保护工程专业 10 年走过的历程，"自 2003 年招生以来，同济历史建筑保护工程专业至今已有六届毕业生，毕业人数达 137 人，60% 以上在中外高校继续着专业方向的深造，就业的毕业生中有 90% 以上从事相关专业方向的工作，并深受用人单位称赞。"建筑与城市规划学院院长吴长福在展览"序言"中说。

　　6 月 6 日，在第八个中国"文化遗产日"到来之际，同济大学历史建筑保护工程专业创立十周年暨建筑与城市遗产领域研究与实践成果展揭幕。故宫博物院时任院长单霁翔，上海市文物局时任副局长褚晓波，同济大学时任党委书记周祖翼、副校长伍江等出席专业创立十周年庆典活动。

　　开幕式上，副校长伍江致辞说，10 年前，同济大学设立历史建筑保护工程专业，"在当时，这还是少数人关注、很多人疑问的专业；而现在，你只要爆料说'有人在拆老房子'，立刻就有记者赶去，并且微信、微博就迅速传播开了。可见，当年专业的设置具有战略眼光。十年来，我们专业所承担的历史建筑规划、保护科研任务也越来越繁重，也说明社会对这个专业青睐有加，说明我们的社会责任越来越重大。责任重大，所以我们更要进一步完善学科、教学结构，培养出更多的优秀人才；我们也期待与会专家出智出点子，帮助我们更快地进步"。

　　同济建筑与规划学科有着深厚的基础。20 世纪 60 年代以来，随着国际范围内建筑与城市遗产保护思想、纲领和实践的不断发展，同济建筑规划学科逐渐形成了建筑学、城乡规划学、风景园林学、土木工程学、材料学、测量学和历史学等学科的高度联动并产生强大合力的跨学科领域，在国家建设中发挥的作用越来越大，完成了国家"十一五"科技支撑计划重大课题"历史建筑可持续利用与综合改造关键技术研究"。

　　众所周知，改革开放以来，各地城市建设风起云涌、方兴未艾，各种保护性破坏、

建设性破坏，推倒重建式的保护，毁掉了一个又一个文化名城、古街、古建，让从事此类工作的学者们痛心不已。要让古建古城修旧如旧、益寿延年、带病延年，而不是毁掉古董再造一个假古董，就必须招收培养专业人才，2003年，酝酿已久的历史建筑保护专业开始招生，第一批招收了15名学生。"我们的目标就是要培养专家型的建筑师和工程师。"该专业主要创始人常青教授说，"我们充分利用校内外教学资源，开出了八门新的专业课程；同时引进文化遗产研究和保护技术方面的专精人才，着手建设'历史建筑保护技术实验室'；同时，我们又积极争取到联合国教科文组织亚太文化遗产保护中心落户同济，与历史建筑保护方面闻名遐迩的法国夏约学院、意大利米兰理工大学、罗马大学，美国最早设立历史建筑保护专业的哥伦比亚大学、宾夕法尼亚大学等国际知名高校建立了密切的合作联系。"

据悉，经过10年的探索，该专业已经建立起较为完备的课程体系，内容涉及保护理论、保护设计、保护技术三大类，具体包括建筑学的基本知识和理论、中外建筑史演变、历史建筑的形制和工艺特征、艺术史及文博知识、历史建筑保护设计和技术等。"我们培养的目标是，学生既接受现代建筑学的基础训练，又整体把握历史建筑保护的系统知识，并有一定的保存与修复技能。"常青把这命名为"专家型的建筑师和工程师"。

要让学生学到真本领，教师就必须迈向历史建筑研究和实践的前沿。比如，"在城乡风土环境及传统建筑保护与再生方面，以建筑学与文化地理学、人类学相交叉的视角和方法，重点关注历史建筑的环境与文化适应方式，以及习俗、仪式、场景等传统文化要素，提出'延续地志、保持地脉、保留地标''修旧如旧、补新以新''保护借重利用，更新和而不同'等遗产存续理论、方法和策略"。常青介绍，这些原则是从珠海陈芳故居、杭州来氏聚落、台州海门老街、日喀则桑珠孜宗堡、都江堰离堆博物馆、海口骑楼老街等修复实践中总结的，它们都是濒危的风土地标，对其进行存续与再生刻不容缓。

以有"小布达拉宫"之称的桑珠孜宗堡为例，历史可追溯到元朝，它是西藏宗山建筑中出类拔萃的代表作。宫殿东西向长280米、高92米，占满整个日光山顶，既高大峻拔，又典雅俊秀。只是，木石结构的宫堡，因岁月侵蚀和"文革"时期的破坏逐渐损毁，只剩城台的一些断壁残垣。作为上海援藏项目，常青等接受任务后实地踏勘，是"疗伤"还是"理容"？这是个问题。所谓"疗伤"，重在修复废墟，保持原石材肌理，使得宗堡与山体浑然一体，展现浓厚的历史沧桑感；"理容"，则强调历史无法完全复原，修复外观时力求创新，比如添加了歇山和攒尖金顶，采用红宫、白宫的色彩区分，以强化景观效果，并与扎什伦布寺的金顶遥相呼应。专家们的最终选择，是将二者折衷：既利用了残旧宫基，又分出了红宫、白宫。除了完整保存、加固废墟外，更偏向于忠实还原历史城市天际线：舍弃了能提供漂亮景观的攒尖金顶；还在宗堡东侧留下30多米长的废墟，只加固而不复原，以求保存一页宗堡遭受劫难的历史记忆。为尊重历史，常青团队甚至做到了使复原轮廓与历史图像能够达到基本重合。同济参与的一系列保护工程项目已获得包括国际金奖、联合国教科文组织亚太遗产保护奖、教育部和全国的优秀工程设计一等奖在内的国内外重要奖项，现已作为案例进入课堂，成了教学参考材料的组成部分。

仅有课堂学习是不够的，学生们的课堂还要延伸到保护现场。"我们选择有代表性的名城、名镇或历史街区，考察其现状及保护实施情况，了解其管理运作的全过程；选择一些正在开始保护的基地，了解具体的保护情形……尽可能多地选择各种现场，以期学生掌握普遍性规律。"展览文字介绍，上海朱家角，浙江绍兴、宁波，福建光泽，现在学院已经建立起30余个实习友好单位及地点，足迹遍及上海、江苏、江西、福建、安徽、湖南等省市。该专业学生在学期间还有机会赴欧洲历史名城参观学习。

扎实的学习之后，毕业设计就是亮实力的时刻。"2007年至今，我们共设计了12个专题，多数为真题，对象从文物、法定历史建筑到一般性历史建筑，也包含大遗址保护、历史街区保护和单体历史建筑等，既有西方影响下的城市近代建筑，也有传统街区和民居建筑。"展览介绍称，像2008级学生实施的吴同文住宅保护设计，08、09级参与的上海铁合金厂老厂房保护与再利用设计，经过前期调研与文献研究、信息分析与价值评估、设计构思、确定方案，给出技术深化设计，这些设计"每年都采取公开预评和现场答辩，受邀参评的专家对这些方案都给予了高度评价。6年来，多名学生的毕业设计获评同济大学优秀毕业设计，并获得上海建筑学会历史建筑保护委员会的相关奖励"。

2015 上海城市空间艺术季"社区与艺术"活动现场　受访者 供图

"把展览办成城市更新的国际平台"
——"2015 上海城市空间艺术季"参观印象

"这是一场展示城市更新故事的平台，我们希望通过展览连通城市的过去与未来，连通市民，连通世界。""2015 上海城市空间艺术季"中方主策展人、同济大学时任副校长伍江教授表示。艺术季把上海徐汇滨江渲染得五彩缤纷、热闹非凡。

上海城市更新的优秀案例悉数展现

伍江介绍，本届艺术季主展览从"主题演绎：文献与议题""回溯：历史的承袭与演进""前瞻：新兴城市范式""映射：城市 / 乡村两生记"及"互动：艺术介入公共空间"五个角度阐释"城市更新"主题，展示当下与未来、都市与乡村、艺术与公众、全球与上海等的关联与融合。像"回溯"板块，案例就包括了纽约、巴塞罗那、汉堡、哈瓦那、成都、上海等多个国内外城市的更新案例，主题涉及古城古村的修复、历史街区的保护、文化艺术对城市复兴的推动作用等。据了解，展览由上海市城市雕塑委员会主办，上海市规划和国土资源管理局、上海市文化广播影视管理局、徐汇区人民政府共同承办。

城市与乡村如何相得益彰、两生并茂？二层的木构楼，像一个高高的凉棚，顶上搭着乡村里常见的稻草，穿梁楹柱一下子就把我们拉回儿时的乡村。"前童木构主体由 76 根梁柱、30 根地板龙骨、30 根屋面檩条，采取无钉无胶的全榫卯结构拼装而成。"展品说明中介绍，关键是这件传统"凉棚"是使用现代科技制成的："所有木料由五轴数控机床预制生产，经传统大木作工匠现场搭建。"传统木构工艺中，前童木构采用的是六向偏心自平衡结构，很好地实现了力学与美学的建构统一。"这件展品所用的木头全是树龄不超过 60 年的树木，它可在人的一生中长成；展览结束后，房子将运回前童重新组装成民居。"展品主人说。据了解，"城市乡村两生记"展区还有茶山竹海中的竹房子，那是专为你我这样的农家乐客人、度假人士准备的；夯土构筑的农耕博物馆，你要带孩子去看犁耙锄锹，就上徐汇滨江老飞机库。"前瞻"板块展示的是数字文化媒体对新的都市生活范式和城市公共空间的影响与引领，"纽约2030""东京2050"和"上海2040"分别描绘了东西方国际大都市的发展愿景。"上海2040"着重阐述了我们生活的这座城市在追求"更加绿色、更加开放、更加美好的全球城市"的发展目标过程中的路径与期许。

城市更新是对城市的保养

当大规模建设告一段落，我们需要对老旧的建筑、街区进行更新之时，如何再生，如何让老建筑、旧街区看得养眼则很重要了。于是，我们的老城区、老厂区纷纷变身成为"艺术"的所在，像创智天地、黄浦江沿岸、莫干山路 58 号、音乐谷、静安696、黄浦江北岸……既有大尺度的连片街区，也有迷你的温馨小站，"令人欣喜的是，每一片老街区、每一栋老建筑，更新之时都有艺术元素的参与，甚至艺术先行唱主角"，业内专家评价，这表明我们的城市正悄悄变化着内在品质。

伍江表示，与大拆大建不同，城市更新主要强调盘活存量而非增量来获得城市经济和社会发展空间，这将成为未来上海城市发展的一个新特征。当前上海的城市发展还在转型之中，有大量旧空间亟待获得新用途。但旧空间与新用途并不矛盾，国际上许多城市，都通过城市更新，让老建筑焕发出了新的生命力，在上海，也有新天地、田子坊等优秀更新案例。还有，上海过去二三十年中的新建筑，也可通过城市更新实现功能提升，"城市更新，其实就是对城市的保养"。他说，正是在这样的理念下，上海将本次空间艺术季的主题定为"城市更新"，希望通过国内外诸多优秀的更新案例展览，探讨城市更新的学术主题，普及城市更新公众参与的理念。

20世纪50年代，上海要规划建设新中国第一代工人新村，设计者汪定曾不取苏联模式，采用的是美国"邻里单元"理念：至少10%的社区土地为公共开放空间或公园；最多每隔3栋楼，必有一处敞阔的公共空间。曹杨一村以小学为核心，以600米的服务半径布置街坊，7~8分钟步行范围内即可享受各种公共配套设施。"一个新村内，2个公园、2座医院，文化宫、青少年活动中心、影剧院、幼儿园、小学、中学等一应俱全……都说上海要实现出门500米有公园、步行5分钟有公交，这些，曹杨新村早就实现了！"老村民李树德嗓门可高。这个案例也是本次艺术季的展品，负责其更新的同济大学建筑与城市规划学院王伟强教授介绍："我们采用社区文化艺术嘉年华的形式，通过'实践与畅想'主题展览、'规划与对话'主题论坛、'空间与活动'主题展演，来展现新中国最老的工人新村社区环境优化、公共服务设施改造、居住品质提升等方面的更新探索成果。"

展览上，记者发现城市更新案例的展示手段也十分丰富。图片、文字、装置、模型，还有出人意料的创意手段，像浦江东岸老白渡码头的更新，案例展中如何表现？冯路、柳亦春、颜晓东他们请来一群现代舞、声音、影像、多媒体背景艺术家，用一组影像配以多媒体装置，"激活"韩天衡美术馆、雅昌艺术中心、上海电子工业学院、五维创意园 J-OFFICE、外马路 1178 号创业办公等，观看的人个个停下脚步。

子展览同样精彩纷呈

城市空间艺术季9月开幕，持续一季。除了上海西岸飞机库作为主展场，3个月的展期内，上海的城区与乡镇，那些百姓生活的公共空间中，还将举办实践案例展和市民文化活动，南京路雕塑邀请展、普陀大学生公共视觉优秀作品展、上海雕塑中心"1＋1"雕塑与建筑邀请展，还有11个区县的15个实践案例展现目前都在开放中。

青花釉里红，蓝瓷映海龙，"思班瓷立场"穿越古今立足于时；夕暮金影江南色，百花香缀满人间，"小日子花店"溢满香甜，细嗅芬芳；金泥煅火玉瓷成，水乡馨音陶满城，"泥土工厂"塑于鲜活，起灵圣坛……这是"互动水乡"朱家角·尚都里实践案例展之"工艺复兴"展览。子会场朱家角在 3 个月时间内，陆续举办学术论坛、建筑、装置艺术、绘画、海派旗袍秀、民俗工艺秀 等活动，充分展示新旧交融、有机生长的诗意古镇朱家角。伍江对这一做法很是赞赏："朱家角作为这次城市空间艺术季的 15 个实践案例之一，我个人认为是最有典型意义的案例之一。我们讲城市更新，讲城市空间保护，讲今天传统的城市空间如何能够更有生命力，朱家角是个很好的例子……保护文化遗传，保护江南古镇，绝对不应该是博物馆式的保护，它是活的，每一个朱家角人有权利生活在今天的时代。我们希望通过展览，使尚都里成为未来上海乃至中国时尚生活的发源地。"

不仅如此，市民广泛参与城市 设计也是展览反映的重头戏。浦东市民参与的名为"阅城·乐城"的浦东设计实践竞赛就反映到展览中来了，这项竞赛包括"塘桥社区街角空间更新改造参与式规划：街角社区 DIY"和"轨交 6 号线站点地区空间重塑：轨迹"。"两个项目都吸引了社区民众的广泛参与并取得了很好的效果，现在它们都体现到展览中了。"发起人说。"城市规划设计，是让城市更美好的艺术，这不是少数人的艺术，是大家共同来创造的艺术，我们每个人的责任就是让这个城市变得越美好。"上海市有关部门负责人介绍，今后他们将更加广泛地召集市民参与地铁站厅文化、地铁车厢、公共文化空间的设计，甚至为建筑、车站取名，如 6 号线发掘出的古高桥、仰贤堂、六里桥，并将体育中心取名"源深"，就因为这里近代出了一位名士——谢源深。

据了解，配合艺术季，上海市还推出了"两个 100"活动：第一个 "100"以"发现"为主题，市民推荐、全城共享"100 个最美城市空间"；第二个"100"以"塑造"为主题，广泛征集、全面推广"100 个城市空间塑造案例"。

把艺术季打造成为城市更新的国际平台

虽是第一届，但城市空间艺术季的国际范儿已露尖尖角。"邀请哈佛大学设计学院院长莫森·穆斯塔法维教授担任外方策展人，是看中他提出的'生态城市主义'理念。"伍江介绍，他将与来自美、加、 法、德等多个国家的艺术家和建筑师们一起，带来自己在城市更新方面的精彩作品。

波光粼粼的湖泊、潺潺流淌的河流，各种各样的现代雕塑、金字塔形的草垛、宽广的草坪和各种运动设施，当然还有茂密的森林、幽静的林荫道……这就是胡安·卡洛斯一世公园，它是马德里最现代和最动人的户外场所，面积 220 公顷。它最有特色的是公园中心的三种文明园林，其得名的原因是为了纪念三个传统宗教——犹太教、基督教和伊斯兰教。这家公园在展览上出现了。

艺术季还展示了德国的多瑙沃特社会大学，将家族的古老城堡遗留部分改造成对公众开放、能源高效利用的现代建筑，是被动式建筑的典范；德国埃斯林根策尔区，通过旧区更新，从汽车友好型向行人友好型城区转变，其手段包括改造开放空间、缩小街巷尺度、打造行人无障碍网络及河滨区公园、创新地块再开发等，项目实施将持续至 2050 年，小火慢炖是一种优雅的态度，你说呢？

更多的是西班牙的展品，该国米耶雷斯的一处社会保障性住房，是用老房子改造而来的，外立面用深灰色波纹钢板，边缘呈圆形——刚中带柔；内部有两层皮肤，一层是透明的大型玻璃窗，明确界定出公寓的内部空间，另外一层是可移动的木质百叶窗，界定出露台的范围，让住户可以控制阳光的照射并随时具有一定程度的私密性。

马德里的卡拉万切尔住宅，相当高大上，业内专家更是啧啧；太阳门广场改造，论者说："可以算得上马德里最有派头的修建了，联合巴洛克式和新古典主义作风宫殿，是西班牙王室当年壮盛时期的代表性修筑物。"虽然我们看到的还是旧旧的那种欧洲常见的古典建筑，但人家已经重金修缮过了，像没修一样，正应了"天空依旧湛蓝，鸟儿确已飞过"。

这些案例在这次展览中很多，马约尔广场市政大厦、瓜达拉哈拉剧院、马德里网球俱乐部翻新、拉科鲁尼亚艺术中心、昆卡科技馆、阿尔卡拉家庭景观设计、胡安·卡洛斯一世公园、佩西城市更新、中意手工艺匠行迹……"把艺术季打造成为城市更新的国际平台是我们的努力目标。"伍江表示，把这么多艺术家、建筑师、策展人聚集在一起，在全国乃至全球范围内也尚属首次。"我们希望把上海空间艺术季办成全球讨论城市品质问题的国际平台。"伍江说，"以后大家要讨论城市更新，要讨论空间发展，就来上海"。

"建设美丽乡村，特色小镇是条好路子"
——彭震伟教授眼里的特色小镇愿景

近期（2017 年），记者在吴江"旗袍小镇"全球设计招标作品发布会上，被中国城市规划学会小城镇规划学术委员会主任委员、同济大学建筑与城市规划学院彭震伟教授"建设美丽乡村、特色小镇是条好路子"的演讲深深吸引，觉得特色小镇的话题当下意义重大，有必要为更多读者所了解。

何谓特色小镇?

何谓特色小镇？彭震伟引用开展特色小镇建设较早的浙江省《关于加快特色小镇规划建设的指导意见》的描述：相对独立于市区，具有明确产业定位、文化内涵、旅游和一定社区功能的发展空间平台，区别于行政区划单元和产业园区。

"近年来，浙江特色小镇建设方兴未艾"，彭震伟介绍，当地聚焦茶叶、丝绸、黄酒、中药、青瓷、木雕、根雕、石雕、文房等历史经典产业，坚持产业、文化、旅游三位一体，生产、生活、生态融合发展。其"产、城、人、文"的四位一体，"企业主体"的运营机制，并充分发挥当地居民参与的积极性，使特色小镇不同于以往的行政主导，有效破解了以往政府大包大揽带来的种种弊端。"特色小镇建设过程中，政府的主要职责是编制规划、保护生态、优化服务，不去干预企业的运营。"彭震伟说。

彭震伟介绍，浙江特色小镇建设有效破解了城乡二元结构、改善了人居环境，符合以人为本的新型城镇化要求，受到习近平、李克强、张高丽等中央主要领导的高度重视，中央领导们认为：抓特色小镇、小城镇建设大有可为，对经济转型升级、新型城镇化建设都具有重要意义；各地各部门要认真总结浙江在探索中形成的有益经验，结合推进新型城镇化，指导各地因地制宜、创新机制，走出特色鲜明、产城融合、惠及群众的新型小城镇之路。

彭震伟认为，特色小镇既非简单的以业兴城，也非以城兴业；既非行政概念，也非工业园区概念。浙江在城乡结合部建"小而精"的特色小镇，符合在生产力配置的集聚与扩散之间找到最佳平衡点，在城市化与逆城市化之间找到最佳平衡点，在生产、生活、生态之间找到最佳平衡点的规律，如江苏南京市计划用三年时间打造的幕府特色小镇、模范路青创小镇、江东软件小镇、"互联网＋"创业小镇、紫东创意小镇、红山极客小镇、苏家文创小镇、空港枢纽小镇等特色小镇，都是希望在产业、功能、形态、制度等方面彰显鲜明的特色。

各地都有不错的案例

"浙江经验受到中央的高度重视，2016 年 7 月，国家发改委、财政部、住建部等联合发文，要求各地开展特色小镇培育工作。"彭震伟介绍，指导思想是要通过培育特色鲜明、产业发展、绿色生态、美丽宜居的特色小镇，探索小镇建设的健康发展之路。三部委设想的目标是：到 2020 年，培育 1000 个以休闲旅游、商贸物流、现代制造、教育科技、传统文化、美丽宜居等为特色的富有活力的小镇，引领带动全国小城镇建设。

"特色小镇的建设在各地都有成功的先行者。"彭震伟说，江苏的高淳桠溪镇是两省四县（苏皖两省及溧阳市、高淳县、溧水县、郎溪县）交界处的一座古镇，一个面积约 49 平方公里的地区，人口约 2 万人。2010 年 11 月份在苏格兰举行的国际慢城会议上，高淳"桠溪镇"被世界慢城组织正式授予"国际慢城"的称号，这是中国首个国际慢城。这座江南古镇由六个自然村组成，在绵延 50 公里的生态路上，杏花林、竹海、茶园、丘陵、河溪、葡萄园和珍珠般的湖泊不停变换着你的"镜头"。因以农业为主，这里的山水长期以来仿佛造物主的遗珍，时空穿越般的静谧。桠溪镇没有公共交通工具，骑车是 50 公里生态路最佳的选择，在村舍之间游花田、赏莲叶；穿行老街看传承 50 年的手工布鞋技艺，听"一双鞋要做三天"的话，看年过八旬的梅位炳老人淡定的表情，你就知道"世界上除了钱还有很多美好的东西值得坚守、值得着迷"。还有宜兴的丁蜀镇以陶兴盛、吴江震泽镇被称"蚕丝之乡"、安丰的"七里长街"、泰州溱潼镇被称"麋鹿之乡"，等等。

彭震伟特别提到贵州安顺的旧州镇。他说，旧州镇地处黔中腹地，始建于 1351 年，距省会贵阳 80 公里，距安顺市区 37 公里，全镇总面积 116 平方公里，总人口 4.4 万人，少数民族人口占 38.1%，平均海拔 1356 米，全年空气质量优良率为 100%。旧州镇生态良好、环境优美、文化丰富，是中国屯堡文化的发源地和聚集区之一，是全国第一批建制镇示范试点镇、中国历史文化名镇、全国文明村镇、全国美丽宜居小镇和国家 4A 级生态文化旅游小镇，被誉为"梦里小江南，西南第一州"。当地根据旧州镇实际，就地就近城镇化。在浪塘村打造升级版"微田园"，以"万绿城"城市综合合作建设特色产品职工基地，实现示范小城镇订单式生产、城市综合体链条式销售。与葡萄牙里斯本大区维苗苏镇、黄果树旅游集团公司结成对子，合作打造特色旅游民居、"山里江南"旅游综合体等项目，吸引农业转移人口向镇区和美丽乡村集中。"可见，特色小镇关键在'特'，关键在综合素质。"彭震伟说。

特色小（城）镇"特"在哪儿？

特色小（城）镇"特"在哪儿？彭震伟认为，特色小（城）镇建设必须具备五个特色：产业发展、城镇职能、建设标准、建设环境、建筑风格。

特色产业应该具备规模化产业集群、拥有比较优势且有合理的产业结构比例等三个特色，"小（城）镇的特色产业当然要有效集聚、整合各种生产要素，完善产业链条"，彭震伟说；小城镇应该更好地发挥上接城市、下联农村的战略节点作用和辐射带动作用，一般可根据中心镇——一般镇——中心村——基层村的层次结构，明确其职能定位；"小城镇的建设标准首先要放到小城镇体系中定位，然后确定各层次居民点的市政基础设施与社会服务设施的配置数量和建设标准，以保证小城镇服务功能的更好发挥"，彭震伟说；建筑环境特征塑造应将城镇与周边区域自然环境及人工建设环境有机结合起来，形成外部景观环境——城镇整体景观环境——建筑群体及空间环境——建筑视觉环境一体和谐的小镇环境；建筑风格当然要与整体环境协调，还要与生活方式、生活习惯、气候特征、环境条件等相配套，建筑形式的基调与风格都要仔细斟酌，像同里古镇的水乡木船、徽州古村落的斑驳白墙等等，"特色小镇要想有模有样、有生命力，就必须整体考虑；切不可一哄而上，要慢慢来"，彭震伟最后说。

八万吨粮仓　受访者 供图

八万吨粮仓变身艺术仓库
——李翔宁详解"2017 上海城市空间艺术季"

是笋还是牛角，一位年轻人正用手机对它拍照；一位老者猫着腰正在端详悬在"秋千"上的房子模型；枫叶、蝙蝠还是蝴蝶，看起来像是 3D 打印的写意"昆虫"正飞出"蜂巢"屋……这是正在浦东民生路码头八万吨粮仓举办的"2017 上海城市空间艺术季"，每天这里游人如织，日均客流 4000 人次左右，周末排队常常超过 2 小时。空间艺术季由同济大学建筑与城市规划学院李翔宁教授牵头策展。

八万吨粮仓成了"2017 上海城市空间艺术季"秀场

（2017 年）10 月 15 日，"2017 上海城市空间艺术季"在民生路码头八万吨筒仓及周边开放空间开幕。曾为亚洲最大容量散粮筒仓改头换面，成为上海城市空间艺术季主展场，这意味着又一座承载着众多上海人记忆的工业遗存，经过精心改造，正式以"艺术生"的面貌面对世人。本届上海城市空间艺术季由上海市城市雕塑委员会主办，上海市规划和国土资源管理局、上海市文化广播影视管理局、浦东新区人民政府共同承办，展览为期 3 个月，免费对市民开放。

开幕式就在八万吨筒仓举行，上海市有关领导、同济大学时任常务副校长伍江、展览学术委员会主任郑时龄院士、主策展人李翔宁等出席。会后，李翔宁带领嘉宾参观了主展场并详细介绍了展览情况。

据悉，这届艺术季引进了世界十几个国家和地区的 200 多个机构和个人参展，他们中，有规划师、建筑师、设计师、艺术家和策展人，为市民提供了大量极具前瞻性、多样性、体验性、公众性的展品。展览首日接待参观者 3000 人次左右，其中有不少中老年观众，他们有些是附近的居民，不少曾在民生路码头工作过的老员工也受邀前来。

八万吨粮仓这样转身

众所周知，上海正在打通浦江两岸，要让其成为市民可散步的滨江风景线。但是，先前沿着岸线的大量工业遗存如何在"人民对美好生活的需求"中扮演新的角色，如何不忘本来、面向未来？上海将飞机库变成了余德耀美术馆、南市发电厂变成上海当代艺术博物馆，八万吨粮仓那片巨大的遗存向何处去？

黄浦江两岸有 45 公里长的岸线，民生路码头的岸线总长 937 米。民生路码头原为上海港散粮、散糖装卸专业码头，旧称英商蓝烟囱码头，始建于清光绪三十四年（1908 年），是当年亚洲大型码头之一。1954 年，蓝烟囱码头正式更名为民生路码头，20 世纪 70 年代、90 年代对粮食装卸区进行了两次大规模的改建。目前民生路码头占地面积 119977 平方米，现状保留建筑总量 97000 平方米。

废弃 20 年，如今以怎样的面貌回归，上海市政府找到了同济校友、兼职教授柳亦春。双方一拍即合，通过整体改造，构筑开放空间，成为浦东文化艺术的新地标。但层高近 50 米的粮仓转型为展场，谈何容易！柳亦春在筒仓外立面加装了外挂自动扶梯，方便参观者上下。扶梯外形轻盈简约，与周边建筑融为一体，人们可乘坐扶梯一览黄浦江风景。他说，后期改造中，江边直上筒仓三层的粮食传送带被改造为自动人行坡道，从而建起一个从江边可直接上至筒仓顶层的公共通廊。配合艺术季的一期改造工程，八万吨筒仓目前已释放出 1.3 万平方米的室内面积，和北面沿江的 257 库部分室内空间组成 1.6 万平方米的展厅，可供 200 多个参展作品集中展示。

柳亦春说，八吨筒仓是在"改造性再利用"原则下的一次积极尝试，怎样利用好巨大、封闭的仓筒，令其既保持原有外观又能体现被赋予新的内容，是改造期间面临的最大挑战。通过现场的观察，我们发现，柳亦春成功将挑战化作了"风景"。

展览的主题定为"连接：共享未来的公共空间"

李翔宁介绍，2015 年的上海城市空间艺术季选择的是西岸艺术中心（从飞机制造车间转身而来），今年的艺术季依然选择老工业建筑，标志着上海市"文化兴市，艺术建城"理念的坚定不移。他说，这座高达 48 米的巨大筒仓，因多年废弃，沉寂至今。此次，经建筑师柳亦春的改造，筒仓不但重回公众视野，还被赋予了强大的艺术使命。

李翔宁说："我们要做的就是通过展览连接历史和未来，让人们共享未来的城市公共空间。"正是在这一主题下，我们策划了 4 大主题展和 12 个特展。其中，主题展围绕"公共空间形态、社会文化多样、基础设施连接、上海都市范本"开展，既包

粮仓入夜　受访者 供图

含上海发展的内容，如上海城事、两岸贯通、文化点亮城市等，也有国际视野展项，如世界优秀水岸空间案例展、濑户内国际艺术节、全球建筑实践罗盘等。参观者可从老地标、老建筑中深入了解上海的历史，思考上海滨水空间和城市公共空间发展的方向，还能了解到世界各地的公共空间艺术。特展包括巴萨罗那馆、伦敦馆、拉斯维加斯馆、当代中国建筑特展、滨水空间特展等。

尤值一提的是，2017 空间艺术季的实践案例展和联合展将优秀城市公共空间展示内容普及到市民身边，呼应艺术季主题，发挥作为城市问题讨论平台在全市各区的带动和交流作用。李翔宁说，为了更好地办好展览，他们数次深入社区调研，选择的 10 个实践案例展分布于浦东新区、徐汇、黄浦、虹口、静安、长宁、杨浦、金山 8 个区，选取社区、历史风貌区、滨水地区等城市公共空间改造项目，组织精彩纷呈的案例展示、主题论坛及市民互动活动。

其中，长宁区的"北新泾街道社区微更新：新泾·新境"，集中展示北新泾街道的更新案例，将实例与设想相结合，是可见、可用、可讨论的呈现；静安区的"生活大生产"，保留历史风貌，用当代艺术眼光重新定义空间、人、历史的关系，融合装置、活动和市集等互动性、参与性的艺术形式，引导市民和新业坊产生新灵感；虹口区的"2017 城市微介入——公共空间艺术化"，借助滨江贯通大背景，结合公共艺术介入滨江入口设计的案例，举行北外滩滨江公共空间系列论坛。此外，还有浦东新区的"缤纷社区案例展"、徐汇区的"双向辐射展"和"为风貌而设计展"、金山区的"秀韵容慧展"、市规土局的"符号上海"和"两岸贯通案例展"等，各具特色，值得一看。

六个联合展包括 2017 首届中国城市公共艺术展、第五届全国大学生公共视觉优秀作品双年展、陆家嘴滨江金融城公共景观装置展、国际高等艺术学院公共视觉艺术交流展、外滩艺术计划等与主题相关的各类展览。

展览如何观赏？

目前，展览正在进行中。

进入民生路 3 号，首先可以看到的是展品"数字金属"，通过三座构筑物——数字金属构建集中呈现数字化设计与建造所带来的变革；另一侧是雕塑家吴为山创作的"中国文人写意雕塑园"，他以挖掘中国传统文化为人生命题，指尖下淬炼出近500 件中国文化名人雕塑，汇成此园；名为"风律"的作品利用回收的金属材料，创作出大地艺术作品；六个名为"无题，长椅装置"的作品散布在室外空间里。

257 库里是"木构与智构""漫步环翠堂园景""马列维奇视觉年表""万象"及"鼓

浪屿历史国际社区——共享遗产保护之路"等特展区。公共艺术作品"凝聚"巧妙地利用了 257 库里的剩余空间，对不可移动的室内构筑物进行艺术化的装饰，使之成为一组由立体体块构成的室内公共空间的艺术装置，并与空间和展览产生互动关系。

筒仓一楼及其周边外部空间，策展人斯坦法诺·博埃里演绎"林中之境"，一个由 350 根高 10 米的圆柱围成的装置，错落有致，形成由外向内的内潜，代表着城市生活从忙碌至闲适的慢过程、慢动作。同在一楼的还有密斯·凡·德·罗基金会参展的展项；联合策展人北川富朗带来了"濑户内国际艺术节"，公众足不出"沪"，即可大饱眼福；联合策展人郭晓彦的"连接：空间的移动"，汇集了 10 余位当代国内外重量级艺术家的作品。

从筒仓六楼，参展人苏丹、张荐、王宁展出了当代艺术建筑作品——《仓声·品》，展品由 1000 个太阳能自发声的音箱、1000 个不同的器皿及特殊的空间组合成一个具有感染力的声场，场所被赋予新的寓意，光、声音引导着，粮仓就成为一个精神食粮的发生器。

筒仓七楼，是以上海都市范本为主题的一系列展览，包括"上海城事""文化点亮城市""两岸贯通"等主题展项。同一层楼还陈列着"新村研究""上海空间研究""城市微空间复兴计划"等七个版块。

筒仓的辅楼特展区也颇具看点。"与水共生：世界优秀水岸空间案例展"探讨了滨水空间成为城市公共生活的发生地的可能性，关注城市滨水工业锈带的再生及"弹性水岸"的设计；呈现中国当代建筑纷繁图景的"当代中国的多元建筑实践"和"社会图景：来自城市内部的影像学"两大特展汇集了 60 家建筑事务所的 60 多个项目。

李翔宁说，空间艺术展更是关于城市更新、空间、公共艺术的思考。我们如何更好地面向城市的未来？近年来，城市公共空间艺术探索的热情方兴未艾，渐渐成为艺术领域的热门话题。他表示，希望参观者在欣赏展览的同时，思考上海如何更好地建设世界文化大都市，为昔日工业文化的更好"蝶化"献计献策。

谷仓内景　受访者 供图

"生态岛上的建筑当然要生态化"
——与陈易教授聊他的崇明岛建筑实践

绿绿圆圆的屋顶，仿佛双层的蘑菇，中间留着呼吸的唇线；进去，仿佛进了一家北欧乡村俱乐部，阳光从大明窗、木格栅中涌进来，洒在高脚凳、布沙发、圆饼样的地上，顿时你就有了这里驻"人生难得片刻闲，光阴如水这里驻"的饭后午时之感……这三栋名叫"上实低碳农业园小粮仓"的建筑位于崇明岛东滩，它获得了第六届上海市建筑学会建筑创作奖佳作奖。而这，只是同济大学陈易教授崇明岛建筑生态设计实践的部分成绩。

崇明是上海的绿肺，建筑当然要生态化

"生态岛上的建筑当然要生态化"，交谈中，建筑与城市规划学院陈易教授不断重复这样的话。

崇明作为上海后花园和绿肺，正越来越受到上海市的重视。20世纪的一些不当开发，导致崇明岛面临着河道、土壤环境污染，农村业态、住宅条件落后等状况，因此上海市政府在1998年正式提出了建设崇明生态岛的设想。于是，从河道整治、土壤改良到保护原始滩涂生态，崇明岛上的一切人类活动都注入了"生态"二字，建筑当然也不例外。

2008年，陈易参加了上海市科委的崇明专项课题，展开崇明岛绿色建筑技术研究，研究对象是崇明东滩低碳园区的建筑低碳化设计及其技术，从规划设计、施工建造、后期使用三方面提出相应的对策，为崇明农村地区的房屋建设提供指导原则。紧接着，陈易负责的"传统崇明岛屿建筑风貌建筑设计技术研究"和"瀛东生态村生态建筑设计技术研究"也获得上海市科委的经费支持。

何谓生态建筑？陈易介绍，就是从当地的自然生态环境出发，运用生态学原理，结合现代技术手段，合理安排建筑各要素与周边环境之间的关系，使建筑与环境成为有机的整体，实现确保自然健康和人体健康的目标。在这些课题的支持下，陈易指导了多名研究生。

三栋小粮仓谦逊地蹲在清水绿野中

崇明东滩的三栋小粮仓是上实集团的项目，上海市科委将这几栋建筑列入低碳建筑的探索目标。

按照上实集团的要求，三栋小粮仓有的作为接待展示，有的作为农产品超市，有的被用作果咖吧。"房子于2011年建成，当时限于极低的造价，建筑的内部环境相当简陋。2012年在上海市科委课题的支持下，业主便开始对这三幢小粮仓进行低碳化改造，内容涉及加层、室内设计、外立面和内庭院设计等工作。其中一号小粮仓通过加层改造为接待中心；二号小粮仓从农产品超市改造为办公楼；三号小粮仓从果咖吧改造为低碳农业展示馆。"

"低成本、低碳排放、田园风光，总而言之，不打扰自然的生态化设计是三栋建筑改造的原则。"陈易团队开始了改造设计。江南风光、水乡特色、返璞归真，这种改造设计是典型的"低碳化改造设计"，就是在已有的建筑形态内做功课，同时还要

体现自然通风、天然采光、自保温砖、当地材料、自遮阳等被动设计手段，对建筑师而言确实是一种挑战。陈易说，为了体现田园风貌，我们从传统的粮仓建筑中吸取灵感，尽量实现简洁、质朴的效果，这是我们试图传达给每一位访客的印象。

低碳建筑既要自然、简洁，还要达到一定的品质和舒适性，所以针对当地雨水多的特点，改造中采用金属仿稻草屋顶以解决天然植物的腐烂与养护问题；在外立面加设保温层和采用弧形双层中空玻璃窗，以取得更好的节能效果；对于内部环境，则通过一系列本地材料，尽量突出自然、质朴的氛围。

瀛东村老房子改造后成了住建部的典型

瀛东村位于上海崇明岛的最东南端，地处长江与东海交汇口，东临东海，南靠长江，北连东滩湿地，村子本身就是在沙滩上建起来的。1985 年，一部分村民经过 6 次艰难的围垦慢慢让村落成形并逐步发展起来，正式建村则是在 1989 年的 4 月了，所以与其他地方相比，这个 200 人左右的小村庄经济集体化程度高，村民人际关系紧密、归属感强，具有典型的农村社区特征。

村里的村民住房就很好地反映了这一特点。建于 20 世纪 90 年代至 2006 年的 50 栋住宅由村委会组织统一建设，其中 45 栋为双层住宅，用于农户居住；5 栋为单层住宅，作为老年人住宅及村老年人活动室使用。"老房子无防水处理、无保温措施，室内外无高差不能隔水防雨……"陈易说，按照要求，我们首先要做的是让房子适合人居住、符合节能要求，还不能给环境增添负担。

首先改造屋顶。先在平屋顶上找平，刷防水涂料，再加一层 30 毫米厚的挤塑聚苯乙烯泡沫塑料（XPS）板，然后"保留原坡屋顶的骨架，重新铺上木望板、油毡、挂瓦条、顺水条，最后挂上琉璃瓦"。陈易说，这样的改造很好地解决了漏水和不保温问题。

墙体，我们采用界面剂和 30 毫米厚的无机保温砂浆，外加耐碱玻纤网格布，面层喷涂浅灰色真石漆，并仿照 20 厘米 ×10 厘米的面砖划线（白色勾缝线）；离地 50 厘米作勒脚处理，采用水泥弹性防水浆料涂刷，外喷深灰色真石漆，仿照 40 厘米 ×20 厘米的大尺寸面砖划线，这样外墙保温问题也得到很好的解决，且无火灾隐患。同时，还采用了双层中空玻璃的保温门窗，但是设计中要求的室内外地面改造，因为施工麻烦和费用来源等问题没有实施。

红顶灰墙大阳台，如果你到瀛东村，远远地就能见到一溜二层小楼整整齐齐列队站在路边欢迎你。"村庄改造后，节能率达到了 57%；冬天、夏天基本都可以不开空调；外观也不是先前那种你敲锣我打鼓、你上山我下河的杂乱色彩，颜色统一的灰墙和暗红色的屋顶，村容村貌既和谐统一，又具有江南农村特色"，陈易说，改造后的瀛东村村民住宅受到村民、专家的交口称赞，农民说冬暖夏凉，专家说"农村特色鲜明""生态技术具有推广价值"，所以住建部将之选入第一批田园建筑优秀作品名单。

相较而言，瀛东村生态度假村设计就相对容易了，它们是新建筑。在上海市科委的大力支持下，村里从总共32栋建筑中选择了6栋进行生态示范设计，其中5幢旅馆和1幢公共建筑（接待中心）。陈易介绍，建筑有混合结构形式、钢结构形式、木结构形式，层数从单层到二层都有，主要探索适用于不同类型的农村建筑的生态设计和生态技术。在自然通风、天然采光、自带装饰面层的保温板、活动式外遮阳卷帘、保温砖墙体等被动式设计方面进行了探索，在建筑风貌、绿色材料、可持续能源、设备节能、景观节能、管理节能等方面，他们也做了很多尝试，像上海首例太阳能光伏建筑一体化屋顶就出现在这里，太阳能光伏电池板直接作为屋顶面板，这一案例已编入住建部太阳能光伏建筑一体化教材。

采访获悉，建成后的度假村和改造后的村民住宅成了香饽饽，国家领导人、专家、取经者络绎不绝，不少外国专家和学者也慕名前来，2015年瀛东村度假村和村民住宅一起被评为住建部第一批田园建筑优秀作品。

虹口区甜爱路街景改造效果图　受访者 提供

里弄这样微更新
——童明和他的上海旧城更新实践

随着城市更新话题的日渐升温，如何更新也成为越来越多的人关注的热点。大拆大建肯定是不对的，但老城厢、石库门里的居民市民的生活品质必须提高，他们如何住得舒服、出得方便就成为专业人员孜孜以求的深耕之地。"不破坏不干扰，微更新用一种温和微创的方式提升城市品质。"同济大学建筑与城市规划学院教授童明说，目前他正带领弟子们在上海的旧城里弄开展更新"微创手术"。

一栋楼宇如何改造？

衡复历史风貌区里延庆路 9 号楼是一栋楼龄超过 30 年的老房子，下水管老旧，排水不畅；楼道昏暗，杂物乱放；油烟出气口乱开，楼道里空气污浊；管线乱拉，隐患很多；大楼入口杂乱无章，楼道里整日昏暗；更加上外墙开裂，室内漏水，居住条件很差：旧楼有的问题它都有。

下水系统要改，排烟排气系统要改，一楼门厅要改，楼梯间、过道要改，照明也要改，"比如自行车，放在门厅里，就占去半幅过道，我们计划将其斜靠在墙上，墙上装槽固定"，童明介绍，但钱从哪里来，谁来管？改造费用将近 150 万元，交给区里的试点协作工作平台。平台由风貌区领导协调机构、居委会、物业、业主委员会等联合组成，平台负责大楼改造的一切事务，管理政府划拨的改造资金和居民自筹资金。"资金到位，改造推进起来就快了。"童明说，现在外墙米黄的这栋楼已经差不多改好，在绿树丛中很是惹眼。

不仅如此，童明他们还为湖南路街道设计建设了信息展示中心。湖南路街道所在的衡复历史文化风貌区总面积 7.66 平方公里，是上海保护规模面积最大的历史街区，仅徐汇区内就有 950 幢优秀历史建筑、1774 幢保留历史建筑、2259 幢一般历史建筑。区里在"三减三增"保护原则指导下，整体推进历史街区功能开发、建筑修缮、业态调整及环境综合整治，将实施"衡山复兴计划"。

"信息中心将结合该地区的综合整治工作，力图以全面性、体验式、信息化的方式展示徐汇衡复历史街区的历史风貌与文化品质特征。"童明介绍，我们选定东湖路延庆路路口转角处的这一处住宅，这次它正好是街道立面整治的重点项目，房屋门脸正对静安寺商圈、陕西南路商圈。12 平方米的信息中心将与历史风貌保护区内部的各个博物馆、名人故居、文化设施等内容进行连接，介绍各个点的区位、具体内容、参观线路等，方便游客寻访参观。展示中心设计了触屏互动展示台、电子信息展示橱窗、触屏互动展示墙，还有 VR 实时互动单元模块墙，这一效果很快就会体现出来。

一个社区如何改造？

"南京东路街道贵州西社区的微更新方案，根据居民、街道等反馈的意见，目前已经优化完成，正在组织实施。"童明说，上海城市公共空间设计促进中心"行走上海 2017——社区空间微更新计划"启动后，贵州西社区被列入南京东路街道 2017 年微更新项目计划。这是由西藏中路、北京东路、贵州路与厦门路围合的石库门小区，建于 20 世纪 20 年代，内有宏兴里、永平里、永康里和瑞康里四个里弄，目前有 700 多户居民。

"不破坏不干扰"中实现更新，"微更新是一种温和微创的方式，未必立竿见影，但只要持续渐进，就会产生效果。"童明看中了这里独特的弄堂文化，他想做的就是把里弄内的公共空间改得适宜市民生活。因此，居民进出、游憩，自行车、摩托车的停放都得深入细致的考虑，但童明更想做的是在这里打造一间"公共起居厅"。

起居厅设计对象就是街区内的大小弄堂以及居委会的活动室。"我们想把邻里之间的交流、家庭来访的接待都放在这里；居民们还可以到这里的图书室看书。"童明说。其次，里弄入口也要改变。贵州西社区现有七个入口，有的入口堆放了杂物，门头也不明显。"入口是弄堂与城市的界面，也是城市与弄堂空间的转换节点。进了弄堂，让人有回家的感觉，如果总看见弄堂口杂物成堆乱糟糟的，累了一天的晚归人感觉肯定不好。"于是，设计团队在瑞康里靠近北京东路的入口处，设计师优化了门头，更加突出石库门元素，门口设置座椅、绿化等；永康里红砖、拱券门，门口设个微型小卖部，等等。

童明说，大拆大建的时代已经过去，用微更新的方式留住城市的年轮、护住城市的气质，我们首先要做的就是不破坏、不干扰，社区里的特色历史文化必须留住。贵州西社区挨近北京西路上海祥生汽车公司旧址。创业于1919年的祥生汽车公司，是上海强生控股股份有限公司的前身，也是上海第一家由中国人创办的出租汽车公司。童明很想将这里利用起来，挖掘出其历史内涵。"社区微更新是一项有温度的工作，它更多的是要和居民打交道，虽然有时很繁琐，但你真正为他们的生活品质提升而努力，人家都是能感受到并且配合的。"童明说，比如说屋外的水斗，各家都想留，但又不可能，怎么办，我们的方案一要因地制宜，再者就是与居民形成最大公约数。

一条老街如何更新?

从事城市微更新的童明近年来一直从结构性视角思考着城市：城市将从对外扩张转向内向优化，这意味着城市更新将是新常态中的一个持久性进程。纽约虽只有200多年的历史，它每一阶段的空间痕迹保存完善且依然鲜活，如 High Line（高线公园）。城市更新是关于整个城市地区的问题，而不仅仅局限于某栋建筑或院落。

甜爱路全长600米左右，位于四川北路商业街地区北部，是四川北路商业街主马路的一条重要支马路。拥有近百年历史的四川北路商业街近年来由于种种原因而逐渐边缘化，作为其重要且具一定知名度的支马路，虽然附近有着良好的资源，像鲁迅公园、山阴路历史风貌保护区、东泰广场，该片区又与虹口体育场、龙之梦距离都不远，但甜爱路上分布的基本都是社区服务级的零售商业，很难吸引远道的客人。

"甜爱路是鲁迅先生晚年经常散步的地方，还是内山书店的主人内山先生的住地"，童明说，但这里的文化底蕴并没有被挖掘出来，因此我们必须在改造中加大文化策略的规划布局，让这条街道像文化创意型商业转变，使文化的复兴和城市的更新在该地区并驾而行。

微更新当然也是甜爱路的不二选择。因为这里的街道空间比较狭窄，街道两侧建筑界面封闭，要进行大规模的改造及商业开发非常困难；另外，甜爱路周边地区有一部分属于历史保护区，大拆大建的整体开发模式同样不利于这些历史建筑和历史环境的保护。"我们的规划是在甜爱路及周边推行微创规划设计，同时全面疏通这条路与周边的空间联系，增强可达性。"童明说。

2014年起，童明带领黄潇颖、宋佳威、陈欣、张洁、钱瑾等首先研究大连路到东宝兴路的四川北路区域特性，然后进入甜爱路的现状解读和发展契机研究，明确发展目标，提出规划策略；构成一个整体性的行动框架，用以指导该地区即将展开的以及未来的具体项目实践；具体措施方面，团队将以甜爱路为核心的若干城市节点，形成具体设计方案。童明介绍，我们对甜爱路及周边地区城市空间环境设计主要着力挖掘该地区的历史文化要素并加以提亮和放大，使之在上海及全国产生示范性意义；同时，规划项目将结合学校相关科研与教学工作，力争在学术层面上和国际层面上为该项目的推进增强参与性和影响力。

按照这一思路，微创设计采取的是连接整合现有零散公共空间，提升空间品质，发展创意体验型商业；挖掘历史文化，融合时尚，拓展文化设施的公共性，提升地区文化影响力，最终形成一个主动脉畅通、毛细血管丰富的城市地区，一个拥有独特的上海文化特色的城市地区，一个通过微观创新调整来实现整体品质提升的地区。童明介绍，这里的公共空间资源有鲁迅公园、多伦路入口广场、多伦路步行街、凯鸿街头广场、四川北路公园、爱思儿童公园；文化资源有鲁迅纪念馆、众多名人故居、甜爱路邮筒和雕塑、山阴路两侧历史建筑、多伦路文化街、溧阳路历史建筑等。可是有多少人知道呢？

针对这一情况，方案提出的实施项目清单包括了需要修缮及改造的建筑分类、建筑功能调整、新建建筑、地块内部巷弄疏通、重点改造的公共广场空间、建议重点调整的文保单位、主要景观标志物设置、公共交通站点调整、局部重点道路调整意见、机动车停放及非机动车停放布局、道路断面调整、地块设计导则、地块总体风貌环境整治意见、地块及周边商业调整意见14项内容。童明说，像老建筑改建，微更新策略落实到沿街建筑，我们主要进行的是立面改造、底层商业调整；内山书店的建筑使用的是保护性修缮策略，内部商业将被置换出去；山阴大楼展开保护性修缮，内部商业调整；重新设计修整多伦路前广场，增加其公共开放性；唯一拆除重建的是泰广场，以便增加公共广场空间，便于公众聚集。

"让街道围墙成为一个纪念性、互动性景观""让玻璃制作成为甜爱路街边可体验、可参观的事件""让玻璃砖制作成为互动作品，让甜爱路成为游客'纪念路''记忆沉淀路'，就如洛杉矶的'星光大道'"……这样的微更新做法在童明的《甜爱路及周边地区概念性城市空间环境设计》中随处可见。

徐汇滨江　受访者 供图

不忘本来，上海这样做

<u>党的十九大报告中指出，文化继承创新要不忘本来，吸收外来，面向未来。2014 年，习近平总书记在北京市考察工作时指出："历史文化是城市灵魂，要像爱惜自己的生命一样保护好城市历史文化遗产。"2017年 9 月末，中共中央、国务院发布《北京城市总体规划（2016 年－2035 年）》的批复。批复指出，要做好历史文化名城保护和城市特色风貌塑造。加强老城和"三山五园"整体保护，老城不能再拆，通过腾退、恢复性修建，做到应保尽保。</u>

近日，笔者就这个话题找到同济大学建筑与城市规划学院张松教授，因为他在21世纪初做过黄浦江两岸工业遗产调查。他说，对照党的十九大报告"坚定文化自信""不忘本来"，我认为"老城不再拆"传达出的就是保护优先、不忘本来的强烈信号，上海市从21世纪初就自觉地在城市建设中保护、保留城市的年轮和市民的记忆了。

上海世博会，保留老城成为自觉选择

2010年上海世博会给老城区的更新带来千载难逢的机会，但也带来了巨大的挑战。遍布黄浦江两岸的老工业基地不但是上海近代化的出发地，更是近代中国的工业象征。像黄浦江岸线杨浦段，总长15.5千米，面积11.7平方公里，这一区域内就分布着183家工厂，南市发电厂、杨树浦水厂、杨浦电厂等等，涉及纺织、缫丝、造船、造纸、制药、制皂、啤酒、烟草、有色金属及机器制造等，涌现出一大批著名大型企业。

沿着黄浦江岸线，向南向西，两岸的企业星罗棋布，像上钢三厂、江南造船厂、龙华机场、上海水泥厂、南浦火车站、航空油库……可以说，黄浦江两岸的工业是支撑中国腾飞的重要支柱之一。

世博会将两岸数平方公里的地方作为中心场馆，为老城转身提供了良机，是拆还是保留那些记忆中的烟囱、船锚、机器？以同济大学建筑与城市规划学院为班底的学者经过深入的调查摸底，建议保留其中具有符号价值的老工业记忆。于是，南市发电厂、江南造船厂、杨树浦水厂等等老工业标志性建筑都被留下，成为世博场馆，世博园中的装置，有的成为黄浦江岸线上的创意园区，实现了华丽转身。

正是在这一背景下，我们摸清了徐汇滨江的老工业家底

上海的老城转型比欧美老牌工业化国家来得稍晚一些。伦敦老城区（南岸）、巴黎左岸、德国鲁尔地区、纽约苏荷（SOHO）等，都具有市中心、临水、集中连片设厂等特点，它们的艰难转型始于20世纪六七十年代，基本完成于世纪之交，普遍打的都是文化牌，而细化深入工作至今仍在继续。在上海，最早停止冒烟的上海水泥厂面积超过30万平方米，不生产水泥了今后做什么？

20世纪90年代以来，随着工业革命的"镀金时代"渐渐成为西下的夕阳，徐汇滨江企业的高排放、高污染、高耗能渐渐成为众矢之的。废气污染天空，废渣侵害土地，卸货装箱的轰鸣声不请自来，这些日益成为市民生活的心头之患，城市不想再和"三高"共处。

20世纪90年代后期，上海在国内率先开展了工业遗产调查和保护工作，并将城市

重要的工业遗产项目列入依法保护的优秀历史建筑名录。2002 年，上海市政府启动了"黄浦江两岸综合开发计划"，开始对黄浦江两岸工业地区进行大规模改造开发。2007 年，随着上海世博会紧锣密鼓地推进，徐汇区委托张松课题组展开滨江工业建筑调查。

张松团队对包括飞机场等在内的工业建筑、厂区实地踏勘，筛选出 54 处保留建筑。课题组将其分为四类：①基本保存的建 / 构筑物 18 处；②维修改善的建 / 构筑物共有 7 栋，其中 5 处建筑物位于上海水泥厂厂区；③改造的建 / 构筑物 6 栋，其部分建 / 构筑物经改造转变了功能，但改造性破坏较严重；④拆除类，在五年多的再开发过程中，共有 23 处工业遗产被拆除。课题组说，调查的 B、C、D 三个单元中有 30 年以上历史的建 / 构筑物占 68%，历史价值突出。

张松表示，滨江范围内的沈家大院建于明清时期，年代最为久远，现状保存较为完好，是产业区建设前的历史见证；民国初年的喜儿庙，是该区域内难得的宗教建筑，典型的江南民居建筑，三进院落保留完整；已列入上海市第四批优秀历史建筑的龙华机场候机楼（富林门酒店），与龙华机场同时建成；龙华机场 36 号机棚，是旅德留学归国的建筑师奚福泉博士于 1935 年设计建造的，机棚建筑比例匀称，细部精美，具有典型的装饰艺术派风格，与当时国际建筑风潮同步。

"对历史环境的破坏会使城市失去场所精神，丢失成长的年轮，湮没文化内涵，会变得没有个性、毫无魅力。"课题组建议，老工业区的更新改造可采用博物馆，休闲、景观公园及购物旅游相结合的开发模式，实现转身；滨江码头区域的码头，可进行适当的艺术处理，结合滨江绿化带改建为亲水平台。码头区原有的构筑物（包括灯塔、瞭望台、吊车、轨道）可保留构筑物或构件作为滨江环境小品。上海水泥厂是典型的民族工业遗产，它的生产流线都是完整的，整体保存得也较为完好（代表建筑为预均化库，看上去长着辫儿，外形像反扣着的锅），可作为"工业遗产公园"或"生态教育公园"。

最终，课题组针对建 / 构筑物制定"拆、留、改、迁"分类保护保留措施，土地收储精细化，原样保留码头 4 万平方米，保留历史建 / 构筑物 33 处、系缆桩近 100 个、铁轨 2.5 公里、枕木 1200 根、石材 1800 平方米和吊车 4 台，这些元素构筑起了西岸开放空间内宝贵的城市脉络，也让这儿成了最有故事、最有看头的"穿越取景点"。

徐汇区规土局有关同志说，这份报告对更新改造的决策起到了"点灯照路"的作用，徐汇西岸转型的基本思路清晰了。2010 年上海世博会提出"城市，让生活更美好"的口号，徐汇区顺势而为，提出"文化先导，产业主导"的徐汇滨江整体开发理念以及打造"西岸文化走廊"品牌工程战略。为了保证愿景的实现，区政府专门成立了西岸规划建设专家委员会，以确保规划愿景不走样、建设不跑调。主席由中国科学院院士、同济大学建筑与城市规划学院郑时龄担任。

看到徐汇滨江的再生，为上海对待老城的做法点赞

"我们的调查和建议得到上海市主管部门和徐汇区政府的高度认同"，张松表示。2007 年，随着龙华机场搬迁进入实质阶段，徐汇区正式启动了滨江地块的前期规划工作。截至目前已经完成沿江所有企业、居民的搬迁工作，并相继完成了北票码头、上海电力燃料有限公司、上海水泥厂、上海联合水泥厂、龙华机场等 18 家企业的动迁及土地的收储工作，很多老工业遗址都已经成功转身。

首先，区域内具有历史文化价值的优秀工业建筑遗存基本保留了。你看，预均化库那口反扣的大锅已经变身成为东方梦工厂的穹顶剧场——东方巨蛋了；飞机库变成了余德耀美术馆；飞机制造冲压车间变成了西岸艺术中心。

其次，借鉴德国汉堡港、英国伦敦南岸等"棕地"（指被工业污染过的土地）复兴成功经验，征集国际设计方案，优选出英国 PDR 公司的"上海 CORNICHE"（"上海 CORNICHE"的方案源于法语，原意指法国戛纳到尼斯的沿地中海大道，现已成为享受优质生活的标志），分级设置防汛墙、抬高路面标高、打造可以驱车看江景的景观大道，规划贯穿南北的有轨电车、景观步道、休闲自行车道、亲水平台，促进水、绿、城融为一体，形成适宜市民活动的各类广场。

这里的土壤、路宽都是被"设计"过的。开发者通过土壤检测采用局部换填、隔离控制、植物净化相结合的方式实现"棕地"利用；通过微地形塑造实现项目土方平衡；采用透水路面、雨水花园、细分排水区等手段打造海绵城市；通过疏林草地的种植搭配增加乔木数量，提高区域二氧化碳吸收能力；运用风能发电等技术提供场地照明减少碳排放，倡导绿色、可持续开发理念。

特色小镇 受访者 供图

小城镇：乡村振兴战略的支点
——张立谈国家两批 403 个特色小镇特点

"乡村振兴，小城镇建设是一条好路子。"中国规划学会小城镇规划学术委员会秘书长、同济大学建筑与城市规划学院副教授张立说。2016 年特色小镇政策从浙江开始扩散至全国。这年 10 月，国家公布了首批 127 个特色小镇，次年 8 月国家公布了第二批 276 个特色小镇，它们各具特色、千般模样，总体特点都具有"因地制宜"的鲜明色彩。

特色小镇与特色小城镇有何区别

张立说，何谓特色小镇？浙江省的模式有其特殊性，浙江的特色小镇并不是行政意义上的建制镇，也非传统意义上的乡集镇，更不是产业园区，而是产业、文化、旅游及服务功能的综合性空间和平台，是该省探索产业结构转型升级的新载体，具有"小空间、大集聚；小平台、大产业；小载体、大创新；小样本、大示范"等特点，但浙江模式并不等同于全国模式。

国家发改委《关于加快美丽特色小（城）镇建设的指导意见》中界定了特色小镇和特色小城镇的概念差别。特色小城镇是拥有几十平方公里以上土地和一定人口经济规模、特色产业鲜明的行政建制镇。特色小镇是在几平方公里土地上集聚特色产业、生产生活生态空间相融合、不同于行政建制镇和产业园区的创新创业平台。如果从这个定义来看，目前国家公布的 403 个特色小镇，准确的称谓应该是"特色小城镇"。

张立说，其实不必过于探究特色小镇与特色小城镇在语义间的细微差别，二者在实践中是辩证统一的，其根本目标是促进经济社会的转型升级，促进村镇地区人居环境的切实改善。

403 个特色小镇的特征

两批特色小镇分布于全国 31 个省、自治区、直辖市和新疆生产建设兵团，数量最多的浙江省，入选了 23 个，其次是江苏省、山东省，为 22 个；大部分省份为 8～15 个。从地形特点上看，分布较为均衡，平原镇、丘陵镇和山区镇各占了约 1/3。从区位特点上看，农业地区的镇最多，占到了 46%；其次为大城市近郊镇占 30%；城市远郊区镇占比最少，为 24%。从南北分布上看，大城市近郊的特色小镇南方要多于北方，而农业小镇则北方要多于南方。

403 个特色小镇在入选前就已经是光环满满，它们获得的国家级称号达到 537 项，平均每镇获得国家级称号 1.3 项。其中，248 个镇是国家级重点镇、70 个镇是全国特色景观旅游名镇、69 个镇是中国历史文化名镇、48 个镇是国家新型城镇化试点镇、30 个镇是财政部和住建部建制镇试点示范。

入选的特色小镇的历史文化传承也有可圈可点之处。216 个小镇有省级非物质文化遗产传承，226 个小镇有市级非物质文化遗产传承（可重叠），合计 79% 的入选特色小镇有一定程度的非物质文化传承。

经济发展水平。总体来看，403 个镇的平均 GDP 产出为 40 亿元。但 GDP 不是特色小镇评选的标准。建设用地规模、居民收入等都存在很大差异，首批 403 个特色小镇的特色主要还是体现在特色资源、特色产业和特色风貌上。但大部分入选的特色小镇尚未实现资源、产业、风貌的协调发展，补短板的工作任务依然不轻。

特色小镇解决居民的就业问题差异较大。从首批特色小镇的就业特征分布来看，长三角、珠三角、环渤海地区的特色小镇在提供就业岗位方面表现突出。就业规模最大的镇是南宁市横县校椅镇，其拥有国家级星火技术密集建设区，2016 年共吸纳就业岗位 16.86 万个。403 个特色小镇平均提供的就业岗位为 12823 个。特色小镇在就业方面对周边地区的带动作用也比较明显，尤其在长三角地区和西南云贵川地区。可以预见，小城镇——尤其是这些特色小镇，在未来的乡村振兴过程中将起到非常重要的支撑作用。

特色小镇的建成区面积平均为 443 公顷，但是呈现出较为明显的两个极端现象，即东部沿海地区的小城镇建成区规模普遍较大，而内陆地区的小镇建成区规模普遍偏小。建成区规模最大的是广东省茂名市电白区沙琅镇，高达 8900 公顷；最小的为北京市密云区古北口镇，仅为 0.2 公顷。403 个镇的建成区面积存在一定的地域差异，但人均建设用地面积地域差异不明显。403 个镇人均建设用地面积 234.7 平方米，用地比较粗放。

从各方面特征来看，403 个入选的特色小镇的差异性明显，展现了我国各种类型的小城镇特征。

特色小镇建设是乡村振兴战略的支点

一段时间以来，各地在推进特色小镇建设方面还存在一些不切实际的做法，比如一哄而上、小镇建设的房地产化等，没有在供给侧结构性改革方面很好地动脑筋、做扎实。

两批 403 个特色小镇的功能类型分布不够均匀，旅游发展型最多，占 57.6% 以上；其次为历史文化型占比 37.2%；民族聚居型最少，占比在 10% 左右（一个镇的类型可以有多种，可以重叠）。

特色小镇建设最基本的要求是，要认识和挖掘小镇自身的特色资源和特色定位，走差异化发展道路。张立说，特色小镇至少有民族聚居型、历史文化型、旅游发展型、农业服务型、工业发展型、商贸流通型等，找准定位、因地制宜很重要。

特色小镇在城镇体系中将起到怎样的作用，与既有的城镇体系是什么样的关系？固然，特色小镇建设是产业结构转型升级形势下的产业创新，更是小城镇全面发展的一次重要历史机遇，如同党中央领导批示中所说，要"走出一条新型的小城镇之路"。从这一层面上来看，特色小镇建设一方面是促进产业层面的供给侧结构性改革创新；另一方面也是要促进小城镇的全面发展，全面改善我国小城镇建设落后的面貌。作为农村的经济中心，特色小镇引领的小城镇全面发展，有助于带动乡村经济的复苏，产业层面的改革可以兼顾乡村农业的优化和第二、三产业的融入，创造就业机会，大量吸纳农村剩余劳动力，以进一步推动就地城镇化。

中国城镇化在 20 世纪八九十年代走的是小城镇自下而上的发展路径。2000 年以后，为了更有效参与全球竞争，我国走出了一轮"大城市化"的发展道路。20 世纪 80 年代，乡镇企业大发展阶段带来了一阵蔓生野长的小城镇建设浪潮，随后，我国的新型城镇化究竟朝什么方向、采取怎样的模式，我国并未探索出一条合适的道路。

张立说，纵观国家两批特色小镇，小城镇作为连接城乡的节点枢纽，起到上连大中城市、下接农村的中介作用，特色小镇的建设是推动城乡联动的"催化剂"，作为城乡聚落体系的中间环节与过渡地带，特色小镇的建设可推进城乡公共资源均衡配置，催化乡村振兴。

小城镇是连通国家管治和地方自治的弹性层级，各方面改革均可尝试，可退可进，灵活余地大，且小城镇管理制度的不健全，有进一步重塑的空间。

他说，在国家和地方的大力支持下，特色小镇建设一定会走出一条新型的小城镇之路，通过小城镇的全面发展带动乡村振兴。

崇明生态岛　受访者 供图

"把论文写在生态岛上"
——同济大学赴崇明区挂职锻炼干部王荣昌谈崇明世界级生态岛建设

"崇明世界级生态岛建设，需要做的生态环境工作很多。"同济大学环境科学与工程学院王荣昌老师谈起崇明区挂职锻炼的事，话匣子就打开了："生态岛建设，既需要理论探索，需要战略规划，更多的还是要深入理解并体会世界级生态岛的本质和内涵，梳理当前崇明存在的主要生态环境问题，分析问题成因和解决办法，扎实做好生态环境管理和建设。"他说，从挂职崇明区水务局副局长以来，自己在行政管理分工上主要负责科研课题组织管理，同时协助配合农村生活污水处理项目推进、区域水环境综合整治等几项工作。

世界级生态岛：崇明水环境综合治理面临挑战

王荣昌介绍，我国农村每年约有 100 亿吨农村生活污水不经处理就被直接排入河流中。崇明农村的生活污水类型包括农户的洗涤废水、洗浴废水、厨余废水和粪便废水等，其中主要化学成分为氨氮、磷等污染物，如果未达标处理而排放到周围水体中，这些污染物会消耗水体中的氧气，引起水体富营养化，导致藻类过度繁殖，打破水体生态平衡，导致水质恶化，破坏水体景观效果，影响水环境质量，甚至会威胁居民身体健康。

21 世纪初，上海市提出在崇明建设世界级生态岛，其中一项重要任务就是让当地约 23.2 万户农户的生活污水得到有效处理。但由于资金、技术、地理位置等限制，2009—2016 年仅实施了约 4 万户。

2016 年年底，上海市发布《崇明世界级生态岛发展"十三五"规划》：到 2020 年，崇明农村生活污水处理率要达到 100%，这项工作由此开始提速。"崇明区自觉加压，将目标实现提前两年，到 2018 年达成目标。"王荣昌说。按照这一要求，崇明区政府在全国范围内选择了多家技术先进、运行可靠的环保企业，开始了农村生活污水处理设施建设。为了确保质量，崇明区水务局牵头制定了《关于加快推进本区农村生活污水处理工作的实施方案》和《上海市崇明区农村生活污水处理"建养一体化"管理办法》，在农村生活污水处理工作推进过程中坚持"四个一"：即坚持"一级标准"，对照世界级生态建设的新要求，今后的农村生活污水处理项目的出水水质按一级 A 的标准设计；坚持"建养一体"，实行设计、施工、养护一体化招投标，明确责任主体，确保建成的农村生活污水处理设施持续、稳定发挥作用；坚持"一镇一标"，每个乡镇将分散的生活污水处理项目打包为一个项目、一本文本，一同审批，一次一体化招投标，各乡镇区域化、规模化整体推进，有效加快项目进度；坚持"一线监管"，在项目建设过程中，每个处理站点都配备远程监控系统，实时监控污水处理情况，让生活污水处理设施设备在监管中运行。

区域生态环境综合治理试点，三星镇新安村这样解决农村面源污染

农村面源污染，是当前崇明区面临的主要环境问题之一。农村面源污染治理是一项系统工程，需要从区域生态环境特点出发，实现源头控制、过程削减、末端治理、区域调控。如果将其比作一个细胞的话，村民住宅是细胞核，农田是细胞质，湿地河流便是细胞膜。

　　村民住宅产生的生活污水是农村环境污染源的一部分，但农田面源污染也不能忽视。农田面源污染如何治理？崇明区决定选取三星镇新安村尝试开展区域面源污染治理与生态建设技术集成试验，试图建立起与新时代相匹配的"智慧农村"方案，立足生态，强调可持续发展，按照世界级生态岛的要求，技术集成定位为自我消纳、代谢、循环。

　　按照这一思路，项目研究的主要内容集中在农业面源污染综合控制、农田灌溉水系水动力优化调控、灌溉排水生态强化处理技术集成、农业废弃物资源化利用、水环境质量智能化监测与调控平台，"最后，对形成田林协同型农业面源控制技术模式进行总结"，王荣昌介绍。例如，针对区域内循环农业面源污染治理，他们将依托农田、沟渠、库塘等，以控水为主线，从水的来源、利用、排放、处理到最终循环调控，实现全过程控制农业面源污染，最小限度向区域外排放。灌溉排水的生态强化处理技术包括硝化增强型植物生物膜系统、反硝化增强新植物过滤系统及磷氮增强吸附介质人工湿地等技术，通过水质强化处理和水域生态系统构建，改善水生物种群结构，促进生物的多样化，调控水生态链，实现水域自净。

　　农业面源污染与区域生态廊道建设密切结合。三星镇龚霞书记提出了在新安村构建"海棠左岸"和"棠上人家"的美丽构想。水务局将协助三星镇政府，在这一美丽田园的设计中融入面源污染治理的功能，实现景美和净水的双重功能。海棠左岸的景观理念以疏林草地、各类海棠、观赏草搭配河流湿地、林水小品，营造森林净水、迷人浪漫的特色艺术廊道，蜿蜒水道中错落布置沉水植物、浮水植物、挺水植物，提升污染净化能级，提供景观型绿肺。"我们还将采用物联网、云计算等手段构筑区域环境质量智能化管理平台，形成田林协同的'棠上人家'。棠上人家将会有海棠型杉树林、多彩漫步道、多功能花镜、多彩水道、采摘之路等，是典型的生态廊道与面源污染治理一体化生态之家。"王荣昌说，这一试点将为崇明区农业面源污染控制探索可复制、可推广的典型示范案例。

海棠小镇——三星　受访者 供图

崇明环境综合治理，要做的事情还很多

如果说农舍、农田与湿地是细胞，纵横密布的河道就是崇明的血管。"崇明区针对域内河道特点，提出出水断面水质不劣于进水断面水质的总体目标。"王荣昌说，他到崇明区水务局之后，立刻组织人员全面摸排全区河道管理现状及存在的问题，组织完成了崇明区发改委科研课题"崇明典型河道外源污染全程诊断及水质改善策略研究"的立项工作。

该课题将为崇明生态岛河道出水断面水质不劣于进水断面水质提供科学依据。目前正在开展课题招投标和课题启动准备工作。去年（2017 年）年底，他们组织包括同济大学 26 位教授在内的专家团队赴崇明对接；还在崇明区水务局的各基层单位广泛征集了技术需求，并梳理局级科研课题。与此同时，积极推进同济大学环境科学与工程学院与崇明区水务局党委共建，引进同济大学等高校教授和科研人员参与崇明生态岛建设相关科研课题，搭建校区共建与合作交流的桥梁纽带，培训崇明区水务局基层单位相关技术人员的调研和科研能力。"这些专家都是经验丰富、眼界开阔的学者，他们将为崇明带来世界各地生态治理的有益经验。"王荣昌表示。

"在崇明区水务局，我参与的另一项工作就是水务环境规划。"王荣昌说，生态岛建设必须一张蓝图干到底，标准不能降，事往实处干，最关键的当然是一桩桩"小事"，如涉及千家万户的村级河道管理。村级河道包括当地统称的泯沟，即每村每户门前屋后的小溪、小沟、小渠。为了制定切实可行的村级河道管理办法，他们到村里调研，与农民面对面交流，了解不同村镇的实际情况和面临的问题。他们建议积极推进村级民间河长队伍建设，鼓励村民自治，推进"以奖代补"的政策，充分发挥民间河长的作用，调动广大村民的积极性，让广大村民参与到村级河道的管理和维护中来。只有全民动员，齐抓共管，老百姓身边的村级河道才能管理好，真正提高广大人民群众对水环境的满意度。

上海中心地下空间　受访者 供图

新时代的地下空间可以更美
——访同济大学地下空间专家束昱教授

习近平总书记说，人民对美好生活的向往就是我们的奋斗目标。在人
口日益趋向城市的今天，在人与自然的矛盾日益凸显的今天，城市生
活如何更美好？ 2017年9月7日，自然资源部规划司负责人在解读《关
于加强城市地质工作的指导意见》时指出：到2025年，要打造地下三
维可视化的"透明城市"，实现地级以上城市地质工作全覆盖，建立
系统完备的地下空间资源开发利用与保护管理制度，构建地质工作及
地下空间资源开发利用与新型城镇化发展深度融合的体制机制。

资料显示，截至 2017 年年底，上海市已建成各类地下空间设施超 4 万个，总建筑面积超 1.04 亿平方米，轨交运营总里程超 670 公里，已经成为我国及世界城市地下空间开发利用规模最大的都市。

正在全力打造卓越全球城市的上海，如何让地下和地上一样阳光灿烂、绿草如茵、流水潺潺？"地铁 17 号线是上海地下空间人文艺术的最新成就。今天的地下空间开发利用应该更多注入人文艺术元素。"同济大学原土木工程学院地下建筑与工程系束昱教授说。

地下空间、地下空间艺术释义

束昱介绍，21 世纪是地下空间的世纪。地下空间环境就是人们所能看到的，一个由一定长、宽、高度所形成的空间区域，包括空间的本体，和空间内所包含的一切物质组合成的环境。地上与地下环境在虚实、视觉、表里、形象、湿热、洁净、声音等方面差异明显，对人的生理、心理都会产生影响，因此，营造一个舒适、美感的地下空间环境，让人忘却身处地下就至为关键。

地下空间人文艺术指的是在地下通过对空间形态、光影、色彩、陈设、标识、植物等的规划、营造而建构的人文环境艺术。比如对地下共享空间、地下街、出入口、下沉广场、地铁车站进行合理规划，引绿导水，人流交汇处设置艺术品等，创造人性化、高美感的环境。可喜的是，现在大中城市在开发地下空间时，已经很自觉地践行这一理念了。

上海：地下空间艺术的先行者

上海在地下空间开发中，较早意识到了空间环境的人文艺术化意义，比如地铁 1 号线人民广场站的空间通透、阳光导入和大型壁雕，地铁 2 号线静安寺站的下沉广场和"八景壁饰"，都较好地营造出变化丰富、环境和谐的地下空间。

最近 10 余年来，地下空间的人文环境艺术化已经进入了对标全球卓越城市的上海的规划和设计方案中，并随之成为施工方案，从当初的点缀变成了建设不可或缺的组成部分；规划者、设计者、艺术家、建设者，甚至普通市民都积极参与到地下空间环境的艺术化过程之中。像最近几年陆续开通的地铁 11 号、12 号、13 号线的上海游泳馆站、自然博物馆站等 18 个车站的装饰设计中都安排了本市风貌特点、历史文化特质鲜明的大型浮雕壁画，汇成 70 座车站近 100 幅大型浮雕油画的地铁文化艺术宫殿。地铁 13 号线将世博的记忆运用到站点的装饰之中，世博园里的新加坡馆、俄罗斯馆"垫"在了站名的后面，就是行动计划的新例子，真可谓"地下空间环境艺术，营养就在城市里"；

新近开通的地铁 17 号线，不仅地上地下一体谋划，并以"灵秀水乡，上海之源"为主题，融入"青浦元素"，专配"文化艺术墙"，自然光线被大尺幅引入地下，而且站站都有地缘因素，站站都有独到的人文艺术追求和表现形式，舒适、美感是乘客们的共同感受。

回想起来，上海地下空间环境人文艺术化进程有几个重要节点需要说说：五角场、外滩改造和世博会。2006 年面世的五角场下沉式广场通过水体、灯光变换和音乐流的呼应，由音乐控制光和水，营造出一个艺术化的动态空间。夜晚，你站在斑斓陆离的彩蛋下，面前的水幕或激情奔放、或婀娜袅袅地喷洒，五彩琉璃般的水面应着美妙的音乐欢笑着、荡漾着，涟漪层层叠叠、追逐打闹。五角场下沉式广场正式拉开了上海地下空间环境人文艺术景观动态化、生态化和人性化的大幕。

外滩改造的标志性事件便是拆除了"亚洲第一拐"，还外滩于步行者，行车于外滩隧道，并在黄浦江底建成了东西外滩间的人行隧道和艺术长廊，为什么要这样？当然是要凸显"城市让生活更美好"。在这一主题之下，地上与地下的功能开始厘清，本就是万国建筑博物馆的外滩就能更好地展示其艺术范儿了；稍后的十六铺改造则成为一个新范例。

世博会开创了上海地下空间环境人文艺术的新时代，像世博轴地下空间的下沉广场、步行街、阳光谷等早已名闻遐迩。这源于上海世博局提出的"人文、生态、绿色、数字化、智能化、安全、舒适、协调、和谐"等全新理念，是为了把地下空间环境营造得和地面环境一样健康、舒适，甚至更为惬意。宜人的温度、湿度和风速，清洁的空气，充沛的光照，良好的声响以及安静、洁净、安全、便捷、赏心悦目的环境，一个都不能少。因此，有幸参与的我们，将研究设定为生态化光环境、生态化通风换气环境、生态化声环境、生态化装饰装修、生态化绿化、生态化节能 6 个子系统，我们找到了一条实用经济、绿色生态、安全健康、快速高效的技术途径，为实现世博地下空间环境的绿色生态与人文艺术完美结合提供设计支撑。如：主动式阳光导入系统、固定种植池＋立面垂直＋移动容器组合式绿化技术、水体绿化技术等等，都得到应用。世博会后，绿色生态技术、环境艺术化设计都在向人性化、审美化方向进步。

沿着当年的思路，地下空间也正在努力打造卓越全球城市上海的另一张名片："地下空间人文艺术博览馆"。这座博览馆里，徐家汇、人民广场、浦东国际机场、虹桥火车站、中华艺术宫站等都已成为特色各具的分馆，大型壁画、地铁音乐角、中外诗歌展示、城市新老八景……还有艺术家的艺术展，如果你有机缘，就可在同济大学站、科技馆站、诸光路站等处看到。

新时代：地下空间环境人文艺术应该有何新作为

党的十九大报告指出，中国发展已经进入新时代。我国社会主要矛盾已经转化为人民日益增长的美好生活需要和不平衡不充分的发展之间的矛盾。美好生活需要当然包括更加美丽、宜居的城市，我国现已成为世界城市地下空间开发利用的第一大国，但总体上还处在功能至上阶段，自觉将"人文艺术之环境"作为开发建设有机组成的城市还不是很多。按照十九大"美丽中国""美好生活"的要求，地下空间环境人文艺术至少要做到：

百分比艺术。世界上，很多国家已经将百分比艺术纳入法律的框架，规定在工程预算中必须切出一定比例的资金作为艺术建设费用。如美国的"百分比艺术"已经成为20多个城市公共建筑规划的法规，规定须将工程费的5%用于美术作品。法国、日本也规定城市建筑工程费用的1%～3%须用于艺术创作。在芬兰，文化艺术的投入不但被纳入各级政府的年度财政计划，还有专门的监督机构督促其落地，以保证文化艺术资金的落实到位。2016年，芬兰的艺术资金已超过7亿美元，用于设计、培训与教育、文化、设计师和产品等支出。

我国目前还没有相应的法律法规，但一些国际化程度较高的城市已经开始自觉借鉴国际经验，在预算之初就留出艺术建设基金了，比如上海、杭州、武汉、南京的地铁建设，均取得了不错的效果。

谋划好顶层设计。工程学中的顶层设计是统筹考虑项目各层次和各要素，追根溯源，统揽全局，在最高层次上寻求问题的解决之道。一条地铁线、一处地下空间的开发，都是工程量巨大的事件，动辄投资数十亿、上百亿元，动议之初便做好各项关联性工作，是达成目标的最好方法；且顶层设计不仅是责任部门的事，更是工程专家、环境专家和人文艺术家等的事情，须一起参与。

抓紧绘制《城市地下空间人文艺术地图》。随着地下空间开发利用的速度加快、地下空间环境人文艺术之花渐渐繁盛，各城市都应该着手描画《城市地下空间人文艺术地图》，把这座开放式公共艺术馆里的子丑寅卯、东西南北画在图上。该图需展现地铁线和车站、地下广场及地下综合体等地下空间工程里的各种艺术作品，如壁画、雕塑、装置，甚至艺术展等。地图登上手机App，置于地下出入口，乘客就可随着南京地铁去看名城遗韵、云彩地锦、水月玄武、六朝古都、民国叙事等雕塑、壁画；去杭州地铁看向日葵、车轮、潮水、年轮，过《坊巷生活》。有了地图，传统和时尚、城市和世界就可以轻松嗨起来。

引导全民参与。现在，各城市地铁、地下综合体等地下空间开发建设都很注重征求市民意见，南京市地下空间开发利用专项规划就在网上贴出了"调查问卷表"，我们欣喜地看到不少城市的地下空间规划设计中还有专门的"人文艺术"章节，请市民评头论足、出谋划策。

把"美丽"作为出发点，让作品成为"乡愁"的触发点。习近平总书记提出"美丽中国"，把美丽作为新时代新方位的重要坐标，反映了广大人民的愿景。此愿景之下，城市地下空间开发利用应该怎样创新发展？地下空间环境人文艺术如何更加"美丽动人"？我们应该为正在茁壮成长的孩子和快速发展的城市留住些什么？

采访获悉，作为辛勤耕耘40余年城市地下空间的工作者，束昱等专家们正在思考和谋划，开启中国特色城市地下空间开发利用与人文艺术环境的新征程。

云市　受访者 供图

在威尼斯，展现同济版 "美丽乡村"

乡村振兴战略是党的十九大作出的重大战略部署。目前，包括《乡村振兴战略规划（2018—2022 年）》在内的一系列重大措施正在紧锣密鼓地落实之中。同济大学建筑与城市规划学院很早就开始关注乡村改造，21 世纪以来以乡村为对象的规划、设计课题不断推出。今年（2018 年）5 月，该学院时任副院长李翔宁教授还以 "我们的乡村" 为题，带着一批中国建筑师走上 "第十六届威尼斯国际建筑双年展" 的舞台，他策展的中国国家馆成为意大利各大媒体竞相追捧的话题。

展览主题：我们的乡村

在今年 5 月 26 日开幕的"第十六届威尼斯国际建筑双年展"上，中国国家馆的主题是"我们的乡村"。其策展人李翔宁长期以来从事建筑评论、建筑策展工作，他对记者说，中国国家馆选择以"我们的乡村"为主题，关注的是建筑的内在精神与人文觉知。5 月 25 日，中国国家馆甫一亮相，立刻引起意大利国家级媒体的广泛关注，也被许多媒体推介为本届双年展必看的亮点。

他说，中国国家馆选择"我们的乡村"这一主题，是因为作为当代建筑实践的前沿，中国正在以前所未有的速度和规模进行乡村建设，越来越多的建筑师、规划师与乡村建设者，重新审视乡村的自然人文、生产生活，使中国当代乡村建设在自然栖居、社区营造和文化传承等诸多方面，构建起一个充满机遇和各种可能性的自由空间。这些成果，既具有空间功能与类型上的多样性，也鼓励生产方式的更新，是对"乡土建造"观念的重塑，新时代的"归园田居"正在中国各地发生。

为更好地呈现这一图景，向世界展现具有中国特质的中国乡村建设方案，展览以"居""业""文""旅""社""拓"六个乡村的当代功能，从诗意栖居、乡土制造、文化实践、自在游憩、社区营造、开拓创新六条线索，在空间和类型上描绘出中国当代乡村的发展趋势，勾勒出一个呈现当下、放眼未来的中国当代乡村建设现场。27 个具有代表性的乡村实践项目，则以大型装置、模型、影像等方式呈现，来叙述各自的理念、呼应各板块主题，进一步丰富展览框架。

参展作品：目光瞄准乡村

采访获悉，双年展中国国家馆选择了中国目前活跃在乡村的建筑设计师，像南京的张雷一人就有《丙丁柴窑》《云夕深澳里书局》《石塘互联网会议中心》3 件作品。李翔宁说，六个板块的展品涉及内容十分广泛，焦点对准的是乡村振兴。

"居"板块呈现中国人诗意化的居住美学。归园田居，自古以来便是中国人的美好理想。现今，虽然大规模建造的农村住宅在某种程度上切断了乡村生活与传统的关联，建筑师却试图通过空间、材料和在地社区，重新寻求与乡土文化的联系。如董豫赣以中国传统园林"山、水、林"元素为灵感创作的装置作品，展现出回归山水的生活理想；城村架构的《金台村重建》、谢英俊的《轻钢龙骨乡村住宅体系》、董功的《船长之家改造》，都从不同侧面展现了乡村居住的当代图景。

"业"板块关注当代乡村建设中，建筑师在传统手工艺和新工业生产之间寻求一种

云夕深澳里书局　受访者 供图

平衡，以推动乡村建设向市场化转型，激发其生长活力的尝试。在这一板块，可以看到张雷的装置作品再现了烧制陶瓷产品的柴窑空间，其《丙丁柴窑》项目以建筑空间的更新承托起传统手工艺的发展；同时徐甜甜的《松阳红糖工坊改造》、华黎的《武夷山竹筏育制场》、陈浩如的《太阳公社》和李以靠的《华腾猪圈展示馆》，也都显示了乡村建筑为承托产业需求所发生的适配和调整，这不仅带来劳动力回流，也实现了生产方式多样化。

　　"文"板块展现了建筑师通过激活乡村建筑的文化内涵，推动乡村文化创意产业发展的努力。不论是刘宇扬以十字形金属装置再现一个以"记忆"为主题的文创小镇，还是董豫赣的《小岞美术馆》、阿科米星的《桦墅乡村工作室》、源计划的《连州摄影博物馆》、吕品晶的《板万村改造》，建筑师不仅塑造出具有感染力的建筑空间，更以其使用功能来实现乡村的文化振兴。

改造后的板万村小学

　　"旅"板块展示了当代乡村作为自然、传统和过去想象载体的多种可能性。在这一板块，华黎通过剖面模型，生动呈现了新寨咖啡庄园中将种植、加工、生产、旅游和乡村文化紧密结合的新模式；张利的嘉纳玛尼游客中心，实现了游客与村民之间的有机互动；张雷、水雁飞、博风建筑的民宿设计，为来自城市的居住者创造出一种回归自然的可能；金江波的一组影像作品，进一步展现了民宿小镇莫干山真实而生动的生活场景。

　　"社"板块，更关注建筑对人际、生态、社会生活的黏合作用。今天的乡村，传统伦理秩序与现代化需求相互交织，而建筑为乡村的公共空间和社区营造既提供秩序，又赋予包容。例如，城村架构的参展作品《一座旧的新房子》，展示了对一座乡村旧宅进行设计改造而实现的文化连接；傅英斌的《中关村步行桥》、陈屹峰的《新场乡村幼儿园》、朱竞翔的《陆口格莱珉乡村银行》和赵扬的《柴米多农场集市》等，均为乡村生活提供了不可或缺的基础服务设施——这些建筑设施，创造出一个个充满情感和机遇的共享空间。

相较于上述板块更多聚焦当下，"拓"板块则放眼未来。在互联网和新技术的托举下，紧密的城乡互动、增长的城乡混合型产业以及多元的商业发展形态，构成了中国乡村未来图景。这幅图景中的乡村，糅合了电商、物流、互联网金融、社区服务等各种新兴产业链。绘造社的作品《淘宝村，半亩城》以图绘的方式，视觉化地呈现了电商影响下的当代乡村庞杂的物流、生产与生活体系；而张雷的《石塘互联网中心》，探索了互联网时代新的建筑类型与建造技术的可能性。

从策展人、赞助商到参展者，同济"戏份"很足

从策展人到赞助商、参展者，双年展是同济人的大舞台。

除了策展人李翔宁，这次中国国家馆的主赞助商风语筑就被业界称为"有温度的文化'导演'"，其领军人物李晖便是同济人。他说："风语筑在创造经济价值的同时，还努力贡献社会价值，争取成为有情怀、有温度、有创意的上市公司。"这些年来，风语筑设计了数百个主题馆，用李晖的话来说就是接手一座展馆，就像拍摄一部电影：领衔的设计师是导演，负责讲好故事、设计创意；呈现方式是 3D 影院、VR/AR，还是模拟互动，各个业务板块协同完成。李晖说："初看风语筑，你可能把我们归入建筑施工；再看风语筑，你可能把我们归入室内装饰。事实上，风语筑的主营业务是文化展示，核心竞争力是创意和科技。"你知道吗，诚品书店和 K11 就是风语筑的作品，"文化"是两个商家的共同标签。

参展设计师，同济人就更多了。袁烽有《竹里》《云市》两件作品参展。《竹里》模型，将中国传统的竹编工艺与数字化设计、机器人预制建造、现场快速拼装相结合，形成一种全新的乡村建造模式。袁烽说，归田园居，是中国文人传统对居住的美好理想。在当代，现代化进程和技术允诺了窗明几净、电视电话的美好生活，但也切断了乡村生活与传统

竹里　受访者 供图

的关联。《竹里》试图在归田园居的同时"互联网+"，把产业筹措、村民自建、文化下乡与互联网、物流系统、共享经济等联构起未来乡村图景。中国国家馆室外展场的草坪上像云像雾又像风的就是《云市》，它试图营造村口其乐融融的聚会场景。四个半封闭的立方体覆盖在一整片向两侧舒展的屋顶之下，描绘出自由闲适的村口环境。象征村屋的四个空间向中心区域打开，参与者在享受私密空间的同时，又与公共空间发生互动。中国馆的开馆仪式便在机器人3D打印的"村口"举行，宾客聚集于威尼斯明媚的阳光下，郁郁葱葱的绿色间飘荡的"棉花糖"把大家包裹得朦胧隐约，欢声笑语穿"云"飞檐：这也许就是新技术人文主义观念下的"未来乡村"吧。

　　建筑与城市规划学院王方戟参展的作品是《七园居》。这是一处位于莫干山的精品民宿，一条南北向的溪流环绕基地淌过。团队设计了一座有7个客房的乡间休闲旅社，强调的是从外部进入每个居住单元的独特感受。经过流线的组织、空间和地面高差的细微调节，进入每个单元所经历的空间都是独一无二的，且空间系列上的每个单元都拥有独有的花园。坐在花园里，望得见山，听得见流水潺潺，晚上看得见星星，生活和城里一样便利，但却多了宁静，是养心的好地方。李振宇参展作品是《空中读村》，谁说空中看北京、上海、纽约、伦敦不是一个又一个"村"呢？本届威尼斯双年展外围展中，同济大学建筑与城市规划学院孙彤宇教授呈现了未来城市可持续发展模式——"超级步行街区"。

　　同济校友参展的有大舍、吕品晶、阿科米星等。柳亦春、陈屹峰带领的大舍携《四川新场乡中心幼儿园》参展。这是位于芦山地震灾区天全县新场乡的中心幼儿园。项目用地在新场乡丁村西北侧一块不大的台地上，四周群山环抱。基地向西遥对着一个山口，让人在大山之中仍能感知到远方的存在。附近的村落与自然紧密依存，又和它微妙地对峙着，气氛安宁而静谧。幼儿园设六个班，暮色苍茫中，青灰砖墙上窗户里透出的暖黄灯光就是孩子们的"家"。同济校友吕品晶的《板万村改造》，原本是"梦想改造家"的一个项目，位置在贵州黔西南山区，作品聚焦的是乡村的命运，关爱的是留守儿童。改造后，原本贫穷落后的小山村有了博物馆、创业的窑场、织锦的锦绣坊，小学也是"颜值"爆棚。庄慎、任皓带领阿科米星建筑设计事务所设计的《桦墅乡村工作室》由两座旧房改建而成。庄慎介绍，原来的两座坡顶平房，一座墙体是石头垒筑的，一座是砖混结构。设计采用加建调整的方式，在房屋的原始质感与氛围下，将两座房子改造成两个乡村工作空间，彼此相联，形成整体。我们尝试用传统的布局和工法恢复中国传统乡村的"村口"空间，把老房子改造成公共活动的空间场所，重塑村口的公共性。直造事务所的水雁飞和马圆融带来的《庾村大乐民宿》，展示的是莫干山乡村的日常景观：平常中的不平凡。

　　威尼斯建筑展中国馆的参展者都试图用自己的乡村实践告诉世人：建筑可如"针灸"一样激发乡村活力，激活乡村振兴这局大棋。

杨树浦水厂栈道 受访者 供图

老工业区这样更新
——章明团队杨浦滨江改造记

"一到节假日，这里就游人如织。"初夏的晨光里，一位晨练的老者告诉记者。老人锻炼的栈道就是杨树浦水厂的亲水步道，它是 45 公里黄浦江贯通工程的重要组成部分。而今，旅游达人提供的滨江游览手册已将杨浦滨江列入上海游览的打卡地："杨浦滨江坐拥浦西中心城区最长岸线，全长 15.5 公里。这里，见证了上海百年工业发展历程，是中国近代工业发祥地。"杨浦滨江如何华丽转身？它与同济大学建筑与城市规划学院建筑系副主任章明教授团队紧密相关。

杨浦滨江，中国近代工业的摇篮

杨浦滨江位于黄浦江岸线东端，被称为上海滨水"东大门"，其 15.5 公里的滨江岸线是黄浦江沿岸五个区中最长的。杨浦滨江岸线主要分为南、中、北三段，南段从秦皇岛路到定海路，中段从定海路至翔殷路，北段从翔殷路至闸北电厂。

杨浦滨江见证了上海工业的百年发展历程，是中国近代工业的发祥地。1869 年，公共租界当局在原黄浦江江堤上修筑杨树浦路，拉开了杨浦百年工业文明的序幕。随后的岁月里，杨树浦工业区在发展历程中创造了中国工业史上众多之最。至 1937 年，区域内已有 57 家外商工厂，民族工业已发展到 301 家，成为中国近代重要的工业基地。据统计，中国近代工业上海约占其中的 70%，而杨浦约占上海企业比重的 1/3。杨浦有中国最早的机械造纸厂、拥有最多船坞的修船厂、最早的外商纱厂、最早的工业自来水厂、远东最大毛条生产厂、中国最早综合性塑料加工厂、中国最早的纺纱厂、中国最大电站辅机专业设计制造厂、远东最大制皂厂、远东最大火力发电厂等。目前，中国最早的自来水厂——杨树浦水厂仍在运行中。

老工业区更新，仅杨浦滨江南段，规划保护/保留的历史建筑总计 24 处，共 66 幢，总建筑面积达 26.2 万平方米，除此之外还保存了一批极具特色的工业遗存。例如，中国最早的钢筋混凝土结构的厂房（怡和纱厂废纺车间锯齿屋顶，1911 年）、中国最早的钢结构多层厂房（江边电站 1 号锅炉间，1913 年）、近代最高的钢结构厂房。这些遗存都是中国近代工业史上非常重要的工业遗产。黄浦江沿岸的杨浦老工业区，被联合国教科文组织专家称为"世界仅存的最大滨江工业带"。

"锈带"这样变"秀带"从规划开始

21 世纪以来，上海沿黄浦江两岸高耗能、高污染、高耗水企业搬迁势在必行，但空出的大量土地、厂房如何安置、变身进入新时代？章明介绍，结合上海迈向全球城市、打造五个中心的目标规划，在深入调研区段特色的基础上，我们提出了"以工业传承为核，打造生态性、生活化、智慧型的杨浦滨江公共空间滨水岸线"的设计理念，将杨浦南段滨江的开发建设视为杨浦转型发展过程中奏响的一曲交响乐，提出了"后工业、新百年——百年工业博览带、杨浦滨江进行曲"的愿景，并提出了"三带、九章、十八强音"的构想。

"三带"是指 5.5 公里连续不间断的工业遗存博览带，漫步道、慢跑道和骑行道"三道"交织活力带，以原生植物和原有地貌为特征的原生景观体验带。

20 世纪 30 年代，沿着黄浦江边在杨树浦路以南挤满了工厂、仓库和码头。因此，杨浦滨江南段有独特的条件可以形成 5.5 公里连续不断的工业遗存体验，且在时间秩序上也有相当的完整性，很大程度上代表了中国民族工业在 20 世纪的发展历程。

"九章"就是对于整个杨浦南段滨江的区段划分，我们在场地遗存的特色厂区基础上进行了不同空间处理、情绪体验、功能倾向的规划设计，从而形成各具特色的九个章节。

章明说，从宏观到微观设计，我们都围绕工业传承这个核心展开。从总体布局到章节段落，再到特色节点，我们在充分调研场地工业遗存的基础上，提炼出包括"十八强音"在内的工业遗存改造新亮点。"十八强音"分别是船坞秀场、钢雕公园、编织仓库、工业博览、焊花艺园、创智之帆、舟桥竞渡、浮岛迷宫、芦池杉径、沙滩码头、渔港晚唱、生态栈桥、钢之羽翼、塔吊浮吧、绿丘临眺、深坑攀岩、知识工厂、失重煤仓，设计这些景观，目的是要体现节点设计的趣味性、开放性和互动性。

焕新始于杨树浦水厂栈道

现在，从丹东路、安浦路口的转角进入杨浦滨江段的栈道，你首先看到的就是曾经的全国第一水产市场——上海鱼市场，旧时的黑白影像印刻于规整的透水混凝土步道之上，形成一套独特的鱼市相册。

眼前，渔码头的铁轨上放着吊轨花车，其造型酷似码头上曾经的吊机轮脚，两端的花坛、中间的长凳，面江而坐，湿润的江风习习拂面。再走，进入响响的木栈道，奇特的路灯映入眼帘——那是输送水电的管道变来的。杨树浦水厂江面一侧 550 米钢木结构栈桥悬浮于水面上，栈桥以"舟桥"为理念，颇像条靠泊的大船。550 米的菠萝格木材桥面上，结合江上原有的工业痕迹和水厂的部分设施，设置了八个景点："箱亭框景"钢结构翻折形成箱型凉亭，成为栈桥上一个遮阳点，从一侧望去，滨江景色尽收框中，其效果如同一个相机取景框；木质结构的座椅从栈道上生长出来，座椅背后是花池，种上花草绿树，它有一个诗意的名字——"枫池闲坐"；与英式水厂最亲密的接触发生在"回廊高台"上，栈桥这里以坡道接驳二层液铝码头，成为制高点，你迂回登高，便可一览江天。忽然，身后传来哗哗水声，原来水厂大圆柱的长"舌头"开始吐水，水流飞泻成瀑布。知情人说，能看到"小瀑布"靠的是运气，有时接连几天才有一次。再往前，栈道开始变窄，进入上海船厂滨江区域，你会看到轨道、登船梯、塔吊，凭栏望江，游目骋怀，说不定就心生"仰观宇宙之大，俯察品类之盛"的感喟。

章明说，上海市城市总体规划中，提出了要打造"卓越的全球城市，突出中央活动区的全球城市核心功能"。杨浦滨江（内环以内）作为中央活动区的重要组成部分，将把封闭的生产型岸线转变为开放共享的生活岸线，努力打造成为百年工业文明展示基地、后工业科普教育基地和爱国主义教育基地。

按照这一理念，我们利用曾经输送水电的管道设计路灯，让它们输送光，在滨江平台上，形成独具特色的水管灯序列；原有的混凝土地面最终得以保留，采用了局部地面修补、机器抛光处理、表层固化的施工工艺，实现了老码头地面原有肌理的保留与提升；防汛墙采用保留或后退隐藏于绿坡之下的方式，形成缓坡式的开放空间。他们认为防汛墙是场地遗存的重要特征物，因而在示范段保留了近 300 米的防汛墙，斑驳的墙面和厚重的墙体提示着场所的记忆；设计没有刻意填平码头之间的空隙，而是通过搭建钢栈桥连通路径的同时，让人感受到码头空间的变化和江水通过夹缝拍打驳岸的回响；植物配置打破了模式化配置方式，一方面利用原来厂区已有的野生植物，另一方面注重同后工业景观粗犷气质相吻合的植物选配，如细叶针芒、蒲苇、狗尾巴草等，有意区别于普通的小区景观；保留的锚栓列阵布置，可以穿行、休憩，可以在其间滑板；利用防汛墙后原怡和纱厂的低洼地设计了一个雨水花园，配置了如芦苇、水杉等水生植物，新建的钢构廊桥穿越其中，市民可以随意穿越，不同长度的圆形钢管顶部的 LED 灯亮起来就像萤火虫在草丛中飞跃。

"城市的发展不是推翻重建，而应当像底片叠加，越来越丰富。"章明说。

规划改造，亮点多多

何谓工业遗产？章明引用李格尔（Alois Riegl）的理论说，建造之初都是用于生产实践，长期使用之后，由于观念转变，其中一些结构与建筑成为被观赏、欣赏的对象。这些建筑与结构一旦被认为是值得保存的东西，观念上就成了工业建筑遗产。

章明说，杨浦滨江一期示范段的项目中他们就提出了"有限介入，低冲击开发"的设计策略：工业遗存再生利用——强化场所记忆，增强居民归属感与认同感；路径线索梳理整合——营造公众体验，实现社会公共资源的共享；原生植物复原保留——根植生态理念，修复改善城市生态水文条件，打造绿色生态友好型城市景观；周边地块沟通联系——促进城市更新，通过公共空间营造带动城市发展、激发城市活力。按照这些原则，他们不仅评估房屋建筑，对设施设备、特色构筑物、地坪肌理甚至原生植物都仔细评估，凡是对场所精神的存留有帮助的"痕迹"能留尽留。他们认为，场所精神既存在于锚固在场地中的物质存留，又是若即若离于场地的诗意呈现。

场地原生性的锚固、海绵城市理念指导下的生态修复，营造出极具后工业景观特色的滨水景观风貌。按照这些原则，团队尽可能地保留场地上原有乔/灌木，新增植物选择滨江场地原生的植物品种。主创设计师张姿介绍，现场踏勘时，发现场地上大片芒草、狼尾草及水生植物水葱、芦苇等，与工业建筑相互呼应，对比强烈。于是，它们依然保留并有意识地恢复种植。

杨浦滨江　受访者 供图

团队介绍，杨浦滨江焕新设计贯彻的是海绵城市理念。铺装系统均采用透水铺装，并结合绿化和地形条件设置下凹绿地、滞留生态沟、雨水花园、雨水湿地等，还在有条件的地方设置雨水收集和回用装置。景观用地总体实现了渗、蓄、滞、净、用、排 6 项功能，雨水经渗透、储蓄、滞留、净化、再利用之后，多余水量才通过排水系统输出到市政管网中。水厂防汛墙后是一片低洼积水区，水葱、芦苇等水生植物丛生，原始的蓬勃生命力很旺盛。他们保留了原本的地貌状态，形成可以汇集雨水的低洼湿地，让其继续在场所中发挥调蓄等作用。另外通过设置水泵和灌溉系统，让湿地中的水发挥浇灌作用。他们在低洼湿地中配种原生水生植物和水杉，形成江南味儿浓厚的景观环境。

团队介绍，湿地中穿梭的钢结构廊桥结合露台、凉亭、展示等功能，成为了湿地林木花草中的多功能景观。不同长度的圆形钢管形成自由的高低跳跃的状态，傍晚时分，钢管顶部的 LED 灯光点阵亮起，星星点点的光线浪漫随性，营造出轻松惬意的氛围，与湿地中的水杉林和芦苇丛的自然野趣相映成趣、相得益彰。

后续

习近平总书记于 2019 年 11 月 2 日在上海市考察调研。当天下午，他考察的第一站就来到杨浦区滨江南段公共空间，了解城市公共空间规划建设，并同游客、当地居民亲切交谈。章明说：总书记所到所见的杨浦滨江南段杨树浦水厂栈桥、示范段、雨水花园、人人屋、绿之丘等是他们团队历经四年多时间精心设计、打磨而成的。四年多里，秉承"向史而新"的理念，团队倾情投入，目的就是要还江于民，改变杨浦百姓临江不见江的状况。经过不懈努力，经历了无数次的加班画图、无数次的工地奔波，最终呈现了一段有历史厚度、有城市温度、有社区活力的滨水公共空间，曾经高墙林立、闲人免入的生产型岸线华丽转身为开放共享、绿色人文的生活型岸线。

豫园：九曲桥上走一走，忧愁烦恼都溜走　受访者 供图

园林风景：绿 · 自然 · 文化

——路秉杰教授眼中的陈从周园林思想

习近平总书记在党的十九大报告中指出，必须树立和践行"绿水青山就是金山银山"的理念，坚持人与自然和谐共生。他说，山水林田湖是一个生命共同体，人的命脉在田，田的命脉在水，水的命脉在山，山的命脉在土，土的命脉在树，建设生态文明是中华民族永续发展的千年大计。最近，我们找到陈从周先生的大弟子路秉杰教授，他说，"还我自然""先绿后园""绿文化"等观点是陈先生的园林观，因为在他眼里："有青山绿水，才有园林的底蕴，才有诗情画意，才有丝丝柳行行诗。"

一生行迹：说园造园，既述且作

陈从周先生是当代公认的园林学家、造园家。今年（2018 年）恰逢先生百年诞辰，其大弟子、建筑与城市规划学院路秉杰教授表示，陈先生的园林思想有《说园》等著作汇于一炉，但其述作依然是传统的"词话"方式，吉光片羽、散银落珠式，还需要后人系统地加以阐述总结。

概而言之，陈从周先生一生教书育人、踏访古园林，既述且作。路秉杰说，他和大多数文人一样经受了"文革"的冲击，但从他改革开放 20 多年来的高频喷发来看，"文革" 10 年的沉淀期是十分珍贵的。改革开放初期，国门刚刚打开，陈从周先生便与苏州园林部门一道，以网师园殿春簃为模板，为美国大都会博物馆筹建明轩，其思想用陈先生自己的话来说，明轩是"有所新意的模仿"；建国初期就开始修复、工程断断续续持续到 20 世纪 80 年代末方才完成的豫园是"有所寓新的续笔"；云南安宁的楠园，"平地起家，独自设计的，是我的园林理论的具体实践"（陈从周语）。楠园之构，陈先生大胆尝试、有所创新，尤其使用当地出产的石材，创造出与以往江南园林不同形态的假山空间与形态。另外，他还在江苏如皋造了一方水绘园。陈先生吟道："如皋好，信步冒家桥，流水几湾萦客梦，楼台隔院似闻箫，往事溯前朝。"冒家桥，冒襄（字辟疆）家的；往事，指他与董小宛的故事。

路秉杰说，陈先生笔耕不辍，改革开放以来几乎每年一本，《园林谈丛》《书带集》《扬州园林》《说园》《绍兴石桥》《中国名园》《书边人语》《陈从周散文》《上海近代建筑史稿》等，书中散珠落玉般展示了他的园林思想："淡是无涯色有涯"，庭院中长期能给人受之不尽的还是绿色，它比较恒久。"养花一年，看花十日"，世

《说园》封面　同济大学出版社 供图

界上没有不谢之花，惟此绿意，可作长伴了。"园林语"中，陈先生对"绿"别有深情；因为爱绿，面对各地勃兴建设浪潮的填湖劈山，他呼吁"还我自然""绿文化"，他主张"先绿后园"，与习近平总书记提出的"绿水青山""望得见山，看得见水，记得住乡愁"的思想高度契合。

山水、园林，首先应是绿自然

好园林当然蕴含不尽的诗情画意，但诗情画意的基础是自然；无绿，自然就无从谈起。随着建设大潮的声浪渐高，毁绿便常见。路秉杰说，陈先生自 20 世纪 60 年代初识南北湖，对它情有独钟，原因有二：一是此处有山、湖、海，山水独领风骚；二是无脂粉气，比西湖玲珑，比瘦西湖逸秀，湖海相接，白鹭飞舞，杨梅桃橘成林，白墙黑瓦民居点缀其间。先生称之为"淡妆西子"。但 20 世纪 80 年代末以来，炸山取石，原凤凰山、阳山、葫芦山均遭破坏，有几处小山头已被削平。再加上，每到冬季很多人便拉网捕鸟，毁生态日甚一日。陈先生知道后，开始了奔走呼吁，先后在人民日报、解放日报等媒体发表十数篇文章，其中《救救南北湖》篇，文字催人泪下；他见桌上已是下酒菜的黄鹂，爆口"混蛋"，起身欲掀桌，撇下愕然之众人拂袖而去；当地人求字，他常以"放下屠刀，立地成佛，救救南北湖，题在隆隆炮声中挥泪写之""石落乌纱"书之。

滇池畔一个高级宾馆落成典礼，应邀参加的陈先生仔细查看周边环境，问当地工作人员："这宾馆的地基原来也是滇池的吗？""是。"陈从周兴致大减，被要求题词，他题："回头是岸。"事后作诗"惆怅滇池唯一角，大观楼下独徘徊"，还写了篇文章《滇池虽好莫回来》："大观楼前的景色仿佛西湖三潭印月的一个侧面，五百里滇池，水的面积破坏得太惨痛了，将来要被人笑的，到时后悔也来不及了。"每每忆及此事，先生总是感慨万千："哪能一切向钱看？我写'回头是岸'，潜台词是滇池再这样填下去必将是'苦海无边'，破坏生态平衡，必遭大自然的报复，将子孙饭提前吃了，到时后悔也不行了。"

南北湖如今早已修复，打出的旅游牌也是"中国（唯一）山海湖全景度假地"，这里也成了"救救南北湖"主人的安息地；昆明滇池 21 世纪以来也在斥巨资还生态债，当地报道说 10 年里"造'肺'33.3 平方公里"。

其实，改革开放以来，从泰山、黄山索道建设，到各地毁绿开发他多有批评，到处奔走呼号："还我自然"。济南珍珠泉、南京燕子矶、栖霞寺等等，他说珍珠泉"水清浮珠，澄澈晶莹。余曾于朝曦中饮露观泉，爽气沁人，境界明静。奈何重临其地，已异前观，黄石大山，狰狞骇人，高楼环压，其势逼人。山小楼大，山低楼高，溪小桥大，溪浅桥高。汽车行于山侧，飞轮扬尘，如此大观，真可说是不古不今，不中不西，不伦不类"。他说燕子矶周围"黑云滚滚，势袭长江"，说栖霞山"以有烟工厂而破坏无烟工厂，以取之可尽之资源，而竭取之不尽之资源，最后两败俱伤，同归于尽"。他疾呼"古迹之处应以古为主，不协调之建筑万不能移入。""风景区应以风景为主。名胜古迹，应以名胜古迹为主，其他一切不能强加其上。否则，大好河山，祖国文化，将损毁殆尽矣。"他说南京清凉山，门额颜曰"六朝遗迹"，入其内雪松夹道，岂六朝时即植此树耶（雪松原产亚洲西部、喜马拉雅山西部和非洲，地中海沿岸，晚近引入中土）？

他认为，山林之美，贵于自然，自然者存真而已。建筑物起"点景"作用。宾馆之作，在于栖息小休，宜着眼于周围有幽静之境，能信步盘桓，游目骋怀，坐卧其间，小中可以见大；反之高楼镇山，汽车环居，喇叭彻耳，好鸟惊飞。俯视下界，豆人寸屋，大中见小，渺不足观，以城市之建筑夺山林之野趣，徒令景色受损，游者扫兴而已。风景区之建筑，宜隐不宜显，宜散不宜聚，宜低不宜高，宜麓（山麓）不宜顶（山顶），须变化多，朴素中有情趣，要随宜安排，巧于因借，存民居之风格，则小院曲户，粉墙花影，自多情趣。

园林山水，于自然中见文化、见到"人"

路秉杰说，陈先生欣赏园林、造园林，有很多独到的见解，像借景观、动静观、曲直观等等，但归根到底还是《说园》开篇那句话："中国园林是由建筑、山水、花木等组合而成的一个综合艺术品，富有诗情画意。"

富有诗情画意，首要是绿化，绿化便可涵养出画意。"小红桥外小红亭，小红亭畔，高柳万蝉声。""绿杨影里，海棠亭畔，红杏梢头。"这些词句不但写出园景层次，有空间感和声感，同时高柳、杏梢，又都把人们视线引向仰观，可见植绿多重要。植绿如何具画意？他说，窗外花树一角，即折枝尺幅；山间古树三五，幽篁一丛，乃模拟枯木竹石图。重姿态，不讲品种，和盆栽一样，能"入画"。拙政园的枫杨、网师园的古柏，都是一园之胜，左右大局，如果这些饶有画意的古木去了，一园景色顿减。树木应有特色，如苏州留园原多白皮松，怡园多松、梅，沧浪亭满种箸竹，各具风貌，便于区分。

风景区里的树木要有地方特色，不可张冠李戴，更不可西装革履。他说，以松而论，有天目山松、黄山松、泰山松等，因地制宜，以标识各座名山的天然秀色。如今有不少"摩登"园林家，以"洋为中用"来美化祖国河山，用心良苦。即以雪松而论，全国园林几将遍植，"白门（南京）杨柳可藏鸦""绿杨城郭是扬州"，今皆柳老不飞絮，户户有雪松了。泰山原以泰山松独步天下，今在岱庙中也种上雪松，古建筑居然西装革履，无以名之，名之曰"不伦不类"。

无绿不生，无水不灵，造园之人当以水磨工夫磨出诗画园林。水磨工夫，意即掺水细磨，比喻周密细致的工夫。园林构筑，叠山理水要反复研磨，往返调整，才能造成"虽由人作，宛自天开"的境界。水曲因岸，水隔因堤，移花得蝶，买石绕云，因势利导，自成佳趣。古时造园，一亭一榭，几曲回廊，皆据实际需要出发，不多筑，不虚构，如作诗行文，无废词赘句。如果你能移一棵花树时想到蜜蜂蝴蝶，买一块石头念着置于哪儿能造出萦云绕雾的意境，这样的因势利导自然会以有限面积造出无限空间的"空灵"之园。因此他赞赏明末清初叠山家张南垣的平冈小陂、陵阜陂阪，他觉得这是"要使园林山水接近自然"。

路秉杰说，陈先生认为我国名胜、园林百看不厌，固然是因风景洵美，但其中有文化、有历史更重要，以此观照苏州园林、西湖风景区无不如此，其承载的就是一部中华文化史。

陈先生认为，造园要胸中有一幅幅不同的画境，要深远而有层次。常倚曲阑贪看水，不安四壁怕遮山。宜掩者掩之，宜屏者屏之，宜敞者敞之，宜隔者隔之，宜分者分之，见其片断，不逞全形，图外有画，咫尺千里，余味无穷。

造园一名构园，重在"构"字，含意至深。深在思致，妙在情趣，非仅土木绿化之事。杜甫《陪郑广文游何将军山林十首》《重过何氏园五首》，一路写来，园中有景，景中有人，人与景合，景因人异。吟得与构园息息相通，"名园依绿水，野竹上青霄""绿垂风折笋，红绽雨肥梅"，园中景也；"兴移无洒扫，随意坐莓苔""石阑斜点笔，梧叶坐题诗"，景中人也。有此境界，方可悟构园至理。

西湖雷峰塔就是一座文化塔、情感塔，它塌圮之后，南山之景全虚。陈先生说："芳草有情，斜阳无语，雁横南浦，人倚西楼。"无楼便无人，无人即无情，无情亦无景，此景关键在楼。证此可见建筑物之于园林及风景区的重要性了。可见景为人设，人动景迁，人无景不存矣。他又说，旧时城墙，垂杨夹道，杜若连汀，雉堞参差，隐约在望，建筑之美与天然之美交响成曲。王士祯诗云："绿杨城郭是扬州。"今已拆，此景不可再得矣。"池馆已随人意改，遗篇犹逐水东流，漫盈清泪上高楼。"（陈从周词句）景是情中景，睹景忆故人，景还在，事已成追忆，这就是"文而入景""景中有人"的园林、风景。

零丁洋景最峥嵘
——港珠澳大桥工程印象散记

"惶恐滩头说惶恐，零丁洋里叹零丁。"这是文天祥《过零丁洋》的诗句，而今如果他再过，肯定不是这番感觉了。超级工程港珠澳大桥现在成了零丁洋上一道绝美的风景，媒体常说它是"巨龙"。但我觉得，这座无与伦比的建筑是从全体建设者心中流淌出的诗，那迤逦飘逸的身姿就是苍天为幕、沧海作纸书写出的诗行。这是我三次踏访港珠澳的感受。

沉管制造车间，这里的空间很安静

都说港珠澳大桥的最大创造就是实现了大型化、工厂化、标准化、装配化生产，但您知道桥梁的组合梁、钢槽梁的工厂化机器人焊接有多难，承台、墩身的钢筋绑扎与混凝土浇筑的技术要求有多高？

第一次到港珠澳大桥工地是 2014 年年初，虽然是冬天，南方的天气依旧暖和。那时，桥还是人们心中的蓝图，正在建设者的手中迅速成长。

我们首先乘船来到桂山岛，一处离沉管隧道安放地数海里的自然小岛。大桥指挥部利用这里的山形水势建造了水泥搅拌车间、沉管预制车间和深深的澳塘，进行工厂化生产。"看见没有？双向六车道，中间还有一个小房间，管节的截面面积近 150 平方米（沉管隧道长度 5664 米、宽度 28.5 米、净高 5.1 米）。"建设者介绍，中间这个通道的作用特别，各种线路、各种应急功能都在里面，中间可以走一辆应急车。随着手指的方向，我看见阳光下，灰白的管节一路延伸到车间，原来工序是做好一节顶出一段（顶推技术由同济大学提供），慢慢地当达到设计要求时，180米左右的大管子就缓缓地来到了大水塘边上了。因为管子是造隧道的，必须运到现场，怎么入水呢？建设者指着远处的一个大方块，只见上半部中间镶着"红毯"，毯呈波浪形，那是缓冲装置；另一侧从下到上三排，每排整齐排列着五个、每个一米见方的"黑痣"——隔撞胶块，边上还吊着三只、每只由十几个废旧轮胎扎成的缓冲棒。"这个大水泥墩子，其实是门。需要时，引过去，堵在水门上，然后那一侧抽水，坞里的水漫上来，没过滑道，浸入管子。两头密封的管节就浮在水上，很听话地入了水，然后被舾装运至工地了。"建设者比划着说。

"建设者们太聪明了！"我不由自主地感叹。

走进预制车间，不能叫车间，应该叫"广厦"：钢柱密如蛛网，车辆作业繁忙，高耸的管网下边，人如豆粒，正在俯身忙碌。身边一位同行指着正在模具里绑扎钢筋的沉管钢架，对我说："这就是伸缩管廊，蓝色的软管，和管道一样长。这里面将来要插钢筋，牵拽沉管并增强其柔性。"原来，180米一节的沉管分为8节预制，每节底部两侧各有8个这样的孔眼以放置钢缆束。浇筑好的每个节段在固定的台座上浇筑并养护72小时后，便向前顶推22.5米，直至浇筑完成，推入澳坞，最后舾装至安装现场。

桥梁工厂一片忙碌的景象

港珠澳大桥之前，世界上的桥梁建设多为扎围堰、抽水、浇筑混凝土桥墩，然后架设桥面板，铺设路面。"日本的桥梁技术走在世界的前列，但也没有全部实现工厂化。"大桥建设指挥部的张劲文考察日本钢箱梁制造相关企业后说。

港珠澳大桥的大型化、工厂化、标准化、装配化成果变成了我们眼前这一片桥构件的海洋！这里是香港屯门至赤腊角南连接线项目部的中山基地，这里的桥梁构件太多了：墩台、梁柱、桥面……徜徉在这座气势恢宏的工程花园里，我们为钢筋水泥圆洞中漏下来的蓝天着迷，为巨大的"T"形墩台倾倒，蓝天之下这些桥梁构件们安安静静、毫不张扬，一致的灰白（蓝天映衬下有些发青）。

从绑扎开始，大墩台的身上就留有四个圆洞，那是为插梁柱预留的，制好的墩台自重就达到了2700吨。什么概念？一辆轿车如果是水泥实心的重量大约6吨，而一个墩台的重量是它的400倍，即相当于摞起400余部轿车。桥梁预制，包括了墩台、钢箱梁、桥面板等等，它们在工厂里一堆堆、一片片安静地待着，等待着排队登上"小天鹅"等运输船，前往它们的"秀场"。

钢箱梁，长度百米以上，它的横截面宛如旧时量米升斗的形状，上面整整齐齐搁放着桥面板，板上一律伸出梳齿样的钢筋，那是为将来桥面成型预留的。走在钢箱梁边，人的影子就长长地"浮"在底面板上，一问，原来这是一种防腐油漆的影像效果，光溜如镜但人影模糊；往钢箱梁中空里看，"人"字形撑梁，构成了绵长的大屋架、金字塔？到了海上他们都隐于桥面之下，但依旧顶"梁"——桥面。

首段钢箱梁的装船场面很是壮观：长 132.6 米、宽 33.1 米、高 4.5 米、重约 2815 吨的钢箱梁，远远望去仿佛一片树叶儿，巨大的龙门吊缓缓地将硕大悠长的"叶片"转移到专门的驳船上，"叶片"飘到哪儿，球场大小的浓荫就遮到哪儿。"关键是看天气和海况。"中铁大桥局项目部的蒲伟岐书记告诉大家，钢箱梁何时起运要看天气，看海况，看涨潮退潮。"涨潮进，退潮出，错过一次窗口，就是一天过去了。一次台风，70 多条施工船全部要回港避风，损失就是几千万元。"他指着工厂里堆积如山的钢梁、桥面板说："这都是老天爷挽留下来的。期盼天气变好，这片钢箱梁海很快就能'退潮'消化了。"

老院士的态度、桥梁人的喜悦让人动容

第二、第三次去是 3 年以后了，此时港珠澳大桥最难的部分——隧道建设进入决战阶段。虽然有了 E15 节沉管三次出坞、两次返航的痛苦经历，也积累了丰富的经验，无论心理承受力还是临阵智谋林鸣他们都已经足够强大了。但最后一节"海底穿针"的 12 米连接管安装，所有的人还是不敢大意。那天上午，校友钟辉红开口第一句话就是"好久没有开这么大的会了"，那天安排的各种研究报告就有 11 个，内容从整体情况、浮吊安装、海流监控、安装方案、施工方法、索具制造、姿态分析及试吊方案到最终接头龙口位置控制、安装风险、接头焊接，等等，穷尽了所有能想到的情况。老院士孙钧说："我想到的，你们都想到了；改进措施都跟上了，纸上、实战演练做得好。"看着坐在对面鹤发童颜、神定气闲的老先生，我的感觉也很踏实。

第三次去完全是欢悦喜庆了，大家坐着大巴从珠澳口岸往东，先过九洲航道桥（主跨 268 米，上有两座高 120 米的塔桥，名为"风帆塔"，寓意"扬帆远航"），再过江海直达船航道桥（主跨分布为 2 米 ×258 米，桥上三座"海豚塔"，寓意"人与自然和谐发展"），然后来到第三座桥——青州航道桥（主跨 458 米，是全线单体最大桥梁，桥上两个桥塔，名为"中国结"，寓意"三地同心"）。过了"中国结"，往东就是西人工岛，岛长 625 米，面积 10.17 万平方米，承担大桥救援、养护等功能。

车在西岛进入海底隧道，大家纷纷下车参观。左右两边的白色与黄色荧光灯把四条行道线映照得丝弦笔直、黑白分明，长长地伸向远方。行走在隧道里，我们感叹这里的宽敞与便捷。这条 150 余平方米的隧道是在水下约 40 米处的海底被"挤"出来的，我立刻想起香港土木工程署前任署长、"桥王"刘正光在那次参观的前一天给林鸣打

的电话，询问参观隧道需不需要穿雨衣、水靴的往事，林鸣说"不用"。第二天，刘正光来参观时没穿雨衣，但还是穿了一双雨鞋，参观了 24 节沉管，整个隧道内不但没有"雨"，更没有"河"，甚至没看见一点渗漏的痕迹。"桥王"对林鸣说："沉管隧道没有不漏水的，没想到你们的隧道能够滴水不漏。香港工程界要向你们学习。"是啊，正如习近平总书记参加开通仪式时说的，港珠澳大桥的建设创下了多项世界之最，非常了不起。说明社会主义是干出来的，新时代是干出来的。

东人工岛，我们沐浴在冬日暖阳里，碧海蓝天间，我们徜徉在蚝贝型的人工岛上，行走在环岛人行步道上，看着大屿山烟霭蒙蒙，想着那里的游乐场，环视浩渺的烟波、翻飞的海鸥，颇有欲诗欲仙的冲动；岛上，阳光"雕刻"着清水混凝土的建筑，颇有古希腊卫城神庙的韵致；圆圆的屋顶上顶着一根船桅样的针，那是"千里眼、顺风耳"——通信装置；一两分钟，就有一架飞机掠过针尖，飞向香港机场。向西回望大桥，茫茫大海中那串悠长的音符，正奏着一首凯旋的乐曲。

武康路一角　受访者 供图　　　　　　武康大楼　受访者 供图

武康路何以成为网红？
——沙永杰与武康路十年精细化规划管理的故事

"武康路，网红路。"这是回答记者问话的玩咖们嘴里经常跑出来的词汇，说完了还不忘了补一句："秋天到了，来看落叶哦！"这条全长不过千米的小马路，就躲在徐汇区的老街区里。虽然这里有很多现代史上的名人故居，但很长一段时间里没有几个人知道它的存在。为何 21 世纪以来突然成了网红，且至今不衰？

武康路的前世今生

武康路原名福开森路，长 1183 米，宽 12～16 米，整条路呈弧线，大致为南北走向，北起华山路，紧邻晚清重臣李鸿章的丁香花园，南至淮海中路接天平路、余庆路，与宋庆龄故居相望。位于今天衡复历史街区，民国时期叫福开森路时，这条路属于法租界西区。而今，武康路上有很多网红商品，有很多慢时光店，还有 30 多处从前留下来的名人故居，像上海丝绸大王莫觞清的豪宅、民国第一任内阁总理唐绍仪故居、民国"四大家族"之一陈立夫的故居、巴金故居、黄兴故居……僻静的小马路上，沿线西班牙式、法国文艺复兴式建筑，极富特色，真的是"五步一景，十步一重天"。"走进这里，不会写诗的人想写诗，不会画画的人想画画，不会唱歌的人想唱歌，感觉美妙极了。"

武康路蹿红是因为 21 世纪初的改造。"武康路的整治改造是为了迎接上海世博会，当时徐汇区同时开展的老城改造项目不少，但得到市民、政府和业界广泛认可的只有这个项目。"徐汇区有关领导对媒体表示。2005 年，上海中心城区 12 个风貌区内确定了 144 条风貌保护道路（街巷），设定的目标是"为今后上海风貌区保护更新工作树立标杆"，武康路被徐汇区政府列入试点名单。当时的徐汇区主管领导希望时任上海市城市规划管理局副局长的伍江推荐一位专家担纲此项工作，伍江推荐了沙永杰，并要求徐汇区"引入国外常见的总规划师负责制，将武康路的近期整治延伸为长效管理机制"。

风貌道路规划从现场调查、档案研究入手

武康路的前世今生什么样子不清楚，这条路的保护规划应该是什么样子不清楚，一条路的风貌保护，世界范围内都没有现成的规划案例，这是武康路保护规划试点首先面对的难题。接受任务的罗小未先生和沙永杰说了武康路的工作，罗先生告诉他："你们这个年纪的人不知道当时这里是什么样的好，不要乱动。先要把情况摸清楚了。"老师一句话醍醐灌顶，坚定了沙永杰到现场、查建筑的决心。

"那年 3 月到 7 月，每个星期我要去 3 次，沿路有多少树、树有多高，有多少围墙、墙面有多少桩子，哪些建筑有空调、有盘电线……这些都要了解。"沙永杰说，这条被誉为"浓缩了上海近代百年历史"的"名人路"，沿线有 14 处优秀历史建筑和 37 处保留历史建筑。他带领团队对这条路上的每一幢建筑的细部，对街道铺地、绿化乃至各种街道设施，甚至外露管线都做了详细的调查，对每类对象的数量、尺度、颜色、材料及形象、风貌特征、破损情况和问题都做了详细记录。详细到沿线每一棵树在什么

地方都画在图纸上，树冠的大小、每个房子的立面情况都记录下来，甚至每一段围墙全部用皮尺测过，目的就是要读懂它。

同时，对每一栋建筑的历史和故事都做了深入细致的研究。沙永杰将研究分为空间特征、建筑风格 / 样式、建筑材质、沿街界面样式、庭院等 5 个问题展开；深入城建档案馆，查阅整理沿线 50 处建筑的图纸档案，查阅地方志、租界志。"今天回过头来看，我们当时的工作十分有意义。"沙永杰说，首先帮助我们厘清了"武康路是什么样"的问题，正如罗老师所说，"原本为特定人群和生活方式而设计的'生活场景'今天变了，这是保护必须面对的重要问题"；二是避免误解、误伤了历史信息，如武康路为何很难见到外滩常见的大块石材，这是因为这里追求"田园"居住氛围，故而这里建筑的面层材料虽价格便宜但工艺要求极高；三是关于历史建筑形式和外观材质的研究分析可为保护规划编制提供理论支撑。

这样一来，原本打算三两个月完成的规划，用了 1 年零 3 个月。

武康大楼这样优雅转身

若是节假日，你到淮海中路武康路路口，你肯定会被那栋圆头三角形房屋吸引住的，那就是武康大楼了，圆头上的四只伸出来的平台叫"罗密欧阳台"，是不是立刻想起了罗密欧与朱丽叶的浪漫故事？

这栋大楼始建于 1924 年，邬达克设计，是当时上海第一座外廊式公寓大楼。大楼总体为钢筋混凝土结构，楼高 8 层，底层采用骑楼样式，外观为法国文艺复兴式风格。公寓坐北朝南，楼身狭长，从西侧看像一艘轮船。骑楼、券廊、转角挑阳台、边疆三角形古典山花窗楣等，都凸现了法国文艺复兴时期的历史光辉。楼内的电梯也非常传奇，像老式电影一样，用半面钟的样式显示电梯到达的楼层。大楼里的每一户房间都朝南，走廊向北，所以客人站在屋外是觉不出房子的特别之处的。整栋楼房有梁而没有承重墙，所以每户人家的房型都不相同。大楼最初取名"I.S.S 公寓"，为万国储蓄会的英文简称，后改为东美特公寓，二战期间，又称诺曼底公寓。

1953 年，诺曼底公寓被上海市人民政府接管，正式更名为武康大楼，随后一批文化演艺界的名流入住于此，包括赵丹、王人美、秦怡、孙道临、郑君里、王文娟等。"我们和孙道临是老邻居了，大家都互相认识，遇到都会打招呼的。"楼内的老居民徐宝英说。大楼下窗框沿有一层薄薄的细毛毡，关窗时就不会发出太大声响；走廊及转角都有电油汀，方便集中供暖；面积大点的厨房，统一配了烫衣板；二楼的屋顶天台曾经铺满绿植，还配有儿童戏水池：可方便了！

武康大楼作为武康路当之无愧的地标，沙永杰对大楼的修缮工作十分严谨。沙永杰说，在武康大楼做前期调研时，每次与居民打交道，就能感觉到大楼的与众不同，除了建筑本身独特的物理空间，还有大楼居民折射出的友邻友善和文化认知，他说："这里的老百姓考虑的东西，给我很大震撼。"

沙永杰说，武康大楼作为建筑样本价值很高。它的大门看起来并不起眼，因为当时的建筑设计都对道路保持着一种谦虚；一楼大堂空间巨大，则是对居住者的一种尊重。

沙永杰带领团队编制了《武康大楼保护性整治实施内容和设计要求》，作为项目设计招标文件的重要组成部分，最后成了具体修缮的措施。沙永杰说，因大楼外路面不断被抬高，大楼入口门厅已经比室外地坪略低，而当初大楼建成之初，入口处是需要上台阶的。他说，章明女士是一位非常严谨的历史古建修缮专家，她的团队把规划设计要求贯彻到了每一个细节，保证了大楼修缮后的高品质。

据了解，今年（2018 年）年初，郑时龄、常青、章明、朱志荣、曹永康等专家受邀赴大楼现场踏勘，并就今年新一轮保护修缮进行深入讨论。专家建议该项目要外减内增、分期实施，在保护修缮的同时考虑远期智能化改造、社区营造等；市级部门相关领导则要求武康大楼修缮应积极借鉴国内外先进经验，打造上海优秀历史建筑保护修缮样板工程，真正体现"建筑是可以阅读的"。

规划还在继续

沙永杰说，规划业界有个共识，规划就是城市管理。因此，总规划师的介入应该是全程的。

当初规划武康路时，这条路上还有不少居民，如何让他们也有获得感。沙永杰说，调研时他们与居民座谈，居民说风貌道路他们不管，但修房应该让他们得到实惠，所以团队花了不少精力用在提高居民小区内的环境质量上。居住环境要整治，从何入手？上下水当然要通畅、电线也要入地，除此之外"门脸"也要做些更新修缮，于是他们精心选择了 6 处，请来几位水平高又"靠谱"的建筑师同事，以半志愿者的方式做了设计。今天你走在这条路上，稍加留意就会发现，弄堂口靓了，竹篱笆围墙齐整了；老房子上的信箱、门铃都做了整理，菜场也变得美了。沙永杰说，这些民生细节获得了居民的高度认同，修缮得到了大家的支持，有些亮点也都是在房子修缮时体现出来的。武康路 400 弄就是这样整治成功的，重新铺装地面、重布下水和排水沟、设置弄内照明，等等，百姓的积极配合使这处西班牙式建筑群大放光彩。

为迎接世博而展开的三年保护性整治后，武康路名声大噪。因为这里的历史典故、咖啡美食，这里的武康大楼，后来，还包括秋冬季节洒满道路的梧桐树叶、种种你方唱罢我登场的网红店……节假日里常常游人如织，武康路成了一条可玩可吃的景观路。

"其实，武康路保护性整治的初衷并不是要让它变成一条休闲旅游的景观道。"沙永杰表示，武康路就是一个城市更新的试点。当时上海选择在这样一个规模不大、改造动作也不大的马路上，政府牵头、各个部门协调配合的精细化管理模式，像解剖麻雀似地进行了一次城市更新的实践探索。2011—2013 年，武康路红了，政府决策的思路也转变了：从一条路变成了"一个区域"。最后变成了伍江、沙永杰牵头的《徐汇风貌保护道路规划》。2014 年开始，按照区政府的要求，沙永杰担任衡复风貌区湖南街道范围总规划师，配合区政府进行风貌道路整治的思路研究和技术指导工作。

"我们参与制定的《徐汇衡复历史文化风貌区保护三年行动计划》，提出了历史建筑修缮、风貌道路整治、零星旧改、历史建筑置换收储、文化传承利用和慢生活街区、名人文化特色街区、音乐文化休闲街区等举措。"沙永杰告诉记者，风貌区不同于一条街、一栋建筑，它要做的事情更多、更杂、更难。目前，上海城市更新和城市精细化管理等新政策和新举措都将衡山路—复兴路历史文化风貌区作为试点区域之一，虽然工作千头万绪，来自方方面面的声音各不相同，但提升城市重要区域的综合能级、提升综合品质、确保民生综合需求必然是武康路及周边区域今后发展的方向。

评论　　　　　　　　　**老城更新：不着急，慢慢来**

　　武康路成为网红路、游赏落叶必到的打卡地是有原因的。

　　武康路发源于 1907 年，民居和公寓为主，虽然也有零星的高楼大厦，但"每当走过这条街的时候，人们不由得都会想象院墙和绿树丛后面人群的生活"。100 多年的时间淘洗，街旧了、房老了，但低绮户、巧漏窗的风骨依然挺拔，永不拓宽的街道依旧清清爽爽。于是，如何更新、更新什么就成为摆在沙永杰教授团队面前的一道难题。

　　"首先想到的当然是找先生。"沙永杰告诉我们。这位老师就是罗小未先生，她是上海老城更新的开风气之先者，主持更新了上海老城厢——新天地。他对弟子沙永杰说："不要乱动，先要把情况摸清楚了。"先生一句话，点了穴，指了路。

　　于是，沙永杰带领一班人，一有空就来到这条路上，院落、街面、窨井盖、电线杆，还有一棵棵的梧桐树……原来看似简单的住宅与街道斜对景，却让建筑与街道的关系更含蓄；一堵堵颜色各异的围墙、一个个视域不同的交叉路口，人行、车行视线的"通廊"变得各不相同。"如果不是数年坚持的实地踏勘、反复体会，就不可能最后形成眼睛一闭就开始放 1183 米的武康路街景'电影'。"沙永杰说。

进档案馆，查找百年老路一路走来的点点滴滴。原来这里的市政、交通、医疗、教育和消费设施都很完善；原来这里是当年闹市中的"乡间别墅区"，大花园里住的是意大利驻沪总领事内龙（L. Neyrone）。原来洋人密布的福开森路上还住着三位中国人，诸昌年是内阁总理唐绍仪的长女婿，曾经出任过中华民国政府驻瑞典兼挪威公使；贝聿铭小时候就在这条路上，"一幢两层的小洋楼，生活得很惬意"……

进入深邃的历史天空里，沙永杰发现在城市化转变的进程中，武康路扮演着十分独特的角色；这条路上汇聚了繁复的建筑样式，清晰地记录了中西建筑近代演变的进程，建筑材料、围墙、庭院的细节一样生动有趣，都得好好保护。为那时人们设计的街区在今天如何"保护"？因此，沙永杰他们在深入研究街区人文历史的基础上，提出了保护规划模式和综合整治的详细策略和实施方案。

接下来，沙永杰依然邀请各方面的专业人士各负其责、各展其才，落实时居民则是意见参与者、修缮好参谋。老房子外观没法儿改，老街道风貌当依旧时模样，这是上海市风貌保护定下的规矩，但是新时代百姓生活的品质必须提升：上下水好了，通畅了，电线入地了，"门脸儿"靓了，竹篱笆围墙齐整了，菜场也美了，甚至连信箱、门铃都鲜活灵光了，晚上夜归之人走在小弄堂里也不抖抖霍霍了，因为灯雪亮雪亮的。

武康路的整治已经 10 年了。"在安静的武康路，这幢有着几分霸气的老洋房屹立在那里，显得凝重而倔强。"这是游者观赏老建筑发出的感慨。不仅老房子，10 年里，这条路上出了好些个网红产品，这里秋雨中、阳光里的枫叶，很容易让人想起《再别康桥》，想起古时的南浦，这正应城市更新的"军规"：慢工细活出精品。

沙永杰说，武康路的整修还在继续。

街头创意　刘连英 供图

设计未来，从社区开始
——娄永琪教授谈新时代的设计创新

　　"人们对美好生活的追求很多其实都是被设计出来的。"原同济大学设计创意学院院长娄永琪教授（现任同济大学副校长）介绍，设计创意学院自 2009 年成立以来，就矢志成为一个国际化、创新型、前瞻性、研究型的世界一流设计学院，我们也更希望学院成为这个变革时代"设计驱动创新的全球引领者"。

设计驱动创新

人的需求是设计的原始动力。人的需求包括哪些？技术、创业、创意等，设计要做的事情当然是提供先进好用的技术、优质贴心的服务、体己温馨的体验和好用的产品。

2010 年开始，上海提出了创新驱动发展、经济转型升级的总体要求。上海相比国内其他城市更国际化，产业基础更扎实，人才密度也更高，职业化程度也更好，做事也更规范。娄永琪说，但在"有没有"的经济中，上海的创新力并未得到充分释放，比如第一波互联网经济。

但在第二轮"好不好"的经济里，上海的创新发展空间就很大。从能否吃饱的"有没有"，到对食物的品质"好不好"的阶段，上海人的知识、情调、国际化、契约精神等有了更大的发挥空间。

他说，未来会有第三轮"对不对"的经济建设，也就是可持续发展。同样以吃饭为例，人们最关心的不再是口味佳、花样多，而是吃得健康和环保，心里想的是一粒一饭的全球责任。这时候设计就变得更加重要，因为人们的生活方式需要从物质的满足转移到更高的精神追求。

当下，设计已从"工业经济"的配角，变身为网络时代背景下"体验经济"的主角。正是基于这些思考，设计创意学院确立了"以培养国际水准的'可持续设计创新'领军人才，追求学术的卓越和贡献社会的进步的办学使命"。

打破学院与社区隔阂

2007 年发起"设计丰收"项目后，学院师生开始尝试城市推动基于社区的社会创新项目。2008 年都灵"设计之都"会议以后，在曼奇尼教授（Ezio Manzini）的支持下，学院在中国发起成立了"DESIS 中国社会创新和可持续设计联盟"。

学院在 2009 年开始做社会创新设计，调研过程中，发现了位于上海曲阳社区的"温馨小屋"，学院便加入这个由当地居委会自发发起的项目，并与之成为合作多年的伙伴。社区内曲阳路 620 号大楼，190 户 423 位居民中 60 岁以上的老年人有 195 名，将近一半。"我们在老旧的大楼底层与社区一起设计'温馨小屋'，这里可以打牌、唱歌、跳舞，一起做编织。'温馨小屋'的发起人胡秀花是一名党员，大家都亲切地称呼她胡老师，但最初大家不知道整天乐呵呵的她是一位癌症患者。现在，'温馨小屋'已经变成'温馨家园'了，面积扩大了，活动项目也变多了，打乒乓、唱歌唱戏、练习书法画画。"娄永琪说。"温馨小屋"现在还有了办事组，下设宣传、文体、后勤、志愿者及健康管理 5 个工作小组，共有成员 16 名，其中 5 名党员已成为各工作组的骨干力量。曲阳路 620 号"温馨家园"成长性很好，正在向"学习、和谐、文明、健康、平安"楼宇迈进。

除了"温馨小屋"项目，学院从 2015 年开始与四平街道共同开展"四平创生空间"合作项目，现在创生空间正在酝酿第四季。"四平创生空间"每一季的活动并不是简单复制，而是年年探索新可能和新机制，实现从空间到内容的升级。2015 年的第一季创生行动，围绕社区场所营造带来 72 处社区空间微更新；2016 年第二季除了探讨城市公共属性与艺术、设计、创意的结合，更加重视本地居民及社会资源参与地区共建，与居民一起改造了十余个楼道公共空间；2017 年第三季创生行动则结合公共艺术和大众参与，探索"共创四平"的可能性。

3 年来，我们通过 60 多个"微创新"，借助学院的设计力，用设计创意改变了学院周边社区公共空间的品质。通过设计的应用，杨浦区这个传统眼光里的"下只角"，原来也能有其他"上只角"区域望尘莫及的高级"调调"。

大学实验室落地社区

娄永琪说，打破学院与社区隔阂是第一步，实验室落地社区是大学知识溢出的第二步。学院有包括长江学者在内的众多创新的人才，有打破传统学科的设计与人工智能实验室、未来生活实验室、智能大数据可视化、数字创新中心、创客实验室、社会创新与可持续设计、复杂社会技术系统设计在内的众多创新实验室。在做好人才培养和科学研究等之外，完全可以让资源、能力外溢出来，让老师、学生、他们的朋友圈等一起在社区茁壮成长。

通过与四平街道的共同努力，将麻辣烫店变成"当代首饰与新文化中心"；社区垃圾房变身"同济大学-麻省理工学院上海城市科学实验室"。设计实践与社区互动，对标上海市远景规划，学院提出了"NICE2035"社会创新实践项目，意为面向 2035 年的"创新、创业、创造"三创社区，NICE 意味着"美好生活"。这个社会创新设计项目从四平路 1028 弄——一条 200 多米长的老街坊开始，随着一个又一个实验室的落地，"NICE2035-未来生活原型街"现已初见雏形。

娄永琪说，学院并不拥有这条街的空间、物业，却在使用，它们是学院资源溢入社区的表现；另一个角度看，这里又是学院的外展平台，甚至是未来大学的雏形。这些实验室的研究对象，大多是与社区相关的。比如"同济大学-麻省理工学院上海城市科学实验室"，就是研究如何通过数据分析，帮助我们做设计的分析和决策、设计干预的评估及实现利益攸关方的协同设计等。

同学们的社区改造创意
受访者 供图

未来的美好生活藏在社区里

娄永琪说，不断地探索中，他们发现社区不仅仅是消费的终端，还应该成为创新的源头、未来生活的实验室。他们把大学作为开放众创中心，链接全球人才和中国机会。而他们划的一根跑道，就是 2035 年。那时这个世界会什么样，大家是怎么生活的？他们所有实验室都在思考这个问题，社区里的实验室都是在做这种思考的应用和转化研究。

首批入驻"未来生活原型街"的实验室中，"设计丰收"将建立乡野实验室，把"设计丰收"理念落到城市，思考 2035 的生活方式：音乐艺术家朱哲琴和学院联合创立的"声音 X 实验室"(Sound X Lab)，让科学家和艺术家共同定义以声音为引擎的跨文化研究和社会公共应用实践；海尔在这里开发"共享厨房""共享客厅"；在"办公实验室"，将要研发的是像"变形金刚"一样的可变办公模块。办公区域的空间可根据业主需要随时分割；员工坐得久了，桌子也可以跟着"站"起来，和员工一起"歇歇"……高科技、共享、人性化体验，这些都是办公实验室的科学家们聚焦的关键词。在"新材料实验室"，入驻的设计师和工程师们将在全球范围内精选超过一万种不同领域的新材料，并推进这些新材料在设计中的使用，为全球设计师提供灵感，进而缩短各领域研发团队的研发周期……

娄永琪说，在这些项目中，有几点值得我们反思：一是普通人基于日常生活的智慧，实际上是社会创新的源头，也是非常重要的设计灵感财富。空间设计可以促进和抑制交往，但起决定性作用的还是人。二是对设计而言，通过产品、服务、交互、环境的设计，激活生活关系和参与人们的创造力，是一个宏大命题。我们尝试推动学校进入社区，激发社区的活力。但如何持续地让年轻人回到社区，推动社区营造、创造，提升美好生活的品质，这是更加持久的命题。

NICE2035 模式：首先聚焦未来生活方式倒逼创新转化；其次是实体运作和持续迭代的原型实验；最后是在此过程中，集聚"基于选择"且逐步成长的协作社群。其中第三点特别重要，一个地方有多少创新的人，他们在什么条件下可以一起做事情，他们怎样逐步形成一个创意社群？这个创意社群是社会重要的创新资源，这个社群走到哪里，创新就产生在哪里。基于社区的未来实验，可以成为这个社群创新力落地的重要机会！

新时代的中国正在发生深刻的变革，哪里有问题，哪里就需要设计，"不平衡不充分发展"的经济社会环境的改良过程，一定会催生出中国特色的具有类型学贡献的设计思想和实践。"有些需求原本不存在，直到它们被设计出来。"娄永琪最后说。

回归街道　受访者 供图

回归街道生活
——记孙彤宇团队的步行城市实践

　　"2019 威尼斯建筑双年展"刚刚落下帷幕，同济大学建筑与城市规划学院孙彤宇教授的《一个模式六个作品》展示的是该团队近年来对城市街道的思考与实践，吸引了众多参观者。"城市是为人服务的，城市街道每天展现的都应该是鲜活的市井生活图景。"孙彤宇介绍，参展的案例都是团队近年来的研究成果。

什么是街道?

孙彤宇说，很长一段时间以来，我们的城市都是为车设计的。动辄上百米的主干路，宽阔的次干路，即使支路也是四车道，所有的道路都是以满足机动车交通为目标，很少考虑供人行走的街道。

什么是街道? 街道是具有步行交通功能的、适合步行行为特征的、与建筑界面耦合的线性城市公共空间。街道是日常生活中的必经之路，尺度宜人、路边不时有商店分布、可以在此停留休息片刻、会偶遇熟人……是鲜活的生活场所。

街道应具备城市基础设施属性，又具有适合日常生活的社会属性。它适合步行——具有步行交通功能；界面限定——街道空间由两侧（或一侧）的建筑界面围合而成；功能支持——在人们的步行过程中，两侧的建筑给步行者提供了购物、休憩、遮阴等功能；日常生活——街道是人们日常生活中随时发生各类活动的场所。

孙彤宇说，按照这个要求，两侧空旷无物的人行道路不是街道，两侧的界面都是实墙也无法成为街道，建筑物之间的小巷如果没有小商店等也很难称之为街道。只适合机动车的宽阔的马路不是街道，一个除了行走没有购物、休憩、会友、停留、观望等功能的马路也难跟街道概念挂钩。

国外的街道实践

孙彤宇介绍，20 世纪 60 年代以来，国外学者纷纷开展街道研究。芦原义信的《街道的美学》、阿兰·雅各布斯（Allan B. Jacobs）的《伟大的街道》等是其中的杰出者。

上海弄堂　受访者 供图

从世界范围来看，纽约的"街区制"路网为人提供了舒适的步行环境。纽约道路主要分为两种：一是南北走向的交通主干道，称为 Avenue（大道）；另一种则是东西走向的较窄道路，称为 Street（街道）。每个街区由 Avenue 和 Street 隔离开来。由于路网细密、街区规模小，人们步行几分钟便可通过一个街区。同时，纽约还尽量少设置交通隔离带、人行天桥、地下通道等，行人无需"上天入地"或绕路就可轻松穿过马路。路边较多的休闲设施，类似长椅、公园等，也为行人提供了舒适而独特的步行体验。

巴塞罗那实行的则是超级街区计划。"超级街区"交通改善计划即在城市中选出九块方形街区组成一个"超级单元"，除街区内部居民的交通工具之外，其余小汽车、巴士、卡车等机动车不准驶入，需绕道而行。并针对街区内居民的机动车进行限速管理，限速10 公里 / 小时。街区内，人们可惬意地享受街区内安全、舒适的步行环境。该计划实施后，行人空间比例从 45% 升至 74%，交通噪音水平由 66.5 分贝降至 61 分贝。

还有赫尔斯基建设适宜步行的市中心、哥本哈根发展城市步行街网络格局、布宜诺斯艾利斯大规模改造道路为适宜步行街道等等。哥本哈根是世界上最早引进步行街的城市之一，1962 年改造成步行街的斯特勒格大街（Stroget）最为闻名。步行街全长 1.1 公里，穿过 4 个广场，占地近 10 万平方米，在此区域内的汽车需以极慢速度行驶。建成后的步行街不仅受到了广大居民、游客等的欢迎，而且其良好的步行环境也促进了当地商业、店铺等勃兴。经过长时间的努力，哥本哈根的步行街网络建设成绩显著，目前步行人数已占内城人员流动的 80%。

《上海街道设计导则》提出理想街道愿景

进入 21 世纪以来，国际上许多城市纷纷意识到城市街道空间以人为本、步行友好的重要性，展开了城市街道设计导则的制定工作。如美国波士顿市 2013 年推出了《波士顿街道设计导则》，把波士顿市的道路分成九类，分别为市中心商业街、市中心混合功能区街道、社区主干道、社区区间道路、住宅区道路、产业区道路、人车共享道路、公园大道、林荫大道，并对每一类道路提出详细的设计指南。

上海也在 2016 年编制发布了《上海市街道设计导则》（以下简称《导则》）。上海市规土局称，"这是中国第一个系统地从'完整街道'视角探索城市街道设计的导则，标志着上海市正在引领从'道路'向'街道'的转变"。《导则》将步行放在首位，鼓励整体的人性化街道设计。将上海市的街道分为商业街道、生活服务街道、景观休闲街道、交通性街道和综合性街道五类。《导则》中专门列举了"特定功能的道路"，把快速路、非机动车道路、步行街、公交专用道路、社区道路、绿地内的慢行道、绿道等全部纳入

街道的四个特征：①适合步行②界面限定③功能支持④日常生活　受访者 供图

考量范畴，并在此基础上提出从道路到街道的转变对当代城市的重要意义。

孙彤宇说，《导则》将找回传统城市活力街道生活的愿景表达得淋漓尽致。然而，街道设计导则正面临着一个现实困境，由于当代城市的规模和功能对交通可达性有着极强的依赖性，使得城市道路原有的两个基本属性——基础设施属性和社会属性——渐渐转化为以交通职能为主导，而失去了其社会职能，尤其是对于步行者的关注逐渐边缘化。可以说，机动车时代很难回到传统城市的街道体系，那么我们该怎么办？

近年的实践

针对机动车时代这一现实，孙彤宇团队提出超级步行街区模式。即将若干个街区作为一个集合，并在其区域内实现步行优先的城市单元模式，其特征主要表现为：公交导向发展、区域步行优先；过境交通下穿；小尺度、高密度区内路网（150～200 米）；地下停车空间共享；用地适度混合、轨道交通站点综合开发；零售商业沿街布置；公共空间体系网络化。

超级步行街区研究主要涉及三个板块、解决三类问题：街区内部各体系的组织规划；街区边缘界面体系衔接、跨越的设计；轨道交通（TOD）节点的设计。研究内容涉及超级步行街区内部组织、边界的步行连接等问题。以步行街边界步行连接为例，涉及步行道路是否畅通，道路两旁是否都有休息、购买、交流等节点，步行舒适度，轨道交通节点与密度是否适合步行，等等。

孙彤宇说，虹口区溧阳-海伦路地块更新区域约 1 平方公里，由四川北路、四平路、山阴路、虹口港围成。在这片土地上，记录着上海曾经丰富而多元的文化。这里是上海戏剧学院旧址，一批电影明星和文人，如鲁迅、郭沫若、瞿秋白等，都曾在此住过，是有名的文化街区，也是老上海电影产业的聚集区。而今天，它已变得破旧、嘈杂。

团队开始规划时，提出"慢行混合交通"理念——区域里有围合小区，也保留一些公共通道，让车子开进去。但道路是窄的，地面铺装，车子开不快，更适合步行。他们的设计首先采用了 15 分钟步行生活圈的策略，运用"绳结原理"设计三种类型的道路系统，在不影响跨境机动车交通顺利通行的基础上，减少社区内的穿行机动交通。同时，通过三种不同类型道路空间设计和相应的配套设施安排，创造高品质慢行空间，保证步行活动需求，提升区域内步行活力。以 15 分钟步行距离设计区域内部步行网络、沿步行网络设置丰富的设施，满足购物、休闲、会友、运动和教育培训等需要，方便区内居民、游客和产业从业人员的日常使用。基地内部路网结构经过梳理后，成为适合步行与慢行交通的网络系统，该网络同时串联区域内服务于居民、产业和游客的公共空间节点和功能节点。

新城如何设计街道？团队设计的南宁国际体育社区通过建筑界面支持步行路径功能让区域内的人气越来越旺。即对行人充分开放方便可达、立面透明的界面；合理设置路边座椅、电话亭、车站、垃圾桶方便行人；设计充足的店铺顶棚、遮阳伞、室外有顶构筑物、行道树等遮阴设施；提供充裕的室外广场、室外活动设施等空间，座椅、商店外摆、室外展场等停留空间；设计花坛、公共绿地、水池、树池、构筑物等景观。孙彤宇说，现在该体育社区已经成为南宁的一处标志性建筑。

杭州钱江世纪城设计则是另一特点。孙彤宇团队通过行人行进过程中寻路、停留、偶遇、购物、休憩等空间的巧妙设计，在一片现代建筑区内构建出适宜人步行的缓冲空间，很好地支持了世纪城多样化的步行行为和现代生活。

孙彤宇说，无论新城还是旧城，街道设计都应该以人为本，充分重视人的需求。我们的城市管理者应该打破条块分割，将道路绿化带、地道、人行天桥等都纳入统筹考虑、统一规划的范围，城市是为人们更美好的生活而设的。

苏州河畔的普陀图书馆内景　受访者 供图

老城更新："拆改留"到"留改拆"
——莫天伟的老城更新思想与实践

"北京是世界著名古都，丰富的历史文化遗产是一张金名片，传承保护好这份宝贵的历史文化遗产是首都的职责。""历史文化是城市灵魂，要像爱惜自己的生命一样保护好城市历史文化遗产。"习近平总书记在考察北京时语重心长地指出。

作为一座国家历史文化名城，上海也拥有深厚的近代城市文化底蕴和众多历史古迹，比如苏河十八湾。"今年（2018 年）的苏州河论坛议题是'城市大脑'。回想十余年来苏州十八湾的一步步更新历程，不由得想起莫天伟教授的'留改拆'思想。"同济大学原党委副书记姜富明说。

从"拆改留"到"留改拆"

对待城市的历史、停在旧时光中的老建筑，是拆是改还是留，是个问题。这个问题，世界上所有文明史较为绵长的国家都遇到过。

塞纳河、泰晤士河都曾经历过严重的污染，两岸汇聚了太多的工厂、居民，但现在是河清岸楚的时尚之地；德国鲁尔地区，曾经高炉、储气罐与提升井架林立，而今它们作为工业遗产和那个年代的象征巍然耸立。但这里已经不再有煤炭运输，取而代之的是经常上演的话剧、音乐、绘画、舞蹈、表演等文化活动。纽约高架公园国人很多都去过，曼哈顿岛西南端的苏荷区（SOHO）是一个占地不足 0.17 平方英里、居民人口约为 6541 人的社区。原是纽约 19 世纪最集中的工厂与工业仓库区，20 世纪中叶，美国率先进入后工业时代，旧厂倒闭，商业萧条，仓库空间闲置废弃。而今，它独特的艺术风格及时尚，成为游客必到的打卡地。这些地方依然旧貌，但全都用文化艺术换了"芯"。

在莫天伟教授眼里，城市和我们每一个人一样，是有来历的，是不可能一口吃成一个胖子的。因此，我们要留住城市生长的年轮，要留住它走过的每一条小径、有意义的脚印。我们不能因为从前的房子、巷子、牌坊门面老了旧了就悉数拆掉，这样后辈眼里的城市就没有了"节段"、没有了"枝丫"，就成了没来由的断头路。这样下去城市这棵树越大就越突兀，因为后人不知道它从何而来、怎么长成，它没有了成长的年轮。因此，为了各种各样的目的，只管拆、只管改，少留或不留，城市就没有了幼年、少年和弱冠

苏州河的曼妙夜 受访者 供图

之年，只有一步到壮年，新是新的，好看是整齐划一的好看，但却缺了厚重，没了积淀。因此，从 20 世纪末，莫天伟教授就开始呼吁对待老城要能留的尽量留，能改其功能以适应时代者当改之，剩下那些没有保留价值的再拆除——留改拆。这个思想到上海获得 2010 年世博会举办权时，成为他鼓与呼的鲜明口号。

在他眼里，拆是方便法门，一拆了之、平地再起高楼是方便，但那些有价值、有意义，早已存之于课本、资料和人们记忆中的老建筑、老街坊再也没有了，乡愁也就无从挂寄，一代代下去，记忆就淡了，慢慢就没了。因此，他向政府建言：在世博会核心区，保留那些工业历史文脉，让黄浦江两岸的百年老厂们从锈带变成绣带，秀出中国的精彩，让未来拥有灿烂的记忆。"他'留'字当头的老城更新策略被上海市政府采纳，同济为黄浦江两岸工业历史建筑保护和再利用做出了重要贡献。"同济大学原党委副书记、上海市世博科技促进中心副主任、同济大学上海世博会研究中心常务副主任姜富明介绍，同济作为主要技术力量在世博园区规划中保护了 25 万平方米现有的工业厂房，这是世博会历史上破天荒的创举，也是人类旧城改建史上的一次创举。

重塑苏州河十八湾

其实，莫天伟的"留拆改"思想系统展现是在"苏河十八湾"的更新上。

苏州河是上海的母亲河，前身叫吴淞江时黄浦江还是她的一条小支流。上海是从苏州河边成长起来的，苏州河承载着上海的城市记忆、城市文化，呈现了上海城市生活的内涵、城市风格的底蕴。

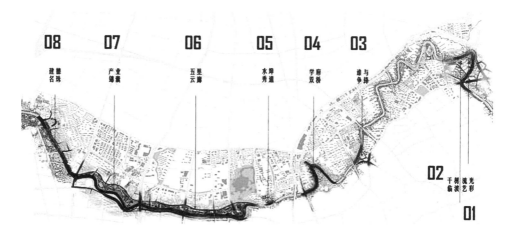

苏河十八湾　受访者 供图

十八湾两岸的大量工业文明遗存，贯通上海百年工业文明，是不可再生的历史文化资源优势。汇集中国最早的面粉厂、啤酒厂、纺织厂、造币厂、火柴厂……大量的中国第一，可以形成啤酒博物馆、纺织博物馆、造币博物馆、印钞博物馆、化工博物馆……我国最有近代工业历史意义和新产业经济价值的博物馆群。

受普陀区委托，莫天伟、岑伟等提出复兴苏州河十八湾中"湾"的概念。提交的方案说，所谓"湾"是一个城市空间概念，泛指苏州河两岸和周边城市空间。苏州河两岸和周边城市空间的复兴，首先是该地域日常生活空间的发展；都市日常生活形态的重塑，才是城市复兴的激活点。苏州河十八湾复兴的策略，概括为"产业集聚、生活复兴"，将苏州河两岸和周边城市空间新兴的城市生活形态，定位为"美好的城市生活"。这是莫天伟《苏州河十八湾复兴计划》报告的主题。

莫天伟主张借鉴西方老工业国家的经验，如柏林普雷河的"针灸"法，采用"过渡功能""缝合""联动""拓展"等手段重塑城市空间，提升美好生活的品质。莫天伟说，苏州河十八湾更新，需要与周边上海各城区联动，使苏州河融入上海城市空间整体发展，形成"生活中的苏州河、生态化的苏州河、生产中的苏州河"的和谐联动。

众所周知，随着外滩的兴盛，20世纪初以来，西藏路桥以东至黄浦江金融外滩的公共租界核心地段呈现出繁华的城市景象，又因其密集的街道、发达的街区、纵横的桥梁，构成城市的正面；西藏路桥以西，旧有的码头、仓库未融入迅速扩张的城市空间中，此段的河道两岸分别处于公共租界西区与原闸北区城市边缘，这一现象直至20世纪末都没有改变，继而大量的仓库、厂房和码头因城市的急剧建设扩张而消失，整个区域沦为城市的背面。但是，在以"莫干山路50号"（M50）为代表的文创产业进驻春明粗纺厂的码头、仓库和厂房之后，老厂区爆发出极大的活力。

而今，文化已成为苏河十八湾的名片。普陀区政府提出"苏河十八湾，湾湾有文化"的定位。M50要改造了，"天安阳光千树"等一批标志性商业新地标要在这里安家了。"天安阳光·千树"目前已初见雏形。细心的市民已经发现，M50周边长寿湾沿岸正在崛起一栋外观奇特的大楼，它倚靠苏州河，远观宛若山峰，峰上树木葱茏、植被如毯。

普陀区政府表示，将在苏州河畔建设"河畔书房"，着力开展好"苏州河书房读书会""苏州河书房阅读沙龙"和"苏州河作家联盟"。2009年启动建设的"上海当代作家作品手稿收藏展示馆"已征集到100多位作家的400多份手稿等珍贵资料。现在还在加大力度建设互联网影视产业高地，提升动漫游戏发展能级。同时，结合苏州河两岸贯通工程，将修建沿河步道、文化广场、亲水平台，打造夜景灯光工程，曹家渡将重点发展电竞产业，长风地区将重点打造成为以亲子文化为主题的上海首个城市微度假区。在苏河十八湾的每桥每湾建设故事墙，综合运用音视频、电子画等形式，届时只要扫一扫二维码，就可以读到每座桥、每个河湾、每栋老建筑的故事了。

最近，苏州河又在规划新八景，将打通19处断点，不久的将来这里就会成为市民、游客欢聚共享的"城市客厅"。

而今，"留改拆"正在走深走细

上海黄浦江畔，中国最早的自来水厂、最早的外商纱厂、最早的煤气供热厂、最早的大跨度厂房……承载中国工业发展记忆的浦江历史产业建筑群落进入21世纪时是灰色的。姜富明说，要感谢莫天伟老师为上海留住了那么多的工业遗产，使其与世博遗产一起成为今天上海十分骄傲的"双遗产"。

上海2010年世博会期间，再生的老厂房成了大舞台。宝钢集团浦钢公司的巨型厂房留下了，厂区里数公里的巨型管道和铁轨呈现了主题公园般的工业景观。怡和纱厂、杨树浦水厂留下了，世博会的美洲馆也是利用轧板厂改造而成的；还有江边的大吊机、江南造船厂、飞机库等等，好多工业记忆都还是今天黄浦江边人的"乡愁"符号。

世博会后，"留改拆"成了上海乃至全国许多城市的常识。目前，上海正在打响"留改拆"攻坚战，留改拆正在深入细化为政府的"多策并举"。

留，即保留城市文脉。主要有留房留人、人走房留两种模式。虹口区"春阳里"保存原有房屋加以修缮，将居民临时安置，改造完成后再迁回原址。如今春阳里一期已经完成改造，外墙保留老虎窗、红砖外墙等细节并修复原有纹路；走进屋内，坡度明显提升，每户人家都有了独立卫生间和厨房，每户平均增加面积3.5平方米；而对于黄浦区"承兴里"这样上百年的石库门建筑，市政府尝试"抽户留人"，即部分居民通过解除租赁关系方式搬离"承兴里"，这样那些留下来的住户也有了改善居住条件的机会，释放出的面积让他们的"美好生活"成为了现实。

人走房留是另一种模式。如黄浦区"福佑"地块，征收后成片保留历史肌理和风貌，并将原有居民住宅改造为商业开发和公共空间，该区将在福佑地块周边构建慢行系统，开辟公共绿地，将老城厢打造成连接新天地商务区和外滩金融区的桥梁。

应该改的全力改。按照上海市"十三五"旧改计划，上海老旧住房改造主要分为四种模式，因地制宜实施具体方案。如针对直管公房为主的各类里弄房屋，按"确保结构安全、完善基本功能、传承历史风貌、提升居住环境"原则，重点改造厨、卫设施，更新房屋结构、屋面、墙面、给排水等。届时，包括17.8万户手拎马桶清晨倒的居民将逐步告别居所没有卫生设施的窘境。除此之外，还采取楼层加高、改扩建、内部格局调整三种改造模式，改善卫生设施不完善的住宅。

不仅如此，老旧住房综合改造还在"内外兼修"。修缮房屋本体的同时，加强房屋安全隐患处置、二次供水改造、小区架空线落地、截污纳管、道路整修、绿化补种和优化、下水管道翻排、完善小区公建配套设施等工作，按照"便民、利民、少扰民"原则，切实改善居住条件。静安区"彭三小区"的整体改造就是这样的范例，现在该小区内停车库、绿化带等公共设施一应俱全，房屋外立面也大幅修缮，小区颜值瞬间高大上了。

当拆的加快拆。旧区改造中，对不涉及风貌保护的旧里应当拆除的尽力拆除。例如杨浦区方子桥地块，西至长浜路，北至周家嘴路，狭长街道上大门洞开，私房占90%以上。杨浦区计划通过加快拆除无保留要求的私房，加快土地功能转换，利于发挥土地集中成片综合效益。

令人欣喜的是，留改拆的原则在执行过程中，群众的智慧被极大地激发出来，居民纷纷加入这一谋划"美好生活"的大潮中来。据悉，"十三五"期间，上海旧区改造的目标是完成中心城区二级旧里以下房屋改造240万平方米。从2016年至今年（2018年）6月份，中心城区已改造二级旧里以下房屋126万平方米，占"十三五"规划的52.5%。今年（2018年）旧区改造任务目标为完成中心城区二级旧里以下房屋改造40万平方米。

生态敏感地区应这样城镇化
——同济大学建筑与城市规划学院教授彭震伟访谈

新时代以来，习近平总书记在多个场合强调："山水林田湖是城市生命体的有机组成部分，不能随意侵占和破坏。""加快推进生态保护修复。要坚持保护优先、自然恢复为主，深入实施山水林田湖一体化生态保护和修复。""统筹生产、生活、生态三大布局，提高城市发展的宜居性。"生态脆弱、敏感地区如何在留住绿水青山的同时，过上金山银山的日子？近日，笔者找到同济大学建筑与城市规划学院教授彭震伟。

何谓生态敏感地区？

所谓生态敏感地区是指那些具有生态环境意义的生态要素或实体，在人为干扰下自我恢复能力较差，其改变将对城市生态环境产生影响，需要加以控制或保护的区域；也包括用来分割城市组团、防止城市无序蔓延的地带以及作为城市可持续发展资源储备的区域。

生态敏感地区按照种类划分，有自然保护型地区，如森林山体、河流水系、沼泽、海岸湿地、动植物栖息地、生态风景区等；有环境改善型地区，如城市公园、城市绿地、城市森林等；有用地控制型，如交通干线控制用地、城市功能性控制用地等；还有污染性工业园区、污灌区、垃圾填埋场等污染影响型地区，以及农田、水源地、大型水库、矿产资源区、地热区等资源储备型地区。

概而言之，生态敏感地区的共性特征包括有大型区域生态要素或生态实体、对区域生态环境起决定性作用、常常是不同生态系统的结合部、抗干扰阈值低且生态因子相对脆弱、需要进行严格保护与控制发展等。

　　彭震伟说，我国的现实状况是生态敏感地区百姓的生存状态往往都不太好。因为这些地区较长时期内处于国家或城市发展的关注重点之外，缺乏政策推动；社会经济发展水平普遍落后于周边地区，是区域经济发展洼地；严格的保护政策难以抑制城乡居民自发的发展冲动，结果造成区域生态环境质量逐渐下滑；规划管理对城乡居民的经济发展冲动缺乏有效的制约，生态环境保护的措施难以落实到位。生态敏感地区要实现可持续发展，必须突破失衡的城乡人居结构、滞后的传统产业（资源）结构、阻滞的区域生态结构三大结构性困境。

　　如何通过规划既留住（修复）绿水青山又让百姓过上小康的日子，成为摆在我们面前极具挑战性的课题。近年来，彭震伟团队通过沈阳卧龙湖地区、烟台门楼水库地区和吉林长白县的规划实践，正在探索着一条生态敏感地区城镇化发展的可行路子。

生态敏感地区如何城镇化？

　　众所周知，新时代背景下的新型城镇化发展的总要求是集约、智能、绿色、低碳，包括以人口城镇化为核心，追求人的全面发展；以新型工业化、信息化、城镇化、农业现代化的"四化"互动为实现路径；以制度改革和体制创新为保障，实现人口、资源、环境、发展"四位一体"的协调发展；以城市群为主要形态，大、中、小城市与小城镇合理布局为载体，构建与区域经济发展和产业布局紧密衔接的城乡人居体系；因地制宜、路径多元，致力于政治、经济、文化、社会、生态全面协调的城镇化发展模式。

　　总之，新型城镇化具备集约内涵式发展理念、智能高效的循环理念、绿色和谐的人文理念、低碳生态的环保理念，把"人的城镇化"置于核心地位，改变了以往的城市偏好思维模式，注重城与乡的统筹，追求因地制宜、路径多元的发展道路。生态敏感地区在经济社会发展过程中往往对外部的抗干扰能力较弱，如何在城镇化发展的同时，保护好具有重要区域意义的生态资源，实现可持续发展的空间布局？如何实现各项社会事业之间的联动，通过制度与政策的创新突破传统发展观的桎梏，实现经济社会的可持续发展？

　　彭震伟说，生态敏感地区的城乡规划，首先要做的就是深入细致的调查研究，归纳其生态体系特征、生态安全结构，分析其核心生态安全要素的保护，在此基础上划分生态功能区，确定生态安全格局，找出人居环境的生态适宜性。其中，确立保护核心生态安全的方法，如长白县的生态廊道体系、湿地系统、绿色篱笆系统、绿色海绵系统和能源保障系统的设计等，是指导这类地区规划实施的重要途径。

　　例如，烟台门楼水库的现状生态体系的景象是：工矿业的无序发展及传统农牧业生产方式给当地生态环境带来沉重的负担，区域内水资源的水质下降且水量不足，生境类型单一和生境内部构成的缺失催生了一系列生态问题，重要基础设施对生态格局及生态过程的负面影响较大。这里，我们的规划方法是构建区域性水景树廊道网络，恢复区域生态框架；联动生态体系的源与汇，强化生态过程的一体化；以生态网络单元为突破，突出规划区内战略性生态空间的作用。

区分生态敏感地区的生态保育区、生态修复区、生态防护区和生态协调区则是烟台门楼水库地区规划的重要内容。生态保育区主要由现状植被覆盖良好的次生林地、双龙潭及其水源保护区域组成，并选取朝向双龙潭的山坡面作为生态保育区的一部分；规划将已被重度干扰的区域作为生态修复区，开展山体、植被修复与水土保持建设为主的复绿工作，该区域主要集中于双龙潭西侧及黑石河以北的低山丘陵地带；生态防护区主要分布于清洋河下游、内夹河上游、外夹河回里镇至规划区北部区段和黑石河两侧500～1000米范围内，部分河段根据地形、地貌进行调整；生态协调区主要为河川谷底、山前平原及沿河平原地区的适于城镇建设的区域，需要协调城镇建设与生态保护的关系，通过梳理生态肌理使城镇建设与生态环境融为一体。

一个案例：长白县城乡规划

彭震伟团队的《吉林省长白县城乡发展规划》（以下简称为《规划》）很好地兼顾了国家级边境重点开发开放试验区和全国市县主体功能试点区的特殊要求，该规划获得了2015年度全国优秀城乡规划设计奖（村镇规划类）一等奖和2017年度华夏建设科学技术奖二等奖。

长白县是全国唯一的朝鲜族自治县，坐落于长白山下、鸭绿江畔，与朝鲜两江道首府惠山市隔江相望。该县为国家主体功能区划中"长白山生态功能区"的成员，其发展受多种因素制约，长期落后于吉林省平均水平；长白县又是国家重点边境开发开放试验区。兼得绿水青山和金山银山须从规划入手，彭震伟团队将生态文明、开发开放与城乡统筹打包纳入规划，综合分析这一地区的坡度、高程、地质条件、植被分布、水系等因子，构建多目标、多层级的人居环境适宜性评价体系。

彭震伟表示，国家级边境开放试验区的政策是长白县的历史性机遇，要向综合性边境中心城市转型，《规划》完整描绘了长白县作为边境城市的发展脉络和未来图景，提出让长白县与朝鲜惠山市形成无缝连接的跨国"双子城"，全面带动中朝边境中部城镇群的发展。

按照这一思路，综合考虑国家级生态保护区的要求，《规划》按照生态廊道、生态缓冲区、生态功能空间、人居活动集中区的分类，提出了生态协调区、生态保育区、生态修复区、生态缓冲区的县域生态功能区划，提炼出"一极、两带、两片、五廊、八点"的生态安全格局结构。在此基础上提出基于产业生态链和开发开放格局的产业发展规划。规划提出，近期以产业升级为主导，逐步弱化与生态功能区要求相悖的传统优势产业，并通过技术改造和创新，推动相关产业的生态化转型。而核心支柱型产业则在近期进行产业整合和空间集聚，并在远期通过第二、三产业融合，形成四大产业集群，构成4+2+X的产业体系战略构架。《规划》充分应用产业生态学原理，以发展循环经济、构筑生态产业群落为根本，形成产业发展与生态环境互相协调的产业空间格局、人与环境和谐相处的人居环境。

彭震伟表示，长白山最宝贵的就是绿水青山，好好加以保护必须落实到规划里。因此，绿色基础设施规划由绿色篱笆和绿色海绵两套系统相辅相成。《规划》根据不同地区的环境现状配置不同类型的绿色篱笆和绿色海绵类型，分别分为沟谷型、沿江型和岗上型绿色篱笆及居民点型、沟谷型绿色海绵。以沟谷型绿色篱笆为例，其主要位于河流两侧坡地，阻隔水土流失，防治农业生产污染；沟谷型绿色海绵与沟谷型绿色篱笆结合，实现雨洪调蓄、补给篱笆用水、连接绿色篱笆、创造小型生境以及控制河流污染的作用。两者集结成网，与沟谷边缘的生态廊道有机结合，构建山体、水系与居民点之间的生态缓冲空间，保障生态廊道的功能完善，进一步优化人居环境的生态安全。不仅如此，规划还引入生态风险评价机制，将风险分为5级，对应形成禁止建设区、限制建设区、优化发展区和重点发展区共4种生态空间管制分区类型，并制定相应的土地利用优化策略和空间管制要求。

生态敏感地区的人居规划如何做？

在生态环境保护的约束下，生态敏感地区的人居空间如何实现集约、绿色的空间优化？彭震伟说，首先要划定生态与人居的相融性；将生态适宜性指标纳入分析矩阵作为核心指标；将生态安全结构作为刚性要素指导村庄发展规划；强化生态工程，将绿色基础设施纳入村庄配套设施。在此基础上评价村庄潜力、人居环境生态适宜性，协调生态服务功能，完善生态网络格局，夯实绿色基础设施，普遍应用生态工程技术。彭震伟表示，降低人为的主观性指标权重，提升生态导向、公共服务导向和客观性指标导向，是生态敏感地区人居规划思路转变的重要标志。

以村庄发展潜力为例，彭震伟说，传统村庄发展潜力评价关注的是村庄规模、经济实力和设施条件，生态敏感地区的村庄发展潜力评价关注的是生态适宜水平、自然资源水平、人口与经济水平、交通与区位条件、空间与建设水平及未来可预见的外部因素。考量这些因素，生态敏感地区的村庄规划自然就会因村施策，可分为生态恢复型、控制改造型、中心服务型、产业配套型、融入城镇型等。

"生态敏感地区的规划，一定要拿捏好空间规划的管制与引导协调的关系。"彭震伟表示，空间管制是保障生态环境、协调人居空间发展的政策工具，其理念是转向生态要素为本、开放式内容体系，进而走向管制与引导协调的规划思维。因此，空间管制工具的使用尤见规划的水平。从管制规划的类型来说，大致有重点恢复区、禁止建设区、限制建设区、优化建设区和重点发展区，要遵循生态安全至上、管理标准从严、管理空间完整的原则。

彭震伟说，生态资源的单一保护不是生态文明。美丽中国的最佳出路，对于生态敏感地区就是探索出一条新时代背景下"两山"兼得的路径。因此，协调好生态保护优先、人居要素、土地要素和产业要素之间的关系，做到生态要保护好、社会经济要发展好，规划人肩上的担子千钧、责任重大，必须撸起袖子加油干。

社区微更新项目　受访者 供图

微更新，让社区美丽和谐
——同济大学 12 位规划师结对杨浦社区微更新一年记

"政立路 580 弄小区昨天刚刚开了一扇通向创智农园的门，现在居民到我们社区规划师办公室来就更方便了。"（2019 年）3 月 14 日，五角场街道社区规划师、同济大学建筑与城市规划学院刘悦来老师兴奋地告诉笔者。2018 年初，杨浦区与我校建筑与城市规划学院签约，聘请 12 位规划师担任区内 12 个街道／镇的社区规划师，参与指导社区微更新。如今情况怎样了？

创智农园　受访者 供图

规划师们迅速行动起来

　　"签约后，我们的规划师们便结合课堂教学迅速行动起来。"建筑与城市规划学院副院长张尚武教授介绍，12 位社区规划师根据各自对口的街镇，结合社区发展实际需求，深度参与、指导了各个街镇 2018 年度的社区微更新、美丽街区、美丽家园等工作项目；积极配合街道大调研工作，深入了解社区存在的问题与居民诉求，协助推进杨浦区社区更新项目的开展。

　　张尚武说，社区微更新的特点就是细、小，东鳞西爪零散琐碎，社区居民的诉求、各自的方法与策略都不相同。创智农园展开得早，刘悦来博士以它为基础于 2018 年 7 月发起创立了社区规划师办公室，指导了政立路 580 弄、国定路 600 弄美丽家园建设以及五角场街道社区自治项目。

　　不仅如此，规划师们积极开展面向社区规划师、街镇、居委及社区居民的培训工作。张尚武说，5 月份（2018 年）开始，我们共组织了 14 场社区规划师培训、3 次社区营造工作坊。"培训立足人、文、地、产、景五大方面，从内容设计、社会学研究方法、社区营造经验、社区经济文化资源整合和机制研究、社区公共空间品质提升着手，帮助社区规划师探索适合杨浦社区的工作方法。"该区媒体报道说。这些活动赢得了各街镇、居委、社区居民的好评，大量媒体跟进报道，加上微信公众号，"杨浦区社区规划师"一事广为传播。

　　社区规划师的工作形成了不少亮点。"何为城，何为市？城市是否就像人类一样，拥有自己独特的气质风格？"2018 年 8 月 4 日，20 名初中生来到杨浦区延吉街道，走进同济大学和杨浦区延吉新村街道联合主办的"小小规划师"公益课堂，跟随同济规划设计研究院梁洁感受规划的科学与艺术之美，感受城市的温度与美。张尚武说，不仅"小小规划师进社区"等系列讲座，还有"微课堂"、工业遗产参观等活动，鼓励孩子们了解并参与社区事务。"抓小囡，抓到根上了。"社区居民纷纷点赞、积极参与，上课的日子里尽现一人听讲，全家上阵，社区的事瞬间变成自家的事了。

社区微更新成了第二课堂

"希望老菜市场周边的环境变得整洁。""我住在河边，却从未享受过滨河空间……""大桥下面的空间或许可以利用起来做一个篮球场？"这是 2018 年夏天 3 个月的时间里，大桥街道社区规划师陈泳经常听到的居民诉求。

作为 12 名社区规划师之一，陈泳负责的大桥街道是一个东界杨树浦港，西邻杨浦大桥，南北由杭州路、平凉路围合成的矩形区域。自 2000 年以后，街区从原来的产业基地与工人聚居区逐步置换为融医院、办公、商业、小学、宾馆等各种类型的住宅为一体的生活型街区。

"这片区域的问题在于不同属性的产权用地呈现鲜明的碎片化，各片区只关注自己的一亩三分地，不关心街区整体公共环境的共同维护与改善。"陈泳指着车水马龙、乱象丛生的街道说，人多、车多、停车多，缺少公共空间。

记者观察发现，红房子医院与杭州路第一小学附近，每到早晚高峰时间，两个方向车流就会汇聚于此，交通拥堵严重；社区菜场长期对周边的长城饭店带来噪声干扰，渭南路沿路民居的违章搭建影响了周边绿地汇方的楼宇形象……陈泳领着本科生们，分成不同的小组，走进街区内的改造点位勘察走访，设计方案。

炎炎夏日里，团队几乎每天都要来来回回走一遍，与居民交谈，统计街区人流车流量，设计方案并实地对照，为老社区改造了桥下空间、医院旁道路、历史风貌建筑与菜场周边的新旧交错空间……菜市场和长城饭店区域，商贩反映最多的是菜场周边的停车乱象。史瑞琳小组实地走访后，在沈阳路与眉州路沿街商铺的后面，发现有一座废弃的老机电厂厂房，他们迅速将厂房纳入方案中，将其打造成一个"社区客厅"：建筑底部设社区菜场、集市与咖吧；中部布置公共食堂、社区图书馆、健身中心与公共教室；上部布置联合办公空间；屋顶设置社区菜园与观景平台，提供休闲活动场地。

杨树浦港沿岸区域，因沈阳路段空间长期封闭导致人流量稀少。劳艺儒小组的设计打开了北段区域的封闭栏杆来连通滨水景观通道，形成连续的滨水步行环境。南侧的设计考虑杭州路第一小学学生、周边居民和红房子医院的需求，在桥头设置休闲书吧、利用堤坝立体化设计停车位等；同时将防水堤坝与不同高差的休闲绿化平台及坡道统一设计，为市民提供丰富变化的亲水游憩所。

社区里小广场焕然一新　受访者 供图

　　城市的桥下空间经常沦为弃地。杨浦大桥的竖向空间有待挖掘。于是周逸文小组在大桥下设计了户外运动与休闲空间，同时考虑到居民过街的需求，架设过街天桥与楼梯。整个设施顺应高架桥形态，加入漫步环道补充建筑中的运动功能，这样一来街区周边居民就可以在不同高点体验城市景观了。

　　"这样的设计课题不同以往，它是一个真实的项目，基地、使用者和设计目标都真真切切地存在着，等待我们去挖掘、探究、解决。"周雨茜同学说。采访获悉，同学们为了得到准确数据，一遍又一遍反复测量场地；他们走遍了目标基地的每一个弄堂小巷，一日复一日地与居民、管理者，甚至过客交流；完善微改造方案的过程，更是海报、访谈、头脑风暴……各种方法起上阵。

　　"社区微更新，居民是主人，规划师首先是倾听者、响应者，然后才是引导者，以问题为导向，回应居民的美好生活愿景。"陈泳表示，深耕社区，发现问题，探索出一种成本低、参与度高、易于复制推广的社区微更新路径，是他们的愿景。

一个成长性很好的案例

　　一年的社区规划实践，规划师们发现居民大多还是把他们当成"问题解决者"。"目前我们在街道的角色还是单一的设计师。"该学院王红军介绍，街道每次找到他都是带着项目来的。"我们有一个街区需要重点整治，王老师帮我们设计一下？""某小区想做个社区小花园，王老师来看看……"王红军认为，社区规划师应从单一设计师转变为策划者、推动者，可以从规划的角度为街道提出一些重点项目，并推动不同街道和部门实现横向合作，让社区微更新项目跳出"井"。

　　"目前上海的微更新项目遍地开花，杨浦的项目应该做出杨浦特色。"负责四平街道的张尚武教授举例说，比如健康如何跟社区结合、特色街道整治、无障碍城市系统建设等，都可以在杨浦范围内做成样本，抓住每个项目的类型和理念，形成在某一领域的集中示范点，这将在更大范围内发挥微更新项目的带动作用。

让成熟的社区更新项目发挥更大的作用。"创智农园，是创智天地的一块公共用地，面积 2000 余平方米，有些凌乱，还影响了创智坊社区的整体观感。"刘悦来介绍，2015 年他们开始介入，他们与社区居民一起将它变成为一个小小的农园、城市中的一块绿洲、一个蔬菜种植教学园地，也是一个所在社区居民与朋友、邻居和大自然接近的地方。居民们自豪地称它为"伊甸园"。现在，这里春天花儿艳，夏天瓜果香，秋天更是随处可见的各种蔬菜、稻谷、瓜果、香草……这里，4 节集装箱，刷上白灰，摆些木头和绿植，摇身一变为情调满满的果茶厅，便成了社区自然教育和文化体验中心。箱内的种子图书馆、儿童阅读角、城乡互动格子铺……社区居民的各种需求都能满足；室外儿童游戏区，松树皮圈出一块童趣满满的地盘，废旧车胎被喷上了七彩的颜料，与都市田园浑然一体又飘然出跳。

一米菜园、农夫集市、做个有情怀有理想的吃货……创智农园趣事多多、亮点多多。"我们一直试图打开创智片区与隔壁社区的门。"去年（2018 年）开始，社区规划师刘悦来一方面带领同学们在围墙一侧的政立路 580 弄小区中开展细致深入的社区规划，并通过各种活动和居民们交流方案，参与式的社区规划让居民们纷纷点赞；另一方面，刘悦来将五角场街道社区规划师办公室设在围墙另一侧的创智农园，将此地作为参与式社区规划的基地，方便收集居民意见及开展社区规划相关的社区活动。再加上举办了持续两年的"共治的景观"工作坊及杨浦区社区规划师培训等，引入吴楠、山崎亮、饶庭伸、木下勇等国内外社区规划及营造专家到现场指导工作。

终于，在居委和居民们的努力下，结合（2019 年）年初开始的"美丽家园"建设活动，破了小区和创智天地间的围墙，门开了。"这预示着创智坊总体睦邻片区的社区规划进入了新的阶段。"刘悦来很是高兴。

与此同时，他还将经验带入五角场街道铁路新村小区中心花园改造中，充分挖掘社区文化、居民自治、高水平可持续美化都是微更新的内容。"可收集小区里的废旧物品，用来打造花园。""小区儿童较多，得有一块儿童玩耍区域，地面游戏涂鸦也需要设计。""西侧靠近围墙地块总在阴影中，可结合现有的卵石小路打造成药草园""围墙上可涂鸦、可设种植筐，涂鸦可以铁路文化为主题""中心花坛可增加木质座椅、添置植物漂流台"……设计方案中，这些点子都是和居民深入互动探讨并一一确认形成的。此外，垃圾桶的改造也要按照"有害垃圾、可回收物、湿垃圾和干垃圾"四分类标准并进行艺术设置，且说"成本较大，可以选择一个进行重建作为宣传科普点，逐步升级"。

2019，微更新项目全面实施

张尚武介绍，目前 12 个街镇的微更新项目设计方案已获杨浦区规划委审议通过，将逐步实施。这些项目是新江湾城街道时代花园小区东侧绿地改造、定海街道隆昌路542 弄小区绿地及厂房改造、江浦街道打虎山路公共空间微更新、控江街道控江四村中心绿地改造、平凉街道明园村公共中心微更新、四平街道四平路 1028 弄社区空间微更新、长海路街道翔殷三村中心花园、五角场街道铁路新村小区中心花园改造、延吉街道延吉二三村小区中心花园改造、殷行街道开鲁三村中心花园改造、长白街道安图新村 38 号小广场改造、大桥街道中王小区（眉州路 950—956 号）公共空间微更新计。

"陪伴式规划将是我们主要的参与方式。"张尚武说，根据以往的经验，他们建议今年（2019 年）应加强顶层设计，以期更好发挥社区规划师的作用；完善社区规划师工作机制；推广成型经验，增强杨浦社区规划师工作的示范性。

评论　　　　　　　　　　# 美好生活，需要陪伴式规划

城市已经进入微更新时代。

大拆大建模式已经过去，老街区焕新需要规划师、建筑师深入街巷里弄、犄角旮旯去发现问题、解决问题，以专家的眼光、居委会大妈的细致体贴去和居民打交道，规划设计美好生活。

设计美好生活，需要专家陪伴居民一起图新。众所周知，无论是规划、设计，还是其他专家类型的工作，都是先出高大上的方案，那上面多是普通百姓看不懂的线、框、图，还有各种奇怪的符号，征求意见那也是十天半月象征性地走一遭：专家主导是规划、建筑设计常用的模式。

而陪伴式，就是专家与居民一起，做规划、搞设计。规划师、建筑师经常游走在社区里观察，与居民攀谈，体会他们日常的痛点、难点，了解其心中的美好生活是个啥样儿。于是，赤日炎炎的夏日里，陈泳和学生们与老克勒、阿婆还有小囡聊："你看路这个样子，一下雨就难走了""老菜场周边太吵了，脏乱得很！""那边是河浜，这里能闻到臭味（距离十几米），还敢去散步？"……去年（2018 年），同济大学 12 位规划师一到休息日，便带着弟子们行走在各自认领的"地盘"上，路边的长椅上、热闹的菜市场、早晚锻炼的街角公园，常常都见到他们的身影，拿着笔和纸、相机和手机忙碌着。

陪伴式规划设计，要从细处、小处入手。每一个老小区，名字虽然不同，但自行车随意停放，这里堆个台子那里搭个架子，弄堂中家家衣服当空舞稀松平常；更有甚者，你家伸出个厨房，我家搭了个储藏室；你家窗户里伸出了晾衣架，我家的被子晒出来拍拍打打，

灰尘就能飘到你家餐桌上。"这暴露出我们先前的规划设计的缺陷，小问题大民生，小问题暴露出的民生短板必须有高瞻远瞩、妙手天成的解决方案。"四平路街道规划师张尚武说，社区微更新，要做的都是一些细微的改变，但其如何与健康社区、无障碍城市系统融合，如何做出街道特色，则是考验设计师的一道大题目。

陪伴式规划设计，须从疼痛处着手。老小区，痛点多，因为当年只考虑住，其他都往后放，于是弹丸之地里不同归属的房屋谁也奈何不了谁地聚集在一起，导致小片区里各人自扫门前雪、不管他人进与出的囧相极多；街上人多车多乱停多常有，因为没有统筹考虑的公共空间；鞍山四村的百草园现在是花儿盛开人气爆棚，但当初却是一块弃地，垃圾丛生，"植物达人"刘悦来带着居民亲手画篱笆、做肥料，百草园现在成了社区的大客厅和小公园，一早一晚这里浇水的、种花的、收菜摘果的，居民们忙得很。

陪伴式规划设计，要摸清居民心中的蓝图。居民健康要求高了，为老小区设计锻炼场地就不仅要"地盘"，还要日照。想要日照时间长，就得反复调研，确定日照最充足的地方；在保护建筑里造一个通往屋顶平台便于晒被子的小楼梯，当然要挨家挨户讲解，了解居民诉求，现场协商达成共识，然后才能动工。"既要居民方便，更要楼梯不损害建筑，将来弃用时还能无损地拆除。"同济学者说。杨浦区政通路改造收到八个方案，其中不乏成熟的设计公司，但最后获胜的却是同济研一的学生。徐晓岛、胡鹏宇说，经常行走这条路，那些小摊贩是这条路的组成部分，不能撵，要为他们建亭子、配统一风格的车；交通要疏导但人行道也不能缩小，街道最重要的是人气。结果他们的方案清新、朴素、实用，受到专家和居民的一致好评。

陪伴式规划设计的核心要义是协商共治。"微更新的协商成本太高，但协商共治正是陪伴式微更新的核心要义。"徐磊青坦言，与居民协商共治，就得面对面地交流。于是，设计团队把方案效果图和模型放在社区展示，居民前来参观，与设计团队现场讨论，选出他们喜欢的方案。两个多月的设计课程结束，学生们还在陪伴跟进这个项目。"看着居民的美好愿景变为眼前的品质生活，大家都很开心，很有成就感。"徐磊青说。

社区适老化改造　受访者 供图

社区适老化改造是条好路子
——同济大学建筑与城市规划学院于一凡教授访谈

习近平总书记在党的十九大报告中提出："积极应对人口老龄化，构建养老、孝老、敬老政策体系和社会环境"。十八大以来，以习近平同志为核心的党中央十分重视我国人口的老龄化。他强调，人口老龄化是世界性问题，我国是世界上人口老龄化程度比较高的国家之一，老年人口数量最多，老龄化速度最快，应对人口老龄化任务最重。满足数量庞大的老年群众多方面需求、妥善解决人口老龄化带来的社会问题，事关国家发展全局，事关百姓福祉，需要我们下大气力来应对。

"今年的两会，老龄化问题再次成为热点，社区养老成为讨论的焦点。应对老龄化社会，开展社区的适老化改造是一条切实可行的好路子。"同济大学建筑与城市规划学院教授于一凡开门见山。

我国老龄化的现状

按照通行的国际标准，如果一个国家或地区 60 岁以上的老年人口占到了该国家或地区人口总数的 10%，或者是 65 岁以上的老年人口占到了该国家或地区人口总数的 7%，就意味着这个国家或地区的人口整体处在老龄化的阶段。

截至 2017 年年底，我国 60 岁及以上老年人口 2.41 亿人，占总人口 17.3%。其中去年（2016 年）新增老年人口首次超过 1000 万人。人口统计数据显示，我国从 1999 年进入人口老龄化社会到 2017 年的 18 年间，老年人口净增 1.1 亿人。预计到 2050 年前后，我国老年人口数将达到峰值 4.87 亿人，占总人口的 34.9%。

人口加速老龄化的巨大压力，极大考验政府规划养老的能力。专家预测，按照近几年中国每年新增超过 60 岁人口的数字来计算，每一天都有接近 25000 人进入 60 岁以上老年人的行列。到 21 世纪 30 年代中国将进入老龄化的高峰期，并持续近 40 年时间。据测算，2050 年，中国职工的抚养比将从现在的 3 个职工养一个退休人员，变成 1.5 个职工养一个退休人员。

如何养老，是个大问题。于一凡介绍，我国的老龄化具有人口基数巨大、未富先老等显著特点。我国的老年人相当于 10 个澳大利亚＋6.6 个加拿大＋3.6 个英国＋2 个日本的老年人总人口，约等于印尼总人口。未富先老，由于历史欠账太多，我们现在的老人绝大多数没有积累足够多的财富来保障老年生活，我们国家和政府也没有积累足够多的财富去保障人民享受较好的养老福利，于是"老无所养"成为不少地方普遍存在的现象。于一凡说，对于来势迅猛的老龄化问题，我们的城市规划历史欠账多、应对很不充分，造成的现实是老年人不宜居，没有办法过上有尊严的美好生活。对于规划从业者而言，面临的现实十分严峻，肩上的担子很重。

国外的做法

于一凡介绍，正如习近平总书记所说，人口老龄化是世界性问题。率先面对这些难题的国家，如日本、英国、新加坡等的经验值得我们借鉴。

世界卫生组织给出的全球老年友好城市建设指南指标分为户外空间和建筑、交通、住房、社会参与、尊重与社会包容、公众参与和就业、交流和信息、社区支持和健康服务八个方面。世界卫生组织在 2002 年第二届联合国老龄问题会议上提出了促进"积极老龄化"（Active Ageing）的政策框架和行动计划。积极老龄化是指通过促进个人健康、社会参与和公众安全来提高老年人的生活质量。

目前国际上流行的养老模式主要有三种：居家养老、社区照顾养老和机构养老。其中居家养老和社区照顾养老又被称为"在地养老"（Ageing-in-place），即通过提供满足老年人需求的住房和社区照护设施，帮助老年人维持其独立性，延缓进入养老机构的时间，使老年人能在熟悉的环境中安享晚年。相对于机构养老，"在地养老"因为既能满足"积极老龄化"的要求，又减轻了公共财政负担而成为世界各国和国际组织的共识性策略。而养老社区的建设是实现"在地养老"的重要举措。

美国的养老产业有 40 多年的发展历史，其养老模式有多元的居家养老、社区集中养老和专业机构养老三种主要模式。其中多元居家养老模式也有会员制、合作居住及综合性老人健康护理计划等；像社区集中养老模式有两种主要的养老社区建设模式，一种被称为"活跃退休社区"（AARC），另一种被称为"持续照料退休社区"（CCRC）。

英国于 2008 年提出建设"终生社区、终生住宅"的目标，并在 2011 年颁布《终生住宅设计导则》。"终生社区"是从人们生活的社区、邻里出发，强调改变日常生活的环境，如：更好地使用交通工具、无障碍的公共设施和休闲空间等；通过提高社区邻里空间的安全性，使老人能够积极参与社会生活。为此，英国政府在城市规划的体系、政府的相应政策、社区发展等方面采取了一系列措施，并对采用这一标准的住房开发给予政策优惠和部分资金支持。

终生社区的规划设计必须尊重的原则有居住环境的适应性，合适住宅的选择性，服务设施的可达性、可识别性，社交性，综合性，广泛使用性，信息技术 8 项；"终生住宅"的设计标准包括带有轮椅专用车位的停车场、与住宅联系方便的停车场、平缓的坡道、住宅入口和高差处的良好照明、方便使用的台阶和轮椅可用的电梯、允许轮椅宽度通过的门厅和走廊、预留餐厅与起居室中轮椅的回转空间、在底层的起居室、在底层预留的卧室、允许轮椅使用的底层卫生间、确保卫生间中的墙体能够安装扶手、楼层之间预留电梯空间、主卧与卫生间之间预留天花板起重器械空间、便于使用的卫生间、起居室中适合轮椅尺度的窗户开启、适合轮椅尺度的设施操控开关 16 条。

日本基于护理保险制度的适老化改造成绩突出。早在 1997 年，日本就颁布了《老年住宅设计手册》，其适老化住宅因精细、完备和意想不到而受到全世界的普遍赞誉。从玄关开始，楼梯 / 走廊、浴室 / 洗面、厕所、厨房、卧室、户外，无障碍当然是首要的，还有防震、防盗、收纳、水相关、建筑材料等都是经过精心考虑的。我们去参观一处 1997 年两代同堂的适老化住宅，在今天看来还十分先进。

这栋两代同堂概念住宅融入无障碍设计的理念。一楼为年长父母亲的居住楼层，所设定的居住对象为需要使用轮椅生活和移动的高龄夫妇，以在设备及机能层面能安全并满足轮椅使用者的生活为基本需求，将减轻照护者的照护负担作为重要考量，借着夫妇两人的协力合作，仍能独立自主，每天有活力地过日子。

大门采用稍微用力就能拉开的拉门，不会占用空间，乘坐轮椅时也方便进出。一进屋，是换鞋的空间，设计了可以坐着更换鞋子的回转椅和扶手，以照顾老人无法久站或弯腰。若是轮椅出入，则有液压式升降机，坐在轮椅上按一下就能随心升降。

室内设置四人乘坐的小型家用电梯，方便轮椅人士；电梯内的操作盘和电话按钮都加大设计，坐轮椅操作刚刚好；厨房、餐厅里，流理台、洗涤台、燃气灶等厨具与餐桌合为一体，设计采取中央的开放式岛型，可以按需升降。

用火安全，采用火焰高度不超过燃气灶口的设计，附自动熄火装置；考虑方便乘坐轮椅时操作，洗碗机及烘碗机都配了大号开关，方便握持，操作提示文字字体较大，容易阅读。

卧房、和室型生活起居室、浴室、厕所等日常生活空间采用穿透性高的开放式设计，可依照实际需要加以弹性区隔。四个空间连结在一起，天花板埋设电动吊梯轨道，只要操作电动吊梯就能从床铺自由移动到和室、浴室或厕所。采用隔屏拉帘的开放式设计，各空间以电动吊梯连结。和室型生活起居室设定和轮椅一样的高度（40 厘米），则非常轻松地就能从轮椅移动到和室。室床高 40 厘米，方便轮椅移位。

漱洗排泄空间采用带背垫加装扶手的大型马桶，方便轮椅乘坐者使用。洗澡浴缸只有一面与墙连接，对身心机能老化衰退，需要他人协助洗澡的高龄者来说，可以从其余任何一个方向进入浴缸，是非常体贴的设计，能实际减轻照顾者的负担。

楼梯两侧装设连续的木质扶手，持握感觉佳，阶梯高度较缓，阶梯踏面较宽，并采用让老年人易于辨识阶梯转换的颜色。

二楼面积 121 ㎡。属于年轻一代的居住楼层，所设定的居住对象为 60 岁左右健康且能独立自主生活的夫妇，主要概念在于舒适、安全的居住空间及设备，也在设计上处处用心，只要稍加改造修缮，即能适应未来老化的需求。

于一凡说，他们 2008 年以来进行了长期调研。期间，承担了全国老龄办的政策理论研究课题"社区老年宜居环境建设指南与评价标准"、住建部规划司"全国养老服务设施建设情况调查"等，很多都是和老年人一对一的交谈。从调查结果看，97% 的老年人不愿意离开家，2% 的人可以去老年机构。这样的情形表明，家和社区是绝大多数老人的终老选择。

从国家比较支持的养老布局来看，2013 年国务院 35 号文提到，2020 年形成居家为基础，社区为依托、社会为支撑的养老体系。

我们要做的工作

北京提出 9064 的格局，90% 的老人在家养老，6% 在社区照料，4% 到机构去，这意味着北京必须为每 100 位老人提供四张床位，要为 96% 的老人提供比较好的居家养老条件。上海是 9073，基本国内都是这两个模式。今年（2019 年）两会上，李克强总理答记者问说，养老机构现在能提供的服务，每百人只有 3 个床位。有的大城市统计，可能要到 90 岁以后才能等到养老床位。

上海的情况，每 100 个老年人拥有一到两床，离城市远的地方四张床，配置的逻辑是郊区的土地比较宽裕的，这表明新增养老设施都远离大多数老人的生活区——市中心地区。中心城区无法新增独立的养老设施，怎么办？

可否在市中心区域大力改造现有老小区，将其变成老年宜居社区？调研表明，建成小区内，室内室外环境，经过适当的适老化改造之后，完全可以适应养老需求。于一凡表示，既有居住环境经过适当的适老化改造，可以在很大程度上满足居家养老对环境的要求，为居家的老年人提供必要的支持。2012 年以来，上海的住宅适老化工作已经开展多年，改造的内容主要分安全性、无障碍性和整洁性三大类改造项目。但由于种种原因，效果不太理想。适老化改造，着力点应该下在社区，我们可以利用社区公共用房，改造成为养老服务环境，比如设置规格不同的卧室、休息室、日托间等；增加无障碍设施等等。这样老人便可以不离开社区安度晚年，子女亦就近照顾老人，且政府所投入的资金等相对较少，设施的普惠性更好。

2015 年 3 月，上海市地方标准《老年友好城市建设导则》发布。2016 年 8 月 18 日，《关于推进本市"十三五"期间养老服务设施建设的实施意见》发布，提出到 2020 年底，上海将建成丰富多样、布局均衡、功能完善的各类养老服务设施：全面推进社区养老服务设施建设，全市街镇层面建成社区综合为老服务中心 200 家；社区托养服务类的长者照护之家，到 2020 年年底根据实际需求在全市普及设置；老年人日间照护机构在中心城区和郊区城市化地区按照 15 分钟服务圈要求布点，在农村行政村地区加快设立延伸服务点或具有日间照料功能的场所；"十三五"期间全市新增社区老年人日间照护机构 400 家、新增社区老年人助餐服务点 200 家。"这些做法都是应对老龄化的好办法。"于一凡表示。

南昌路 受访者 供图

南昌路，不仅仅是店招……

——同济大学朱伟珏教授深耕南昌路纪实

一个小小的店招，居然吸引了社会学家、规划专家、作家和街道居民、经营者全体"沉迷"？一个小小的店招，居然让一位社会学家痴迷多年？那是因为南昌路店招真的不仅仅是店招。"南昌路是一条神定气闲、优雅淡泊的路，要通过我们的努力让它金其外、玉其中。"南昌路跨界自治会会长、同济大学政治与国际关系学院社会学系教授朱伟珏表示。

今年春天，朱伟珏在上海火了

今年（2019 年）春天，同济大学一位名叫朱伟珏的老师一下子火了，媒体就像杜鹃花开了一样漫山遍野、热情似火，纷纷前来找她，因为南昌路店招的事。

南昌路是一条东西走向，东起重庆南路、西至襄阳南路，全长 1690 米、宽 14～15 米的小马路。就是这条小马路，有 1917 年的法国总会（科学会堂）、《新青年》编辑部旧址、徐志摩旧居、林风眠旧居、南昌大楼（阿斯特屈来特公寓）……"我的父母在此生活，我也曾长期居住在此，感情深哎。"朱伟珏说起南昌路的故事，眼睛立刻弯成一条幸福的弯弯。

"南昌路是一条有温度的街区，像店招设计这类社区微更新活动，应充分考虑人的因素，尤其是原居民的诉求和愿景。"朱伟珏说，在她的主持下，《南昌路店招店牌导则（初稿）》（本文中简称《导则》）在今年 4 月 3 日召开的"南昌路景观社区营造"工作坊恳谈会上，成了大家的议论焦点。

茅盾文学奖得主金宇澄说，这里是自己自幼生长的地方，曾陪导演王家卫在此喝咖啡，王导被这条小马路深深吸引：路边梧桐、特色建筑，一块块个性十足的店牌。他说这就是上海的样子。金宇澄说，作为原居民，我不希望南昌路的风貌被破坏。像南昌大楼，沿街的商铺招牌就有必要进行特殊的设计，以更好彰显保护建筑的特色。

同济大学周俭教授表示，店招本身就是个性化、多样化的。未来的店招应该注重生活化、文化性、艺术性和道路特色。与南昌路特点相对应的招牌应该是怎样的，然后根据这种特点对路上的店招色彩等进行必要限制，这样就可通过店招创新再造南昌路新的识别性。

在 SMG 东方广播中心首席主持人秦畅眼中，南昌路是"温和""亲切"和"善意"的；街道主管领导、瑞金二路街道党工委书记徐树杰说："我们还要继续克制行政冲动，不着急，慢慢来，留住这条小马路的烟火味、人情味和文化味。"南昌路 124 号水果店周老板告诉记者，他一直坚守在此，他很希望这条路再现辉煌，他很享受《导则》制定讨论时热烈、平等和畅所欲言的气氛，他说，"大家商量着办，事情就会好"。

反复讨论修改的《导则》共分总则、空间使用、文字、灯饰、色彩、材质、指导及制作，共 8 章 33 条。如针对店招店牌微更新中怎样既确保安全又体现城市温度，《导则》第 18 条指出，店招招牌的色彩需要与街区统一和谐，原则上不得大面积使用高彩度的色彩。高彩度色彩可以作为点缀色使用，面积不超过整个店招牌的 1/10。编制人员说，"中灰搭中灰"的招牌因为显得脏旧，不被推荐。

灯光应该如何亮起？第 4 章"店招店牌的灯饰"规定："产生灯光效果的店招店牌，灯光变换频率不可超过 10 秒 / 次。"《导则》编制者解释，这是考虑到老年人的习惯，太频繁的灯光闪烁会让老人不适。

翻看《导则》发现，它明确提出"协调性、多样性、整体性"原则，既要求店招店牌设置与街道历史风貌、历史建筑相协调，又强调保护街道空间的多样性，保障整体视觉效果和谐有序。它不仅规范店招店牌的空间大小、文字使用、灯饰色彩，还考虑到了店招店牌的材质及制作。朱伟珏表示，店招店牌应该"有序、安全、美观、多样"，每个街道都该有自己的色彩基调，这样城市才会精彩。

跨界自治模式成为南昌路社区微更新的主力

南昌路微更新的店招一事引起各界如此高密度的关注，与一个民间组织有关。

2017年，"环复—南昌路跨界自治会"成立，成员包括学界专家、法律从业者、居委社工、社区居民、商家店主和社区志愿者等，朱伟珏教授担任会长。自治会下设风貌保留保护自治组、绿色生活组、停车自治组和商铺治理组。"我们就是想发挥多元主体各自优势，大家一起参与社区治理。"黄浦区瑞金二路街道办事处主任米文蕾说。

自治会成立两年来，成绩不小，特别是商铺治理组，在摸清商铺资源基础上，现正在引导经营者整治环境、遵守各项规章。随着店招店牌的议题达成共识，各方代表协商设立"南昌路景观社区营造"工作坊，以期更方便地沟通。"我们广泛借鉴日本、美国、法国、英国等一些国际大都市旧城更新的经验，规范该路段沿线店招店牌设置，美化街景容貌，最大限度保留街区景观的多样性，提升城市品位。"朱伟珏表示。

今年（2017年）4月3日的活动无意间成了"网红"。朱伟珏说，他们无意蹭热点，工作坊去年就开始讨论店招，已经开了五次会。还有，她带领学生在南昌路的社会调查已经五年，持续地从社会学视角观察这条路上的人与环境的关系。这条上海特色和情怀鲜明的小马路，不应该被统一所破坏，协调性、多样性和整体性是应该遵循的原则。她说，自己很享受讨论会上大家你一言我一语的气氛，大家全都坦诚相见、尽情表达，就有可能找到一条新路来。

朱伟珏介绍，今年春天的协商会更是长达4小时。末了，有些代表还是意犹未尽，便一起上了南昌路，边走边讨论：景、情、思，路上的每一个细节可能都系绊着他们儿时的、艰难时快意时的记忆，大家怕稍有疏忽便造成无法弥补的遗憾。

自治会的五轮协商，形成了《导则》，接下来重心就转到实施上。有的建议海选、奖励，通过诸如"创美大赛"来调动各方积极性；店招店牌一定程度的规范和尽可能多样之间如何实现平衡，店招店牌出钱制作者应该是独家还是合资；实际操作中，面对无资本、小资本、大资本的商铺，是否需要不同的方案？不急。都在商量推进中……

朱伟珏与南昌路

众所周知，今日的学者都是忙人，为一条千余米的小路自发"腻"上好几年实属罕见。

"南昌路有它优雅的一面，也有浓浓的烟火气。每当我碰到人生困境的时候，就会去那里，那里有市井、有温度。我母亲去世前的一段时间，我一直在南昌路。我和母亲的记忆在这里，走在路上，很多老邻居过来和我聊天，慢慢地我就平复下来了。"朱伟珏语气幽幽、表情淡定，但我能看出深水之下的情感激流。她说，喜欢这条"人的尺度"的小马路，走在这条路上眼前就一遍遍过着"年轻时的一幕幕"，走在这条路上人特别舒坦、心特别安详。

朱伟珏是名古屋大学社会学博士、同济大学社会学系教授，她带着自己的学生，从事南昌路口述史"田野调查"已经数年。在她眼里，南昌路就是"绅士化"的先锋，那里住过的民国名人像孙中山、蒋介石、徐志摩、徐悲鸿、杨虎城、张学良等，那是一个时尚之地，人文底蕴深厚、复杂多元又有趣。还有，那里的城市空间、街区空间，百年来几乎没有太大改变，所有建筑都是老样子（外表是装饰过的），但社会空间却发生了很大的变化：曾经的高档住宅区，20世纪六七十年代变为了平民区。

朱伟珏说，根据她的研究，1980—2000年，她称为上海中心城区绅士化"萌芽期"。一方面，非常多的上海滩精英人士住南昌路上。20世纪90年代开始，又有一些国外的精英进入。另一方面，当时上海市政府为了解决下岗工人的出路，同意在南昌路等街区开设一些店铺，解决就业问题，南昌路街面开始商业化。很多有经济头脑的城市先锋、艺术家和一些年轻的外国精英来了。2000—2010年，绅士化进程开始加快。渐渐地南昌路上本来很亲民、很普通的店铺被精品店替代，到2010年已经非常有名。2010年以后，绅士化开始蓬勃发展。朱教授认为，现在的绅士化不再是传统意义上的中产阶层化、贵族化或缙绅化，而成为一种更新方式，它让旧城更新有了新的特质和新样式。

朱伟珏如数家珍，南昌路大约有500家店铺，街面店铺200家、弄堂里店铺300家。这些店主就是绅士化的主体，他们80%都不是上海人。他们的年纪大约30岁，许多人都有海外留学经历，是设计师、造型师、时尚品牌总监……这里的消费群体是谁？调研发现，主要的消费群体是都市文化精英、中产阶级、国外的年轻精英。

不仅如此，街上的老居民随着口述史的进行也在被越来越多的人知晓。"当时我们家有一台苏联冰箱，每天早上司机送冰块来……""隔壁的胖子比我小2岁，我们参加了彼此的婚礼，50多年都是很好的朋友。""他拿着一个锅蹲在门口吃饭，我们从来不这样。"南昌路上的童奶奶、李爷爷、王奶奶讲着这条路上的过往、温情故事和发展变化，田野调查的同学们、同济大学社会学系的大学生们听得入迷，听着想着疑问着：总之，热情、乐观、知足的文化性格是南昌路居民的突出特点，这条路的历史环境铸就了这样的性格，还是这样的性格酿成了独特的区域文化？

"我们整理出来的口述史，南昌路上的基层公务员都很喜欢。"朱伟珏说，他们懂得了这条路上人们的分合离聚，对这条路有了越来越丰富的认同，有了越来越深的敬意。因为怀有敬意，他们就放慢了脚步，对微更新工作既投入又审慎。朱伟珏说，人们常说"从前慢"，现在南昌路也慢，她会十年、二十年地里里外外仔细做下去，把它作为一个很好的治理案例慢慢做，一个弄堂一个弄堂做，他们努力守护南昌路这条有温度、有情怀、有归属感的"场所"。

评论　　　　　　　　　　**微更新，面子、里子都重要**

同济大学莫天伟教授 21 世纪初首提"留改拆"的老城更新原则，后来这成为上海市微更新的不二法则，在这一原则指导下的上海历史风貌保护利用水平正在不断提升：法规、规划和管理制度体系逐步建立，历史文化风貌区（风貌保护街坊）、风貌保护道路（街巷）、保护建筑（优秀历史建筑）、文物建筑的保护体系不断完善，历史风貌活化利用初见成效。

近年来，政府主导成片保护的"马桶工程""光明工程"之步高里模式，居民置换搬离、注入商业业态的思南模式，还有春阳里模式、新天地模式、田子坊模式……这些模式都有一个共同的问题需要回答：历史街区微更新如何变得更有温度更富活力？

现在，拆房、腾地、开发为主要内容的旧区改造模式已被摈弃，改造厨房、卫生等生活设施以便居民过上美好生活正成为老街坊老建筑改造的主流。可是，不容忽视的现实是：老城更新没了大拆大建，但在重硬件、重表皮、重功能的更新过程中，居民的参与度、老场所的标识度没有受到足够的重视，有的甚至被彻底忽略。用朱伟珏的话来说，就是只有空间、没有场所。空间是物的，是冷的；场所是人的，是有喜怒哀乐、人生故事的：我们不能修了屋子拆了家。

法国里昂广场，一个月总有一个周末人头攒动，那是在跳舞。这个大型舞会是老城更新中一个公益组织的创意，一次、两次……N 次，愿景终于成真。一起跳舞的那一刻，不管你是法国人、移民二代，还是一位叙利亚难民，都能在满场共舞的气氛中，产生"团结""大家庭"的情感体验。大家跳着、说着，很多社区的事情就这样轻松地达成了共识。朱伟珏说，当人们团结在一起时，这个城市是有爱、有温度的，是有家的归属感的。但起初的法国，也有类似美国"联邦推土机"那样"推倒重建"的老城更新法，给城市带来巨大破坏的同时还武断地瓦解了邻里关系、空间特色，并引发一系列激烈尖锐的社会矛盾。

"街道上、社区里，每一个角落都粘着居民的情感，你的我的他的"，朱伟珏告诉我们，微更新不能秋风扫落叶，要自珍"敝帚"细细捋，方能留住乡愁。

自珍"敝帚"，留住乡愁，首先要有一双发现的眼睛。比如这条路上的老居民满嘴都是在新疆开荒的描述；小时候偷偷去摇铃铛、佣人立刻赶来的恶作剧，然后被大人教训，说儿时捣蛋故事的老爷爷（南昌大楼是沪上第一栋佣人房与主人房分楼而处的大楼）已经耄耋；没有一分钱补贴，依然每天都坚持从浦东过来照顾这条路上五位独居老人的朱老师……已经坚持五年的踏访都源于当初的决定：抢救这条路上的生活场景、乡愁记忆。

自珍"敝帚"，留住乡愁，还要有足够的耐心。更新开始，各方利益便开始博弈，这是常理，但只要我们有足够的耐心，同时建起合适的沟通渠道，比如议事会，大家畅所欲言，一次不行两次、三次，总能找到最大公约数；再者，我们的学生年复一年行走在浓荫匝地的街道上，听那些很老、很年轻的人讲述这条路的故事，总有一天会集腋成裘，汇成这条路的生活史。更重要的，老物件没想好就别去动，因为它是唯一的，不可再生。

自珍"敝帚"，更要善借他山之石。老城更新是个世界性课题，我们走过的弯路，欧美都走过。美国纽约"联邦推土机计划"是政府拨款推动的清除贫民窟计划，然而引起广泛抗争，最终留下了格林尼治村、苏荷区、小意大利这样的社区，保护了"宾州火车站们"，还诞生了《美国大城市的死与生》这样经典的学术遗产，"推土机计划"最终也演变成了"绿手指计划"：坏事变成了好事。不仅纽约，东京、大阪、巴黎、伦敦、利物浦……老工业化城市普遍有这样的经历，可供借鉴者众。

最重要的，空间可以更新，场所不能腾空，得有人，得有情。于是，朱伟珏他们开始了田野调查的口述史，开始筹划在南昌路搞一个街区艺术节，鼓励、吸引大家（居民、店铺经营者、在此工作的白领，甚至路人）积极参与；筹划在街上设置一些电子液晶触屏，播放南昌路上文化名人、有名建筑、特色商家的视频。她说，我们还可以制作有关南昌路前世今生、品位追求的文化短片：陶而斐司路、环龙路合并而来是南昌路的历史，环龙路则是由法国飞行员 Vallon 名字命名的，他 1911 年来上海做飞行表演，飞行中飞机熄火，他放弃跳伞的机会，将飞机开向空旷处，众人无恙，他却随机身亡；介绍曾经的生活方式，社区中某位老奶奶的故事、她生活的建筑、她擅长的手艺……这些都是团结南昌路上居民、店家、社群的好方式。

朱伟珏说，建筑、街景，好看之外还当有人心的温暖。老城微更新，居民一起参与，美好生活到来的过程也就成了温暖人心的旅程。因此，对老建筑固其梁、补其漏、美其表、升其能当然重要，让老居民、老游子回乡还能见到街上的旧物件更重要，那是记忆、是乡愁。

居民开心，设计就有了意义
——同济大学设计创意学院师生参与老旧社区更新纪实

"今年（2019 年）的社区创生行动已经开始了，我们把学院入口处的沿街绿化带变成了有玩乐设施的社区口袋花园，苏家屯路的几处公共空间也更新了。"同济大学设计创意学院倪旻卿老师介绍。据悉，这项名为"四平空间创生行动"——用创意设计介入老社区、空间更新社区营造的项目，至今已开展四年了，交出了不错的成绩单。

大学应该走进社区

"四平空间创生行动（Open Your Space）"是由同济大学设计创意学院联合上海市杨浦区四平路街道共同开展的一项学院与社区联动项目，关注设计如何作用于都市社区建成环境的品质提升。时任设计创意学院院长娄永琪介绍，学院与所在的四平街道共同开展一个合作项目——"四平三创社区"，三创指的是创意、创新、创业。其中，2015 年启动的第一个项目，叫做"四平创生空间"，旨在结合中国城市发展现状，探讨实体空间及社会学和文化意义上的城市社区情境，激活设计因子在都市生活和建成环境中的干预和催化作用。

娄永琪说，"四平空间创生行动"是学院专业教学和社会公共服务结合的一次创新尝试，是深化"三区联动"，推进建设"大学的城市，城市的大学"的积极实践。他们希望通过创意设计，把大学知识、人才等资源更多地向社区、社会溢出，承担起大学"服务社会、推动社会发展与变革"的历史使命，为共创城市生态友好型社区贡献力量。创生行动空间里的民居大多是老公房，70% 的住宅都是 20 世纪 50—80 年代建成的，陈旧单调、老工人新村是这个街道留给人们最深刻的印象。

随着 2015 年第一季创生行动，倪旻卿带领的大学生团队给社区带来"72 变"，2016 年又在四平街角与邻里之间创造惊喜。2017 年第三季创生行动，结合公共艺术和大众参与，在继续提升社区公共环境艺术性的同时，我们思考"共创四平"的可能性，通过多方参与协力打造宜居、活力、有温度的四平社区。娄永琪表示，衰朽-更新-转型，社区形态的转型升级意味着城市居民生活方式的转型。以"产业转型和未来生活的智能可持续设计"为学科定位的设计创意学院，将坚持不懈地做下去。星星之火，可以燎原，大学与社区共建的设计创意模式一定会成为上海文化创意品牌。

空间创生其实就是针灸式微更新

"我的空间我做主"，居民走进大学参与居所的联合设计，与本科环境设计三年级的 30 多名学生、12 名研究生一起工作。周围的公共空间不够积极，大家一起调研、汇集问题、琢磨场所营造方法，探索物理空间的同时研究社会和文化意蕴。最终，实现了公共空间中的 30 多个微更新，停车稀少的区域变成了儿童游乐场，老旧社区里也有了儿童玩乐设施。同济新村的围墙上，社区人的笑脸照片替代了宣传标语，他们或是社区的非物质文化遗产传承人，或是一名普通的外教，也有青春稚气的青少年……2015 年第一季的"72 变"创生行动便收获了社区居民满满的点赞。

2016 年的"四平空间创生行动"第二季依然关注城市公共属性与艺术、设计、创意的结合，并以之提升社区创新能级、社区品质。结合街道"美丽楼道"年度自治项目，学院环境设计方向本科生和居民一起打造了八个新楼道——楼道不仅有楼层导视、照明灯带、休憩座椅、书报漂流墙，现在居民们还可以种点小菜、练上两笔书法、打上一回太极。

2017 年，四平社区街上的电话亭变成网红，大家都记忆犹新。创生嘉年华中，充气艺术装置、电话亭边的舞蹈、趣味 3D 打印工坊……用娄永琪的话来说："结合公共艺术和大众参与，在继续提升社区公共环境艺术性的同时，思考'共创四平'的可能性，通过多方参与、协力打造宜居、活力、有温度的四平社区。"他介绍，他们发动师生通过艺术、设计、创意的主动介入，将创新、创意、创业元素引入社区，四平社区的新街景和新格局正在酝酿，一个"优雅、有味、静谧"，同时也充满"活力、创新、未来"的社区正在茁壮成长。

老公房的红楼梯拿下全球设计大奖

2016 年第二季的"四平空间创生行动"就启动了"邻里空间设计"，那年选的是 8 个楼道。学院二年级环境专业的同学们通过空间和环境图形的专业知识，在七周的课程期间，在选定的设计范围内全面调研，包括楼道公共空间的使用状态、居民生活方式、楼道使用及利用方式等。随后提出设计调研报告，内容包含研究方法、图绘问题、问题陈述、用户档案、案例分析，设计挑战，最终完成场所营造。

2017 年，美丽楼道活动扩容，对象是四平路街道内的 17 个楼组。同学们依然是深入每户家庭共商方案，反复磋商，获得居民满意之后方才进入改造设计，且边干边改，不满意再来。最后大学生们都被居民们亲切地喊"小图"。倪旻卿带领环境设计大二的学生们走进楼道，了解公共空间使用状态、居民生活方式，开始寻找楼道公共空间挖掘的潜力，探寻弥合或修补问题的可能性。

高茜莹、吕欣和郭佳的作品"红楼梯（The Red Stairs）"从 338 份参赛作品中脱颖而出，荣获美国体验环境图形协会"2018 全球设计荣誉奖及西尔维亚·哈里斯奖"。倪旻卿介绍，这项设计基于住户爱好及楼道空间特色、楼层导视不明及公告栏信息杂乱等展开调研，以楼道里红色木质楼梯为主要切入点设计成一套导视标示图形系统，运用中国传统纹样为主视觉元素，对应每一楼层物理界面，赋予回纹、步步锦纹、盘长纹、风车纹、冰裂纹及其寓意，如第一层的主纹样是"回纹"，寓意着"安全回归，福寿深远绵长"。通过环境图形的介入，营造祥和美好的邻里空间。

"中国风，中国人。"正在上楼的居民用浓浓的上海话告诉我们，一听口气就知道他对改造挺满意。有意思的是，居民们还专门因为这些熟悉的纹样，给自己的楼组起了个吉祥的名字——"祥和楼"。

创意设计就是解决实际问题的过程，这是该学院师生们最深的感受。老房子没有标识，上到几层靠感觉，上年纪的人便常常蒙，多上一两层少上一两层常有。多上了扶着楼梯缓缓下、少上了掏出钥匙开不了门，好在邻居熟，开门说一句"你家在楼上"，关键是挺尴尬！从前也有编号，但只标"几室"，只见树木不见森林，常常走错了楼、错

红楼梯　受访者 供图

了栋，那叫一个麻烦！同学们一来，问题迎刃而解，回纹、步步锦纹……那是每个楼层的个性特征，再加个"几零几"，从森林到树木就清楚了。倪旻卿说："门厅、过道、墙面和楼梯是通行空间，更是串起整栋楼宇的公共生活展厅和邻里交往场所。设计团队以红楼梯为切入点，为楼道制作了一整套引导标示系统，并用不同的植物装扮门厅，楼道就成了居民沟通交流的平台。"

高茜莹说："当我看到有一位居民爸爸带着小孩爬楼，小孩一路上一路问，这是什么呀，真好看，这是什么故事呀，为什么弯弯地这样绕呀？我看在眼里暖在心里，我觉得找到了设计的意义。"

"'红楼梯'的设计，用一个简单、经济但充满关怀的方式激活一个被遗忘的社区空间，改善了人们的日常体验，促进了社区参与，激发了社区活力。"2018 全球设计奖评委会的颁奖词这样说。

"虽然我就一间房，但我生活在这里很温馨，每天推开房门看到一片中国红，心情就很好。"楼里的居民评价说。倪老师告诉记者，获奖当然高兴，但居民开心受益，我们的设计就有了意义。

整治后的沙滩村　受访者 供图

"美丽乡村规划，是靠脚一步步丈量出来的"

——杨贵庆和他的黄岩"新乡土主义"规划实践

"像兽医站原来一直撂在那里，谁想到杨教授他们一弄，现在还能开网店呢！"浙江黄岩沙滩村支部书记黄官森感慨。原来，自 2012 年以来，同济大学建筑与城市规划学院规划系主任杨贵庆带领一批矢志"美丽乡村"的师生，年年到黄岩搞乡村调研，搞"新乡土主义"乡村规划，成果如今已经在黄岩的屿头乡、头陀镇、宁溪镇等中的多个村开花结果，用当地村民的话来说，就是"又有面子，又有里子，村里舒服着呢"。

美丽乡村规划，是用脚一步步丈量出来的

去年（2015 年）11 月，我们跟随杨贵庆教授到了黄岩参加"中德乡村人居环境可持续发展路径探索 2015 学术研讨会"。会一结束，杨贵庆就带着一行人来到沙滩村。"美丽乡村建设重在实践，理论来自实践，而实践是靠脚一步一步丈量出来的。"被村民称为"拼命三郎"的杨贵庆教授如是说。

这回到沙滩村干什么？他是想弄清一个叫作"东客柱"的地名。那天刚下过雨，杨贵庆凭着一个手机上的指南针，一路翻山越岭 5 个多小时，行走了 25000 多步（手机计步器数的）。为了做好沙滩村村落的规划与修建，他已经多次这样爬越状元山、翻过引坑岭，越过蒋家岸，最后到达宁溪镇的乌岩头村。"我在地图上仔细研究过，乌岩头村就在我们站的西南方向 45° 角，顺着这个方向修一条旅游步道，乌岩头村和沙滩村就可以连成一线，规划建设'演（教寺）太（尉殿）美丽乡村金廊工程'，这里就能成为独特的乡村旅游目的地了。"

"看你们，都成泥人了！"乌岩头村支部书记陈景岳见到我们一行 10 个人，鞋上沾满了烂泥，裤子大半湿透，头发湿漉漉地紧贴着头皮，心疼得喊了起来。听到这声喊、看着书记的表情，我知道杨贵庆和他们已经亲如一家人了。

黄岩三个乡镇的沙滩村、乌岩头村、石狮坦村等多个村的村民，在村头、岭头、田头、溪边见到杨教授，那都是稀松平常的事情了，脸上像朵菊花样的大爷大妈见面都喊"杨教授""杨老师"，他们就知道杨教授好、杨教授有本事、杨教授为村民着想，其实杨

乌岩头村　受访者 供图

教授有个雄心勃勃的计划，想仿照当年陶行知、晏阳初，在黄岩探索和实践"新乡土主义"规划，踏点、调研、规划，就是想把黄岩西部村庄纳入"黄岩西部大景区"进行通盘考虑，缕出一个永续发展、安居美丽的新乡村来。

"美丽乡村"如何建？三适原则、三位一体、三个层面

"习近平总书记提出建设'美丽中国'的理想，即使将来我国的城镇化水平达到70%以上，仍然有四五亿人居住在农村。"杨贵庆说，虽然一个时期以来农村建设取得了世人瞩目的成绩，但是一些地区农村土地和建筑浪费现象仍十分严重，资源过度使用导致的枯竭令人担忧，公共设施和基础设施等十分缺乏，环境污染加剧恶化，经济发展与环境保护的矛盾更加凸显，农村社会问题（如留守的老人、儿童、妇女等）日渐严峻，地方传统建筑和村落风貌特色加快消失，等等。各地的新问题、新形势要求我国农村建设不仅要考虑物质空间环境的改善，而且要更为全面深入地考虑农村发展自身的"造血机能"，增强自下而上、自内而外的发展能力，从而真正实现农村经济、社会和环境的可持续发展。

于是，自2008年以来，作为"乡村人居环境规划研究"方向学术带头人，学院陈秉钊教授、杨贵庆教授团队，在国家自然基金项目、国家科技支撑计划项目支持下，相继完成"居住建设健康影响规律及评估研究""农村住宅规划设计与建设标准研究""农村住区规划技术研究"等课题。杨贵庆作为科技部《我国乡村城市化农村住宅建设标准研究》科技支撑计划项目的三个起草人之一，对"村、乡、农村社区规划标准研究"和"农村住区规划技术研究"等一系列问题进行了深入研究，主编出版了《乡村中国》《农村社区》《农村住区规划技术培训教程》等重要学术成果。

杨贵庆认为，后工业时代，包括旅游经济在内的第三产业将异军突起，美丽乡村建设恰逢其时。他提出了建设美丽乡村"三个三"的理论：首先是三位一体，也就是产业经济、社会文化、空间环境一体发展。他说，产业经济是物质基础，可以为乡村的持续发展提供原动力；社会文化是灵魂，人文的延续，可以保证老家的记忆不流失，家乡的情怀仍持续，离乡而不忘乡，乡愁的滋味是每个游子最终的精神期待；空间环境是产业和人文的载体，其建筑和空间环境本身的风貌特色，具有一定的历史、艺术和科学价值。三者之间相辅相成、缺一不可。其次是三适原则，就是适合环境、适用技术、适宜人居，一句话就是采取因地制宜、对症下药的方法，千万不能千篇一律，千万不能搞一刀切。再次是三个层面，即一个是乡域、一个是村域、一个是村庄，关键要处理好这三个层面的对应关系，既有重点，又需互相照应，不可片面发展。

美丽乡村规划教学实践基地挂牌黄岩

理论与实践总是形影不离，潜心研究与用脚丈量也是孪生兄弟。恰在此时，浙江在"千村示范、万村整治"工程的基础上又进一步开展"美丽乡村"建设。寻找农村发展新出路的黄岩区找到了杨贵庆，想请他担任黄岩"美丽乡村"规划建设专家智库首席专家。杨贵庆首先做的就是在"十一五"科技支撑项目理论研究成果的基础上，开展理论结合实践的研究。"那以后，学生们来黄岩就成了家常便饭，大家针对黄岩农村现状，调查乡村产业经济、社会文化和空间环境等，试图探索因地制宜开展乡村规划建设工作的新途径和新模式。"杨贵庆说。

实地调研从问卷起步，仔细研读《屿头乡沙滩村村民意愿调研报告》，笔者发现调研问卷的问题从"家庭基本情况"开始，到"与乡镇的联系频率"止，设计问题 53 个，您家日常生活垃圾的处理方式、冬天您家主要取暖的方式、是否想使用太阳能热水器、日常一般去哪里上厕所、您对本村环境是否满意、您的日常出行方式、农产品交易方式、等等，可谓事无巨细、面面俱到，41 户居民，家家被问到、户户有回音；实地调研的同学王祯、万成伟、甘新越、孙小淳……21 位同学参加了 2013 年的那次入户调查，很多同学以此为题完成了毕业设计和硕士研究生学位论文。而今，小小的屿头乡沙滩村又成了"中德乡村人居环境规划联合研究中心"。2015 年 11 月，许多金发碧眼的外国师生操着法语、英语、意大利语、西班牙语来到沙滩村，又是拍又是看的，原来是为了合作开展乡村规划研究生课程设计，为了协同进行"美丽乡村"从规划到建设的理论研究和实践探索而来的。多年的行走思考，杨贵庆的理论与实践也结出了《黄岩实践——美丽乡村规划建设探索》《乌岩头村——黄岩历史文化村落再生探索》等沉甸甸的果实。

沙滩村、乌岩头村率先成为"美丽乡村"

出成果、出人才是一名教师的天职，这不，当年的学生王祯而今已成为一名熟练的规划师了。我们去乌岩头，转遍整个村庄的那个上午，人群中就有他的身影。在游步道的规划施工现场，因为地上泥泞，他怕忙于工作的恩师脚下打滑，悄悄找老乡砍了一根竹竿递过来，杨教授接过来，说："走，接下去我们去那边那个四合院看看。"

"好啊，乡土味太浓郁了，这才是原汁原味的乡土气息。"站在四合院的正对面，杨贵庆擦了擦额头上的汗，耸了耸左肩上的白布袋，双手撑着小竹竿，细细打量起眼前的老屋，走到侧面，转到屋后，走进庭院、走廊、通道，他对每个需要修葺的角落和细节都一一给出了具体的意见。"抢修老房子，一定要尽力恢复、保护它们本来的设计和格局，乌岩头老房子的底蕴来源于时间的沉淀，这是我们现代化的工具和工艺不能企及的，过分修改反倒不好。""这个转角要种一棵树，可以种银杏树。""这堵墙上面要用青砖铺上。""这里以后要建成天井，可以坐着喝喝茶。""这个房子上面的雕刻太美了，在改造时要保留。"这样的细节在黄岩沙滩村、乌岩头村经常发生，往日的猪圈被改成小茶吧，老式的酿酒院、茶桌等留着用来"农家乐"；实在不敷使用的老房子拆下的瓦片、砖块用来铺路，于是一百条小路就有一百种铺法，路都变得有诗意了；就连他在村里的工作室也是旧房变的，开着两个大天窗，颇似"乡村酒吧"。

我们去的那天，正赶上乌岩头村村民陈景海在家门口用老法子制作红薯粉。村主任陈元彬信心满满地说："这场景不需要任何包装，就是一个上档次的旅游产品，非常具有观赏性，感兴趣的游客一定会现场订购的。"

两年多时间的"新乡土主义"给黄岩村庄带来了全新的变化。用杨贵庆的话来说，新乡土主义理念在实践中的运用，就是在设计中尽量使用地方材料，表现出因地制宜的特色，使建筑在整体风格上与当地的风土环境相融合。而德国柏林工业大学规划建筑环境学院助理教授汉纳思（Hannes Langguth）则这样表达："我带领学生正在研究农村改造课题，我们将从建筑形式、居住环境、基础设施、社会文化、社区组织、农业经济等多个角度，去思考规划和设计，还要用清洁能源、雨水再利用技术改造这里。"

在沙滩村，杨贵庆等的规划擦亮了800年的太极殿，恢复了柔川书院，打造了采摘体验园，将"道教文化-儒家文化-建筑文化-中医养生文化-农耕文化"五类文化集于一村。"以美丽乡村为底本，以优良的生态环境为支撑，沙滩村将农业发展与农业观光、农事体验、文化感受相结合，打造'体验式'农业，成功走出一条风貌古朴、环境如画、生活便利、农民富裕的现代乡村发展道路。"黄岩区区委书记陈伟义如此评价。

对于杨贵庆，黄岩乡村规划还在继续，详情你上他的"黄岩微信群"就知道了。这不，他在微信里知道了乌岩头村正为村中心广场犯迷糊，立刻赶去了，到黄岩都是夜里11点了，第二天一早他就出现在广场建设工地。

在黄岩区区委书记、区长写给同济大学领导的表扬信中写道："杨贵庆教授自2013年年初来我区帮助开展'美丽乡村'规划建设以来，工作不分昼夜，作风细致入微、一丝不苟，业绩非常突出，成果丰硕。我们被他日夜兼程、宵衣旰食的工作精神和诲人不倦、循循善诱的治学态度而深深感动。"信中说，杨教授"不看金钱看事业，铺就了一条乡村建筑和文明的'再生'之路""他把这里当成了他的第二故乡"，并说："我们十分感谢贵校能派出一位如此出色的教授来帮助我们建设'美丽乡村'。"

白洋淀生态科技展示馆及驿站群　受访者 供图

"让防洪堤成为缀满珍珠的项链"
——李翔宁谈雄安新区环起步区生态防洪堤创意设计

　　"通过大家数年的努力，雄安新区环起步区防洪堤现在已开始'清水出芙蓉'了。"雄安新区五周年之际，同济大学建筑与城市规划学院院长，雄安生态防洪堤驿站集群总策划、设计总牵头人李翔宁教授告诉笔者。

百里雄安大堤得有景

设立河北雄安新区，是以习近平同志为核心的党中央为深入推进京津冀协同发展作出的一项重大决策部署。按照规划，雄安环起步区的生态防洪堤总长度约 100 公里，依次由南拒马河右堤、白沟引河右堤、新安北堤、萍河左堤和西北围堤共同围合而成。

在保证大堤抵御 200 年一遇洪水，为起步区筑起安全屏障的同时，如何让这条宽窄不一、生态样式丰富、一望无尽头的超长大堤成为当地百姓能去、爱去且流连忘返的好去处，规划团队提出了将其变成一座生态、美丽、动人的环城公园。用业内人士的话来说，就是：一堤环通，规划形成串联主城区周边开放空间、临淀滨水区、大型林地、田园生态、城镇组团与美丽乡村为一体、"长藤结瓜"式的大型环状公共空间整体意象，塑造出环主城区纵向集束连续、横向分段创意（一环、五段、七线、十二大节点），特色鲜明、"珍珠项链"般的花环空间。

"雄安新区最后把防洪大堤的驿站建筑设计任务交给了我们。团队从 2019 年年底启动工作，并邀请数十名中青年建筑师参与概念众创，2020 年疫情正烈时，大家克服种种困难推进设计工作；2020 年 7 月，我们召开专家评审会，对全部设计方案展开研讨；依据专家意见，修改深化后的方案随工程逐一推进建设。"李翔宁介绍。

创意：中华映像，雄安项链

李翔宁介绍，雄安新区有南拒马河、白沟引河、萍河等河流经过，因此，南拒马河右堤、白沟引河右堤、萍河左堤等构成环护新区的大堤。作为千年大计的雄安，让这条大堤、新区的生态廊道成为景观大道是题内应有之义。

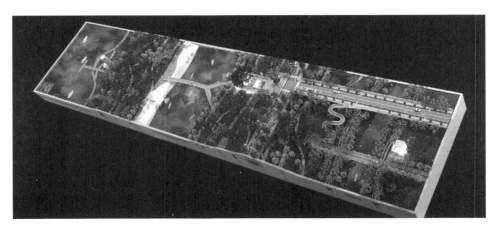

环起步区生态防洪堤典型断面示意图　受访者 供图

　　"'中华映像，雄安项链'是我们设计环起步区生态防洪堤的整体意向和文化理念。"李翔宁说，雄安是一块中华文明积淀深厚的土地，"燕南赵北""郡国藩镇""燕云边防""畿辅直隶"是人们对它的描述。2000平方公里的区域内，地下埋藏着新石器、战国、汉代以降的丰富文化遗存，内容涉及城址、聚落址、墓葬、窑址、地下长城等；地面上明清建筑、碑刻及近现代革命遗迹更是星罗棋布。

　　我们按照"中华风范、淀泊风光、创新风尚"的城市风貌原则，遵循"中西合璧、以中为主、古今交融"的建筑风貌要求，把大堤设计成了一条串珠缀玉的项链，有点儿长，100公里。那珠和玉就是规模大大小小的驿站，共分三类：

　　A类驿站占地约1000～2000平方米，取意传统的阁、堂、台等，呈现出大气谦和的空间意向，除基本驿站配套外，主要策划有博物博览、演艺会展等一定规模的文化功能；B类驿站占地约300～1000平方米，多取意自亭、轩、榭、廊等呈现山水园林的空间意向，除基本驿站配套外，主要提供了党建科普、游憩休闲等较小规模的城市功能；C类驿站占地约10平方米，由一系列模块化的小型构筑物组成，在遮风避雨的基础上整合了公交站点、休憩座椅、自行车租赁、电子地图、紧急呼救设备、智慧管理设备等服务管理设施。

　　李翔宁介绍，首批设计建设的驿站约60处，似珍珠、如佩玉般"洒落"在五个段落，驿站建筑通过景观规划、建筑统筹被连贯起来，形成一套完整的叙事逻辑，以"雄安项链"的抽象形态阐释"中华映像"的文化图景。

　　驿站众多，如何命名，才能好记好找？李翔宁介绍，命名从起步区西门户A驿站开始，编号为"雄安驿01"；然后，按照顺时针方向，遇到A类驿站，编号加1；两个A驿站之间的B和C类驿站，一层序号与编号较小的A类驿站一致；二层编号以

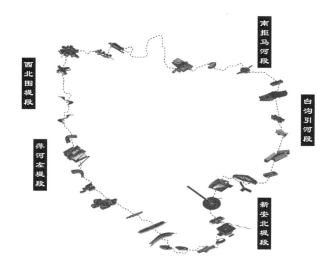

"雄安项链"概念图　受访者 供图

顺时针方向顺排，如西门户东侧第一个 B 类驿站编为"雄安驿 01-B1"，第一个 C 驿站编为"雄安驿 01-C1"。

驿站得有名字，方能好记好用。李翔宁说，命名从中国传统文化中找灵感，规划团队以两轴线的交点"雄安广场"为原点，形成半径 20 里的天道曰圆；以"二十四节气"勾勒经纬格局，诉说四季物语；以"十二时辰"描绘阴阳相补，周而复始、生生不息；以"仁义礼智信"提点环堤五段，讲述中国梦和中国故事。

具体的命名方法：A 和 B 类驿站，使用"（双字）+ 驿"。依《淮南子·天文训》，取"四季物语，周而复始，生生不息"义命名，15°辐线上的驿站使用"（节）气＋驿"，如中轴线北端的雄安驿 03 为"冬至驿"；辐线之间的驿站采用"虚名 + 实名"的方式，即"（时辰）＋（段落特征）＋ 驿"；森林斑块段用树木名字、淀泊斑块用水生植物和水鸟名字，林田斑块用农作物和飞鸟名字。

驿站：千般模样，我秀我美

数十个大大小小驿站，是怎样的一幅美丽图景？

"它们是千般模样，我秀我美。"李翔宁介绍，驿站设计汇聚了数十位中青年建筑师的设计智慧，同济大学袁烽、曾群、李麟学、张斌等教授也积极参与其中。

白沟毗邻雄安，自古以来就是商业重镇。白沟引河段生态堤位于起步区东侧，历史文化记忆鲜明。李翔宁介绍，这个河段区域兼备多重功能，规划在这里安排了广场、音乐厅、秀林看台、水幕表演、活力码头、休闲草坪、生态花艺馆、高架挑台、花谷雨水花园、漫步跑步混行道、飞虹桥等。在这里，驿站设计当然要融入环境，彰显白沟的文化基因。

白沟引河段寅畈驿，设计师采用简练折跃的变化坡屋顶，覆以白洋淀盛产的芦苇，让村落和郊野跃上空中；惊蛰驿和寅葵驿则通过不同风格的屋面，形成或完整或分散的流动空间，让建筑实体、灰空间与自然环境错动融合，设计师让建筑整体隐于林中，双坡屋面、连续折屋面，让观者很容易想起秋意浓浓、雪花飘飘时节的北方村落；春分驿、卯木驿的设计，用预制化胶合木建造，利用堤坝放坡形成的微地形，组织起内向围合的庭院空间，塑造出冬日便于晒太阳的半室外院落空间。"设计师用各种手法致敬传统、致敬自然。"李翔宁说。

新安北堤段生态堤是跨度最长的段落，紧邻白洋淀，生态景观特征突出。李翔宁介绍，这里的驿站设计更多地注重传统建筑意向与白洋淀湿地景观的融合，呈现"遥看白洋水，帆开远树村"的山水清远图。

　　张斌设计的驿站（白洋淀生态科技展示馆及游客中心）位于淀区老码头西侧。他结合白洋淀码头的更新需求，建筑群落被塑造为"九流入淀、围埝景观、淀泊风光"主题的微缩白洋淀体验区；设计依据中国传统的"一池三山"意象，将蓬莱洲、望瀛洲及方丈分别对应展示馆、游客中心及服务中心三组建筑。建巳驿（白洋淀生态科技展示馆），以中国传统建筑台基、架构、屋顶三段式特征，竖向上划分出三层的展示空间，深远的出檐面向淀泊风光，代表白洋淀特征的芦苇作为屋面主材，回应地方风物文化；游客中心及服务中心则取水滴形，"落"于微缩白洋淀的中部，其芦苇屋面以抽象方式呈现泊在淀上的船屋意向；船屋里，木构营造的内部空间，给人温暖如归的感觉。

　　"建筑师们依据传统空间体验、自然景观诗意、本土生活记忆等提取设计概念，运用木材、芦苇等在地材料，运用当代丰富多样的营构手法，'吐出'朵朵莲花，给出我秀我美的作品，传统营造文化的设计出新，这里是个很好的秀场。"李翔宁说，设计建造中，他们始终恪守人文底蕴和生态边界两条底线：设计上，通过提炼传统建筑的文化意蕴、形态比例及结构美学，将之转化为当代设计语汇；材料上，多采用本土的、自然的材植，加以现代工艺凸显材料质感的识别性，传递地方记忆；执行中，他们采用了总体策划、总体统筹、众创共谋的工作营模式。

　　从团队提供的视频里，笔者看到防洪堤上，已经建成的各个驿站成了当地居民和游客休闲游憩的热门"打卡地"：堤上漫步、堤边休憩，有驿站馆舍遮风避雨，在堤脚亲水，在淀上泛舟（白洋淀水质已是三类）。当地官员告诉记者："驿站是生态防洪堤的点睛之笔，极大提升了大堤的空间品质。"李翔宁告诉记者："希望通过我们的努力，用生态防洪堤自然走势为雄安编织一条宽厚、温暖的围巾，绣朵朵花儿，缀颗颗珍珠，为'千年之城'的后来人讲述它年轻时的故事。"

邵庄子村　受访者 供图

淀村共生　美丽乡村
——雄安新区邵庄子村环境整治和整体风貌提升规划介绍

最近，河北省公布 2022 年度"河北省美丽休闲乡村"名单，雄安新区邵庄子村名列其中。"这是献给雄安新区 5 周年的礼物。邵庄子村的淀村共生治理，走出了一条'绿水青山就是金山银山'的美好生活之路。"邵庄子村规划负责人、同济城市规划设计研究院启明青年规划师团队负责人刘晓介绍。

规划定位：淀泊栖息地、风尚新水乡

邵庄子村位于河北雄安新区安新县圈头乡北端，是雄安新区首个"淀区村庄-整治与提升"示范村，村庄位于《白洋淀生态环境治理和保护规划》中确定的"白洋淀片区"，处于白洋淀生态功能区和生态红线的西侧，村落位于白洋淀淀区正中心位置，荷塘苇荡环绕、水上交通发达，是典型的淀区村、纯水村，历史悠久的淀泊型村庄。

刘晓说，他们接受委托后，联合学校多个学科力量，对口帮扶邵庄子村建设"淀区振兴"示范村。当时，村庄整治与提升规划面临三大难题：首先是作为白洋淀"生态功能核心"区的纯水村，如何让人与自然和谐共生；第二个是如何通过整治更新，提升村庄生产、生活、生态的三生融合振兴发展水平；第三个是如何传承白洋淀自然历史与村落文化，保护古老村庄的街巷肌理和传统民居风貌，重建淀乡文化自信。

为此，团队设定"淀泊生命共同体"的规划理念，以村庄永续为规划内核，尝试延续村落内生式发展，维系村庄自治共同体，提升村庄自我价值的产出。经过深入思考、细致讨论，团队将村庄规划定位为：淀泊栖息地、风尚新水乡。

2019 年 9 月，团队开始了村庄发展规划和风貌整治提升两大实践。村庄发展规划包含区域背景研究、详实分析村庄现状、提出目标定位、制定五方面规划策略、突出强调村庄设计、编制整治行动计划、制定实施保障制度七部分。以规划策略为例，内容就包括：①生态修复、减量平衡，重塑人水和谐自然生境；②低碳发展、生态示范，构建淀村共生示范系统；③价值转化、文化赋能，发展湿地乡村国家样板；④苇海荷塘、

西码头湿地公园一期　受访者 供图

诗意人居，彰显淀泊文化华北水乡；⑤城乡融合、共治共享，推进乡村振兴治理示范。

村庄风貌整治提升，包括村庄整体自然格局和建成环境的分析、相关规划解读、风貌整治思路、结合参观路线的改造措施、风貌整治专项项目库五项内容。

"作为雄安新区首个乡村品质提升项目，邵庄子村还肩负着示范创新的使命。"刘晓说，他们主要从"生态文明示范、智慧乡建示范、淀村振兴样板、重塑文化自信"四个方面，探索生态文明时代的"乡村振兴-国家样板"，打造智能科技引领的"未来乡村-智慧社区"。

示范表现在四个方面

一、有机修复，生态缓冲，重塑人淀和谐自然生境

落实"湿地微地貌改造、水陆生境修复和鸟类栖息地营造"三项生态建设。在村庄东部半岛，以大面积苇田岛屿的生态基地为依托，营建半岛鸟类栖息地；在村庄与生态功能区交界处，改造现状厂房，布局辐射整个白洋淀区域的白洋淀鸟类保护与自然教育中心。环村设立缓冲带，通过湿地公园与复合生态廊道的建设，加密植物群落，进一步净化水质，营建复合多元生境。

二、智能低碳，科技示范，构建未来乡村＋智慧社区

落实《白洋淀生态环境治理和保护规划》，实施村庄人口和公共配套的动态减量规划。落实上位规划对保护区村庄的逐步减量要求，匹配逐渐缩减的人口，将基础公共服务整合并提升为村民综合服务中心，另外将减量村宅（村民留下的空房子）作为留白，根据人群构成的变换，逐渐置换为旅游、科研、生态等服务设施。

优先推进村庄雨污治理，建设"村-淀零排放"生态示范系统。村庄内部实现净化循环，划定汇水分区，建设多环节的净化流程；通过污水处理站＋生态净化湿地公园的组合，完成村庄雨污水的二次净化，达成村庄排放水质优于淀泊水质目标；重点规划"西码头湿地公园"，布局"芦苇生境监控与材料研发展示中心"：布局生态监测系统，实时监测芦苇生长环境，集成监测模块，赋能苇田湿地。

打造"能源、交通、废利、安全"多维一体的生态科技示范，营造未来乡村＋智慧社区。

三、转型创新，城乡融合，打造淀村振兴＋国家样板

在村庄西南侧，充分利用闲置废旧厂房，创新应用芦苇新型建材，整治闲置林地，

依托白洋淀自然历史博物馆、雄安新区乡建乡创示范基地两大平台，共同构建白洋淀自然研学博览区。

通过艺术文创、自然研学、鸟类观测、生态旅游等新功能，促进村庄人口向高学历、专业性人群结构转型，让村民与专业人群共生、互利互惠，使村庄形成新的人口结构面貌，焕发出新的特质。

四、因地制宜，传承创新，重建淀泊水乡＋文化自信

识别并总结出村庄三个不同发展阶段的建筑风貌特征，制定老村文化风貌、农家田院风貌、"新旅居"三大风貌营造策略；识别并尊重老村街巷格局及地域建筑原型，恢复传统村庄墙面，并按照"小街—新街—老街"肌理系统恢复村落街巷。

学校多学科参与规划

"规划过程中，我们充分发挥同济学科优势，应用了多项科研成果；运用'村庄设计'理念，纳入雄安新区 CIM 系统管理；延续村庄自治，形成民意表达、村民议事、纠纷调解三大机制，组织村民深入参与包括规划在内的各项村庄工作。"刘晓介绍。

经过努力，团队打造出"梦里水乡·艺术村落"。挖掘芦苇资源，打造艺术化、精品化芦苇产业链；设计村庄特色文创 IP "韦小宝"，助力村庄品牌的宣传与推广；规划淀乡艺术文化漫享区，烘托村落芦苇艺术氛围，最终再现"苇海荷塘、鸢飞鱼跃"图景，重建淀泊水乡＋文化自信。

据了解，从刘晓团队接受规划任务开始，同济师生就成了这里的常客：在"编织未来·营造幸福"雄安乡创活动中举办展览，电子与信息工程学院合作的云医疗平台上线，机械学院的清洁能源空调供暖技术、太阳能光伏发电技术项目进村应用，材料学院的芦苇粉木塑生态板、芦苇碳调湿功能板陆续投入使用；人文博物馆已经开门迎客两年多，村庄湿地公园和监测设备运行良好，村民广场成了村民的会客厅、健身房。

现在，邵庄子村的游客越来越多，登报纸、上电视已成为家常便饭，央视《焦点访谈》"让未来之城水长清"中，植物和微生物方法治水就是在邵庄子村拍摄的，介绍的就是村庄的生态实践。

后记

整理自己 10 余年来撰写的专门文字，过程是辛苦的，也是快乐的。

收集在这个册子里的文章，有两个大的源头：一个是《新民晚报》，一个是校园及其他社会媒体。

2005 年初春时节，《新民晚报·副刊》主编黄伟明来同济，与时任同济宣传部姜锡祥教授商量一档新的栏目，二人一致认定：随着新一轮大规模城市建设向纵深发展，有必要让其在建筑艺术、城市环境艺术评论中得到应有的反映；再加上，世博会选定上海，同济"戏份"很重，媒体上也应该有充分的反映。栏目的名字就叫"国家艺术杂志"，侧重刊登建筑与城市艺术、摄影艺术。

从那以后，同济人所从事的建筑设计、桥梁工程、古城保护、老街改造、室内环境、地铁建设就在《新民晚报·国家艺术杂志》上连续、大量、长期刊发，高峰时周六的艺术话题版面达到 8 个。

栏目创立不久，我就加入团队，一起舞动那些火热的岁月。跟随郑时龄院士踏访外滩、常青院士到椒江、卢济威教授到杭州钱塘江，访谈世博总规划师吴志强、城市最佳实践区总策划师唐子来，还有孙钧、戴复东、吴庐生、殷正声、莫天伟、项秉仁、吴国欣、束昱、曾群、陈剑秋……他们都在繁忙的工作之余，接受我的采访，带着我到现场去参观，为我细致入微地讲解，没有他们的帮助，这些小文是不可能一一与世人见面的。

开过专栏的人都知道，文章写着写着到最后就会江郎才尽，花儿谢春，但在十几年的时间里持续写作，我的"弹药库"并未出现衰竭的现象，一是得益于同济学者们的强大支撑，再者就是"国家艺术杂志"主编黄伟明的悉心帮助，还有摄影家姜锡祥的鼓励与提携。当我的文字"走神"时，黄老师总是毫不客气地"怎么怎么"，你应该"如何如何""要接地气"，以至于现在我还经常回味那段"激情燃烧的岁月"；姜老师是我的老搭档，每当重要任务来临时，他总是带着我冲到一线，无论是 5 平方公里的世博园，还是 5·12 后的汶川，有他在就有料在，他常说的话就是"写写唉好嘞！""还能难住你？"于是，无论我是否有料，总能先冲上前去，走一遭，稿子也就好了。

另一个源头是《同济报》。进入同济后，工作使然，每天都要面对大量的工程实践，每天都要撰写大量的文字，其中就包括同济人实施的一个又一个项目，这些项目东播西撒，西到日喀则、南到三沙、最东到了长白县，可谓大好河山，不辞千万里，都有我们同济人奋斗的身影。这些身影跟着我们撒遍了千百年的古城镇、古村落、大运河……

这样的书写经历，近 20 年里也撒在世界的角角落落，而今它们都汇成了眼前这一篇篇文字，变成了沉淀的历史。这些文字忠实地记录了近年来同济人有关建成环境的每一个坚实的脚印，这些脚印必将汇聚成"一所大学与一个国家"同呼吸共命运的壮阔历史。

尤值一提的是，随着栏目影响的不断扩大，校内外忠实的读者也越来越多，以至于现在经常还有人问："最近没看见您和姜老师在晚报上的文章了。"可以说，没有同事们、校友们的热情支持和强力捧场，我们也不大可能取得这些成绩。

值得高兴的是，110 周年校庆时，这些文字变成了《梓园新艺曲》出版了，总字数超过 120 万字，市场反应还不错。

今天，将当年未收录于《梓园新艺曲》中的文字，以及之后陆续发表的文章汇编成册，名之曰《发现·重塑》。摩挲书稿，眼前烟云翻卷、山河壮怀。如今，那一段经历虽已结束，但由此沉淀的美好回忆渐渐在脑海里固化，变成了心灵深处的印痕，我怀念、我享受：这是一段美好的经历。

虽已不年轻，我也奋斗过。

那段奋斗岁月后，又过了几年，老战友束昱教授退休了，接着姜老师退休了，后来晚报的黄老师也退休了，就剩下了我。现在，我也快退休了。

岁月既然飘过，足迹应当有记。

感谢同济大学党委副书记彭震伟教授、建筑与规划学院院长李翔宁教授、宣传部邹晓磊等领导，感谢《新民晚报》编辑赵美，感谢同事周游老师出色的图片处理，感谢同济大学出版社原总编辑姚建中、编辑卢元姗，感谢所有帮助过我的人！

意长言短，聊作数语以慰吾怀。

程国政
2022 年春天惊蛰时节
白玉兰盛开，樱花未醒，奥密克戎肆虐

图书在版编目（CIP）数据

发现·重塑：建成环境评论、叙事集 / 程国政著
. -- 上海：同济大学出版社，2023.1
　ISBN 978-7-5765-0391-3

Ⅰ.①发… Ⅱ.①程… Ⅲ.①建筑设计－环境设计－
中国－文集 Ⅳ.① TU-856

中国版本图书馆 CIP 数据核字 (2022) 第 180565 号

发现·重塑——建成环境评论、叙事集

程国政　著

出 品 人　金英伟
责任编辑　卢元姗
责任校对　徐春莲
装帧设计　张　微

出版发行　同济大学出版社 www.tongjipress.com.cn
　　　　　（地址：上海市四平路 1239 号　邮编：200092　电话：021–65985622）
经　　销　全国各地新华书店
印　　刷　常熟市华顺印刷有限公司
开　　本　710mm×1000mm　1/16
印　　张　26.5
字　　数　530 000
版　　次　2023 年 1 月第 1 版
印　　次　2023 年 1 月第 1 次印刷
书　　号　ISBN 978-7-5765-0391-3
定　　价　138.00 元